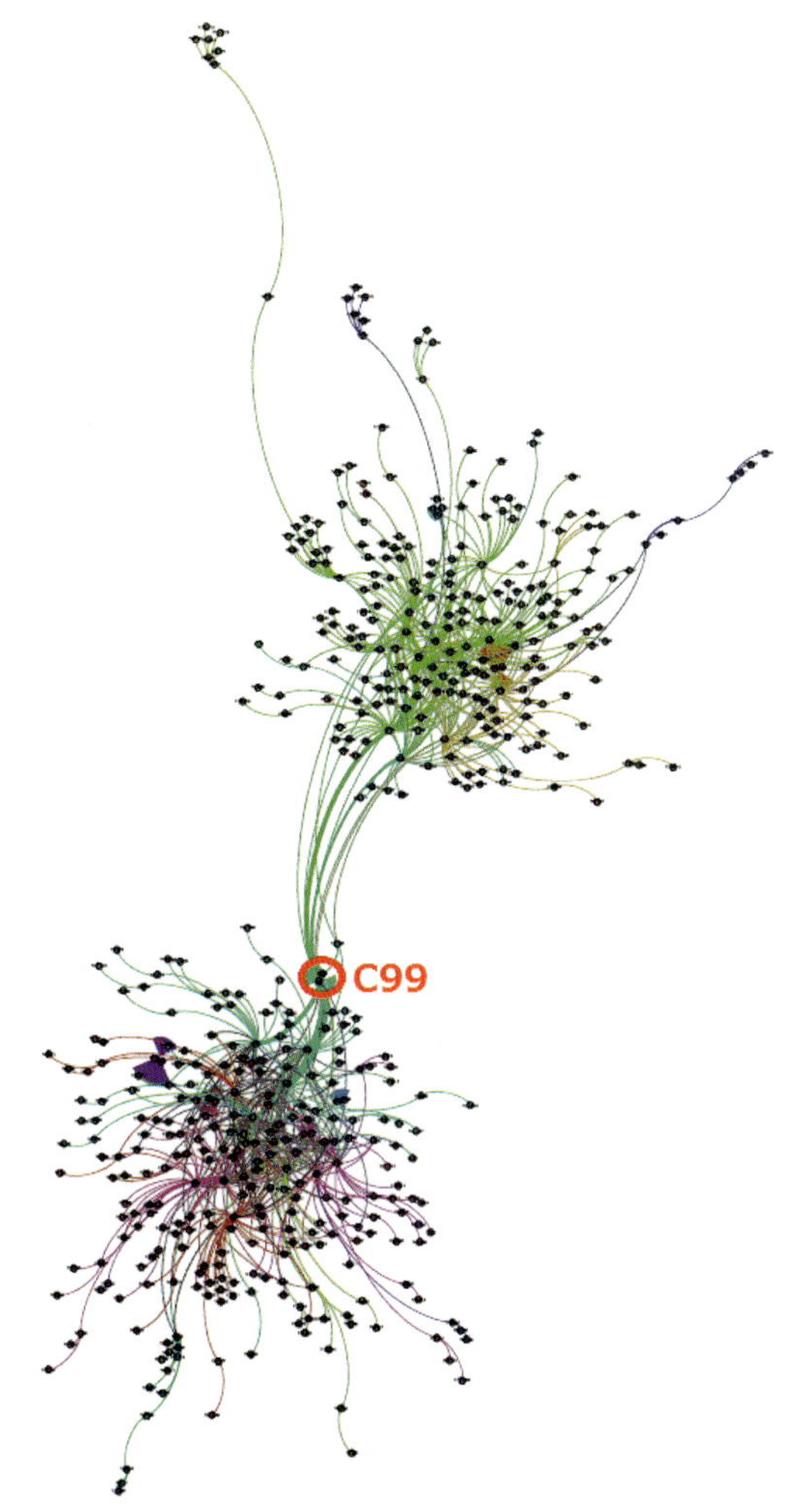

図10-3　C99を含んだＩＤ-ＩＰクラスタのネットワーク（全体図）（p. 268）

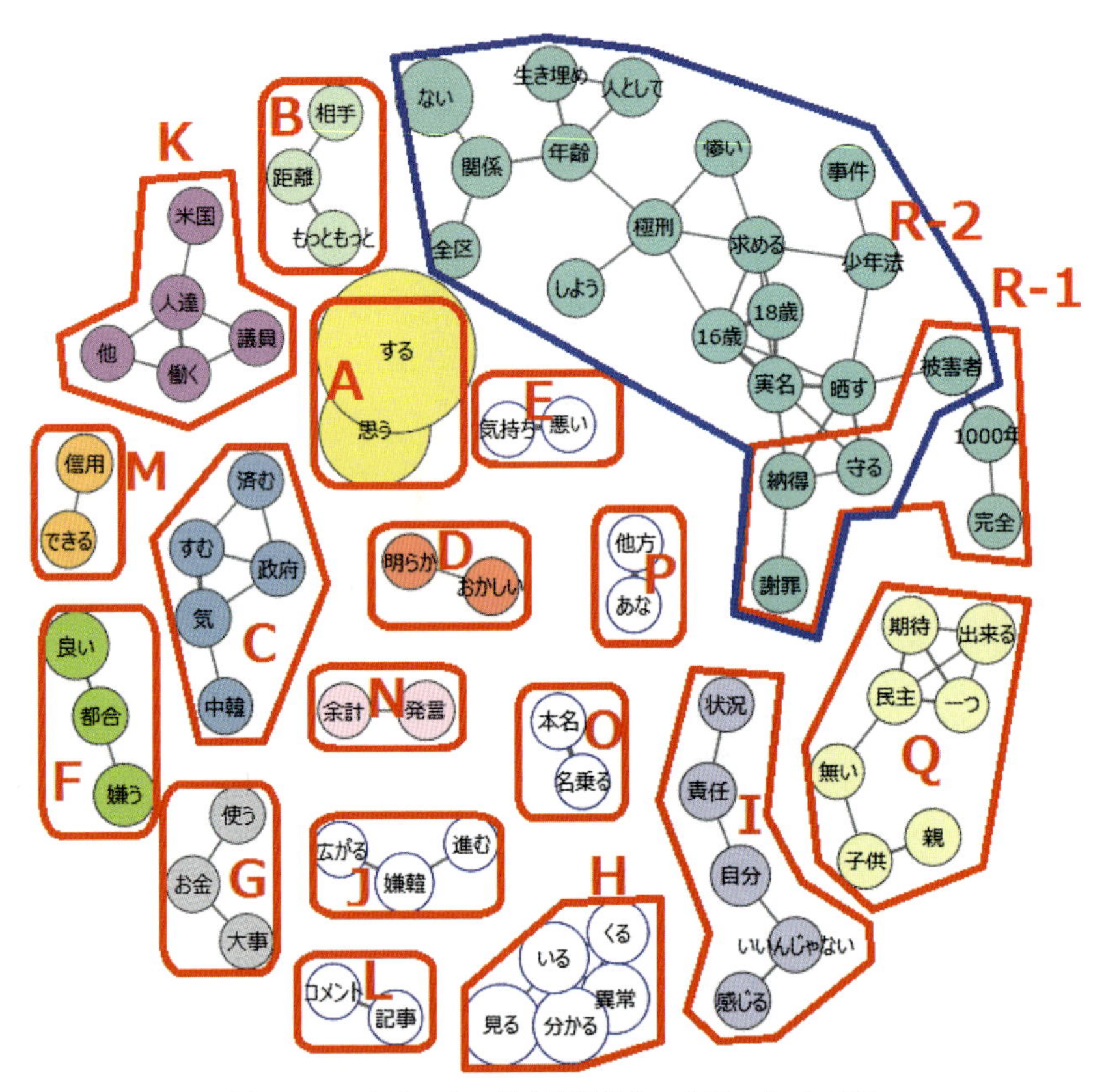

図10-6　βクラスタ・抽出語共起ネットワーク（p. 272）

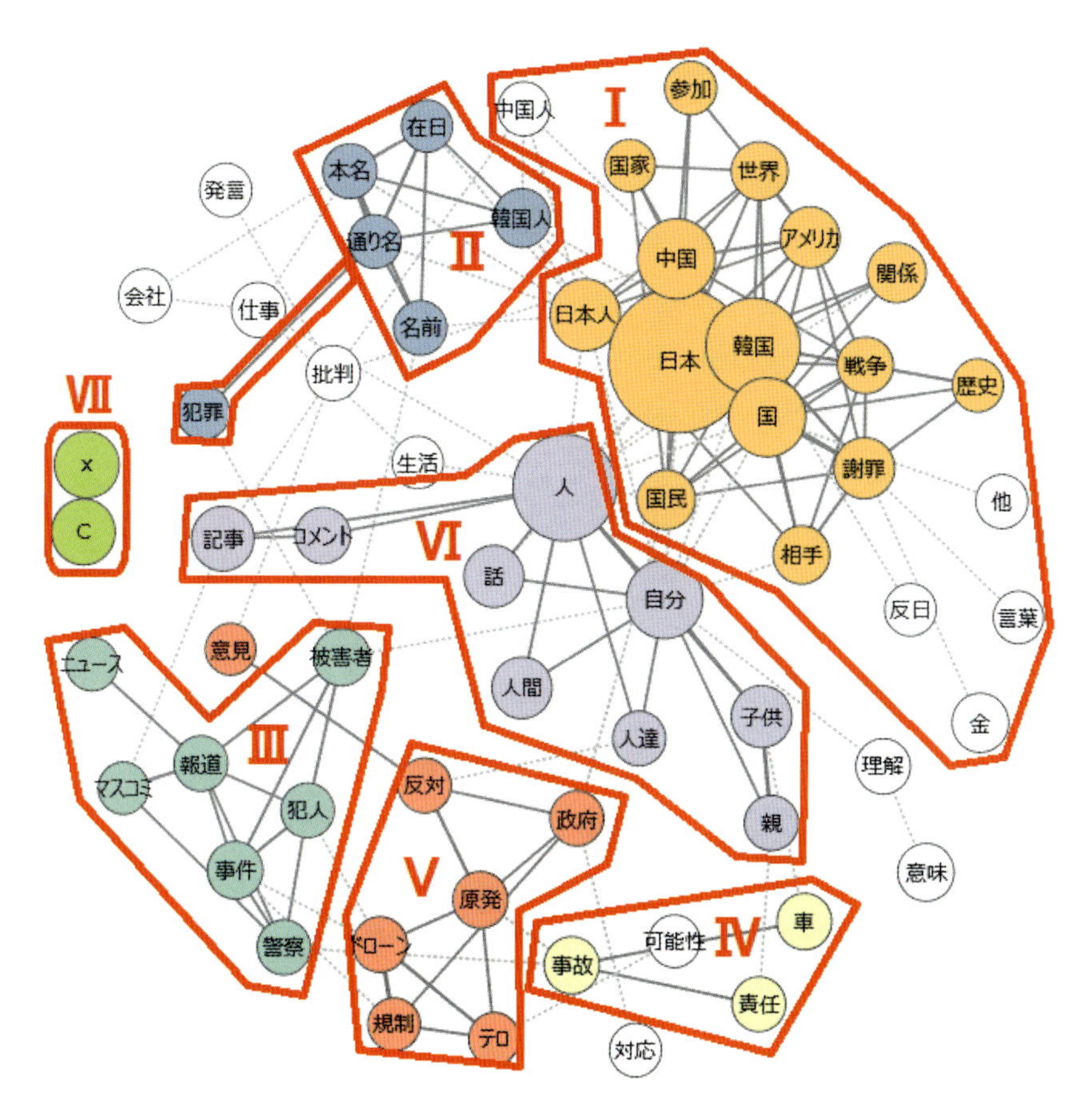

図10-7　γクラスタ・抽出語共起ネットワーク（p. 276）

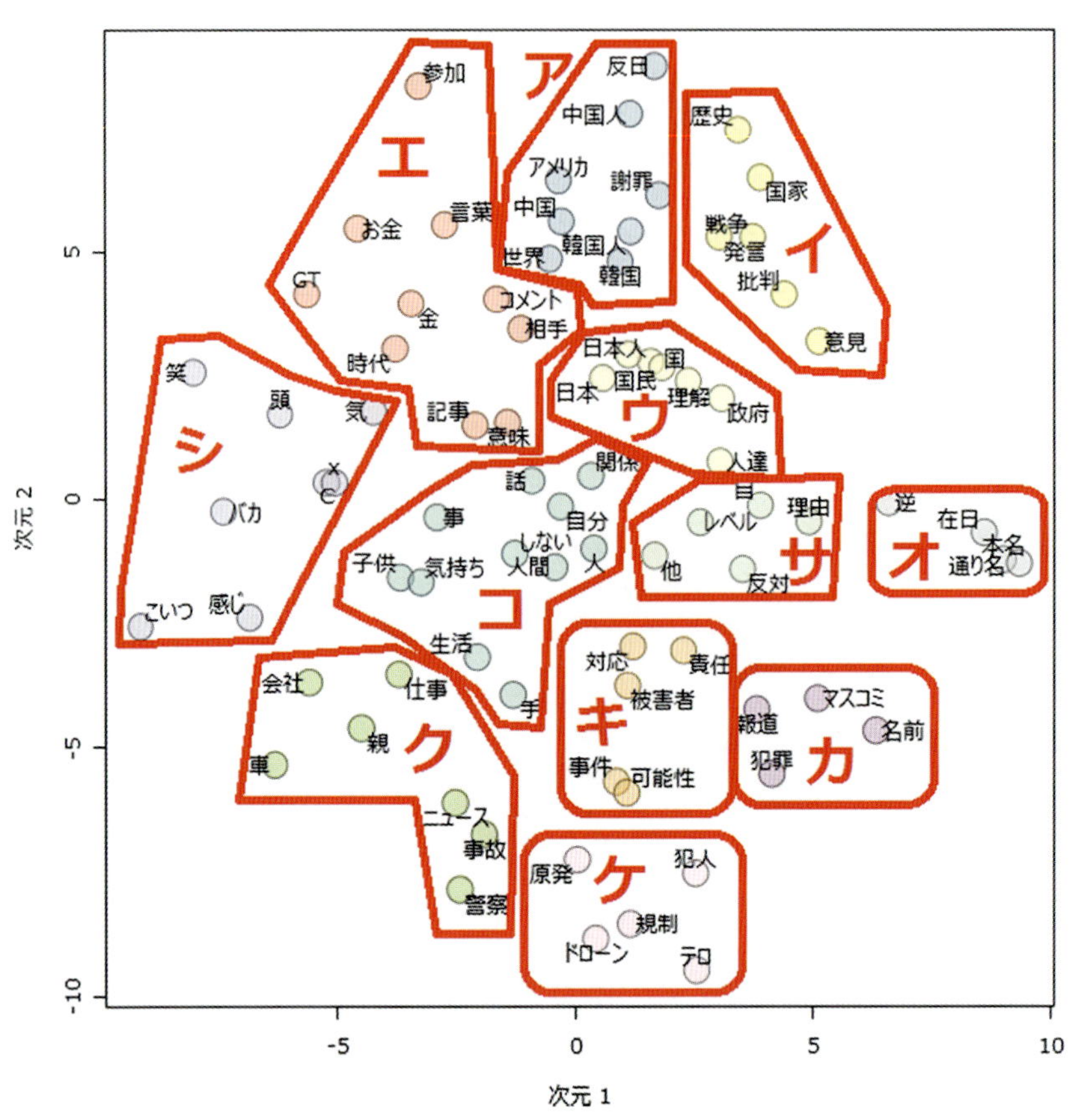

図10-8　γクラスタ・多次元尺度構成法（ＭＤＳ）図 (p. 277)

ハイブリッド・エスノグラフィー

ネットワークコミュニケーション
——NC研究の質的方法と実践

Hybrid Ethnography

Qualitative method and practice of network communication research

Tadamasa Kimura

木村忠正　著

新曜社

ハイブリッド・エスノグラフィー ◉ 目次

II　ハイブリッド・エスノグラフィーの実践

装幀　荒川伸生

はじめに

本書は、ネットワークコミュニケーションに対して質的研究、エスノグラフィーの観点からアプローチする方法論を展開するものであり、次の3つの関心領域が重なり合う地点における筆者の調査研究活動に立脚している。

（1）ネットワークコミュニケーション研究（ＣＭＣ〔Computer-Mediated Communication、コンピュータ媒介コミュニケーション〕研究）とそこでの質的（エスノグラフィー）アプローチの果たす役割

（2）質的研究、エスノグラフィーに関する方法論的議論（他／多分野におけるエスノグラフィーへの関心の高まりと人類学における懐疑・模索）

（3）デジタルネットワーク拡大に伴う方法論的革新、とくに、〈定性〉〈定量〉を対称的に扱い、複合的に調査、分析を行う方法論（これを本書は「ハイブリッドメソッド」と呼ぶ）の必要性。

筆者は、文化人類学という質的研究こそが生命線である学術分野で専門教育を受けたが、偶然の巡りあわせに導かれ、インターネットが社会に普及しはじめた１９９５年前後から、インターネット研究に取り組むこととなった。人文・社会科学分野ではインターネット研究が未開拓の揺籃期にあたり、文化人類学は、ある社会文化を、文化的規範や表象・意味・価値体系、行動様式、慣習といった文化的側面だけではなく、法制度、経済活動、技術、心理なども含め、多面的に理解しようとする学術領域であったため、筆者の研究もまた、ヴァーチュアル・コミュニティのような社会集合的現象、ネットワーク利用行動、オンラインコミュニケーションの社会文化的側面だけでなく、政策、法制度、デジタル経済、ｅラーニング、社会心理と多元的、複合的に展開してきた（木村 1997, 2000, 2001, 2004, 2007, 2008, 木村・土屋 1998など）。

しかし、サイバースペース（オンライン空間）という人類にとっての新たな活動空間をフィールドとする文化人類学徒として、学術的関心の中核には、生活世界における人々のコミュニケーション、つながり（ネットワーク）があり、ＳＮＳ（mixi、Facebook など）が普及を始める２０００年代半ばからは、ＳＮＳを中心とするネットワークコミュニケーションを含みこんだ生活世界の研究に積極的に取り組んでいる（木村 2012a,

2012b, 2015, 2016a, 2016b, 2016c, Kimura 2010b, 藤原・木村 2009)。その取り組む過程で直面した大きな課題が「方法論」であった。

ネットワークコミュニケーションの機能、構造、特徴などに関する研究は、主として、社会心理学、社会言語学、情報科学などが学際的に関与するCMC研究として、広範囲にわたり活発に展開されている。[1] CMC研究は学際的だが、主流である社会心理、社会言語、情報科学系の場合、量的分析が基本となることが多い。利用有無、時間、動機、目的、効用、態度、感情、タスク遂行などに関する従来型の定量的調査や実験心理学的手法だけでなく、コミュニケーションがデジタル化されていることから、計量テキスト分析やネットワーク分析などの量的分析が急速に発展を遂げている。さらに、これらの分野では、CMCという表現が含意しているように、CMCを対面コミュニケーション（FtF: face to face）と対照させ、CMC自体の特性を明らかにしようとする傾向が強い。

他方、方法論的に文化人類学を特徴づけ、その中核となるのがエスノグラフィーである。第3章で詳細に検討するが、エスノグラフィーは、従来のアナログ世界を前提とし、調査協力者と調査者とが場所と時間を共有する「参与観察」（調査者が協力者の生活世界に参加、関与しながら、観察する調査法）というフィールドワークの方法を基礎としている。こうしたエスノグラフィーという方法により、CMCにいかに文化人類学はアプローチできるのか。CMCにおける「参与観察」をはじめ、サイバースペースというフィールドにおけるエスノグラフィーは、従来のアナログ世界を前提とした方法論を根底から問い直す必要が生じる。さらに、文化人類学的アプローチの場合、CMCと対面コミュニケーションを対立させるのではなく、両者を含みこんだ生活世界を掘り下げて理解しようとするベクトルも強く働くため、CMC研究という枠組みを超えた方法論が求められる。

そこで、CMC研究に関心を持つ文化人類学者、エスノグラフィー的アプローチに取り組むCMC研究者たちは、方法論的議論を積み重ねてきており、「オンラインエスノグラフィー」(Markham 1998, 2005, Gatson 2011)、「ヴァーチュアル・エスノグラフィー」(Hine 2000)、「サイバーエスノグラフィー」(Robinson and Schulz 2009)、「デジタル人類学」(Horst and Miller eds. 2012)、「デジタルエスノグラフィー」(Murthy 2008, Pink et al. 2016) など、多様な展開を見せている。

本書は、こうしたCMC（本書では第1章で議論する理由から基本的に「ネットワークコミュニケーション」と概念化する）研究における質的研究（とくにエスノグラフィー）からのアプローチという学術的文脈に位置づけられる。しかし、上述の多様な方法論的議論を踏まえながら、本書が「ハイブリッド・エスノグラフィー」と異なる新たな概念を提起するのは、デジタルデータにおいては、〈定性的データ〉〈定量的データ〉という垣根が取り払われ、常にデータを〈定性的〉、〈定量的〉どちらの観点からもアプローチする必要が生じていること。したがって、ネットワークコミュニケーション研究においては、もはや「エスノグラフィー」が質的調査だけに留まることはできず、定性、定量をいかに組み合わせるか、そのダイナミクスが重要であるとの認識にもとづいている。

　このように、本書のいう「ハイブリッド」は、第一義的に、〈定性〉と〈定量〉とのハイブリッドである。だが、それだけに留まらない。デジタルデータは、エスノグラフィーをアナログ世界において不可欠であったフィールドワーク、参与観察の「同時性・同所性」から解放するとともに、ログデータにより調査協力者に干渉せず（非干渉的に）、観察することを可能にする。すなわち、本書は、時間軸、空間軸において可塑的で、「多時的」「多所的」という意味においても、「干渉型」(obtrusive)、「非干渉型」(unobtrusive) を組み合わせるという意味においても、「ハイブリッド」な方法としてエスノグラフィーを捉えることになる。

　しかし、〈定量的〉で、参与観察ではないエスノグラフィーがエスノグラフィーなのだろうか。本書は、デジタルデータがもたらす知識産出様式の変化に対応し、ネットワークコミュニケーションを対象としたエスノグラフィーはまさに、「ハイブリッド・エスノグラフィー」である必要があると主張する。むしろ、同時・同所性を必然とする参与観察の頸木から解放することにより、「エスノグラフィー」の中核的価値がより明確に現れる。それは、「フィールドワーク」にもとづき、可能な限り先入見・先験的枠組を排し、多元的事象を対象として、きめ細かく意味生成の文脈に即して掘り下げ、理解・解釈しようとする、仮説生成・発見的方法論」と規定することができる。

　デジタルデータが流通するネットワークコミュニケーションにおいて、「フィールド」は根底から変容する。したがって、「フィールドワーク」自体が、定性的、定量的、多時的、多所

［1］　学際分野である「コミュニケーション研究」に関わる学会で最も大きなＩＣＡ（International Communication Association）の基幹をなす学会誌の1つである *Journal of Computer-Mediated Communication*（JCMC）は、無料で公開されており、ＣＭＣ研究の現状を知るのに最適である。http://onlinelibrary.wiley.com/journal/10.1111/(ISSN)1083-6101

的、干渉的、非干渉的とハイブリッドに展開しうる。仮説検証ではなく、仮説生成的、発見的であるがゆえに、膨大なデジタルデータを定量的に構造化する作業と、個別の文脈（個々のネットワーク行動者とその行動）を参照し、意味生成の文脈に即して掘り下げ、理解・解釈する質的研究とを並立させ、複合させることが可能となる。

以上が、本書第Ⅰ部で展開する議論の基盤となる問題認識と大きな枠組みである。それを踏まえ、7章からなる第Ⅰ部の構成を概観しておきたい。第1章では、CMC研究ではなく、「ネットワークコミュニケーション」研究と概念化する意味とともに、「技術」と「社会」に関する本書の基本的な立場（関係主義にもとづく技術の社会的形成という立場）を説明する。第2章は、ネットワークコミュニケーション研究の基本的論点を整理している。本書の読者には、ネットワークコミュニケーション研究の専門家も多いと思うが、エスノグラフィー論、質的研究法、定量・定性の複合方法論（Mixed Methods）に主たる興味があり、ネットワークコミュニケーション研究に馴染みのない読者も少なからずいると想定する。他方、第Ⅱ部の各章をはじめ、本書は、ネットワークコミュニケーション研究におけるエスノグラフィーとして、ハイブリッド・エスノグラフィーを具体的に議論、実践しており、馴染みのない読者に本書の理解に最低限必要とされる論点をまとめた。

こうした前提を踏まえ、第3章では、先述のようなネットワークコミュニケーションに対するエスノグラフィーからのアプローチについて概観する。それとともに、「質的研究」、「エスノグラフィー」に対して、多様な学術分野、さらには、ビジネスからも強い関心が寄せられていることを示す。ネットワークコミュニケーションは、デジタルであることから、定量的アプローチに適している。さらに、SNS、スマートフォン（以下、「スマホ」と表記）の普及により、人々の行動、選好、思考、感情に関する膨大なデータ（ビッグデータ）が利用可能となり、億単位のデータを対象にしたデータ収集、分析手法の革新も目覚ましい。それにもかかわらず、ネットワークコミュニケーション研究においても、エスノグラフィーへの関心が高く、多様な議論が展開しており、IT企業でも人類学者が研究者として重要な役割を果たしている。それは、いくらビッグデータとはいえ、ネットワークに接続している際のヒトの行動、思考、心理や社会文化的文脈には、ログに回収されない面も多く、文脈に即したきめ細かい質的研究もまた不可欠だと認識されているからである。

こうしたエスノグラフィーへの関心の高まりは、文化人類学として歓迎すべきことではあるが、他分野、ビジネスからの関心には、ややロマンティックで、短慮な期待にもとづいていると思われる面もある。フィールドワークをすれば直ちにきめ細かい文脈が理解できるわけではもちろんなく、エスノグラフィーはけして万能薬でも、成功を約束された方法でもない。実際、文化人類学内部では、1980年代後半以来、エスノグラフィーという方法論と実践が、深刻な批判的課題に直面してきている。むしろ、サイバースペース、デジタルデータ、ネットワークコミュニケーションは、そうした課題をより先鋭な形で投げかけ、エスノグラフィー自体を問い直す大きな契機と捉えられるのである。

このような認識をもとに、第4章では、STS研究者であるHineによる「ヴァーチュアル・エスノグラフィー」と、文化人類学者であるMiller、Horstらによる「デジタル人類学」を対照して議論することで、ネットワークコミュニケーション研究の観点から、エスノグラフィーという方法論が直面している課題を明確にする。その核心にあるのは、デジタルデータとオンライン空間がもたらす「フィールド」の変容である。つまり、アナログ世界における一定の地理的空間と人々の活動により境界づけられる「フィールド」ではなく、空間、活動、境界、すべてが絶えず流動的なオンライン空間においてエスノグラフィーという方法をいかに実践するかが最も大きな課題なのである。

この課題に対して、第5章は、デジタルデータとオンライン空間が、研究対象としてだけでなく、データ生成、収集、分析方法として、従来のアナログデータ、オフライン空間と異なる論理を持つことにより、知識産出様式自体を変容させ、エスノグラフィーは新たな知識産出様式に適応することで、革新しうると議論する。ネットワークコミュニケーションのフィールドは、データ自体を常に「定性」「定量」両面から対称的に見ることが必然であり、異なる時間・空間が併存し、「干渉型」に囚われない「非干渉型」観察が可能な空間である。「定性」「同時・同所」「干渉型」という軛からエスノグラフィーを解き放つ方法論として、「ハイブリッド・エスノグラフィー」というプログラムを構想する。

「定性」「同時・同所」「干渉型」という特性を失うことで、私たちは、エスノグラフィーのもつ中核的価値をより明確に把握することができる。第6章は、その中核的価値を、理論とデータとの推論的関係が「仮説生成的（abduction）」、「発見的（heuristic）」であると規定し、それぞれの側面を、Peirce、Abbott、McGrathらの議論にもとづいて掘り下げていく。

第7章は、それまでの議論を受け、ネットワークコミュニケーションに対するハイブリッド・エスノグラフィーを、リサーチデザインとして遂行する過程に沿って具体的に検討する。エスノグラフィーはけして整然とした体系をなす方法論ではない。暗黙知的要素も多く、フローチャートにもとづいた手順化や方法の定型化などの形式化、体系化を拒む方法論である。しかし、本書は、ハイブリッド・エスノグラフィー的調査研究に取り組んでみようとする大学院生、若手研究者も読者として念頭においており、第7章では、可能なかぎり形式知として定式化することを意識しつつ、具体的に遂行する過程で生じる方法論的課題を、方法論的多様性と調査倫理の観点から議論することで、ハイブリッド・エスノグラフィーを実践するイメージを提示したい。

第Ⅱ部を構成する第8章から第10章では、ハイブリッド・エスノグラフィーの実践である調査研究とその知見を報告する。第8章は、デジタルネイティブ（１９８０年生以降とここでは定義する）を対象とし、日米で取り組んできた調査研究プロジェクト（VAP：Virtual Anthropology Project、ヴァーチュアル人類学プロジェクト）である。第Ⅰ部の議論は、このＶＡＰを実践し、進展させながら具体化したものであり、筆者がこれまでに取り組んだ調査研究のなかでは、最も包括的に多岐にわたりハイブリッド・エスノグラフィーを展開したものである。ＳＮＳ利用について、拙著『デジタルネイティブの時代』（木村 2012a）での議論を日米比較により深化させている。

第9章は、「デジタルデバイド」の観点からみたモバイルインターネットの利用に関する調査研究である。定性調査にもとづきフレームワークを構築し、定量調査を実施するという典型的な定性・定量の組み合わせ（《継起デザイン》）であり、企業での調査などにも適用可能な面があるだろう。

第8章、第9章が、オンラインを含みこんだ生活世界を、オフラインでの調査を基盤に掘り下げていくのに対して、第10章は、Yahoo! ニュースコメント機能のコメントデータをもとにした「ネット世論」に関するオンラインエスノグラフィー的調査である。非干渉型観察により、ビッグデータと文脈に即した解析をいかに組み合わせるか、テキストマイニング、ネットワーク可視化、ウェブアンケート調査を駆使しながら、道徳基盤理論にもとづいた仮説生成に取り組んでいる。

本書は、第8章で議論するＶＡＰを基点にしているが、ＶＡＰの開始は２００７年度に遡る。10年に及ぶ調査研究と試行錯誤から本書の議論は生み出されたことになるが、その過程では、数えきれない方々からのご厚情、ご協力、数多くの研究助成、共同研究の機会をいただいた。エスノグラフィーをはじめ、質的、量的問わず、社会調査は人々の理解と協力なしには成り立たない。手間のかかる作業を含むＶＡＰには、日米で延べ１４

8名の方が参加してくださり、本書で議論しているアンケート調査への協力者は、やはり日米で延べ1万人を越える。VAPの実施、道徳基盤理論に関連した社会調査についてはKDDI総研（現KDDI総合研究所）、ネット世論研究に関してはYahoo!ニュースにご協力を仰ぎ、煩瑣にもかかわらず、快く計り知れないお力添えをいただいた。ご協力いただいたお一人おひとりに、心より深謝申し上げたい。

主要な研究助成としては、「サイバー・エスノグラフィーの方法論的基礎に関する調査研究」（２００７—２００９年度科学研究費助成研究・基盤研究(C)）、「エスノグラフィーにもとづく情報行動研究」（２００７年度国際コミュニケーション基金（現ＫＤＤＩ財団）研究助成）、「定性・定量融合法（mixed methods）にもとづく「デジタルネイティブ」の日米比較」（２０１２年度（財）電気通信普及財団研究調査助成）、「定性・定量融合法（mixed methods）にもとづく日中「デジタルネイティブ」の政治意識、グローバル化意識とネットワーク行動に関する調査研究」（２０１４年度（公財）村田学術振興財団研究助成）があり、共同研究には、「通信サービスにおけるユーザの行動調査および行動モデル構築のための分析手法の検討」（２００９—２０１１年度ＫＤＤＩ研究所）がある。各助成機関、共同研究パートナーにも、本研究を推進する機会をいただいたことに、心よりお礼を申し上げる。

ここに記したように、筆者は、ＩＴ企業と協働する機会が数多くあり、第5章第4節の知識産出様式における「ビジネス／学術の対称性」、「ポスト学術科学（postacademic science）」に関する議論を真剣に捉える契機となっている。社会心理学者の亀田達也は、『モラルの起源——実験社会科学からの問い』（亀田 2017）の冒頭で、「教育学部や文学部を対象に、文系の学問が社会の役に立っていないのではないかという批判が、ここ十数年ほど、政府や産業界を中心に表明されてきた」（ibid.: i）と指摘し、「人文社会科学の危機」に抗し、文系の「豊満さを取り戻すための道筋」を描くためのチャレンジとして実験社会科学を捉えると主張している。

筆者も亀田と同様の危機感を共有しており、本書もまた、文系の豊満さを取り戻すためのチャレンジと位置づけることもできるだろう。社会学分野では、２０１０年代に入り、ようやく本格的に「デジタル社会学」が議論されるようになってきているが（第5章第1節参照）、Gregoryらは、「デジタル社会学」が必要とされる契機について、次のように議論する。

過去40年にわたり、社会学者たちは、方法論的革新を主導してきた。とりわけ、無作為抽出標本調査と深層面接法において。

> …（中略）…ところが、こうした調査法は、社会的世界を理解するにはますます役に立たなくなっており、社会学者たちは方法論的「危機」（Savage and Burrows 2007）に直面している。こうした方法の価値が失われていくことは、社会学者が「社会的なるもの」について特別な知識を主張することがもはや不可能であることを意味する。（Gregory et al. 2016: xxiii–xxiv）

文化人類学、社会学は19世紀、近代社会の形成とともに誕生し、近代化の過程で発展してきた学術領域である。それはアナログ世界における（ポスト）産業化、都市化、植民地主義などの展開を理解するための概念装置であり、調査方法として定性、定量の各種社会調査法、理論的には研究者の観察、内省にもとづいてきた。ところが、デジタルネットワーク、オンライン世界の拡大、機械学習、人工知能の革新的進展は、情報学的転回[2]とも呼びうる、ヒトと社会を理解する概念装置、枠組みを根底的に塗り替える可能性を高めている。

ネットワークコミュニケーションは社会的日常生活に深く浸透し、今後も進展する。文化人類学、社会学をはじめ、人文社会科学は、デジタルネットワーク世界とそこでの／それを含みこんだ生活世界、ヒト、社会文化を理解するための新たな言語、概念、方法が求められているのではないか。このような文脈において、本書は、文化人類学徒としてネットワークコミュニケーション研究に対する方法論的探究を続けた、10年来の苦闘の結果である。浅学非才ゆえ、至らない部分も多いと思うが、1つでも多くの気づきを読者に提示することができればと願っている。

［2］「情報論的転回」（informational turn）について、筆者はいまだ体系的に議論できるだけの知見を持たないが、「情報」という概念がヒトのあり方を探究する上で基底的であり、システム理論、サイバネティクス、情報理論などに源流をもち、「情報」概念を掘り下げながら、ヒトのあり方を問い直す学術的営為をここでは「情報論的転回」と呼ぶ。Adams 2003, Floridi 2011, Gleick 2011, 吉田 2013, 西垣 2005（西垣は、「情報学的転回（informatic turn）」と呼ぶ）などを参照。

I

ネットワークコミュニケーション／エスノグラフィー／ハイブリッド・エスノグラフィー

第1章　ネットワークコミュニケーション研究

1-1　「ネットワークコミュニケーション」

本書を定位する文脈として中核となるのは、インターネット（パソコン、スマホなどアクセス端末を問わない）、移動体通信（携帯電話、スマホ、Ｗｉ-Ｆｉなど）を中心としたデジタルネットワークを媒介とする（個人間）コミュニケーション行動に関する調査研究である。

１９９０年代半ばから、デジタル、ネットワーク、モバイルという３つの技術を中核とした、インターネットと移動体通信のダイナミックな継起的技術革新と社会的普及が世界規模で進展してきた。図1-1を見ていただきたい。これは、世界全体

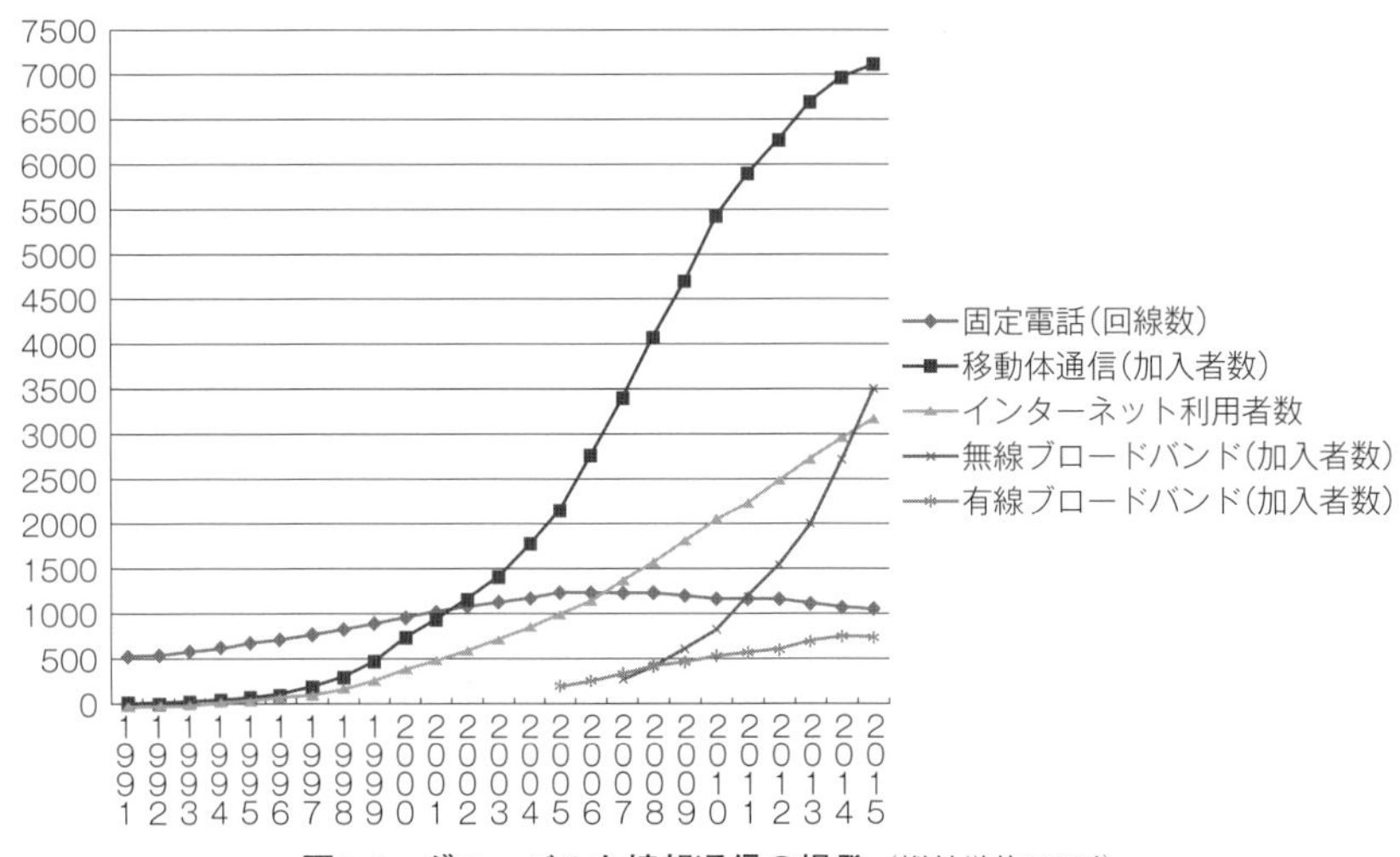

図1-1　グローバルな情報通信の爆発（縦軸単位100万）

での、インターネット利用者、携帯電話加入者数等の推移をまとめたものである。

冷戦期、軍事、学術関係に利用が限定されていたインターネットは、冷戦崩壊を契機として、商用利用への制約が1990年代前半緩和され、1995年には撤廃される。他方、商用化への動きと並行し、WWW（ワールド・ワイド・ウェブ）規格（1991年）、ウェブ閲覧ソフト（ブラウザ）（1992年、Lynx）が開発され、ウェブ関連技術が急速に発展することで、完全商用化以降、インターネットが文字通り爆発的に普及することとなった。図1-1はITU（国際電気通信連合）の推計にもとづいているが、1991年時点で440万人だったインターネット利用者（世界）は、1995年4000万人、2000年4億人、2005年10億人、2010年20億人、2015年には30億人へと拡大している。

インターネット以上に広く普及してきたのが携帯電話（ケータイ、スマホ）[1]である。同じくITUによれば、携帯電話加入者数（世界）は、1991年1600万、1995年9600万、2000年7・4億、2005年21億、2010年54億、そして2015年にはついに70億人と世界総人口に匹敵する（携帯電話の場合、1人が複数のアカウントを持つ場合もあり、法人アカウントも含まれるため、加入者数は利用者数を表さない点に留意する必要はある）。携帯電話網は固定電話網と同様、アナログネットワークだったが、1990年代からデジタルネットワーク（「第2世代（2G）」）へと移行し、2000年代にはインターネット接続（「第3世代（3G）」）、2010年代に入ると、スマホ、タブレット端末、高速インターネット接続（LTE、WiMaxなど第4（3・9）世代）と、インターネットとの融合が進展してきた。

このように、90年代半ば以降、それまでの電話、ファクス、テレビ、ラジオといったアナログ技術にもとづく情報ネットワークメディアの世界に、インターネットと移動体通信というデジタルとモバイルが織りなす新たな情報ネットワークメディアが世界規模で拡大し、メディアスケープは大きく変容を遂げた。

その変化は、社会を構成する広範な領域に、多元的、複合的に及ぶが、コミュニケーションは最も大きく変革されてきた領域の1つである。インターネット関連では、商用化以前から開発、利用されていた電子メール、文字チャット、電子掲示板（BBS）、メーリングリスト、ニューズグループなどが90年代

［1］　本書では、「携帯電話」をPHS、スマートフォンを含めた移動体通信端末を指す語として用い、いわゆるガラパゴス携帯電話（ガラケー）とも呼ばれる従来型のみを指す場合には、「ケータイ」を用いる。

半ば以降、社会全般に急速に広まり、２０００年代には、ブログ、ＳＮＳ、知識共創共有サイト、動画共有サイト、ソーシャルブックマークなど「ソーシャルメディア」[2]と呼ばれるオンラインコミュニケーションが次々と生み出され、瞬く間に人々の社会的日常生活に深く組み込まれている。

また、日本社会の場合、90年代から、ポケベル、ＰＨＳ（ピッチ）、ケータイ、スマホと移動体通信が普及するに伴い、ベル暗号、顔文字、絵文字、ケータイブログ・リアル、モバイルＳＮＳ、つぶやき、チャット、スタンプ、エアリプ、既読スルー、返信5分ルール、学校裏サイトなど、青少年を中心とした移動体通信コミュニケーション環境は不断に変容を遂げている。

そこで、文理問わず多様な専門分野から、インターネット、移動体通信を介したコミュニケーションへの調査研究が展開され、学際的、複合的研究領域が発展してきた。その複合領域は、インターネット研究（internet studies）、オンラインコミュニケーション研究、ＣＭＣ研究などの呼称があるが、本書においては、「ネットワークコミュニケーション」研究と呼ぶことにしたい（さらに、表記簡略化のため、本文中では、「ネットワークコミュニケーション」を「ＮＣ」と表記することもある）。

「インターネット研究」（例えば、Consalvo and Ess eds. 2011, Dutton ed. 2013）は、コミュニケーションだけではなく、法制度、商取引、インターフェイスなど対象となる領域が広い一方で、従来のアナログメディア、ならびに、携帯電話、デジタルテレビなど、デジタルネットワークであってもインターネットには包摂されないメディアは直接的対象からは外れることになる。

「オンラインコミュニケーション研究」の場合、例えばチャットでの言語表現（言葉遣い、話者の交代、自己提示の仕方など）など、基本的に、オンライン上でのコミュニケーション（のみ）に研究対象が限定される傾向を持っている。だが、オンラインコミュニケーションが行われるオフラインの文脈、さらには、オンラインコミュニケーションを行う人々のオフラインでのつながりなどもまた本書にとっては重要な研究対象である。

ＣＭＣは、ＮＣとほぼ同義といってよい。とくに、「コンピュータ」をパソコンやスパコンなどの機器ではなくマイクロプロセッサーと解せば、現代社会において、ほとんどすべての電子メディア媒介コミュニケーションはマイクロプロセッサーなしには考えられず、ＮＣはＣＭＣと規定することができる。

しかし、ＣＭＣは、もともと、１９７０年代、コンピュータが企業、研究教育機関、行政などの組織に導入され、コンピュータシステムを媒介とした組織コミュニケーションが実務上も研究上も大きな関心対象になることにより成立した概念である（Rice 1980）。したがって、ＣＭＣ研究における「コンピュータ」は、かつてのメインフレームコンピュータからパソコンまで、基本的には製品としてのコンピュータ（入力装置としてのキーボード、出力装置としてのコンピュータディスプレイ）が念頭に置かれている。

それは、ＣＭＣが研究領域として拡大することとなったインターネットの普及過程においても同様である。１９９０年代半ばにおける代表的な定義を見てみよう。

> 広義において、ＣＭＣとは実質的にあらゆるコンピュータ利用を包含している。（Santoro 1995: 11）

> Computer Mediated Communicationとは、コンピュータを介したヒューマンコミュニケーションの一過程である。ヒトが関わり、特定の文脈において状況に埋め込まれ、多様な目的でメディアを形成する諸過程が含まれている。（December 1997: 3段落）

> ＣＭＣとは、コンピュータの道具性を介して、ヒトとヒトの間に生じるコミュニケーションである。（Herring ed. 1996: 1）。

上記のように、ＣＭＣとは文字通り機器としてのコンピュータを介したコミュニケーションであり、アメリカをはじめ英語圏では、スマホ、タブレット端末普及以前は、パソコンベースのインターネット（以下、「ＰＣネット」と表記）が支配的だったため、１９９０年代半ば以降、それは実質的にＰＣネットとウェブ（ＷＷＷ）の研究が中心となっている（Thurlow et al. Lengel 2004）。

本書においても、ＰＣネット、ウェブが中核的であることは間違いないが、先に述べたように、より大きなメディアスケー

［2］ソーシャルメディアとは、２０００年代半ばからウェブマーケティングの世界で用いられ、広く用いられるようになった概念。これらのサービスは、ユーザがテキスト、写真、動画などの（マルチメディア）コンテンツを発信、共創、共有することができる。さらに、ユーザ間、ユーザ－コンテンツ間、コンテンツ間にそれぞれ多様な関係性（フレンド、「いいね」、アクティビティ、タイムライン、コメント、リプライ、リコメンド、ＲＳＳ、タグ付け、ランキング、ブックマーキングなど）が取り結ばれ、その関係性を視覚的に把握する仕掛けが組み込まれている。そのため、コンテンツの集積が、たんにユーザ間の相互コミュニケーションではなく、メディアとして社会的現実を構成し、提示するほどの力を持ちうるようになった。

プの変容とそこでのコミュニケーションに関心がある。もちろん、CMC研究自体も、スマホ、タブレット端末、無線LAN利用の拡大など、社会の変化に対応し、その対象はたえず拡大しているが、そうなると、「コンピュータ媒介」という道具を主役とした表現が適切かどうかは改めて検討する必要が生じる。

　コンピュータの中核的価値は情報のデジタル化にあり、本書を通して議論を重ねていくが、「デジタルであること（being digital）」（Negroponte 1996）は、調査研究を革新し、私たちの社会的現実認識、構成に大きな変容をもたらす源泉であることは疑う余地がない。しかし、90年代半ばからの情報ネットワークメディアの革新は、ヒトとヒト、ヒトとモノ／情報、モノ／情報とモノ／情報とのつながり方（ネットワーキング）にこそある。だからこそ、Castellsは、「コンピュータ社会」、「デジタル社会」、「情報社会」よりもむしろ、「ネットワーク社会」という概念化こそ適切だと主張した（Castell 2000）。

　Castellsは、*Information Age* 3部作の第1作 *The Rise of the Network* の結論において次のように述べる。

> 　ネットワークは、私たちの社会に関する新たな社会形態学を構成し、ネットワーク化論理（networking logic）が広まることから、生産、経験、権力、文化が現実のプロセスにおいて作動する仕方、そしてその作動の結果が大きく姿を変える。社会組織のネットワーク化形態は、他の時代、空間においても存在はしてきたが、新たな情報技術パラダイムにより、ネットワーク化形態が、社会構造総体を通して拡がり行き渡るための物質的基盤が用意された。…（中略）…ネットワークに在るのか無いのか、それぞれのネットワークが他のネットワークと相対するダイナミクスが、私たちの社会においては、支配（優越）と変化が生じるきわめて重要な源泉となっている。私たちの社会は、（ネットワークという）社会的形態が社会的行為に優越することにより特徴づけられ、したがって、ネットワーク社会[3]と呼ぶのが適切とも考えられるのである。（Castells 2000: 500）

　マクロな社会理論において、「コンピュータ（デジタル、情報）社会」よりも「ネットワーク社会」が適切と考えることができるように、「CMC」よりも「NC」がより適切だと本書は主張する。つまり、「NC」とは、「インターネット、移動体通信を中心としたデジタルネットワークを媒介とするコミュニケーション」であるとともに、「ネットワーク社会におけるコミュニケーション」という意味でもあり、後者の観点から、従来のアナログメディアを介したコミュニケーションの変容といった論点への拡張も視野に入ることになる。

1-2　本書が対象とする「ネットワークコミュニケーション研究」

上記のようなNCという術語の規定を行った上で、本書の守備範囲について言及しておきたい。本書は第一義的に、「日常生活における個人間NCについてのエスノグラフィー調査研究法」が主題である。「NC」を修飾する語句が、本書の守備範囲を示している。

まず「個人間」というのは、一方で、ヒトを介さないコミュニケーション、他方で、組織コミュニケーション、マスコミュニケーションは直接的対象ではないことを意味する。NCでは、ヒトを介さないデバイス、プログラムなどの相互コミュニケーションとそのデータ蓄積、加工、分析、発信などが爆発的に拡大してきた（IoT（Internet of things、モノのインターネット）、IoE（Internet of Everything）とも呼ばれることがある）。簡単な例としては、高速道路の監視カメラ画像と不審車両、手配犯顔写真データベースとの照合など、監視系NCをあげることができよう。あるいは、アメリカでは株式取引の7割はアルゴリズム取引（コンピュータプログラムによる自動取引）と言われ、株式売買のアルゴリズムが自動売買を何百億円単位で行うNCが、私たちの預かり知らぬところで日々繰り広げられている。

しかし、本書が基本的に対象とするのは、情報ネットワークを媒介とし、ヒトが行うコミュニケーション（対人交流、情報・意思伝達、意味創出行為）である。もちろん、ヒトではなくボット（ロボットプログラム）とのコミュニケーション、さらには、コミュニケーションに限らない情報ネットワーク行動（例えば、情報検索・収集、自己表現、暇つぶし、娯楽、ネットショッピングなどの利用法）、情報ネットワークへのアクセスなどに関する議論も含まれる。だが、第一義的に、情報ネットワークを介してヒト同士が行うコミュニケーションが本書の主題である。

また、NCを含むメディア媒介コミュニケーションは、その生起する社会的状況により、マスコミュニケーション、組織コミュニケーション、個人間コミュニケーションに大別しうるが、本書の議論は「個人間（interpersonal）」へのアプローチにある。マスコミュニケーションについては、個人のメディア接触

[3]　本書では、外国語文献の和訳はすべて筆者自身による。

という観点から議論の対象となりうるがそれ以上ではない。おそらく、本書で扱う方法論は、組織内での個人間コミュニケーションを掘り下げるという意味では、組織コミュニケーションの文脈においても十分に適用可能と考えるが、階層性、役割分担、課題遂行、協働作業といった組織的文脈において重要な論点は本書の対象外である。

つまり、本書は、「日常生活において」個々人が互いに行うNCを研究対象とし、「エスノグラフィー」によるアプローチを探究していくことが目的となるが、「エスノグラフィー」によるアプローチを主題とすることは、学術研究領域の観点からもまた、本書の守備範囲を規定する。コミュニケーション研究では、社会心理学的、社会言語学的観点から、量的社会調査、実験心理学的方法による情報ネットワークメディア利用研究もまた広範に発展している。文化人類学は多元的、複合的に事象にアプローチするため、上記分野について、広く関心を持ち、さまざまな研究から多くのことを教えられており、本書の議論において重要な基盤を構成している。ただし、それぞれがすでにかなり大きく、多種多様な研究が展開されており、筆者の理解が偏ったものであることは予めご承知おき願いたい。また、CMC研究には、HCI（Human Computer Interaction）、CSCW（Computer Supported Cooperative Work）といった工学系分野も強く関連しているが、本書においては直接的関与の外にある。この点も予めご留意願いたい。

1-3　技術の社会的形成
――本書における技術と社会との関係の捉え方

さて、これから具体的に本論を展開していくにあたり、留意しておきたい理論的観点について、ここで予め触れておきたい。それは、「技術」としてのNCと「社会」との関係をどのように捉えるかであり、本書は「技術の社会的形成（Social Shaping of Technology）」という立場をとることである。

技術と社会との関係については、NCに限らず、広く一般的に理論上重要な論題として、科学技術社会論を中心に長年にわたり多層的、多面的に議論されてきた。その議論では、一方の極に「技術決定論」、他方の極に「社会決定論」がある（例えば、Wyatt 2001）。

「技術決定論」とは、「技術の性質と変化の方向性は、自律性をもつ、ないし、予め定まっている」、そして、「技術は社会に対して、不可避的で、決定的なインパクトを持っており、技術的変化は社会や組織の変化をもたらす」（William and Edge 1996: 868）との論理とそれを前提とした議論と規定しうる。

このように規定すると、情報ネットワークメディアに関する議論には技術決定論的傾向が強く認められる。例えば、いわゆる「メディア論」は、メディア自体のヒト、社会に及ぼす力に着目する側面において、基本的に技術決定論である。McLuhan は、メディアの文法が私たちの認識を形作ると主張した（McLuhan 1964=1987）。

「情報化」という概念にも技術決定論的指向性が内在している。「情報化の進展により、生活が変わる」、「ＩＴ（コンピュータ、インターネット、スマホ、ソーシャルメディア等々）が社会（生活、政治、行政、教育、コミュニケーション、組織、ビジネス、民主主義等々）を変える」といった表現は、マスメディア、政策文書などで多用されており、私たち自身も、「スマホが子どもに及ぼす影響」に思いを巡らすこともあるだろう。実際、本書でも先ほど、「「デジタルであること」は、調査研究を革新し、私たちの社会的現実認識、構成に大きな変容をもたらす源泉である」と述べた。そもそも、「情報化社会」という概念自体、「情報化は（社会とは独立して）自律的に進展する」、そして、「（その自律的に進展する）情報化が社会を変える（社会に影響を与える）」という技術決定論的論理を内包していると解することもできる。

しかし、技術はそもそもヒトが意図をもって開発するものであり、具体的な製品、サービスとして社会に流通するに至る過程を考えれば、社会が作るものである。例えば、ソーシャルメディアの大きな技術的基盤の1つである匿名通信、暗号通信を考えれば、そうした技術が必要とされ、実際に機能し、意味づけられるのは社会的文脈に他ならない。「匿名」はヒトが互いに相手を認識できない状況、「暗号」も「第三者」に解読困難なシンボル体系と、ヒトがコミュニケーションする状況およびコミュニケーション主体同士の関係を前提としている。したがって、あるシンボル体系と演算操作する技術が、ヒト、社会から独立し、自律的に「暗号技術」として存在するわけではなく、利用する側が「暗号」として意味づけるものである。

さらに、匿名化、暗号化技術が開発、普及する過程を考えれば、電子商取引を拡大したいビジネス、市民の通信の自由を追求し、個々人が容易に利用可能な高度な暗号を開発し普及させようとする研究者・活動家、安全保障の観点から暗号技術をコントロールしようとする政府などの異なる利害をもった諸主体が関わっている。

したがって、技術は一旦ジャンルとして確立すると所与とみなされうる（「closure（収束、閉鎖）」、「ブラックボックス」化とも呼ばれる）が、その確立に至る発展過程を考えれば、技術は社会的に構成されるのであり、その過程では、ある技術領域で多様な利害を持った人々が、それぞれの立場に応じて、技術への意味づけ、機能や効果を模索し、利害が衝突を繰り返す中で、技術が具体的に構成され、消長が起きると考えることができる。こうした理論的立場をPinchとBijkerに従い、「技術の社会的構成（SCOT: Social construction of technology）」(Pinch and Bijker 1984）アプローチと呼ぶことができる。

では、技術には、何ら作動因（agency）としての力はなく、完全に社会に還元されるのだろうか。つまり、社会決定論が最終的な解答だろうか。科学技術社会論において影響力を持った技術決定論批判、社会構成主義、解釈主義的論文集を*The social shaping of technology*（技術の社会的形成）というタイトルで編んだMacKenzieとWajcman（1985）は、第二版（1999）に寄せた序文で次のように述べる。

「第一版を編んだとき、我々は、「形成する（shaping）」というメタファーを選択し、より広く使われている「社会的構成（social construction）」とはしなかった。その1つの理由は、後者の表現は、構成されるものには、現実に頑強なものは何もないという誤解を生みやすいと考えたからである。」（1999: 18）

「技術の社会的形成を強調することは、完璧に実在論的見方、さらには、物質主義的見方とすら、何ら問題なく両立する。人工物が社会的に形成される際に、形成されているものは、単なる思考物ではなく、頑強な物理的実在である。」（ibid.）

Latour、Callon、Lawらが主唱するアクター・ネットワーク・セオリー（ANT: Actor Network Theory）は、ヒト（human）と非ヒト（non-human）、社会と自然との対称性を主張し、作動因（agency）として技術、人工物を積極的に取り込む。アクター・ネットワークとは、「作用者（actant）だけにもネットワークだけにも還元できない、通常のネットワークと同じく、ある期間、相互に結びついた一連の生物や無生物の要素から構成されたもの」（Callon 1987: 93）であり、自然、人工物、制度などもネットワークを構成し、作動因として働く作用者として位置づけられる。

ANTは「関係主義」を主張している。技術決定論、社会構成主義とも、技術、モノ・人工物、ヒト、社会などの存在を、独立した存在と措定し、ある特定の属性を、ある特定の存在に帰属させる。しかし、これまでの議論から明らかなように、それぞれの存在は互いに関係することにより、属性が顕現する。例えば、ホタテの養殖技術が機能するためには、当たり前の話だがホタテが実際に当該海域で採苗器に付着しなければならず、「採苗器」という存在自体、ホタテとヒトとの関係があって初めて生み出されるものである（Callon 1984）。頑強な物理的実在と物性は私たちとの関係の中で顕現し、私たちもまたモノとの関係性において、そうした実在、物性とともに立ち現れるのである。

ただし、私たちは同時に、世界の情報を迅速に処理し、判断するために、様々な事象をブラックボックスとし、属性をそのブラックボックス化した存在に帰属させる認知的倹約能力を発達させてきた。学術的議論においても、それは同様である。情報化社会論者は、先に規定したような形での技術決定論をそのまま受け入れているわけではない。それにもかかわらず、例えば、ソーシャルメディアが民主化を引き起こすという言説構造に陥る。

本書においても、同様の言説構造が忍び込むことを回避することはできない。しかし、ここまで議論してきたように、本書は、関係主義にもとづく技術の社会的形成という立場に拠っており、ブラックボックスを開き、関与するアクターたちの織り成すネットワークに立ち戻る可能性を常に認識していることを読者と共有しておきたい。

第２章
ネットワークコミュニケーションの特性

2-1　5つの軸

ＮＣ研究は、文理問わず多様な専門領域が関わる学際的、複合的研究領域であり、ＮＣおよびその研究枠組を包括的に議論することは筆者に能うべくもない。しかし、この研究領域になじみのない読者に対して、筆者がどのような観点から、ＮＣに関心を持ち、アプローチしているのか、本書にとって重要となる論点を紹介しておくことは必要だろう。

１９９０年代前半から、質的アプローチにもとづいたＮＣの調査研究に取り組み、コミュニケーション研究の分野における代表的な研究者の１人であるBaymは、デジタルメディアを介したコミュニケーションの特性について、以下の７つを「鍵概念」として指摘する（Baym 2010: 6-12）。

・双方向性（interactivity）：発信者と受信者（social）、端末と操作者（technical）、テキストと受け手（textual）、それぞれの面での双方向性
・時間軸構造（temporal structure）：同期、非同期を基本とするメッセージのやりとりにおける時間軸
・社会的手掛かり（social cues）：コミュニケーションの文脈、メッセージの意味、話者のアイデンティティなどを伝える言語的、非言語的手掛かり
・保存（storage）：記録、保存の容易さ
・複製可能性（replicability）：複製し頒布することの容易さ
・リーチ（reach）：メッセージが届く範囲の拡張
・移動性（mobility）：メッセージをやりとりするための場所の制約が減少

ここでは、このBaymの分類を出発点としながら、第Ⅱ部において展開する筆者自身の調査での議論を踏まえ、ＮＣの特性を、次の５つの軸に沿って展開したい。

（１）関与者数

（2）クローン増殖性と記憶・再生・複製・伝播様式
（3）時間軸・空間軸における離散性・隣接性
（4）物理的存在と論理的存在と社会的手掛かり
（5）秩序形成への欲求とメディアイデオロギーの形成

すでにNC研究に明るい方は、大半を読み飛ばしていただいても支障ないと思うが、本書の議論において理論的背景をなす2-4から2-6は、一通り目を通していただければ幸いである。

2-2　関与者数

表2-1をみていただきたい。コミュニケーションを分類する1つの枠組みは、媒介するメディアと関与者の数によるものである（遠藤 2000: 106）。ヒトはシンボル操作能力と道具を生み出す能力があることから、コミュニケーションは対面のみならず、文字、印刷物を始め、多様な媒介物（メディア）を介して遂行される。従来のアナログメディアの場合、印刷、郵便、電話、ラジオ、テレビなど、メディア毎に大きく異なることは確かだが、対面コミュニケーション、デジタルメディアを媒介としたコミュニケーションと比較すると、アナログであることによる制約、特性が浮き彫りとなる。

アナログメディアは、1つの情報源から複数の受け手に対して（一対多で）情報を一斉伝達するマスコミュニケーションに強い反面、多対多（少数対少数）のグループコミュニケーションはほとんど不可能である。また、一対一を可能にするアナログメディアは、郵便、電話が大半であり、従来の物理的空間による制約から大きく解放された一方、時間による制約から逃れることは難しい。郵便は往復に数日（海外船便では月単位）の時間がかかり、電話は同期的である（複数のコミュニケーション主体が時間を共有する）必要がある。

他方、アナログメディアと比較すると、対面型コミュニケーションでは、多対多が多様に展開できる点に強みがある。だが、多対多にしろ一対多にしろ、対面では互いに時間と場所を共有する（「同期性」「同所性」）必要があるため、一箇所に集まり、同時に話ができる人の数は自ずと制限される。

このようなアナログメディア、対面と比較すると、デジタルネットワークを介したコミュニケーションは、一対一、多対多、一対多、いずれにおいても、多様な形態が可能となっている。とくにアナログメディアの弱点である多対多コミュニケーションに大きな強みがある。インターネットが学術機関に普及を始めた1980年代から、電子掲示板（BBS）、ニューズグループ、メーリングリスト、（文字）チャットなどの多対多コミュニケーションメディアが発達し、1990年代後半から、ブ

表2-1　関与者数によるコミュニケーションの類型

	対面型コミュニケーション	アナログメディアを介したコミュニケーション	デジタルネットワークを介したコミュニケーション（NC）
一対一型コミュニケーション	対話	手紙、電話、ファクス	電子メール、チャット（文字・音声・ビデオ）、SNS
多対多（少数対少数）型コミュニケーション	井戸端会議、打合せ、会議、パーティーなど	伝言ダイヤル、ダイヤルQ2	ブログ、SNS、メーリングリスト、ニューズグループ、BBS（電子掲示板）、動画共有サイト、知識共創共有サイト
一対多型コミュニケーション	講演、公演、講義、授業など	新聞、雑誌、書籍、テレビ、ラジオなどマスメディア	ブログ、SNS、メールマガジン、ネットラジオ、ネットテレビ、動画共有サイト

（遠藤 2000: 106の表をもとに加筆作成）

ログ、SNS、動画共有サイト、知識共創共有サイト、（音声、ビデオ）チャットなど、多種多様なソーシャルメディアが開発され、特定、不特定を問わず、多数が関与するコミュニケーション形態が大きく発展してきた。

2-3　クローン増殖性と記憶・再生・複製・伝播様式

NCにおいて、多対多コミュニケーションが開花したのは、デジタル化された情報がログとして蓄積されることで、関与者が「同時性」「同所性」の制約から解放され、「多時的」、「多所的」に情報にアクセスし、閲覧、発信、共有することが可能となったことによる。

ここでいうログ蓄積とは、たんに情報の記録だけではなく、複製、再生、伝達・伝播の様式を含んでいる。コミュニケーションはシンボル交換と捉えることができるが、従来の対面、アナログメディアに比して、デジタルメディアは、「クローン増殖性」により、シンボルの記憶、複製、再生、伝播様式が大きく異なる。クローン増殖性とは、デジタル情報が備えている、耐複製劣化性、耐経年劣化性、非摩耗性、非消費性、非媒体拘束性、非消失性、非移転性とも言われる諸特性の基底にある性質である。

対面における声や手書きは、「複製」に関して、「本物／偽物」という二項対立により概念化される。アナログ複製メディアの拡大は、その対立を「マスター／オリジナル／コピー」の対立へと組み換えた。書籍であれば活版、レコード、ビデオであれば原盤（マスター）があり、その「原盤（マスター）」から直接作成された複製物が「オリジナル」である。そして、オリジナルからのダビング、書籍のコピー機複製のように、「オリジナル」からアナログ技術を介して作成された複製物が「コピー」となる。アナログ技術である以上、「オリジナル」は「マスター」よりも、「コピー」は「オリジナル」よりも劣化する（「複製劣化」）。

それに対してデジタル情報は、複製による劣化はなく、そもそもオリジナルと複製との間に区別はない。それは「コピー」ではなく「クローン」であり「増殖」といった方が適切である。メモリ上の電磁的データ、ディスプレイ上の表示、印刷機による出力など、データ、表示、出力は、それぞれクローンを作成することが容易であり（「非複製劣化」）、また、データ、表示、出力のいずれが「本物（あるいは、マスター、オリジナル）」かと問うことに意味はない。

また、アナログ情報は再生により摩耗が生じ、経年劣化もまた不可避である。対面や電話、ラジオ、テレビでは、交換されるシンボルの大半はその場で文字通り「オンエア」となり、関与者が自らに記憶する他ない。人の記憶は様々な要因により、記録、再生、伝播にバイアス、変形、欠損が生じる。メモ、手紙、出版物、アナログでの録音、録画などの場合、シンボルは、何らかの記録媒体（メディア）に保存されることとなるが、情報自体が媒体に体化し拘束されている（「媒体拘束性」）ために、アナログ情報記録媒体はいずれも、時間の経過とともに材質として痛み、再生する場合には媒体自体が摩耗し、画像や音声が劣化する。他方、デジタルの場合、ハードディスク、ＤＶＤ、ＵＳＢメモリなど、メディア（記録媒体）はもちろん時間の経過とともに劣化し、使用によって摩耗するが、データ自体は媒体に拘束されず独立し（「非媒体拘束」）、常にクローン増殖可能な状態にある。

つまり、アナログで記録された情報は、経年劣化し、再生を繰り返す度に摩耗、消費されるものとなる（例えば、お気に入りのレコードがすり減れば、新たな「オリジナル」を再度購入する必要があった）。それに対してデジタル情報は非媒体拘束的であり、再生、複製は、「マスター」「オリジナル」が摩耗、消費されるのではなく、その都度クローンが増殖するため劣化という概念は非関与的となる。

そこで、口頭ではなく、媒体を介して伝達する場合、アナログ情報は媒体拘束性があるため、自分でコピーを作成しない限り、アナログ情報（例えば、手書きの葉書・手紙、メモ書き）は相手に「移転」し、手元からは「消失」する。他方、デジタル情報は相手にクローン増殖するため、「移転」「消失」概念はやはり関与的ではない。

上記のような諸特性は、情報の伝播様式にも大きな差異を生じさせる。伝播様式を考えるために、ここでは、「ミーム（meme）拡散力」という概念を導入したい。ミームとは、動物行動学者であるDawkinsが*The selfish gene*（Dawkins 1976=1991）の中で用いた、「文化的伝達における模倣・複製の基本単位」を意味する造語である。それは社会文化的行動様式やカテゴリー、表現、価値体系などの消長・変容のダイナミクスを、生物学的な遺伝子になぞらえている。たとえば、流行語は1つのミームの典型と考えることができる。メディア、人々を介して模倣・複製を繰り返し、場合によっては変異しながら社会に波及していく。

マスコミュニケーションの影響力は、まさにミーム拡散力である。全国紙新聞や全国ネットの地上波放送では、数百万、数千万単位で複製が人々に伝達され、拡散する。しかし、アナログメディアの場合、マスター／オリジナル関係でのミーム拡散力は強力だが、オリジナル／コピー関係では、媒体拘束性、移

表2-2　対面・アナログメディア・デジタルメディア様相毎の情報複製・再生・伝播様式の比較

	複製・再生	伝達・伝播
対面情報	本物／偽物（真／偽）	関与者の記憶を介した口伝え（伝言ゲーム） 郵便、書類の場合には、移転性、消失性
アナログメディア情報	マスター／オリジナル／コピー 複製劣化、経年劣化、摩耗性、消費性、媒体拘束性	マスター⇨オリジナル（マスメディアにおける発信者のコントロール、強力なミーム拡散力） オリジナル⇨コピー（媒体拘束性による限定的な拡散力、口伝えでの伝言ゲーム化）移転性、消失性
デジタルメディア情報	クローン増殖性 耐複製劣化、耐経年劣化、非摩耗性、非消費性	クローン増殖性 媒体非拘束性による強力なミーム拡散力 非移転性・非消失性＝増殖性

転・消失性から、口伝えの伝言ゲームになってしまう。対面、アナログでの個人間コミュニケーション（電話、手紙）のミーム拡散力はいうまでもなく限定的である。

NCの場合、マスメディアほどの規模で同時一斉にミームを拡散する力はないが、スパムにならず数百万、数千万のメッセージをコントロールして、一定の時間内に送信する技術はすでにある。また、アナログのクチコミ、伝言ゲームとは異なり、クローン増殖として、二次情報源からさらに

転送することが容易に可能なため、ミームは驚くほどの速さで広汎に拡散することができる。ここまでの本項の議論は表2－2のようにまとめることができるだろう。

2-4 時間軸・空間軸における離散性・隣接性

クローン増殖性にもとづく記録・複製・再生・伝達・伝播様式は、コミュニケーションの生起する時間、空間の構造を大きく変えることにもなった。時空間構造に関する議論も多様だが、ここでは、「離散性」「隣接性」という概念をもとに変化を捉える。

まず、コミュニケーションのやりとりが行われる時間軸の離散性である。アナログメディアを媒介としたコミュニケーションを議論する場合、個人間では電話／郵便、マスコミュニケーションではラジオ・テレビ／新聞と、同期／非同期の区分が基本となってきた。対面や電話のように、コミュニケーション関与者（発信者・受信者）が時間を共有してシンボル交換を行う（同期）か、郵便、ファクスのように、時間を共有せずやりとりする（非同期）かにより、コミュニケーションは大きく異なるからである。

他方、NCにおいても同期／非同期は依然として重要だが、単純な二項対立的枠組ではなく、「離散性のコントロール」がより重要となる。従来のアナログメディアは、電話＝同期、郵便＝往復に2、3日以上、ラジオ・テレビ＝同期、新聞＝1日単位、週刊誌＝週単位、のように、メディア自体に特定の離散性が結びつくことで柔軟性と多様性を欠いていた。それに対して、例えば、電子メールの場合、数十秒から1分単位で送受信を繰り返し、同期的コミュニケーションであるチャットのようにやりとりする場合もあれば、半日、1日後、数日後と、相手と状況によってタイミングを計り、時間軸の離散性をコントロールすることが可能である。私たちはそうした離散性のコントロールを、コミュニケーション資源として活用している。したがって、同期／非同期という二項対立ではなく、時間軸離散性のコントロールという捉え方が重要となる。

時間軸における隣接性とは、メディアを介した情報を近い（新しい、最近）と感じるか、遠い（古い、過去）と感じるかという時間感覚をここでは指す。アルバムの写真、スクラップされた新聞、家庭用ビデオに録画されたテレビ番組など、従来のアナログメディアに接するとき、私たちは、そこにある情報とともに、経験により培われた経年劣化の感覚を元に、時間経過の刻印もまた知覚する。つまり、アナログメディアの時間軸隣接性は、時間の経過とともに減衰していく。それに対して、耐経年劣化性から、デジタルメディアの時間軸隣接性はソフトウェアによりコントロール可能である。実際、スマホのアプリで写真加工ソフトが人気なように、現在の写真でも、レトロな雰囲気を醸しだし、時間の経過、風化、劣化を表現できる一方、アナログ技術で作成された映画をデジタル技術で「リマスタリング」し、時間経過の刻印を払拭することもできる。これらは、ヒトがこれまで培ったオフラインの時間感覚をもとに、デジタル情報の時間をコントロールしていることになる。

時間軸隣接性変化として、スマホ普及による、社会的出来事消費の加速化も指摘しておきたい。アナログ時代、社会的出来事は、朝刊、朝の情報番組、夕刊、夜の報道番組という基本的な社会的リズムにより消費されていた。インターネットの登場は、ニュース産出・流通のあり方に大きな変革をもたらしてきたが、パソコンベースのインターネットとケータイネットの時代には、社会的出来事消費のリズム自体には大きな変化は起きなかった。

２００８年リーマンショックにより企業の広告費支出への態度が大きく変化した時期に、スマホ、Twitterなどのタイムライン型アプリが普及を始めたことで、社会的出来事消費のリズムは根底から変容してきている。

橋元（2016）は、「日本人の情報行動」調査にもとづき、テレビ視聴とインターネット利用の経年変化について、興味深い知見を指摘している。２００５年から２０１０年にかけて、10代で、昼間テレビ視聴行動が著しく減少し、とくに9時～16時は視聴行動率が0に近くなった。さらに、２０１０年から２０１５年にかけては、10代、20代とも、夜の視聴行動率が著しく減少した。２０１０年には3割を越えていたテレビ視聴行動率は、２０１５年には4分の1に届かず、10代では、朝の時間帯が最も視聴行動率が高くなるという驚くべき行動様式の変化を示している。

これは、モバイルインターネットの普及と相即的と考えられる。２０００年代後半、ケータイネットが普及することにより、とくに昼間時間帯において、ガラケーメールやモバゲーなどのガラケーゲームが、暇つぶし手段を提供することになり、10代、20代は、テレビ視聴を必要としなくなった。しかし、ガラケーは、スマホと比較すれば、できることは限られ、在宅率の上がる夜の時間帯において、娯楽源、時間つぶしの手段として、テレビに代替できるほどの力はなかったといってよいだろう。

スマホはこの点において、強力なメディアであり、２０１０年代になると、夜間でテレビと競合することとなった。２０１５年日記式調査データをもとに、テレビ視聴行動率、ネット利用率を10代、20代についてみると、視聴行動率、利用率とも18

時台から上昇するが、10代では21時台以降、20代では22時台以降、テレビ視聴行動率が急激に下がるのに対して、ネット利用はその後も増加し、22時台に3割前後に達する。

スマホはコミュニケーション、気晴らし、情報接触を24時間可能にした。さらに、タッチスクリーン、タイムライン型インターフェイス、Twitter型非対称的フォロー／フォロワー関係は、従来の「サイト」や「マイページ」を訪問する、メッセージのキャッチボールといった「場所」メタファー、「互酬性」メタファーを崩壊させ、人々は、気ままに多種多様な情報のフローを回遊する。

こうしたモバイルＮＣによる移動性、回遊性の拡大は、人々の生活時間自体に大きな構造的変化を引き起こしてきた。橋元によると、各年代とも、この20年間に徐々に在宅時間が減少する傾向にあるが、とくに、10代は、２００５年と２０１０年の間を境として、在宅時間が９５０分程度から７５０分程度へと２００分減少した。つまり、２００５年まで10代は平均1日15時間以上在宅していたのが、２０１０年以降12時間程度に留まり、1日の半分は外出している計算になる。家族、家庭のあり方、コミュニケーション、生活の仕方が大きく変化していることが伺える。

モバイルＮＣの拡大はまた、時間軸隣接性の観点からみて、社会的出来事が消費される速度を加速化している。この節を筆者は、２０１７年6月に執筆しているが、舛添要一東京都知事（当時）を巡る報道が過熱したのが1年前であった。しかし、筆者には、その狂騒がわずか1年前とは思えない、はるか昔のことのように感じられる。わずか7、８ヵ月前のことなのに、「ＰＰＡＰ」といってももはや何のことかわからない。読者も、本書を手にされている1年前の大きな社会的出来事を思い浮かべていただきたい。もし、わずか1年前とは思えないと感じられるのであれば、それは、２０１０年代におけるＮＣの時間軸構造の変化を体感することに他ならない。

空間軸では、デジタルメディアにより、情報伝播様式が、既存の物理的空間との関係において、連続的から離散的となり、隣接性が地理的隣接性からネットワーク隣接性へと変化した。アナログメディアの場合、情報の伝播到達度、人と人の（対面・アナログメディアでの）接触頻度は、発信者からの物理的距離に応じて線形的に減衰すると見なすことができる。したがって、コミュニケーションの集積もまた、それぞれの発信者を中心として、物理的距離が近ければ集積度合いが高く、遠ざかるにつれて低くなる同心円的構造として近似することが可能である。

それに対して、ＮＣの場合、情報の伝播到達度、人と人との接触頻度は物理的距離と線形的に相関するとみなすことはできない。オンラインでは、物理的距離とは関係なく、飛び地のように、サイバースペース上で関与者同士がリンクし、情報の伝播、シンボル交換のネットワークが形成される。むしろ、既存の物理的空間との関係において離散的でありながら、関与者同士の「隣接性（対人距離感）」は、ネットワークによるシンボル交換の頻度、密度に比例する（「ネットワーク隣接性」）。

人々は自分に関心がある気に入った情報・意見のみを選択し、アクセスする傾向を持つため、情報は同じ嗜好性・志向性を持った人々の間で繰り返し流通し、物理的には広範に離散している個々人がリンクによって島宇宙化する（「関心の共同体、Community of Interest（CoI）」とも言われる）。むしろそうした島宇宙的な社会集団の凝集力が高まり、異なる嗜好・志向の情報・意見は蔑ろにされ、「炎上（flaming、フレイミング）」に見られるようなある特定の行動・見解への一方的な雪崩現象（サイバーカスケード、Sunstein 2002, 2007）や、オンライン上で嗜好・志向の異なる情報の固まりが、互いに交わることのないまま併存する状況（サイバーバルカン化、Putnam 2000: 177）が生み出されやすい。

2-5 「物理的存在」（オフラインの存在）／「論理的存在」（オンラインの存在）と社会的手掛かり

NCでは、「物理的存在」（オフラインの存在）と「論理的存在」（オンラインの存在）が分離されている。したがって、オフラインの自分とは異なるオンラインペルソナ（仮面）を構成し、複数のアイデンティティを使い分ける（Turkle 1995）とともに、「名無しさん」のような形で他者との識別可能性を消失させる（「識別不能性」）ことができる。つまり、「実名」「仮名」「匿名」を使い分けることが可能となる。さらに、オンライン上のあるペルソナが、常に同じ物理的人物によるとは限らないし、別々のペルソナが実は同じ物理的人物である可能性も常にある。つまり、オンライン上のペルソナ同士およびその物理的存在を、同一なものとしてリンクさせることが原理的にはきわめて難しい（「リンク不能性」と言われる）（折田 2010）。

こうした使い分け可能性、識別不能性、リンク不能性はまた、「社会的手掛かり」がオフラインとオンラインでは大きく異なることを意味する。対面コミュニケーションにおいて私たちは、相手の表情、話し方、視線、声色、うなずき、身振り手振り、互いの身体的位置や向きなどを、五感を介した「社会的手掛かり」として利用し、気分、感情、配慮、意図、注意度、距離感、関係性などを相互に伝達、解釈し、相手の存在を確認している。

オンラインはこうしたオフライン世界での手掛かりを欠いている。そこで、社会心理学的NC（CMC）研究では、対面コミュニケーションとの対比において、NCは社会的手掛かりが欠如ないし不足したものと捉えられ、「社会的手掛かり縮小モデル（reduced social cue model）」（Siegel et al. 1986, Sproull and Kiesler 1986, Kiesler et al. 1984など）、「社会的存在感理論（social presence theory）」（Short, Williams and Christie 1976）、「メディアリッチネス理論（media richness theory）」（Daft and Lengel 1984）など、Culman and Markus（1987）が「社会的手掛かり濾過（CFO: Cues Filtered-out）モデル」と総称したいくつかの理論的立場が主張されることとなった。

NCでは、社会的手掛かりが縮小することにより、オフラインでの社会的属性（年齢、性別、民族集団、社会経済的地位など）や身なりなど外見に制約されにくくなり、NCメディア利用に関する規範の共有が乏しく、規範による制約の感覚もまた縮小する。それはまた、発言機会や表現において非抑制的（uninhibited）となり、対面のようには他者を認知せず、発言へのフィードバックが限定的となることから、話し相手がどの程度コミュニケーションに入り込んでくれているかの感覚が乏しく、話し相手の存在に注意が払われるよりも、会話の内容、自分の発言に対して注意が払われることにもつながる（会話の没人格化・非人格化（depersonalization、impersonalization））。

そのため、一方では、オフラインの立場に関係なく、自由に発言できるようになり、組織コミュニケーションやグループコミュニケーションでの議論、合意形成、意思決定が階層的なものから水平的なものへと変化する。対面では内容よりも、話し相手に注意が向けられやすいため、声の大きな人が主導権を握り、発言も偏るが、オンラインでは、発言者数、回数などの面で対面よりも均等化（equalization）が進み、非抑制的であることから、思わぬ突飛でもないアイデアが出る可能性が高まる。また、会話の内容が重視されることと情報伝達の迅速性もあり、何が求められているか明確なタスクの場合、議論が効率的、効果的となりうる。さらに、オフラインでの対人関係や発言が苦手な個人、声を上げることが難しい社会的マイノリティなどにとって社会的関係性を形成する回路がされる、といった積極的、解放的効果が見いだされてきた。

他方、メッセージにおいて、他者への配慮の必要性が減じ、規範制約感が抑制されることから、没個人化（deindividuation）が強まり、過激な言い争い、炎上、誹謗中傷などが起こりやすく、匿名的状況ではその傾向はさらに助長される。合意形成、意思決定に向けて個人的に努力する必要性が下がり、進行役が明確にならず、議論をまとまらない傾向も対面より強い。さらに、極端な意見に左右されやすく、集団の意思決定がメンバー個々人の平均的意思決定から乖離するリスキーシフト現象が起こりやすくなるなど、さまざまな脱抑制（disinhibition）効果もまた観察される。

以上のように、社会的手掛かり濾過モデルは、対面（FtF）との対比において、文字通り、社会的手掛かりが濾過されるとの理論的措定に立つが、オンラインを対面の欠落と捉えるだけでは不十分である。絵文字・顔文字、短縮・強調表現、時間軸の離散性コントロールなど、人々は、NC利用を積み重ねる中で、オンライン独自の社会的手掛かりを発展させてきた。とくに、CFOモデルにもとづく研究の多くは、ワンショット（単発）の実験的状況にもとづいており、長期的な関係性構築という視点はないが、日常生活における人々の利用においては、電子掲示板、メーリングリスト、ブログ、SNSなど、長期にわたり利用する過程があり、その過程で、多様なオンラインでの社会的手掛かりを工夫し、活用することで、自らのオンライン上のアイデンティティを構築するとともに、コミュニケーション相手との関係を構築しようとする。

Walther（1992）の「社会的情報処理（SIP：social information processing）理論」は、CFOモデルに欠けているこうした長期的関係性構築という観点に着目した議論である。対面、NCを問わず、人は、継続的にコミュニケーションを行う場合、相手との対人関係の不確実性を低減し、印象形成を行い、親近感を醸成しようとするとSIPは措定する。そこで、NCにおいて、FtFで利用可能な非言語的手掛かりが得られないとき、メディアを介して手掛かりとなりうるものは、どのようなものでも利用できるように工夫してコミュニケーションを行い、FtFと同等のコミュニケーションと対人関係形成が行われる可能性があると主張する。

社会的手掛かりをめぐる上記のような理論的展開（とくにSIPの提示する観点）は、パソコンメール、ケータイメール、個人ウェブホームページ、ケータイミニブログ、SNS、ブログなどNCメディアが、それぞれ、いかなる社会的関係において、どのように利用されるのか、また、新たなメディアが普及するに従い、利用法がいかに変化し、コミュニケーション空間の構造が変容していくのかを掘り下げていく上で、重要な理論的枠組の1つとなる。

例えば、日本社会では、2010年前後を境に、ケータイメールが、友人、知人問わず、カジュアルで気軽に利用できるメディアから、親しい人には気軽だが、一般的な友人、知人にはメールの書き出しや終わり方に留意して書く若干重たいメディアとなり、Twitterなどでの「つぶやき」が、友人、知人間での気軽なメディアとして利用される傾向が見られた。これは、Twitterのような字数制約を持った「つぶやく」メディアが普及するに伴い、ケータイメールというメディア利用に伴う社会的手掛かり（の相対的認識）に変化が生じたと考えられる。「つぶやき」が可能となるとケータイメールは、受け取ったら送り返す互酬的関係に双方を組み込み、返信を一定時間内にしなければ相手を疎んじていると思われる可能性が高まり、字数制約がないため、書き出しや終わり方を丁寧にする必要性（そうしないと相手を軽んじているととられかねない）が生じるのである。

2-6　秩序形成への欲求とメディアイデオロギーの形成

　前項における社会的手掛かりに関する議論は、一方で、オンラインでは、オフラインの規範、秩序形成のルールをそのまま適用することができず、脆弱性が高いことを示している。実際、不適切な発言や写真投稿など、オンラインでは、非抑制、没個人化傾向が認められる。しかし、同時に、オンラインでも人々はコミュニケーションの規範、秩序を求めることもまた事実である。上記のケータイメールに関する規範意識や、電車など公共空間での携帯電話利用マナー、「ネチケット」など、新たなメディアを社会が手なずけ、馴化していく過程において、人々は試行錯誤しながら、一定の規範、秩序形成をめぐり、多元的な社会的交渉を展開する。

　匿名性が強く、一見無軌道、無秩序に思われるNC空間（例えば、2ちゃんねる[1]など）においても、その空間での言動について、独自の語彙、表現方法、投稿ややりとりの仕方など、何らかの規範、秩序が形成される。前項で議論したCFOモデルでは、社会的手掛かりの縮小が、没人格化、没個人化傾向と結びつき、人格を持った個人としての自己・他者（話し相手）への意識を希薄にすることで、個々人は相互に独立（孤立）した存在と捉えられていたが、Reicherらは、CMC利用者は、没人格化、没個人化により、個としての自己・他者への意識が希薄になるだけでなく、顕現性の高い社会的カテゴリーや集団（社会的アイデンティティ）を志向すると主張した（Reicher

[1]　2ちゃんねる（2ch.net）は、2017年に5ちゃんねる（5ch.net）へと名称変更したが、本書では、「2ちゃんねる」の表記を用いる。

et al. 1995)。

このＳＩＤＥ（Social Identification model of Deindivuation Effects）理論に従えば、ＣＭＣ利用者が何らかの社会的アイデンティティを見いだした場合、内集団・外集団（同じカテゴリー・集団に帰属しているか否か）を対立的に捉え、没人格化しながら、内集団の規範に従う行動が誘発されることになる。例えば、匿名性のもとで、識別不能、リンク不能な人々が自由にメッセージを書き込む掲示板でも、あるいは、だからこそ、「名無しさん」、「2ちゃんねらー」といった社会的アイデンティティが構成され、集団意識と規範、（オフラインの秩序からは逸脱した独自の）秩序に従い、部外者には敵対的に振る舞うことになる。

こうした規範、秩序形成への欲求にもとづく、コミュニケーション実践は、サイト、アプリ、サービス、ジャンル（ブログ、メール、チャット、オンラインゲームなど）について、どんな人々が、いかなる関係で、どう振る舞うか、コミュニケーションするかについての意味体系を構成していく。本書では、このようなコミュニケーション実践により構成される意味体系を、Gershon（2010）に倣い「メディアイデオロギー」と呼ぶことにしたい。Gershon は、「あるメディアがいかにコミュニケーションを行い、構造化するかについての信念」（2010: 3）を「メディアイデオロギー」と規定する。オンラインの世界は、ヴァーチュアルであり、アルゴリズムの世界であるがゆえに、オフライン世界よりも変化は激しく、メディアイデオロギーは固定したものではなく、人々の文化的実践の中で、不断に交渉され、更新されていく。第8章では、日本社会において、２０００年代、ＮＣと空間がどのように変容してきたかを、本項の枠組にもとづいて分析していくことになる。

第３章　ＮＣ研究におけるエスノグラフィーアプローチの展開

3-1　エスノグラフィー・質的研究への高まる関心

エスノグラフィーとは、字義に従えば、民族（ethnos）について記述したもの（graphy）であり、「民族誌」と訳される。オックスフォード大学出版『社会科学事典』（Chalhoun ed. 2002: 149）は、「エスノグラフィー」を次のように定義する。

ある特定のグループあるいはコミュニティの文化と社会組織に関する研究、および、そうした研究成果の出版物。エスノグラフィーは、人類学のデータ収集法と、特定の民族（国民）、状況、生活様式の分析を展開すること、双方を意味する。…（中略）…民族誌的方法の歴史は、学術的専門分野としての人類学の歴史の大半を形作っている。…（後略）

この定義にあるように、エスノグラフィーは、あるグループ・コミュニティの文化と社会組織を研究する人類学の方法論として発展してきたものである。アメリカ社会学の泰斗Abbottは、「ある特定の方法論のみを用いることにより組織化される社会科学はないが、人類学だけはおそらく例外だろう」（Abbott 2004: 13）と述べ、人類学が、方法論的にエスノグラフィーによって規定されていると指摘する。

人類学は、西洋社会が非西洋社会、異文化を知るための研究領域として19世紀から20世紀にかけて制度化された。その過程において、比較的小規模で、行動規範・様式、価値体系などを共有している人々の集団（グループ、コミュニティ）を対象に、中長期（理想的には年単位）滞在する現地調査（フィールドワーク）を行い、参与観察（participant observation）により、その集団自身の観点から理解することが重視されるようになる。調査関心は、生業、社会組織・制度、人間関係、政治、経済、教育、紛争、環境、生活様式、慣習、儀礼、宗教、価値観、技術、知識など多岐にわたり、複合的に相互連関している多面的要素をできるかぎり包括的に取り扱い、記述、理解、説明を提示することが人類学の中核的研究スタイルとなった。エスノグラフィーとは、こうした研究スタイル、調査プロセス全体、ならびにその研究成果を指す。

質的研究に関する理論的研究において代表的な研究者の一人であるFlickは、質的研究を、「具体的な事例を、時間的、地域的な特殊性の中で分析し、生きている地域的な文脈で、人々が表現し、行為することに立脚することを志向する分野」(Flick 2009: 21)と規定している。エスノグラフィーはまさに、こうした質的研究の中核を担う方法と位置づけることができよう。[1]

エスノグラフィー並びに質的研究全般に対する関心は、日本においてとりわけ1990年代から、教育学、心理学、経営学、医学、健康保健科学、防災科学など多様な学術領域、さらには、商品開発、マーケティングなどビジネスにも拡大してきた。

表3-1は、国会図書館データベース(http://iss.ndl.go.jp/)、科学研究費データベース(http://kaken.nii.ac.jp/)による、「質的研究」、「質的調査」、「エスノグラフィー」それぞれをキーワードとする国会図書館所蔵書籍・博士論文、助成研究の検索結果である(2016年5月1日現在)。科学研究費助成研究の場合には研究開始年で集計している。

「質的研究」という語が書名に含まれた最初の日本語書籍は、1992年の『グラウンデッド・セオリー——看護の質的研究のために』(Chenitz and Swanson 1986＝1992)、「質的調査」については、1997年に『〈社会〉を読み解く技法——質的調査法への招待』(北沢・古賀編著 1997)が方法論としてタイトルに明示した最初の日本語書籍であった。その後1990年代後半から、質的研究、質的調査を主要なキーワードとする学術的研究と書籍出版は、表から明らかなように、継続的に拡大している。「エスノグラフィー」もほぼ同様である。1984年に佐藤郁

表3-1 「質的研究」、「質的調査」、「エスノグラフィー」をキーワードとする国会図書館所蔵書籍・博士論文、助成研究の検索結果(2016年5月1日現在)

	質的研究		質的調査		エスノグラフィー	
	書籍	科学研究費	書籍	科学研究費	書籍	科学研究費
2010-2014	61	661	19	455	65	208
2005-2009	78	414	19	272	65	159
2000-2004	29	221	7	107	42	130
1995-1999	5	69	5	34	13	61
1994以前	1	16	0	7	4	20

哉の『暴走族のエスノグラフィー』、1989年に松井健の『琉球のニュー・エスノグラフィー』が出版されたが、エスノグラフィーをキーワードとする研究が拡大するのは1990年代半ば以降のことである。

災害エスノグラフィー、組織エスノグラフィーなど、人類学に囚われない新たな分野も積極的に開拓されはじめ、上記検索でヒットする書籍、研究課題は、人類学、社会学をはじめ、心理学、教育学、健康保健科学、経営学、防災科学、社会システム工学、環境工学など多岐にわたっている。「エスノグラフィー」という方法論自体に関する書籍も数多く著されるようになった[2]。

また、1980年代より、企業においても、企業組織・業務改善の観点、マーケティングの観点双方から、多くの関心が寄せられ、1990年代から2000年代にかけて、「産業エスノグラフィー（ethnography within industry）」、「ビジネスエスノグラフィー（business ethnography）」、「企業人類学者（corporate anthropologist）」といった用語が人口に膾炙するようになった（Suchman 2000）[3]。英語圏では、IDEO、Doblin Group、GfK NOP、in/situm など、フィールドワークを戦略的資源とするコンサルティング企業も台頭してきた。日本では、大阪ガス行動観察研究所が、人間工学、環境心理学の観点に重点をおきながら、「行動観察」というコア概念にもとづき、フィールドワークにもとづく積極的なコンサルティング活動を展開している（松波 2011）。

こうしたエスノグラフィー、質的研究に対する関心の高まりは、Flick が指摘するように、「急激な社会変化とその結果としての生活の多様化により、社会研究者の眼前に新しい社会的文脈や視界が現れ、…（中略）…伝統的な演繹的方法が役立たなくなっている。」「そこで、研究は理論（仮説）設定で始まり、それを検証するといった（これまでの演繹的）方法に代わって、

[1] 質的研究、エスノグラフィー全般に関しては、数多くの優れた文献が利用可能であり、本書で詳細な体系的議論を展開する必要はなく、ここでは、なじみのない読者を念頭に置いて、本書で必要と思われる範囲に議論を限る。

[2] 日本語文献でみると、松田・川田編（2002）、林他（2009）、金井・佐藤編著（2010）、小田（2010）、藤田・北村編（2013）などをあげることができる。また、「エスノグラフィー」の中核をなす「フィールドワーク」を書名に含んだ書籍も、佐藤（2002a, 2002b）、山中（2002）、上野・土橋（2006）、菅原（2006）、武田・亀井編（2008）、箕浦編（2009）など数多い。

[3] 「ビジネス人類学」については、第5章第4節で具体的に議論する。

帰納的研究方略の利用が、ますます求められている」(Flick 2009: 12) ことに因ると考えることができる。

社会科学、人間科学分野における量的研究の多くは、理論にもとづき、仮説を立て、その仮説から実験観察可能な命題を演繹し、それを検証する「仮説演繹 (hypothetico-deductive)」型アプローチを基本とする。「原因と結果を分離し、理論的関係を操作化し、現象を測定、数量化し、知見を一般化しうるリサーチデザイン、一般法則の定立」(ibid.: 13) を特徴とする仮説演繹型アプローチでは、予め、研究対象を構成する要素(変数) ならびに、要素(変数) 間の関係性を明確にする必要がある。

対照的に、エスノグラフィーを中心とする質的研究は、「探索発見 (heuristic)」型アプローチ (第6章第3節を参照) であり、関心を少数の仮説に予め狭めるのではなく、できる限り先入見を排し、事象に対して、多面的、複合的にアプローチしようと試みる。事象を構成する要素間の因果関係よりもむしろ、要素同士の多元的、複合的関係性、要素が要素として立ち現れる機序を探索的に解きほぐし、説明、解釈を発見的に紡ぎだそうとする。

現代社会の多元化、複合化、流動化は止むことなく進展し、高次化しており、予め、理論によって、変数を特定し、仮説を構成することが難しい。それはNC研究に最もよくあてはまる。NC研究の対象は、常に変化するとともに、関連する要因が多岐にわたる。例えば、「SNS疲れ」を主題とする場合、「SNS」という対象自体、流動的で明確に定義することが難しく、絶えず変容している。Facebook、Twitter など個別のSNSに対象を絞ったとしても、個別SNSもまた機能、インターフェイスなどが日々更新され、厳しい競争のなかで、利用者もまた絶えず入れ替わり、変動する。したがって、仮説検証型の演繹的アプローチでは、きわめて限定的な主題とならざるをえず、しかも、その結果は、対象自体が変化してしまうために、一般化することが困難である。

さらに、NCの場合、電子メール、電子掲示板、ブログ、SNS等のオンラインコミュニケーションはすべてデジタル化され、量的に扱いうる。だが、オンラインに接続している際のヒトの行動、思考、心理とそのアクセスしている時の社会文化的文脈を含んだ総体としてNCを捉えれば、量的分析の限界と質的アプローチの必要性は明らかである。

まず、ネットワークを介した行動をログとして捕捉することはできても、行動する際の人々の思考、心理、感情などは、何がどの程度ネットワークに表出され、何はネットワークに流れ出ないのかはわからない。また、量的分析の場合、「リンク」

を、「リンク数」といった個数でのみ扱い、それぞれが持つ、個別的文脈を捨象せざるをえない。オンラインで表出されるログの背後には、人々が織り成す広大な生活世界があり、NCを十全に理解するには、NCを生活世界における意味、規範、価値観、感情、対人関係などに文脈づける必要がある。

さらに、現段階では、SNS、ブログ、携帯電話などメディア毎のログはそれぞれ詳細に記録されても、ある行為者が複数のメディア（対面も含む）にどのようにアクセスしているかに関するデータを捕捉することは難しい。つまり、オンラインが不可欠な要素として組み込まれた社会的日常生活において、対面、アナログメディア、デジタルメディアを問わず、社会的コミュニケーション空間がどのように構成されているかを探る必要があるが、量的研究だけでは困難である。

3-2 人類学におけるNC研究

インターネットの普及とともに、文化人類学におけるNC研究もまた進展を遂げてきた。インターネットが一般社会に普及しはじめた1994年Escobarは、"Welcome to Cyberia: notes on the anthropology of cyberculture" という論文において、「コンピュータ、情報、生命技術は、近代社会と文化の構造と意味に根底的な変容をもたらしつつある。こうした変容は、人類学にとって明らかに研究の対象となるだけでなく、人類社会を理解するという人類学の企てを発展させるために優れた研究領域となりうる」(Escobar 1994: 211) と指摘した。

実際、1990年代半ば以降、NC研究が積極的に展開されていく過程で、フィールドワークにもとづくエスノグラフィー調査研究もさまざまに試みられてきた。例えば、Coleman (2010) は、文化人類学、文化研究を中心とした2000年代における「デジタルメディアへのエスノグラフィーアプローチ」をレビューした論文において、多様な研究動向を次の3つの領域に分けて論じている。①デジタルメディアとメディアの文化政治 (cultural politics) との関係：若者、ディアスポラ、国民国家、土着などの文化的アイデンティティ、表象、想像が、個人的あるいは集合的に、デジタル技術を介して、再構成、転倒、伝達、流通される様態。②デジタルメディアのヴァナキュラー文化 (vernacular cultures)[4]：ハッカー、ブログ、バズワード、移民プログラマーなど、デジタルメディアの選択的特徴が関与し、形成される一定の集団やジャンルによる独自文化。③デジタルメディアの日常学 (prosaics)：デジタルメディア

[4] 自然発生的世俗文化現象

がいかに、経済的交換、金融市場、宗教的崇拝など、他の社会的実践に組み込まれ、形作るかを探索する。

Colemanのレビューは、研究関心領域にもとづいているが、方法論の観点からみると、文化人類学を中心としたNCのエスノグラフィー研究は、調査のフィールドをオンライン空間自体とするか、オンラインを含んだ生活世界とするかによって、大きく「オンラインフィールドワーク」と「コミュニケーション生態系（Communicative Ecology）」の2つの方向性に大別することができる。

前者は、文字通り、オンライン空間自体でフィールドワークを行うもので、これまで、電子掲示板、メーリングリスト、オンラインゲーム、チャット、オンラインフォーラム、オンラインコミュニティなどのオンライン空間に、調査者自らアクセスし、参加者たちの行動、発言を観察したり、協力者を得てインタビューを行う、一緒に行動するといった「フィールドワーク」が行われてきた。例えば、あるテーマ（ソープオペラ）に関する電子会議室（フォーラム）に長期間アクセスし、参加者たちとラポールを築き、その電子会議室におけるやりとりから、オンライン空間、NCの特性を解き明かそうとする（Baym 1995, 1997）。

代表的な人類学的研究として、Boellstorff の *Coming of Age in Second Life*（Boellstorff 2008）をあげることができる。Boellstorffは、ヴァーチュアル3次元空間である「セカンドライフ」を「フィールド」として長期にわたる「参与観察」を行い、その仮想空間におけるアバターたちの織り成す日常生活を主題とするエスノグラフィーを著した。彼は意図的に、セカンドライフ開発者や運営会社をたずねることもせず、セカンドライフという仮想世界を成立させる既存のオフラインにある要因は考慮することなく、アバターたちの対人関係、自己提示、近隣紛争、アイデンティティなどのみを対象とした。

Markam の *Life Online*（Markham 1998）は、コミュニケーション研究におけるオンラインフィールドワークエスノグラフィーの嚆矢である。テキストベースの仮想世界（BBS、電子会議室（フォーラム））に入り込み、オンライン上で、インフォーマントを見出し、観察、インタビューを行うことを通して、「道具」「場所」「存在、アイデンティティ」としてのオンライン空間を多元的に議論する。

「オンラインフィールドワーク」が研究対象とするオンラインコミュニケーションは、オフラインの単なる延長ではなく、それ自体の特性や構造を持っている。したがって、サイバー空間が拡大し、日常生活における比重が増大していく中で、オンラインフィールドワークに取り組むこと自体は、学術的にも、社会的にも重要である。ただし、オンラインコミュニケーションが一定の自律性を持っていることは確かだが、オンラインでの発話や行動は、オフラインでの日常生活により文脈づけられていることもまた疑いない。

さらに、オンラインフィールドワークでは、チャットであればチャット、オンラインゲームであればオンラインゲームと、ある特定のコミュニケーションチャンネルに調査が限定される傾向にある。しかし、オンライン上の論理的存在（アバター）の背後にいる物理的存在は、オンラインだけではなく、対面、手紙、電話、ファクスなどを含めた多様なコミュニケーション資源を持ち、複合的に利用している。

そこで、オフラインで一定の地域を定め、調査対象となる人々を特定しながら（例えば、低所得者層、地方部居住者など）、その地域の人々が、日常生活において、オンラインを含めどのような情報コミュニケーション行動を行っているか、その観点からオンラインの持つ特徴は何かを考えようとするエスノグラフィーの方向性がある。それが「コミュニケーション生態系（Communicative Ecology）」アプローチ（以下、「ＣＥ」あるいは「ＣＥアプローチ」と表記）である。

ＣＥアプローチは、Miller と Slater が、*The Internet: Ethnographic Approach*（Miller and Slater 2000）で提起したものであり、オフラインでインフォーマントにアプローチし、日常生活においてＮＣがどのように行われるか、ＮＣを含み込んだ日常生活がどのようなものかを明らかにしようとする。[5] たとえば、ジャマイカでの携帯電話利用調査において、Horst と Miller（Horst and Miller 2006）は「リンクアップ」というショートメールの利用が、親族関係に代わる弱い紐帯による相互扶助ネットワークとして機能していると議論する。こうした「コミュニケーション生態系」アプローチは、「日常生活におけるインターネット（Internet in Everyday Life）」研究の中核と考えることもできる。オフラインからフィールドワークすることで、協力者の社会的属性を知ることができ、信頼関係も築きやすい。

ただし、こうした研究は、１９９０年代半ば以降に全くゼロから出発したわけではなく、人類学における、情報通信技術・情報ネットワークと社会文化研究という文脈に定位することができる。コンピュータ（ネットワーク）が社会に普及し始めた

[5] Miller はその後、「コミュニケーションの人類学（Anthropology of Communication）」（Miller and Horst 2006）とも呼ぶが、ここでは、「コミュニケーション生態系」アプローチに統一する。

1980年代以来、文化人類学において、コンピュータ研究、情報ネットワーク研究は多面的に展開されてきた。

さらに、文化人類学におけるコンピュータ研究、情報ネットワーク研究は、コンピュータ、情報ネットワークを、所与の研究対象とするのではなく、「全体性」に方向づけられ、より広く、物質文化の1つとしての技術（テクネー、アルス）と社会文化の関係を探究する人類学的実践の1つと捉えることができる（1980年代までの「テクノロジーの人類学」に関するサーベイは Pfaffenberger 1992を参照）。その実践では、コンピュータ、情報ネットワークの開発、進展、普及の過程を、注意深く、反省的、批判的観点からアプローチし、その生起する社会文化的文脈を明らかにしようと試みられてきた。

このような意味における情報通信技術と社会文化研究には、いくつかの流れが存在する。まず、1970年代後半以来、Braverman によるコンピュータ化に伴う労働の低質化、単純化・熟練解体（deskilling）の議論（Braverman 1974）に影響を受けた労働人類学からの発展がある。Hakken は、「コンピュータ革命」、「ナレッジマネジメント」、といった言説を批判的に検討し、情報通信技術が労働、協働作業にいかに組み込まれるか、その過程における、単純化のベクトルと、社会関係を再構成するベクトルの働きを、民族誌的に丹念に議論した（Hakken 1999, 2003）。

この流れと強く関連しているが、Haraway、Martin らによるサイボーグ人類学（cyborg anthropology）である（Haraway 1991, Martin 1994, Downey et al. eds. 1997など）。彼らは、テクノロジーの展開により人類と機械との共棲的融合体が生起、拡大しているとの問題意識から、情報通信技術、生命技術と社会文化との関係を批判的に検討する。

第三の流れは、グローバリゼーション論の一環である。Appadurai は、グローバリゼーションをフローの増大と捉え、グローバルな文化フローを構成する5つの次元（エスノスケープ、テクノスケープ、ファイナンスケープ、メディアスケープ、イデオスケープ）を指摘した（Appadurai 1996）。情報通信技術は、これらのランドスケープの構成、フローの増大とその乖離構造に深く関与している。こうしたアパデュライの議論をはじめ、グローバリゼーションの人類学は、情報ネットワーク研究の側面を併せ持つ。フローの増大に伴う、移民・移動研究、多重地域民族誌研究（multi-sited ethnography）も同様である。

上記がマクロあるいはグローバル規模の現象を扱うのに対して、ミクロなコーディネーション、コミュニケーションに着目するのが、実践共同体（Community of Practice）研究、文化歴史活動理論（CHAT: Cultural Historical Activity Theory）

である。Suchman、Orr、Brownらパーク研究所（PARC: Palo Alto Research Center）を中心とした研究者たちは、Lave、Wengerら実践共同体研究者と連携しながら、情報通信技術をめぐる、社会集団におけるコミュニケーションに着目し、人々がどのように生活世界、意味世界を構成し、技術を取り込むかを明らかにしてきた（Suchman 2000, Orr 1996, Brown and Duguid 1991, Lave 1988, Wenger 1998, Chailkin and Lave eds. 1996など）。

その過程では、１９８０年代、情報技術と社会文化との関係についての人類学的研究プログラムとして、Textorを主唱者とするアンティシパトリー人類学(anticipatory anthropology)をあげることができる（Textor et al. 1985, Textor 1995）。Textorは、１９８０年代半ばから、民族誌的調査研究にもとづきながら、新規技術導入に伴う（5年から15年程度の中期的）社会変化を見通す（anticipate）人類学の必要性を主張した。とくに、教育現場へのコンピュータ導入の過程など、いわゆる「情報革命」の社会文化的インパクトについて調査分析を行い、未来学的傾向を持つ「脱産業社会論」、「情報社会論」と親和性が高い。

このように、文化人類学において、情報通信技術、情報ネットワークと社会文化研究は、コンピュータ（ネットワーク）が社会に普及し始めた１９８０年代以来、多面的に展開されてきており、90年代以降の人類学におけるＮＣ研究もまた、その延長線上に位置づけられるのである。

3-3　サイバーエスノグラフィー研究

社会学者のRobinsonとSchulzは、より広範な観点から、ＮＣ研究におけるエスノグラフィーアプローチを、サイバーエスノグラフィー（cyberethnography）と呼び、１９９０年代半ばから２０００年代後半までの15年ほどの展開を、３期（開拓期（pioneering）、正統化期（legitimizing）、多相期（multi-modal））に分けて議論している（Robinson and Schulz 2009）。後に述べるように、彼らの議論は、単純な世代交代と捉えるべきではないが、当該研究領域の動向に関して、簡便な俯瞰図を提供してくれており、その概略を共有しておきたい。なお、本書は、「日常生活における個人間ＮＣについてのエスノグラフィー調査研究法」として、「ハイブリッドメソッド」にもとづく「ハイブリッド・エスノグラフィー」という方法論を提起し、展開することが目的であるが、「ＮＣについてのエスノグラフィー調査研究法」を一般的に指す場合、これ以降、RobinsonとSchulzに倣って、「サイバーエスノグラフィー」という表記を用いることにする。

Robinson と Schulz によれば、サイバーエスノグラフィーという領域は、1990年代半ば、MUD（multi-user domain, multi-user dungeon）、MOO（multi-online objects）、電子会議室（forum）、電子掲示板（BBS）、ニュースグループ（Usenet newsgroup）など、テキストベースのオンラインコミュニケーション空間での活動が拡大し、そうしたオンライン空間に対して、主として、CMCとヴァーチュアル・コミュニティの観点から開拓者的研究が取り組まれたことにより生起した。Turkle（1995）、Correll（1995）、Rheingold（1993）、Stone（1995）らの研究は、オンライン空間とオフライン空間を分離されたリアリティと認識し、オンライン空間を、物理的身体からの解放、匿名性、テキストによる自己提示とそれに伴う社会的手がかり欠如を特徴とするものと捉えて、オンライン空間でのアイデンティティプレイ[6]、自己提示、社会的相互作用のあり方を具体的に解明しようとした。この段階では、こうしたオンライン空間の担い手＝研究対象は、テクノロジー親和性の高い、ゲーム・遊びを好む人々が中心であり、社会全体からみると限られた先駆的利用者を対象として、オンライン空間自体の新規性・独自性が探索関心の焦点となっていた。

次いで、1990年代後半には、インターネット利用が社会的に拡大するとともに、オンライン空間をオフライン空間から切り離された空間としてではなく、オフラインと接続した空間として捉え、人々の社会的相互作用、コミュニケーションのあり方、それぞれにおけるアイデンティティの関係が探究されることとなる。Markham（1998）、Miller and Slater（2000）、Hine（2000）、Kendall（2002）、Carter（2004）らの研究は、オンライン空間を、エスノグラフィーにとって正統なフィールドとし、オフラインにおけるエスノグラフィー実践を規定する方法と理論を、オンラインへと拡張し、積極的に展開しようとする試み（サイバーエスノグラフィーをエスノグラフィーという学術実践の正統的研究領域として位置づける試み）として捉えうる。その過程において、フィールド、参与観察など、エスノグラフィー、フィールドワークにとって中核的な方法論的装置もまた、単なる拡張・展開ではなく、根底から再考に付され、オンライン上で偶発的に生成されるフィールド、社会的相互行為としてのオンラインテキスト、テキスト生成によるオンライン空間での参与観察といった観点が形成されてきた。

そして、2000年代半ば以降、インターネットの高速化（ブロードバンド化）、日常生活への浸透、Web2.0、ソーシャルメディアなど、利用者がテキストのみならず、音声、音楽、写真、グラフィック、動画など、多様な様相を持った（multimodal）情報を自ら作成、編集、発信、共有する行為が拡がった。こうしたメディア環境の変容に対して、Lange（2007）は、研究者自身もまた動画作成・投稿を行うことで、Youtubeを媒介としたフィールドワークを実践し、Pink（2007）は、研究成果をマルチメディアコンテンツとし、ウェブサイトやＤＶＤなどのメディアを介して発信することを強く主張している。さらに、こうしたネットワークの多相化、日常生活への浸透は、オンラインとオフラインという単純な二項対立的枠組で議論すること自体を疑問に付す。オンラインは一元的ではなく、多様かつ複合的であり（ポリメディア）、スマホ、タブレットなどの携帯端末とソーシャルメディアがオフラインの人々の活動に深く組み込まれている。こうした多元的、複合的ネットワークメディア環境としての生活世界にきめ細かく分け入るエスノグラフィー研究が必要とされている（Schoneboom 2007, Pascoe 2007, Horst and Miller 2006, Humphreys 2007, Robinson 2006 など）。

Robinson と Schulz は、こうした経年的展開を、一種のパラダイムシフトとして議論しているが、むしろ、重層的な地層形成と、そうした多層的地層に根を張る多様な植生の繁茂として捉える方が適切である。つまり、開拓期が正統化期に、正統化期が多相期に単純に取って代わられたわけではなく、開拓期や正統化期に展開された議論、論点が、多相期では意味を失ったわけでもない。

例えば、匿名性、アイデンティティプレイの問題は、Facebookでは非関与的かもしれないが、Twitterや2ちゃんねるではいまだに大きな論点である。高度な匿名性、オフラインと切り離されたオンラインでの自己といった認識は、開拓期だけではなく、多相期でも、Twitterや2ちゃんねるなどでは強く働いている。しかし同時に、インターネットの常時広帯域接続環境の進展、ＮＣの日常生活への浸透、機能の高度化（例えば、画像まで含めた検索機能）などは、容易に匿名性を覆し、オンラインをオフラインに接続する。

開拓期には、個人を特定しうるオンライン上の痕跡は限られていたが、いまや、私たちはネットワークにたえず接続し、接続している際の行動（スマホのスワイプ、タップ、クリック遷移、閲覧、検索履歴など）、アドレス帳、位置情報、ＳＮＳ、クラウドにアップする写真、動画、文書など、膨大な個人情報、痕跡がオンライン上に存在する。したがって、炎上が起きれば、

［6］　日常の自己とは異なる、他者、他人格、自分の一面などを演じること。日常の自己から解放され、アイデンティティを問い直す契機となる。

わずかなネット上の痕跡を介して、オフラインの個人が（時には誤って）特定され、個人情報の暴露につながる可能性も高い。

　他方、開拓期では、オンラインではオフラインの社会的関係性・属性から人々は自由になりうるという認識が強かったことはたしかだが、Rheingold（1993）の *The Virtual Community* では、ＷＥＬＬという電子会議室システムが、いかに、オンラインとオフラインを接続し、人々を社会的交流へと誘う動態を生き生きと描きだしており、オンラインが、オフラインの生活世界、コミュニティを活性化する強い期待が表出されている。

　また、多相期を代表するFacebookなどのＳＮＳは、ＭＵＤにおけるアイデンティティプレイのようなオンラインペルソナを形成することはできないが、オンライン上の自己は、オフラインにおける自己の単なる映し鏡となるわけではない。Facebookでは、オフラインとオンラインの自己とが接続されているがゆえに、多元的でありながら統合的であることを求められ、新たなアイデンティティプレイ、自己呈示方法が模索される（Wittkower 2014）。オンライン上の自己は、楽しく、幸せな自己を演出する傾向がある（Qiu et al. 2012）とともに、日本社会を対象とした筆者自身の研究からは、余りに過度に演出し、誇示していると思われたり、鼻白むことはないよう、配慮する傾向もみられる（第８章参照）。社会的手がかりに関しても、オンラインが、オフラインと同じ社会的手がかり環境となることはないが、オフライン的手がかりが欠如するとともに（あるいは、それゆえに）、絵文字、顔文字、スタンプ、やりとりのタイミング（離散性）など、オンラインはオンライン独自のさまざまな社会的手がかりが工夫されてきた。さらに、ニュースフィード、交際ステータス、いいね！ボタンなど、オンライン独自の社会的手がかりとなる仕掛け（アーキテクチャー）が開発、実装され、私たちは、こうした新たな仕掛けがいかなる意味をもち、どのように利用すべきかについての意味論と語用論を手探りで構成するのである。

　つまり、オンラインとオフラインとの境界が曖昧になりつつあるとしても、オンラインがオフラインに全面的に同化するわけでも、逆でもない。技術の展開と人々の実践とが、オンラインとオフラインの両者を含み込んだ生活世界（＝ネットワーク社会）を絶えず更新しており、オンライン、オフラインがどのようなものか、両者の接合、境界付けもまた不断に変化する。

　このように、RobinsonとSchulzの議論は、パラダイムの交代としてではなく、技術の進展、普及に伴い、技術と人が織り成す生活世界が変容し、様々な問題、論点が姿形を変えて問われていく過程と捉える方が適切だろう。アイデンティティ、自己提示、匿名性（顕名性）、社会的手がかり、プライベート／

パブリック、社会的関係性、コミュニティ、グループ形成・ダイナミクス、ジェンダー、親密性、リテラシー、行動規範、格差、秩序破壊行為、文化政治、ヴァナキュラー文化、生活世界など、社会科学、人文科学にとって重要な論点は常に存在し、ネットワーク社会の多層的展開とともに、具体的な議論が、従前の研究と関係し、根を張り巡らすとともに、枝葉が多岐にわたり生い茂っていく。

こうした1990年代半ばから2000年代、サイバーエスノグラフィー研究の展開による地層の形成過程で特徴的なのは、上記正統化期、多相期に明確に現れているように、方法論的議論が重要な位置を占めていることである。上述のように、オンライン空間における「フィールド」「フィールドワーク」「参与観察」とは何か。さらに、より具体的には、どのように協力者とコンタクトし、調査同意をとり、社会的属性を把握するか。公開データであれば承諾をとらずに取得、分析してよいか。オンライン越しの相手が特定の人物だと担保できるのか。オンラインのみを対象とすべきか否か。調査をいつ終了すべきか（オフラインであれば、フィールドを物理的に離れる時が必ず来るが、オンラインはいつでもどこからでもアクセスできる）など、調査倫理も含め、オフライン／アナログ世界とは異なる方法論的課題が生じる。

そのため、調査研究が進展するにしたがって、サイバーエスノグラフィーに関する方法論について、議論が積み重ねられてきた。学術書としての展開をみると、2000年が画期である。CEアプローチを提起したMiller and Slater (2000)、並びに、STS（Science and Technology Studies、科学技術と社会研究）研究者Hine による *Virtual Ethnography* (Hine 2000) が出版され、両者はこの分野を切り拓く先導的研究と位置づけられる。エスノグラフィーに限らず質的研究という観点からインターネット研究方法論を体系的に展開した学術書の嚆矢として位置づけることのできる、Mann と Stewart の *Internet Communication and Qualitative Research: A Handbook for Researching Online* (Mann and Stewart 2000) が出版されたのも2000年である[7]。

その後、2000年代、サイバーエスノグラフィー領域では、具体的な事例にもとづきながら、方法論的課題を多元的に議論した論集が刊行される（Johns and Jon eds. 2004、Jones and Howard eds. 2004、Hine ed. 2005、Markham and Baym eds. 2009など）一方、Dicks et al. (2005)（多相指向、テキスト、音声・音楽、画像・動画を組み合わせたエスノグラフィー方法論）、Kozinets (2010)（消費者マーケティングの観点から主としてオンラインコミュニティにおけるコミュニケーションに着目したエスノグラフィー方法論（Netnography と呼称する））など独自のアプローチを体系的に展開する議論も現れる。

　こうした議論の積み重ねに並行し、研究対象およびデータ収集法の両面からオンライン、インターネットにアプローチする「オンライン調査研究（Online Research）」、「インターネット研究（Internet Studies、Internet Research）」という学際複合領域もまた形成、発展してきた。その結果、２０１０年前後には、その理論と方法の体系的展開が、ハンドブックとして編纂、出版されるに至る[8]が、こうしたハンドブックにおいて、サイバーエスノグラフィー的アプローチは、主要な領域の１つを構成している（例えば、Hine 2008a, 2008b, Murthy 2011を参照）。

---

[7]　エスノグラフィー、質的研究に限らず、ＮＣ（ＣＭＣ）研究における社会科学、人文科学からの方法論的議論を展開した学術書としては、コミュニケーション研究を基盤に、１９９０年代からＮＣ（ＣＭＣ）研究を主導したSteven Jonesが編集した*Doing Internet Research: Critical Issues and Methods for Examining the Net*（Jones ed. 1998b）、図書館情報学的観点からやや実際的な方法論である*Internet Research: Theory and Practice*（Fielden and Garrido 1998）などをあげることもできる。

[8]　代表的なハンドブックとしては、*The SAGE Handbook of Online Research Methods*（Fielding et al. eds. 2008）、*The Handbook of Internet Studies*（Consalvo and Ess eds. 2011）、*The Oxford Handbook of Internet Studies.*（Dutton ed. 2013）など。

第４章
「ヴァーチュアル・エスノグラフィー」と「デジタル人類学」のあいだ

4-1 「エスノグラフィー」の危機

前章で議論したように、エスノグラフィーに対する関心と実践が他／多分野に拡大し、NC研究においても文化人類学をはじめ、エスノグラフィーアプローチが積極的に試みられ、展開されてきた。ところが、やや皮肉かもしれないが、文化人類学内部では、1980年代後半以来、エスノグラフィーという方法論と実践が、深刻な批判的課題に直面してきた。後述するように、他分野からの「エスノグラフィー」に対する関心には、ややロマンティックで短慮な期待にもとづいていると思われる面もある。エスノグラフィーはけして万能薬でもなければ、成功を約束された方法でもない。エスノグラフィーを方法論の中核とする人類学が直面する課題を認識することは、NC研究におけるエスノグラフィーを考える上でも不可欠である。

従来の典型としての文化人類学では、研究者が属する社会から遠く隔たった異文化に赴き、長期にわたるフィールドワークでの直接的経験を拠り所とすることにより、ともすれば、自らをその異文化・他者について語る権威とし、正統的な知を書き著すことができるという構図が再生産された。その研究成果物であるエスノグラフィーにおいて、筆者たる研究者は、整然と展開される記述、理解、説明の背景に隠れ、異文化、他者が、研究者により観察された客体として提示される。

しかし、こうしたエスノグラフィーのあり方に対して、1980年代、強い異議が唱えられることとなった。それは大きく2つの契機に分かれる。1つは、研究が行われる文脈、エスノグラフィーを書くことが持つ政治性である。人類学的営為において、人類学者自身の意図・意思にかかわらず、その調査研究が行われること自体、そして、エスノグラフィーの生産と流通、およびその正統性は、（ポスト）植民地主義の政治経済的、文化的権力と支配に深く埋め込まれている。研究対象と研究者との非対称性が、人類学的実践およびエスノグラフィーを書く行為に深く忍び込んでいることが批判的に明るみに出され、エスノグラフィーという方法および実践に対する深い反省が促されることとなった。

こうした「表象の危機」には、Clifford と Marcus 編 *Writing Culture*（Clifford and Marcus eds. 1986）が決定的役割を果たしており、「Writing Culture Shock」とも呼ばれるが、これ以降、文化人類学における「エスノグラフィー」の実践では、「対象」との関係をつねに反省的、再帰的にとらえるベクトルが強く働くことになる。

第二の契機は、研究対象の流動性が高まっていることである。上述のように、人類学およびその中核的手法としてのエスノグラフィーは、一定の地理的空間（「フィールド」）に集積する人々の集団（「コミュニティ」）を前提とし、その集団成員（メンバー）たちに共有される行動規範・様式、価値体系を研究対象とすることで発展してきた。しかし、社会文化の流動化は、地球規模で拡大している。遠隔地の孤立した社会であっても、あるいは、だからこそ、人類学者をはじめ、開発、観光、メディアなど多様な人々が入り込み、外部との接触は内部の規範、行動、生活様式、社会関係に影響を与える。

したがって、年単位でフィールドワークを行い、成果をとりまとめる研究サイクルにおいて、調査対象をもはや安定的な社会文化とみなすことはできず、社会文化の境界も構成メンバーもつねに流動する状況をどのように捉え、「社会」「文化」を研究するのか、さらには、研究成果が公表される時点で、その研究がどのような意味を持つことになるのかが問われることになる。

NCに関する質的研究、エスノグラフィーにおいてもまた、この2つの契機は、研究者が留意すべき課題である。まず研究が行われる文脈の政治性だが、情報ネットワークメディアの場合、技術という観点からは、政治的に中立に思われるからこそ、研究者にはより鋭い感性が求められる。

例えば、2011年に北アフリカからアラブ諸国にかけて生じた「アラブの春」では、Twitter、Facebook、Youtube などの「ソーシャルメディア」により、莫大なメッセージが拡散し、反政府運動の高まり、デモの拡大に大きな役割を果たした。そのため、「Twitter 革命」とも「Facebook 革命」とも言われ、「ソーシャルメディア」により社会変革が生じ、民主主義が促進されるかのような言説が、西側メディアを中心に、ニュースメディア、ブロゴスフィア（ブログにより形成される言説空間）、ツィートスフィア（ツィートにより形成される言説空間）を中心に広く流通した。

しかし、反政府運動の過程を分析すると、ソーシャルメディアは、たしかに、国外での反政府活動にとって大きな力となり、国際世論形成に寄与したことは疑いないが、ストリートで自らの物理的身体を賭して闘う人々にとって、ソーシャルメディアは一部であり、金曜集団礼拝、クチコミ、衛星テレビ、携帯電話など、人々の社会的日常生活に深く組み込まれたメディアを様々に駆使していた。ソーシャルメディアの新規性とデータ利用の容易さは、メディアや研究者の関心をたやすく引き寄せるが、「ソーシャルメディア革命」と語ることで、自己表現するためのソーシャルメディアにより民主主義が生み出されるものであり、アラブの人々が、Facebook や Twitter に路上でアクセスし、独裁政権打倒、民主化のために闘うといった誤ったイメージを流布することに荷担する危険を冒してしまう（木村 2012: 第1章）。

技術は民主化勢力だけに微笑むわけではなく、独裁政権にも微笑むものだ。また、ソーシャルメディアをはじめ、情報ネットワークメディアは私企業によってサービス提供されるが、国家にとって重要なインフラであり、多種多様な規制、法制度が関与する。2017年第三四半期、アメリカ連邦議会でのロビー活動に、Facebook 285万ドル、Google 417万ドル、Amazon 340万ドルもの活動費を支出していることもまた認識しておく必要がある。

他方、研究対象の流動性の問題は、NC研究において、より先鋭な形で問い掛けられる。NCにおいて、「フィールド」、「コミュニティ」、「メンバー」は、あまりに流動的、不定形であり、その「文化」を実証的に規定すること自体が難しい。また、「インフォーマント」といかに関係形成しうるのか、誰であるかを対面で確認する必要があるのか、調査同意はどうするかなど、方法論的、倫理的課題も深刻である。

4-2 「ヴァーチュアル・エスノグラフィー」

Hine による *Virtual Ethnography*（Hine 2000）は、この第二の契機である流動性の課題を、NC研究、インターネット研究という文脈において具体化し、エスノグラフィーの新たな方向性を模索したものと定位することができる。Hine は、STSにおける代表的な研究者の1人であり、インターネットにおける／を介した情報・知識の生成、つながり、流通、組織化、および、そうした活動を生み出す人々のあり方に関心をもち、エスノグラフィーからのアプローチを展開するなかで、文化人類学、エスノグラフィーが直面している流動性の問題を、「ヴァーチュアル・エスノグラフィー」という研究プログラムとして定式化した（なお、表記を簡略にするため、これ以降、本文では、「ヴァーチュアル・エスノグラフィー」を「VE」と表記することがある)。

具体的には、ヴァーチュアル空間、サイバースペースを対象とするエスノグラフィーがもとづく原則(principle)を10にまとめている(Hine 2000: 63-65)。筆者の観点から簡略化しているが、10項目はおよそ以下の通りである。[1]

① エスノグラフィーは、自明なものを異化しつつ、解釈を重ねる独自の知識産出であり、VEは、インターネットの自明性を剥ぎ取り、インターネットが実践(行為実践、言説実践)を介していかに形成されるかにアプローチする手法である。

② インターネットは、それ自体、人々の日常的な文化的実践を介して形成される「文化的人工物(cultural artefact)」であるとともに、サイバーカルチャーなどサイバースペースで生起する文化実践自体(culture)でもある。VEはその両面を常に視野に入れる必要がある。

③ ネットワークを媒介とした相互作用を、単所性はもとより多所性(multi-sited)でもなく、むしろ移動性(mobile)として捉え、その空間がいかに形成されるのかを考究することがVEにとっての大きな可能性である。

④ したがって、「場所性」(the concept of field site)は疑問に付される。地理的場所(location)と境界(boundary)によるフィールドではなく、フロー(flow)と接続性(connectivity)にもとづく活動の集積により、フィールド、調査対象は構成される。

⑤ 「境界」そして「つながり」は所与ではなく、エスノグラフィー実践により形成されていくものである(インターネットはいかようにもつながりを見出し、活動やフローの集積に境界を見出すこともできる)。つまり、自然な境界(まとまり)を持ったエスノグラフィー、文化という概念は放棄され、「ある所与の対象」に関する「ある全体性を持ったエスノグラフィー(a whole ethnography)」という概念も放棄される。そこで、エスノグラフィーをどこで止めるか(どの範囲とするか)は、身体性を持った(=有限な)エスノグラファーの時間、空間、創意の制約により、実際的に規定される。

⑥ メディアに媒介されて調査が行われることにより、インフォーマント、調査者双方にとって、調査に互いに没入(immersion)する時空間は、間欠的(interstitial)・断続的(intermittent)となる(つまり、さまざまな他の活動が間に入る。あるいは、間欠的・断続的でもエスノグラフィー実践を行うことができる)。

⑦ VEは、必然的に断片的(partial)である。いかなるインフォーマント、場所、文化に関しても、全体論的(全体性を持った)記述(holistic descprition)は達成不可能である。

（調査に）先立って存在し、分離でき、記述可能となるインフォーマント、場所、文化という概念は無効となる。説明は、客観的現実を忠実に表したものではなく、むしろ戦略的に関連性を持った諸観念にもとづくことになる。

⑧　調査において、調査者自身、メディアを媒介とした相互作用の実践に深く関与することが、再帰的に作用し、それ自体VEの重要な一部となる。

⑨　調査者とインフォーマントは、時間的にも、空間的にも、多元的に結びつく。こうしたエスノグラフィーを構成する結びつき自体が、ヴァーチュアル「において（in）」「に関して（of）」「を介して（through）」のエスノグラフィーである。

⑩　VEは、非身体的という意味において「ヴァーチュアル（仮想的）」というだけではない。ヴァーチュアリティは、「いま一歩（not quite）」という意もまた含んでいる。厳密に言えば本物（real thing）ではないが、実際上の目的から言えば十分適切である（もっとも、ヴァーチュアリティのこの定義は、より流行に沿った意味（「仮想的」）が好まれるため、意識されなくなっているが）。VEは、方法論的に厳密な意味では、本物にいま一歩であったとしても、メディア媒介相互作用の関係を探索するという実際的な目的にとっては十分適切である。自らが直面している状況に適合しようと取り組む、状況適応的エスノグラフィー（adaptive ethnography）なのである。

Hine が提示した10の原則は、文化人類学的エスノグラフィーが直面している流動化の課題を十分に認識し、サイバースペース、インターネット研究という文脈におけるエスノグラフィーのあり方、方向性を具体的に提案するものである。

Digital Ethnography（Pink et al 2016）を著したPinkらが、「このような一連の議論［木村注：デジタルメディア、ネットワークを対象としたエスノグラフィー方法論に関する一連の議論］は、多くの先行研究があることはいうまでもないが、2000年前後、Hine の *Virtual Ethnography* により立ち上がった」（ibid.: 4）と評するように、Hine の著作は、インターネット研究におけるエスノグラフィーからのアプローチの基点と位置づけることができる。Hine はその後もVEを実践するとともに（Hine ed. 2005）、より広く、人文社会科学系研究方法論の展開において、インターネット研究方法論におけるエスノグラフィーアプローチの中心的研究者として議論を先導してきた（Hine 2008a, 2008b, 2010, 2013, 2015）。

［1］この項目⑦、⑩は、Hine の表現に沿って全体を訳出している。

4-3 「ヴァーチュアル・エスノグラフィー」と「デジタル人類学」のあいだ

他方、第3章第2節で言及してきたように、文化人類学においてもNCを対象としたエスノグラフィー的研究が積み重ねられている。先に、調査研究対象によりオンラインエスノグラフィー、コミュニケーション生態系アプローチに分けたが、両アプローチを学術的に推進してきた中心的人類学者であるMiller、Horst、Boellstorffらは、２０１２年、「「デジタル人類学」という人類学における新領域（subdiscipline）の基盤を提案する」(Houst and Miller eds. 2012: 3)意図から、*Digital Anthropology*（Horst and Miller eds. 2012）という論集を著した。

Hine の Virtual Ethnography から12年後に出版された、13人の人類学者たちによる14の論考からなるこの論集で興味深いのは、Hine、virtual ethnography への言及が一切ないことである。この人類学における意図的な無関心は、ＶＥと人類学との距離を現している。実際、"virtual ethnography" という術語は、人類学系の学術専門誌で検索してもほとんど言及がみられない。アメリカ人類学会の旗艦誌 *American Anthropologist* でわずか4件、文化人類学部会誌 *Cultural Anthropology* で３件、文献としての言及はわずか1件である（２０１６年5月1日現在）。しかもそれらの言及は、人類学者の Constable が２００３年に著した *Romance on a Global Stage: Pen Pals, Virtual Ethnography, and 'Mail Order' Marriages*（Constable 2003）についてであり、Hine らのＶＥではない。Constable の著作は、オンラインを介した結婚、人の移動を扱っており、その中で、メール等を利用したエスノグラフィーを展開しているが、ここまで議論してきたＶＥとは無関係である。

Hine はＳＴＳ研究者であり、Markham、Baym、Kendall ら、ＶＥの積極的に関与している研究者たちは、コミュニケーション研究、社会言語学、社会心理学が中心である。それに対して、「デジタル人類学」は文化人類学の展開上に自らを位置づけており、ＶＥとは、議論の展開する学術領域が異なっていることが、こうした人類学側における無関心の一因ではあろうが、人類学からみて、ＶＥというプログラムには、方法論的志向性から、受け入れがたい論点があることが、一種冷淡さの主因だと本書は主張したい。それは、ＶＥ第7原則、第10原則（それに関連した第5原則）に示された「全体論（全体性、holism）の断念」である。

holism（全体論・全体性）は、一般的に、「全体は部分の総和以上のものである。あるいは、部分の総和としての全体は、部分の属性とは独立し、異なった性質を持つ」（Allwood 1973:

3）という理論的立場と規定しうる。オックスフォード大学初代人類学教授となり、イギリス人類学の祖とも呼ばれるTylorは、1871年に著した『原始文化（*Primitive Culture*）』の冒頭において、「文化（culture）」を次のように定義した。「文化あるいは文明とは、その広く民族誌学的意味において、社会のメンバーとしてのヒト（man）によって獲得された知識、信念、芸術、道徳、法、慣習、その他さまざまな能力、習慣を含む複合的全体（complex whole）である。」（Tylor 1871: 1）

20世紀前半、人類学が学術専門領域として発展する過程において、このTylorの定義にみられるように、文化、社会を「有機的全体（organic whole）」、「複合的全体（complex whole）」として捉え、さらに、Durkheimの「構造機能主義」に影響を受けて、個別の要素、事象が、いかに相互に連関し、機能することにより、全体としての文化、社会構造が形成されているかという観点が人類学の中核的な理論的枠組となった。

人類学をこのような学術的パラダイムとして構築する上で最も重要な貢献をしたMalinowskiは次のように主張する。「結局、科学にとって、個々に切り離された事実には何ら価値はない。…（中略）…科学は、個々の事実を1つの有機的全体に位置づけるように分析し、分類すべきである」（Malinowski 1922: 509）。

Tylor、Malinowskiの著作は1世紀あるいはそれ以上前に著されたものだが、holismという観点は、21世紀においても、文化人類学の教科書には必ず言及され、人類学を特徴づける最も基本的な概念の1つであり続けている[2]。

例えば、アメリカ文化人類学の学部生向け教科書として版を重ねるLavendaとSchultzによる"Core Concepts in Cultural Anthropology"（Lavenda and Schultz 2012）をみると、アメリカ人類学を学術専門領域として成立させる基本的観点として、全体論的（全体性にもとづく、holistic）、比較にもとづく（comparative）、フィールドにもとづく（field-based）、進化の観点にもとづく（evolutionary）の4つをあげている。

「人類学者にとって、全体論的である（全体性にもとづく）ということは、人類について知られていること全てをまとめあ

［2］　アメリカの人類学では、holismにもう1つ独自の意味づける文脈が存在する。アメリカ人類学は、アメリカ原住民研究という側面があり、生物学的人類学（原住民の身体的特徴）、言語学（原住民の言語）、考古学（原住民の遺跡）、文化人類学（原住民の文化社会）の4つが人類学を構成する。ヨーロッパ諸国、日本では、これら4分野は独立していることが多い。そこで、アメリカ人類学では、4分野を横断的に取り組むことも「全体論的」とされる。

げることを意味する。人類学者は、人類を研究する多様な分野（例えば生物学、経済学、宗教など）における発見ならびに、類似した主題について自らが集めるデータにもとづき、人間の生活を包括的に描き出そうとするのだ。同様にして、人類学者がある特定の人々の集団を研究する時、彼らの生活の多様な側面（社会的、宗教的、経済的、政治的、言語的側面など）についての情報を組み合わせることによって、その人々の生活様式について、全体論的肖像（a holistic portrait）を作り出すことが目標となる。」（Lavenda and Schultz 2012: 2）。

ただし、一種皮肉な状況なのだが、入門段階では人類学の特徴とされる一方、先述のようなエスノグラフィーへの反省から、専門的学術研究において、無邪気に holism が主張されることはない。さらに複雑なのは、それでも holism は、人類学にとって研究を方向付ける枠組みとしての中核的重要性を失ってはいないという点である。21世紀に入り、人類学における holism を改めて検討した論集（Otto and Bubandt eds. 2010）において、編者の2人は次のように述べる

「holism を主題とする論集ときいて、同時代の人類学者たちの多くは即座に、holism とは避けるに越したことはない厄介な概念だ、とおそらく反応するだろう。それにもかかわらず、多義的で曖昧で、合意を欠いているにもかかわらず、holism はそれでもなお、人類学企図の中核にあると私たちは主張する」（Bubandt and Otto 2010: 1）。

実際、Miller と Horst は、*Digital Anthropology*（Horst and Miller eds. 2012）において、次のように議論を展開する。

「holism への理論的議論の多くは、機能主義における有機体アナロジーか、内的同質性と外的排除性を強調する文化概念のいずれかに因っている。どちらの議論も辛辣な批判に曝され、今日では、人類学がイデオロギーとして holism を信奉する理由などない。

しかし、理論的には脆弱だが、人類学の方法論、とりわけエスノグラフィー（ただし、エスノグラフィーだけということではないが）に密接に結び付いた holism への信奉を保持する（理論的以外の）理由はある。」（Miller and Horst 2012: 15）

そして、その理由として、Miller と Horst は、「デジタル人類学」における、個人、エスノグラフィー、グローバル、3つの観点からの holism の必要性を指摘する（ibid.:15-18）。

まず、個々人にとって、デジタルネットワークはその生活の一部であり、個々人の生活におけるデジタルネットワークを理解しようとするならば、オフライン、アナログメディアなどもまた含みこむことが人類学的観点からは不可欠である。それはまた、エスノグラフィーという方法にとって不可欠であること

を意味する。つまり、デジタルは、従来のエスノグラフィーが対象としてきたヒトの生活（政治、経済、宗教、仕事、家庭等）のあらゆる側面に関わっており、デジタルとヒトとの関係をエスノグラフィーという方法によりアプローチすることは、こうした多種多様な側面を含みこむことに他ならない。そして、エスノグラフィーは個々人の日常生活に深く入り込むミクロの観点に立脚しているが、そうした日常生活は政治経済をはじめとするマクロの文脈に埋め込まれてもいる。デジタルネットワークは、グローバルな政治経済システムと不可分であり、デジタル人類学は、日常から出発しながら、グローバルなマクロの視野を失うべきではないという意味で、全体性という視点は不可欠なのである。

さて、このような Miller と Horst の主張は、Hine の主張とさほど変わらないようにも見える。Miller と Horst も、Lavenda と Schultz が主張するような「人類について知られていることと全てをまとめあげること」という意味で「全体性」を主張しているわけではない。小規模で閉鎖的なコミュニティを対象にする人類学の場合には、対象とすべき範囲は自ずと限りがあり、「全体性」をイメージすることができたかもしれないが、グローバル化、サイバースペースの拡大は、時間軸、空間軸双方において、関与する要素が爆発的に拡大しており、すべての要素を枚挙し、それらの関係性をすべて明らかにすることなどできるはずもない。

それは一個人のネットワークに限定しても同様である。閉鎖的コミュニティにおける個人であれば、その個人が持つ対人関係（対面接触、郵便、電話などでの接触等）を網羅的把握することも可能であった。実際、人類学において20世紀前半に最も大きな研究主題となった「親族関係」は、まさにこうした個人のネットワークを捕捉することが必要であり、前提である。ところが、オンラインでのつながりは、当事者ですら完全に把握しきれない。スマホのアドレス帳、ＳＮＳのフレンド、フォロワー一覧を見なければ思い出せないし、見たとしても思い出せないつながりが存在する。

しかしそれでも、holism は人類学において、Hine が提案するようには捨て去ることのできる概念ではないのである。Miller と Horst は次のようにも述べる。「人類学者は holism をイデオロギーとしては拒絶するかもしれないが、それでもなお、人類学以外の人々が、1つの理想としていかに holism を取り入れるかに、私たち人類学者は対処する必要がある。」（ibid.: 18）

図4-1は、調査研究空間を、調査期間、調査への没入度合い（横軸）と、研究で扱う変数、多元性、多様性（縦軸）の組

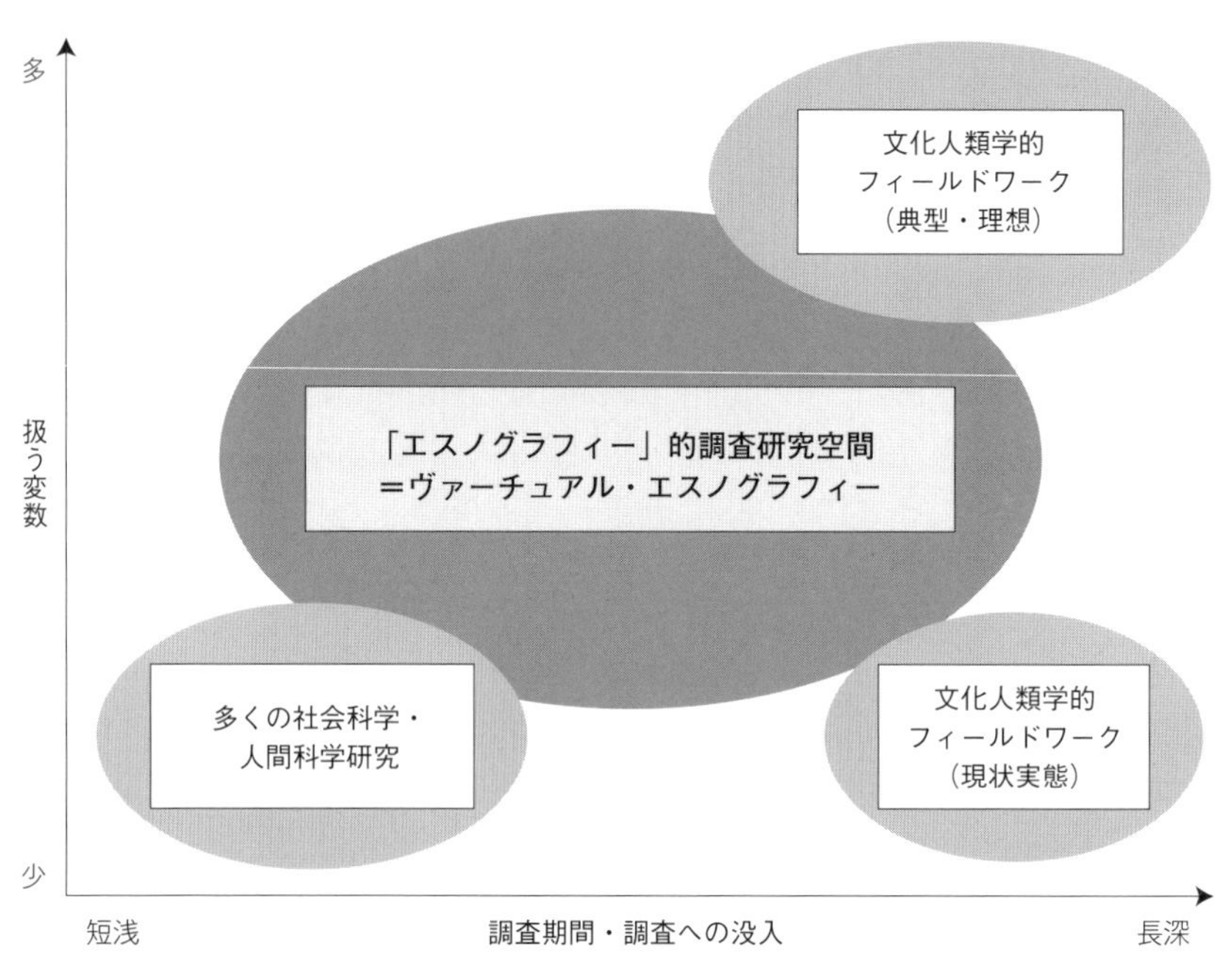

図4-1 「ヴァーチュアル・エスノグラフィー」の研究領域としての位置づけ

み合わせとして表したものである。この図をもとにすると、Miller と Horst らの「デジタル人類学」と Hine の「ヴァーチュアル・エスノグラフィー」の相違、さらには、先述のような社会科学、人間科学、工学領域、産業界からのエスノグラフィーへの関心の拡大は、次のようにとらえることができる。

文化人類学が理念としてきたのは、特定のフィールドに対する長期に渡る没入により、そのフィールドが持つ多様性を、少数の変数に情報縮約するのではなく、できる限り多様性のままに汲み取り、エスノグラフィーへと昇華させることである。それに対して、多くの社会科学、人間科学は（工学的研究の場合はなおさら）、相対的に短期的な調査（往々にしてある時点でのスナップショットデータ）にもとづき、明確にコントロールされた変数を扱う。

すると、図に示したように、文化人類学の理念と他の多くの社会科学・人間科学との間には広大な未開拓領域がある。他分野からの「エスノグラフィー」という方法に対する関心は、こうした未開拓領域を研究する必要性の認識によると捉えることができる。NC研究において、VEがプログラムとして構想されるのは、まさにこの領域である。

「ヴァーチュアル」という語には、「仮想（虚像）の」という意味のほかに、「実質（実際、事実）上の」という意味がある。

前節においてまとめた提案に示されているように、Hineはこの両者の意味を重ねている。NCを対象とする場合、従来のエスノグラフィーのように、明確な境界を持ったフィールド、コミュニティ、メンバーを対象とし、年単位でフィールドワークを行うような十全さ、全体性は求められない。地理的場所と境界によるフィールドではなく、フローと接続性にもとづく人々の活動集積としてのフィールド、時間的連続性ではなく、調査対象、調査者双方にとって断続的活動、全体性を断念した断片性、といった特性に向き合い、調査対象、対象と調査者との関係が絶えず流動的であることを認識したエスノグラフィー、「実質的」「実際的」なエスノグラフィーが必要なのだとHineは主張する。つまり、Hineは、人類学に対して、右上から中央へのベクトルとしてVEという研究プログラムを提起している。

それに対して、Millerらは、人類学的研究における、中央から図右上へのベクトルによる方向付けを重視する。「デジタル人類学」において、個人、エスノグラフィー、グローバル、3つの観点からの「全体性」は、けして所与ではなく、十全に達成されることもない。ここでの「全体性」は、機能構造主義パラダイムや、内と外を分け、内的一貫性を所与とする「文化」概念に関するイデオロギーとしてではなく、研究プログラムを方向づける方法論的ベクトルである。つまり、デジタル人類学は、オンラインだけでなくオフラインも含み込んだ、多元的・複合的な個々人の生活世界と、そのミクロの生活世界が埋め込まれているマクロなグローバル政治経済をつねに視野に入れ、方法論として、全体性を追求するベクトルにもとづくものとして構想される。

4-4　エスノグラフィー革新の必要性

時空間をはじめ複雑化する社会文化を対象に、関連する要素や次元、関係性などを遍く網羅することなどできないが、人類学的アプローチは、全体性への志向性を保持することで、見逃していた要素、新たな次元、関係性などに自らを絶えず開き、「ヒト（人類）」の学術研究たりうる。人類学の方法としてのエスノグラフィーは、こうした人類学的アプローチの中核を構成するものであり、全体性を放棄し、実際的に研究の範囲を限定しようとするVEの提案は、そうした中核的価値を損なうものと捉えられるだろう。

本書は、こうしたデジタル人類学の立場に、理念としては強く共感するものである。しかし、NC研究の方法論の観点からみたときには、その脆弱性を同程度に強く認識せざるをえない。

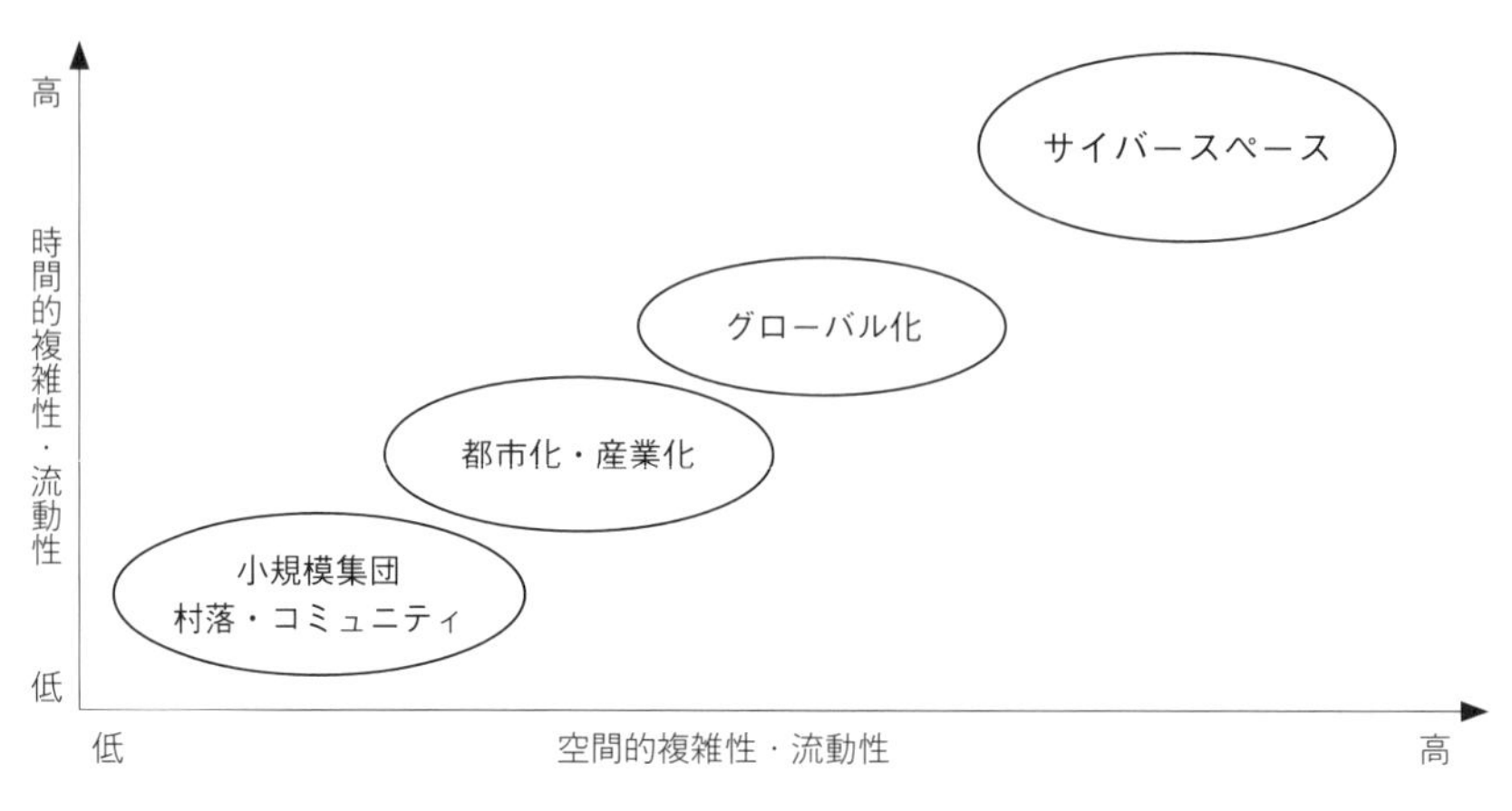

図4-2　時間軸と空間軸の複雑性・流動性による「フィールド」の位置づけ

「デジタル人類学」は、あくまで、人類学的全体性を志向することにより、それ独自の方法論ではなく、オフラインで培われた人類学の方法論にもとづくことになる。例えば、Miller と Slater は、「オンラインインターネットの消費は、親族、宗教といった、従来から確立されているオフラインにおける人類学的探求の主題との関係においてのみ理解することができる」(Miller and Slater 2000: 239) と主張する。

図4-2は、調査対象となるフィールドを、時間軸と空間軸の複雑性・流動性によりプロットした模式図である。先述のように、人類学という学術領域において、「フィールドワーク」「エスノグラフィー」という方法論が不可欠なものとして発展したのは、図の左下に示した小規模集団を対象としたこと深く結びついている。数十から数百世帯からなる村落とそこに住まう人々を対象とするならば、「フィールド」の実体性、「全体性」の理念も強い現実感を帯びる。

都市（化）、産業社会（化）、グローバル化は、人類学が従前より対象とするフィールドの変容要因であると同時に、それら自体も研究対象として重要な位置を占めることとなる。もちろん、これら研究対象は、集合的に数十万から億の水準に達し、時間軸・空間軸とも、ある現象に関与しうる要因（変数）の複雑性・流動性は、村落、コミュニティレベルと比較にならない。

そこで、直接的にそれらをエスノグラフィーの対象とすることはできないが、多様な社会文化的少数者、小集団、当事者、ナラティブ、研究者自身の出身社会などに関心を集中し、緻密なフィールドワークをもとに、一種のミクロコスモスとして全体性を考究することで、より大きなマクロコスモスのあり方を批判的に照射するエスノグラフィーが試みられてきた。例えば、グローバル化との関係では、移民、ディアスポラ、金融などへの関心、多重地域民族誌の試みなど、エスノグラフィーは、新たな研究対象に柔軟に適応し、他の方法論とは異なる独自の学術的貢献を生み出している。

だが、アナログ世界では、特定の人々、集団、現象への緻密なフィールドワークという中核的価値をもとに、コミュニティからグローバル社会まで、エスノグラフィーを展開しえたが、デジタルネットワークの社会への埋め込み（社会のネットワークへの埋め込み）は、エスノグラフィーという方法論が依って立つ基盤自体を根底から変革しつつあり、NC研究の観点からは、エスノグラフィー刷新の必要がある。章を改め、私たちの生活世界がどのように変化しつつあるのか、方法論の観点から捉え直し、ハイブリッドメソッドを基礎づけたい。

第５章　デジタル世界における対称性の拡張
――知識産出様式としてのエスノグラフィー革新の方向性

5-1　デジタルメソッド

２０１０年代、サイバーエスノグラフィーを含め、インターネット研究、オンライン調査研究は新たな段階を迎えた。スマホ、ソーシャルメディアがグローバルに普及し、生活世界へのネットワークの埋め込み（あるいは、ネットワークへの生活世界の埋め込み）が深展するとともに、ビッグデータ、データサイエンス、ＩｏＴ（Internet of Things）、ＩｏＥ（Internet of Everything）、ＡＩ（人工知能）、ロボティクスといった情報技術領域での急速な革新・拡大、社会的変化、影響に関する広範な議論が起こっている。

ビッグデータ、ＩｏＴをはじめとするこうした一連の技術革新は、用語として見れば、一種のバズワード（一過性の流行）であり、短期的なはやりすたりという側面が大きい。しかし、ソーシャルメディアをはじめ、デジタルネットワークがヒト・社会に深く組み込まれ＝ヒト・社会がネットワークに埋め込まれていくベクトルは、今後強くなることはあっても、弱くなることはなく、デジタル技術の継起する革新が、社会、ヒトにどのような意味をもつのかについて真剣に問う必要性は、増すことはあっても、減じることはない。

このような認識から、２０１０年代に入り、社会学、人類学分野において「デジタル」が主題化されてきた。「デジタルメソッド」（Roberts et al. 2013）、「デジタル社会学」（Lupton 2014, Marres 2013）、「デジタルエスノグラフィー」（Pink et al. 2016, Murthy 2011）、といった理論的・方法論的議論が展開され、前章で議論した「デジタル人類学」（Horst and Miller eds. 2012）もその一翼を担うものと捉えることができる。

例えば、Robertsら社会学者をはじめとする社会科学系研究者たちは、イギリスNational Centre for Research Methods（NCRM）の助成を受け、２０１２年から13年にかけてDigital Methods as Mainstream Methodologyという学際的プロジェクトに取り組んだ。プロジェクト名に示されているように、彼らの問題意識は、「デジタルメソッド」が社会科学において、傍流から主流へと移行しつつあり、それに伴う方法論的課題を探求する必要性の認識である（Roberts et al. 2013, Snee et al. 2015, Roberts et al. 2016）。

Roberts らは、「デジタルメソッド（digital methods）」を「調査データ収集、分析のために、オンラインおよびデジタル技術を用いること」と規定し、「社会生活がますますオンラインで展開される時代において、デジタルメソッドは、新たな問いとデータを生成する多様な方法を提供してくれる」（Roberts et al. 2013: 2）と主張する。

実際、NC研究の文脈で考えれば、NCは、調査研究対象としてはもとより、デジタルであることにより、データ収集方法、データ分析方法、さらには、教授方法・研究成果の発信・流通の面でも、大きな革新をもたらしてきた。

まず、データ収集だが、ブログ、SNSなどのソーシャルメディアでは、テキスト、音声、音楽、写真、画像、動画などデータ様態を問わず、すべてデジタル化され、詳細なログとして第三者が収集蓄積できる。GPS・基地局等の位置情報も利用可能であり、ライフログ（人々の行動をすべてデジタルデータとして記録化する）の試みも進展しつつある。また、ヒトとヒト・モノ・情報とのつながり（SNSでの「フレンド関係」、「いいね」「リツィート」などソーシャルシェア、オンラインショッピングでの閲覧履歴・経路、購買履歴・経路情報など）もビッグデータとして捕捉・解析されるようになった。「ソーシャルメディア」にIT業界やビジネスが強い関心を持ち、喧伝するのも、まさに、つながりに関するデータと、テキストデータの定量的解析（テキストマイニング）とを組み合わせることで、利用者の属性（社会経済的属性、ウェブ属性など）により、何に関心を持ち、閲覧履歴、検索履歴、社会的ネットワーク属性など）により、何に関心を持ち、購入し、評価しているか、誰の情報が誰に影響を与えるのか、などをデータマイニングできるからに他ならない[1]。

オンライン調査（ウェブ調査）は、従来の質問紙を用いた社会調査にはない多大な利便性（データ入力作業の削減、紙では実現できない回答方法の工夫、地理的制約・コストの克服など）をもたらした。あるいは、ビデオ会議システムを使えば、地理的制約や移動の制約にとらわれず、調査や実験に参加してもらうことが可能となる。

[1] 対照的に、携帯電話など電話の通信データは、通信事業者が捕捉しているが、個人間の通信として「通信の秘密」（通信の自由の保障）で守られるべきとされ、事業者自身も利用者個人の情報と紐づけて分析することはできないし、第三者に開示されることはない。

さらに、テキストマイニング、データマイニング、音声認識、画像認識等のデジタル技術は、アナログ世界では質的にしか扱うことができなかったデータを量的に解析し、新たな分析の次元を開拓してきた。テキスト、音声、写真、動画などをデジタル情報として記録できることのメリットはいうまでもない。

テキストデータについて考えると、アナログ世界では、第一義的に質的データであり、質的研究は、インタビューや文書（ドキュメント）から得られるテキストデータの分析が中核である。とくに日本語の場合には、英語と異なり、単語が分かち書きされていないため、用いられている単語の数を数え上げることすら難しかった。

しかし、コンピュータ処理能力の向上と自然言語処理研究の発展により、90年代半ばから日本語形態素解析ソフトテキストマイニングソフト（JUMAN、ChaSen（茶筅）など）、２０００年代には日本語テキストマイニングソフト（KH Coder、MLTPなど）がフリーソフトウェアとして公開されるようになり、デジタル化されたテキストデータの量的分析も近年長足の発展を遂げてきた。形態素解析、語句の出現頻度や共起関係、利用語句、文法特性などによる利用者属性、テキストジャンルの推定などすでに解析技術が大きく進展し、検索エンジン利用やソーシャルメディア利用に即したデータマイニング手法も絶えず革新されている。

音声認識も洗練され、音声認識ソフトも一般に利用が容易となりつつある。従来量的に扱うことが難しかった画像データについても、例えば、顔の特徴点を抽出し、その人の表情を読み取ったり、年代、性別を判別するなどの技術革新は、デジカメや各種商業施設の監視カメラ、駅の自動販売機、デジタルサイネージ（広告表示ディスプレイ）などにもすでに広く実装されている。こうした処理技術がソフトウェアとして文系研究者にも利用可能となる日も遠くはないだろう。さらに、多変量解析、データマイニング、ネットワーク分析などの手法が、理工系のコンピュータ科学、ネットワーク科学のみならず、文系の社会科学、行動科学においても比較的容易に利用可能となっている。

Robertsらはまた、「デジタルメソッドは、研究者にとって懸念もまた引き起こしている。例えば、倫理的調査実践を維持し、気づかないバイアスを回避し、現代における技術的展開のスピードに対応していくといった懸念である」とも指摘する。このように、社会科学、人文科学はデジタル技術との対話を「デジタルメソッド」として議題化し、方法論的議論を展開する必要性があるだろう。

「デジタル社会学」を提起するLuptonは、「デジタル」と形容することの意味を次のように文脈づける。「（木村注：サイバー社会学、サイバーカルチャーのように）「サイバー」という語が、１９９０年代から２０００年代前半よく用いられていたが、インターネットが社会により深く浸透し、デスクトップパソコンから、身体に着用でき、どこにでも持ち歩け、利用者がネットに常時接続できるデバイスへと移行した現在、その大半は「デジタル」に取って代わられた。」(Lupton 2012: 4)

２０１０年代の技術革新は、知識産出、研究者としての自己規定をはじめとする学術的営為それ自体を根底から変容するベクトルを生み出し、強めている。Lupton は、「デジタル社会学」において展開される主要な領域として、(Ｂ)デジタルメディア利用の社会学的分析(sociological analyses of digital media use、人々がデジタルメディアをいかに利用し、自己の感覚が形成され、具体的に表象され、社会的関係が形成されるかなどの調査研究)、(Ｃ)デジタルデータ分析(digital data analysis、質的、量的問わず、デジタルデータを社会調査に用いる)、(Ｄ)批判的デジタル社会学(critical digital sociology、批判的社会理論、文化理論にもとづき、デジタルメディアの再帰的・批判的分析を行う)と、データ収集、分析方法、研究対象としてのデジタルをあげるが、これらに先だって第一に議論を展開するのが、(Ａ)学術専門家としてのデジタル実践(professional digital practice)という領域である。

デジタルメディアの革新は、研究者同士のネットワーク形成、学術研究教育業績を含めオンライン上における研究者としての自己提示(e-profile)、研究遂行、知識産出・流通・共有・展開、教育などを、ソーシャルメディアをはじめ、デジタル形式で実践することを不可避にすると Lupton は論じる。つまり、デジタルが、データ収集、分析方法、研究対象として「主流(メインストリーム)」となるだけでなく、学術実践ならびに研究者のあり方それ自体が、デジタルメディアとともに、革新されつつあることと、そうした革新を実践する「デジタル社会学者」(digital sociologist)になることの重要性を Lupton は主張している。

自然科学分野では、２０００年代、e-science という概念により、グリッドコンピューティングをはじめとするインターネットを基盤とした学術的営為の変化が議論されており(De Roure et al. 2003, Jankowski 2007)、エスノグラフィー、人類学、社会学など、社会科学、人文科学における「デジタル」という形容は、ソーシャルメディアをはじめとするＮＣの社会的普及が、社会科学、人文科学にも大きな変化を引き起こしつつあることを示していると解することができる。

ＶＥを提唱した Hine は、ＳＴＳ研究者という観点から、e-science にも関心を持ち(Hine ed. 2006)、先述の Digital Methods as Mainstream Methodology というプロジェクトに

も中心的研究者として関与しているが、2015年、*Ethnography for the Internet*（Hine 2015）を著し、インターネット研究へのエスノグラフィーアプローチを改めて論じた。2010年代におけるインターネットを、社会文化に埋め込まれ（Embedded）、物質性・身体性を持ち（Embodied）、日常生活の一部であり、生活インフラとなった（Everyday）存在と規定し、こうしたE^3（イーキューブド）インターネット[2]を対象とした質的研究としてのエスノグラフィーを展開している。

Hineは、E^3へのアプローチに関して、「2000年に展開したVirtual ethnographyという形態と連続性が大きい」としながら、「Virtual」と形容するのは、物質性、身体性、日常生活とのつながりといったE^3重要な側面を欠いているといった誤解につながりやすく、用いるのを避けると述べる（Hine 2015: 88）。その代わり、状況に柔軟に適応するという意味で、"adaptive"であることを強調し、E^3へのエスノグラフィーアプローチを構成する主要な観点を次の8つにまとめている（Hine 2015: 88-89）。（ここでも、筆者の観点からHineの議論の概要をまとめる。）

（1） エスノグラフィーへの全体性アプローチ（holistic approach）とは、包括的に知ることのできる既存・既定のフィールドサイトがある、ということを意味しない。全体性アプローチは、予期せぬ意味生成や研究当初には思いもよらないつながりや境界の出現などに研究者が開かれていることである。

（2） フィールドは、流動的で生成するものであり、ほとんど常にオンライン、オフライン両者を含んでいる。

（3） インターネットは多様な活動ならびに意味付けの枠組に幾重にも埋め込まれている（multiply embedded）ものとみなされる。したがって、生成され浮かび上がるつながりや断絶を探索し、フィールドを生成的に同定していく開かれたアプローチが促進される。

（4） インターネットは、物質性・身体性の経験である。この側面から、研究者自身が自らの身体性、感情・感覚を反省的に捉える再帰的でオートエスノグラフィー的アプローチが重要となる。[3]

（5） インターネットは、ありふれた日常的経験でも、語られる日常的経験でもある。政策で語られるネットと日常実践におけるネット、マスメディアで描かれるネット、日常経験でのネットを探索し、ありふれた面、語られる面をともに考究することが大切である。

（6） エスノグラフィーは、インターネットの多様性を意識すべきだ。端末に依存し、文化的に埋め込まれ、絶え間なく変化する断片的なインターネットをめぐって、多様な意味づけ実践を見いだす必要がある。

（7）エスノグラファーは、インターネットの不確実性を意識すべきだ。インフォーマントがE^3インターネットを不確実性とともに生きているのと同程度に、研究者は、自らの研究もまた不確実性のもとにあり、一元的で包括的な説明を望むことはできない。

（8）エスノグラファーは、自らの主体としての力（agency）に責任を持ち、正統性のある説明を構築しようと試みるべきである。

第1項は、前章で議論したような「デジタル人類学」へのHineなりの回答とみなすことができる。その「デジタル人類学」について、MillerとHorstは、その拠って立つ6つの原理（principle）を提示する（Miller and Horst 2012）。

（1）デジタル弁証法の原理（弁証法を介してデジタルを規定する）：「デジタル」とは究極的に二値コードに還元しうるが、同時に個別性と差異を発展させるものすべてであり、弁証法とは、普遍性と個別性がデジタルにより増大する関係性、ならびに、プラスの影響とマイナスの影響の内在的な結びつきを指す。「デジタル」それ自体、文化の弁証法的特性を強化する。

（2）虚偽真正性（false authenticity）の原理（文化ならびに誤った正統性の原理）：ヒトはデジタルの出現により、以前よりもより媒介的になったということは一切ない。ヒトは「デジタル以前」から、デジタル以前、文化により媒介されており、デジタル人類学は、デジタル以前、アナログにおける媒介性の理解を深めることができる程度において、デジタルを研究することができ、デジタル以前、アナログに、より大きな正統性、リアリティを措定するロマンティックな言説に堕してしまう程度において、デジタルを理解し損ねることになる。

（3）全体性（holism）の原理（全体性の原理を介して直接的なフィールドを越える方法）：全体性（holism）はヒトへの人類学的視座の基盤であり、特定のエスノグラフィープロジェクトの枠組で捉えられる世界に焦点をあて取り組みながら、

［2］ Embedded、Embodied、Everyday 3語の頭文字からの造語。副題ともなっている。

［3］ オートエスノグラフィー（autoethnography）とは、「他者であるエスノグラファー（調査者）が書いたエスノグラフィーではなく、現場内部の当事者（オートエスノグラファー）が自ら書くエスノグラフィー」（成田 2012: 4）のこと。

その枠組に影響を与え、その枠組を越えるより大きな世界にも焦点をあてることになる。

（4） 声ならびに相対主義原理：デジタルが世界を同質化するとの仮定を否定し、文化的相対主義の重要性を強調するとともに、文化が均一ではなく、権力関係のなかで構築、再生産されるという政治性を認識し、近代化により周縁化された人々の声、姿を重視する。

（5） 両価性（ambivalance）ならびに開放（openness）と閉鎖（closure）の原理：インターネットは次々と新たな自由をもたらしながら、新たな制約・監視が生じる。開放性と閉鎖性という相反する価値が絶えず交錯し、展開するデジタルの機微を探究する。

（6） 規範性（normativity）ならびに物質性（materiality）の原理：社会的秩序・規範性は、物質がもつ秩序・規範性に負っており、デジタルもまた同様である。デジタル革新は驚くべきスピードで進展しているが、同様に瞠目すべきなのは、社会がそうした革新を瞬く間に当たり前と感じ、使い方についての規範性を構成するスピードである。デジタル技術自体、デジタルコンテンツ、デジタルが使われる文脈、それぞれの物質性と、規範性の生成という観点が重要である。

Pinkらの「デジタルエスノグラフィー」もまた、デジタルエスノグラフィーが依って立つ原理（principle）として次の5つをあげる。

（1） 多様性・多重性（multiplicity）：デジタルエスノグラフィーの実践は、つねに、プロジェクト毎に独自の問い、独自のアプローチがあり、しかも、問いの立て方、アプローチの仕方は多様である。

（2） 非デジタル中心性（non-digital-centric-ness）：デジタルエスノグラフィーは、デジタルメディアがいかに人々の生活世界を構成しているかを理解しようとするが、それには、デジタルメディアに限らない生活世界の多様な側面を理解する必要がある。

（3） 開放性（openness）：デジタルエスノグラフィーは、定められた調査方法ではなく、到着点や終結点を求めず、多様な方法に開かれ、さらなる展開に開かれるプロセスである。異なる学術領域、アート、デザイン、NPO、インフォーマントなど多様なステークホルダー（利害関与者）が協働する。「開放性」はまた、「オープンソース」「クリエイティブコモンズ」のようにデジタル文化にとって中核的概念である。

（4） 再帰性（reflexivity）：エスノグラフィーの調査プロセスは、デジタル－物質－感性が織りなす環境である世界において、インフォーマントをはじめとするヒト、モノと出遭い、協働することにより、知識が産出されることを再帰的に認識する倫理的実践として、デジタルエスノグラフィーはある。
（5）非正統的・慣例を打ち破る（unorthodox）：デジタルエスノグラフィーは、学術的に正統な論文よりもむしろ、写真、イメージの積極的利用や、ビデオ、ウェブサイトとの連携など「より生（rawer）」のコミュニケーション形態を志向する。

さて、「E³アプローチ」、「デジタル人類学」、「デジタルエスノグラフィー」は、2010年代におけるインターネット研究、サイバーエスノグラフィー・アプローチを代表するものである。エスノグラフィー、とりわけ人類学的エスノグラフィーに親しんでいる読者であれば、これらサイバーエスノグラフィー・アプローチの方法論的意味、問題意識を理解できるだろう。ところが、エスノグラフィーにこれまで接点がなく、NC研究の観点から本書を手にした読者にとっては、捉えどころがないようにも感じられるのではないだろうか。

この「捉えどころのなさ」こそ、エスノグラフィー自体の力の源泉だと本書は考えるが、従来の質的方法論において、その力は、「フィールド（野）」、「参与観察」、「全体性」の力以上には十分に説明されてきたとは言い難い。だからこそ、エスノグラフィーという方法論は、部外者からみると「捉えどころがない」のである。この文脈において、NC研究は、「フィールド」、「参与観察」、「全体性」自体を、アナログ世界から解き放ち、知識産出のあり方そのものを革新することにより、改めてその力の源泉が何かを問い直し、より具体的に説明することを可能にする。

5-2　知識産出様式における〈対称性（シンメトリー）〉の拡張

本書が「デジタルエスノグラフィー」「サイバーエスノグラフィー」ではなく、「ハイブリッド・エスノグラフィー」という語を用いるのは、デジタルネットワーク拡大・浸透に伴う、知識産出様式に関する「対称性（シンメトリー）」の拡張、というより長期的な学術的展開の文脈を念頭においているからである。

ここでいう「対称性」とは、もともと、Bloor（1973）が科学知識社会学（sociology of scientific knowledge）における「ストロングプログラム」を展開する際に導入した概念である。Bloor は、科学的言明（信念）の真／偽、合理／非合理について、どちらも説明が必要であり（公平性、impartiality）、さらに、真は自然との整合性、偽は社会的要因といった非対称的説明ではなく、どちらも同じ体系で説明される必要（対称性、symmetry）があると主張した。こうしたBloorの公平性、対称性概念を、Bijker（1995）、Wyatt（2007）は、表5－1にまとめたような形で、科学技術社会論の文脈に拡張し、議論を展開している。

Bijker（1995）によれば、Pinch and Bijker（1984）は「技術の社会的構成（SCOT: Social construction of technology）」アプローチを提起し、対称性をテクノロジーへと拡張した。技術は社会的に構成されるのであり、その過程では、ある技術領域で多様な利害を持った人々が、それぞれの立場に応じて、技術への意味づけ、機能や効果を模索し、利害が衝突を繰り返す中で、技術が具体的に構成され、消長が起きる。つまり、ある技術が社会的に利用されるのは、それが技術自体として優れて機能するからではなく、上記のような過程を経て社会で広く用いられる＝成功した人工物となったからであり、逆もまた同様である。技術を社会から独立し、自律した存在ではなく、

表5-1　科学技術社会研究における「対称性」の拡張

提唱者	議論の対象	公平性（両者を中立的に扱う）	対称性（両者を同じ体系で説明する）	説明体系の核
Bloor (1973, 1976)	科学的知識	言明が真か偽か	真の説明／偽の説明	「自然」とみなすのは、「真なる事実」とされた言明の「結果」であって、「原因」ではない
Pinch and Bijker (1984)	テクノロジー	機械（技術）が成功か失敗か	成功の説明／失敗の説明	「機能する(working)」のは、機械（技術）が成功した人工物となったことの「結果」であって、「原因」ではない
Callon (1986)	社会と技術	行為者（動因）がヒトか非ヒトか	社会的世界の説明／技術的世界の説明	「技術的」と「社会的」の区別は、社会－技術混合が安定化した「結果」であって、「原因」ではない
Wyatt (1998)	STSにおける方法	アクターの特定が、他のアクターによるか、分析者によるか	分析者による概念／アクターによる概念	「成功」は、機械（技術）が機能する人工物となったことの「結果」であって、「原因」ではない
本書の主張	デジタルデータ	データが質的か量的か	質的データ／量的データ	「質的」と「量的」の区別は、研究者の判断の「結果」であって、「原因」ではない
	知識産出様式	知識産出が産業主体・目的か学術主体・目的か	産業研究による知識／学術研究による知識	「産業」か「学術」の区別は、研究活動の「結果」であって、「原因」ではない

（Bijker 1995: 275, Wyatt 2007: 166をもとに、筆者が加筆作成）

社会的事象と同じ体系で説明する。

さらに、第1章第3節で触れた、Latour、CallonらのＡＮＴ（アクターネットワーク理論）は、対称性をヒト（human）と非ヒト（non-human）との関係に拡張している。ヒトと非ヒト、社会と科学技術とを相互に独立した領域とし、社会の構成と科学技術の構成とを異なった説明様式で捉えるのではなく、ヒト、非ヒトを問わず行為主体（actant）相互が形成するネットワークこそを第一義的とし、社会－技術混合（ensemble）の形成を問う観点を提起する。

こうしたBijkerによる議論を、Wyatt（2007）は批判的に継承した。とくに、PinchとBijkerのＳＣＯＴについて、その議論が、「成功」を「社会的世界」と、「機能」を「技術的世界」と、それぞれ分断して結びつけている、つまり、社会的と技術的との二項対立的分断に陥っていると指摘する。表5－1において、Wyattの「説明体系の核」が、PinchとBijkerを元に、「成功」と「機能」を入れ替えているのは、ＳＣＯＴの議論自体を対称的にすべきであり、Wyattが正しく、ＳＣＯＴが誤りということではなく、2つの言明が同じコインの裏表であると、Wyatt自身が認識していることによる。

Wyattはさらに、ＡＮＴが主張するように、「アクターに付き従う」（Latour 1987）ことは重要だが、どのアクターからも見えない部分が存在し、分析にはそれを見出すことのできる分析者の立場が必要になると議論し、アクターと分析者を公平、対称に扱う必要性を提起する。これは、インフォーマントの立場を最も重視するエスノグラフィーにとっても重要な指摘であろう。

5－3　デジタル空間における「定量／定性」の対称性と「フィールド」概念の変容

5－3－1　デジタル空間における「定量／定性」の対称性

さて、こうした科学技術社会論における知識産出に関する対称性の議論を踏まえ、本書は、デジタルがさらに2つの対称性を研究者に要請していると主張する。それは、デジタル空間における「定量／定性」の対称性、ならびに、知識産出様式における「学術／ビジネス」の対称性である。

まず、「定量／定性」だが、従来のアナログ世界では、質的データ、量的データはそれぞれ独立しており、互換性がなかった。人々の行動、テキスト、音声、画像、観察記録、録音などは、基本的にアナログのままでは質的に留まる。他方、アナログ世界に自生する量的データはほとんどない。アンケート、実験、観察など人為的な作業（タスク）を設計し、「量化」しなくてはならない。むしろ、そうした概念化、量的操作可能化、コード化などが科学的、学術的妥当性、正統性の源泉と捉えられる（Crosby 1997）。とはいえ、人為的な手続きを経て量化されたデータは、それだけでは、データが生じた社会的文脈から切り離されており、質的分析の対象にはなり難い。

かつて、新聞記事を量化する場合、あるトピックがどのくらいの紙面を占めているか、その面積を計算する手法が採られていた。つまり、アナログ世界では、テキストは、紙をはじめとするモノに体化（embodied）されていなければならない。そこで、テキスト自体を量化することはできず、体化されたモノを量化（＝新聞記事の面積）しているため、その量的データを質的データとして読み解くことも容易ではなかった。

それに対して、デジタル世界では、テキストは研究の必要性に応じて、「量的」でも「質的」でもありうる。ネットワーク上の人間関係も、質的にアプローチしようと思えば機微に触れることになり、ネットワーク密度、中心性（次数、近接、媒介）、拘束度など量的分析もできる。つまり、「定量／定性」というのは、デジタル世界において、研究対象により予め規定されるものではなく、研究者がどちらかに固着する必然性はない。むしろ、デジタルデータをどちらの側面からも対称的にアプローチすることこそが、事象を多角的に掘り下げて分析することを可能にするだろう。

こうした対称性は、データ自体、収集方法・記録方法、分析手法・提示手法の３つの次元で捉える必要がある。データの次元では、テキストをはじめ、音声、画像、映像、マルチメディア、ハイパーメディアなど、定量的にも、定性的にもアプローチが可能である。データ収集方法・記録方法の次元（観察、実験、参与観察、質問紙、インタビュー、ドキュメント収集、ログ収集、サンプリング、シミュレーション、モデリングなど）、データ分析手法・提示手法の次元（統計分析、シミュレーション、モデリング、テキストマイニング、記述、グラフ、図、表、議論、語り、演繹、帰納、仮説・検証など）、各次元において、アナログ世界ではそれぞれが独立し、垂直統合され、組み合わせの困難であった定量、定性の多種多様な方法を、デジタルネットワーク技術は、共通のプラットフォームに解き放ったのである。

こうした「定性／定量」対称性は、ＮＣ研究において最も顕著に現れる。ネットワークが私たちの日常生活、社会に深く浸透し、私たちの行動、認知、感情等に関する膨大なデータ（文字通りの「ビッグデータ」）が日々蓄積されている。社会学の泰斗 Giddens（1990）は、近代化の過程を「脱埋め込み

(disembedding)」と「再埋め込み(re-embedding)」として捉える視座を提示した。すなわち、伝統的社会でローカルな集団の中に埋没していた「個」が集団から切り離され(脱埋め込み)、市場に「再埋め込み」されるベクトルとして、近代化を特徴づけた。

この議論を敷衍すれば、21世紀の現代社会では、原子化(atomization)、組織・境界の流動化が進展し、血縁、地縁、組織縁など、個を集団に埋め込む強固な社会的関係性が失われ、市場に裸のまま埋め込まれるとともに、強固な現実空間(場所性・物質性)との結びつきも喪失し(脱埋め込み)、ネットワークに再埋め込みされるベクトルが強く働いている。コミュニケーションも現実空間における対面コミュニケーションよりも、ネットワークを介したCMCが中心となり、友だち関係などの社会的関係が形成、維持され、自己表現、自己提示を行い、自分の居場所となる空間もまたネットワークの果たす役割が大きくなる。住所や電話番号は知らなくても、LINEやTwitterのアカウント名を知っている関係が友だちである。

ネットワークに接続する限り、私たちの存在自体がネットワークの中に取り込まれていく。かつては、ROM(read only member)、lurkerなど、自ら発言せずに、他者の提供する情報、知識を閲覧するだけ(見るだけ)という「ただ乗り」ネットワーク利用者が問題とされたが、現在では、見るだけであっても、マウスやスマホ画面での指の軌跡、クリック、閲覧、検索などの履歴等、膨大なデータが絶えず収集され、蓄積、分析される。

Amazonの定額制読書サービス(キンドル・アンリミテッド)は、著者に対して、作品のダウンロード数、レンタル数ではなく、閲覧ページ数に応じて支払う。つまり、ある作品を端末でスクロールしたり、タップしたりする挙動により「読者が読んだ」ページ数を把握するのである。ウェアラブル端末に対してIT企業が積極的なのも、ウェアラブルになればなるほど、生体の動きと情報の動きをともに把握することが可能となり、どの情報が誰にどの程度関心をもたられるのかといったことも捕捉しやすくなるからである。

もちろん、第3章で議論したように、NC研究においても、量的分析だけでは捉えることのできない事象は多い。とくに、アナログ世界におけるヒトのあり方は、第一義的に質的データとならざるをえず、オフライン、オンライン両者を含み込んだ生活世界が研究対象である「コミュニケーション生態系」アプローチは、質的研究としてのエスノグラフィーがNC研究に果たす上で不可欠であろう。だが、私たちのネットワークへの埋め込みが進展し、研究対象=フィールドが巨大なデジタルデータとなる割合が高まる中で、エスノグラフィーは「質のみ」にこだわるべきなのだろうか？

さらに、「オンラインエスノグラフィー」の場合、デジタル世界のみを対象にしていながら、エスノグラファーは定性のみで議論を展開する。しかし、本項で議論したように、「量／質」という区分はアナログ世界を前提とした棲み分けである。NC研究においては、フィールドがデジタル世界となり、「量」と「質」は対称的に扱われるべきだとすれば、「定量」を敢えて捨象することを正統化する根拠は何だろうか？

本書では、第10章で、Yahoo!ニュースコメント機能（いわゆる「ヤフコメ」）を研究対象としたネット世論研究の一端を紹介する。Yahoo!ニュースは、2015年時点で、1日平均、300程度の媒体から4000以上の記事が配信され、閲覧回数は億単位に達する。

主としてマスメディアを介してニュースが流通し、人々がアクセス、閲覧、視聴する。感想をつぶやく、友人・知人に伝える、自分の日記に考えを記す、マスメディアに投書する、印刷物を配布する、人々と議論する。こうした行為の累積こそ世論(public opinions) と考えられるが、アナログ世界では、それらの大半に直接アクセスすることは不可能だった。そのため、「世論」とは主としてマスメディアを流通する情報を指すこととなり、上記のような意味での世論は、世論調査や聞き取り調査、メディアでの表象をもとに、研究者が自らの視座から推論し、構成せざるをえない。

他方、Yahoo!ニュースをはじめ、オンラインニュースサイトのログデータは、どの記事が、いつ閲覧されたか、閲覧者が、どこからその記事にきて、次にどこをクリックしたのか、コメント投稿に関する情報、Facebook や Twitter、instagram へのシェア情報など、ヒトとニュースとの接触に関する膨大なデータがログとして捕捉される。

とくにYahoo!ニュースは、日本人のニュース接触行動において特権的地位を占めている。筆者が2015年12月に実施したウェブ調査[4]では、表5-2にあるようなニュースサイト、まとめサイト、SNS、メッセージングアプリなどによるニュース接触を訊いている[5]。16歳から69歳の回答者を、回答者数の分布と情報メディア環境の変化、デジタルネイティブ論（本書第8章参照）を念頭において、16〜24歳、25〜35歳、36〜50歳、51〜69歳（実査が12月末だったため、それぞれおよそ、1991〜1999年生、1980〜1990年生、1965〜1979年生、1946〜1964年生）の4世代に分け、それぞれの利用率をまとめた（項目は、16〜24歳で利用率が高い順）。なお、本章ではこれ以降、この4世代を簡便に、世代A、世代

表5-2　本研究実施ウェブ調査（2015年、日本）によるオンラインニュース利用率（単位：%）

	デジタルネイティブ		デジタル移民		
	16～24歳（世代A）	25～35歳（世代B）	36～50歳（世代C）	51～69歳（世代D）	全体
Yahoo!ニュース（トピックス）での記事閲覧	66.7	81.7	84.5	79.2	78.2
まとめサイト（naver、はてな、togetterなど）での記事閲覧	62.9	55.9	46.4	21.4	43.9
２ちゃんねるまとめサイト	46.8	38.6	28.8	15.5	30.4
Twitterのツィートに流れてくるニュースをクリック閲覧	45.2	20.8	17.3	12.8	22.8
２ちゃんねるの閲覧	36.3	33.5	28.4	14.9	26.8
新聞社のサイト（読売、朝日など）での記事閲覧	35.9	35.5	44.6	43.5	40.6
LINE NEWSでの記事閲覧	29.1	18.3	15.1	11.9	17.8
ニュースサイト・ポータル（J-cast、ハフィントンポストなど）のコメント欄の閲覧	25.3	28.9	21.6	14.9	21.7
LINE以外のＳＮＳニュース（mixiニュース等）での記事閲覧	23.2	21.3	14.8	11.3	16.8
フェイスブックで流れてくるニュースをクリック閲覧	18.2	21.3	14.0	11.9	15.6
オンライン一般ニュースサイトでの記事閲覧	16.9	21.3	20.1	15.2	18.0
２ちゃんねるでの書込	12.7	13.2	7.6	5.1	9.0
ニュースサイト・ポータルのコメント欄での書込	11.8	12.7	8.6	6.0	9.3

B、世代C、世代Dと表記する。

表から明らかなように、Yahoo!ニュースサイトの記事閲覧は、全体で8割近く、世代Aでも3分の2に達し、新聞社サイトでの記事閲覧（各世代とも4割前後）を大きく凌駕している。さらに、ニュースサイト

[4] マクロミル社モニターを対象としたウェブ調査。2015年12月18日～22日、16～69歳の男女、有効回答数1048。地域、性年代により割り付け。まず、地域に関して、関東、東海、関西の3地域で人口比に対応し、それぞれ5割、2割、3割となるよう割り付けを行った。
〈関東〉茨城県、栃木県、群馬県、埼玉県、千葉県、東京都、神奈川県
〈東海〉岐阜県、静岡県、愛知県、三重県
〈関西〉滋賀県、京都府、大阪府、兵庫県、奈良県、和歌山県
さらに、それぞれの地域で、10代～60代の6区分、男女で均等になるよう割り付けた。

[5] 現在利用については、①日に2、3回以上、②日に1回、③週に3～5回、④月に3～6回、⑤月1、2回かそれ以下、の頻度に分け、現在非利用については、⑥過去利用、⑦利用経験無に分けて、合計7つの選択肢から単一回答。表5-2の数値は、①～⑤いずれかに該当する回答者の割合。

コメント欄閲覧も、世代Dでは15％に留まるが、世代A、世代Bのデジタルネイティブ世代では、4分の1を越え、コメント欄への書込も、全体平均9％、デジタルネイティブ世代は12％前後とおよそ8人に1人にのぼる。

このように、Yahoo! ニュースは、日本社会におけるネット世論構造において中核的ハブとして機能を果たしており、Yahoo! ニュースでの配信記事と投稿コメントを分析することは、日本社会のネット世論分析においてきわめて重要な位置を占めると考えられる。

そこで、筆者は２０１５年度、16年度とYahoo! ニュースの協力を得てネット世論研究に取り組んでいる。先にも触れたが、２０１５年現在、Yahoo! ニュースは、平均すると1日あたり、４０００以上配信される記事を、千万単位のアクセスユニークユーザが、億単位でアクセス、閲覧し、数万人が十万単位のコメントを投稿する。したがって、1日分の閲覧データ（どのブラウズＩＤがいつ、どの記事を閲覧したか）は、億単位のレコード、数ギガのテキストファイルとなる。

こうしたYahoo! ニュース、ならびに、Yahoo! ニュースコメント機能（以下、本書では、「ヤフコメ」と表記する）のログデータは、配信記事、閲覧、コメント等が時間情報とともに保存されている。さらに、閲覧者はアクセスブラウザ、コメント投稿者はアクセスブラウザとともにログインアカウント、接続するＩＰアドレスにより識別される。もちろん、物理的に1人の閲覧者・投稿者が、複数のブラウザ、アカウント、ＩＰアドレスを駆使する場合もあれば、物理的には複数の閲覧者・投稿者が同一のブラウザ、アカウント、ＩＰアドレスを共有している場合もある。つまり、調査者は、それらを区別することはできないが、識別されるブラウザ、アカウント、ＩＰアドレス毎のオンライン行動は把握することできる。

したがって、これらデータは、記事、コメント、ブラウザ、アカウント、ＩＰアドレスなどをノードとし、相互にリンクしあう巨大なネットワークとして捉えられ、社会的ネットワーク分析（ＳＮＡ：social network analysis）の観点から分析しうる。ＳＮＡとは、20世紀前半から、グラフ理論をもとに、社会科学、人間科学諸分野で形成、発展されてきた方法論であり、さまざまな社会的主体（個人、組織、集団、サイト、ブログなど）をノード、ノード間の関係をリンク（エッジともいう）で表すことで、ネットワークを構成し、その構造的特性を探り、関係性と関係性における主体のあり方を掘り下げる（Freeman 2004）。

例えば、図5-1は、「ヤフコメ」[6]で、投稿者をアカウント《C・・・》というノード）とアドレス《D・・・》というノード）で識別し、どのアカウントがどのアドレスでコメントを投稿しているか、アカウントとアドレスとの対応関係をネットワーク分析可視化ソフト（Gephi ver.0.9.1）で解析したものである。線が太ければ太いほど、その対応関係でコメント投稿数が多いことを示している。この図では、Ｃ８１というアカウントが、Ｄ７８２をはじめ、14個のアドレスからコメントを投稿していること、Ｄ７８２というアドレスは、Ｃ８１、Ｃ２２９１、Ｃ３３４０、３つのアカウントに利用されていること、ただし、Ｃ８１とＤ７８２のつながりは弱いこと、などが可視化されている。

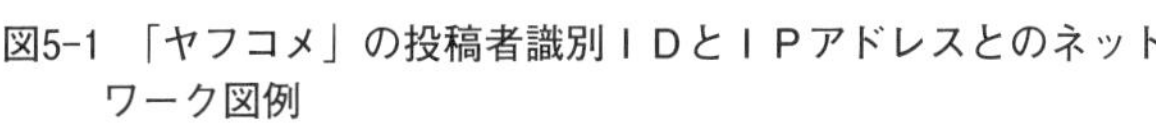

図5-1 「ヤフコメ」の投稿者識別ＩＤとＩＰアドレスとのネットワーク図例

Yahoo!ニュース、「ヤフコメ」データの場合、記事、配信媒体、遷移元ＵＲＬ、遷移先ＵＲＬ、コメント（さらに親コメントと子コメントに分けられる）、アカウント、ＩＰアドレス、閲覧ブラウザなどがノードとなり、互いにつながることで、膨大なネットワークが形成されうる。図５-１は、そうした気の遠くなるようなネットワークを爪でちょっと引っ掻いた破片のような存在だが、図のような構造を描画し、個々のコメントを参照して、文脈に即した分析に取り組むことが可能なのである。

つまり、本書の観点から重要なことだが、ＳＮＡは数理科学的でありながら、エスノグラフィー的アプローチと接合しうる可能性が高い。実際、人類学では、そうとは自覚されていないが、定性・定量を対称的に組み合わせる方法論的実践として展

［６］もちろん、分析に利用するデータは匿名コード化されており、当該アカウントが利用している実際のヤフーＩＤ、ＩＰアドレスは推測できない。

開されてきたのである。

5-3-2　SNA・ネットワーク科学とエスノグラフィーとの接合——「定性／定量」対称性方法論として

SNAは、社会学においては数理社会学の一分野として位置づけられるものだが、1990年代後半からインターネットの普及、デジタル技術の革新と軌を一にして、「ネットワーク科学」と呼ばれる数理科学分野が爆発的に発展し、もともと社会科学・人間科学分野で展開されてきたSNAとも融合してきている（例えば、Barabási 2002, Christakis and Fowler 2009）。

したがって、SNAは、数理科学としての発展が著しく、人類学には縁遠い存在に思われるかもしれない。だが実際人類学者間においても、さほど広く認識されていないが、社会科学分野におけるSNAの形成・展開において、人類学もまた大きな役割を果たしてきた。つまり、エスノグラフィー調査においてSNAを展開する可能性を拓いてきたのである。

20世紀前半の人類学では、それぞれの社会文化集団の内的同質性を措定し、文化的規範、価値体系、社会構造など、個人を規定する社会文化を明らかにする傾向が強かった。つまり、人類学的研究は、個別具体的な人々の活動へのきめ細かいフィールドワークにもとづきながら、研究成果であるエスノグラフィーにおいては、個々人が背景に退き、内的同質性・一貫性をもった社会文化が主題化されていた。

それに対して、アメリカ、イギリス人類学それぞれで、個々人が織り成す社会的関係性に焦点をあてた社会文化研究の流れが生じた。アメリカ人類学では、1920年代後半から1940年代、Harvard大学のWarnerを中心に、産業化・都市化が進展しているアメリカ社会の工場やコミュニティをフィールドとして、インフォーマルな個人間関係の研究が積極的に開拓された。ヤンキーシティ（Yankee City）研究（Warner ed. 1963）、オールドシティ（Old City）研究（Burleigh et al. 1941）、ホーソン効果でも有名なホーソン（Hawthorne）実験（経営学者Mayoとの産業生産性に関する共同研究）（Roethlisberger and Dickson 1939）など、現在でも広く知られている諸研究から、組織、コミュニティを構成する多様なサブグループの重要性、さらに、クリーク（clique）、クラスター、ブロックなど、ネットワーク構造の観点からサブグループを捉え、サブグループ間の関係性として社会の動態を探究する視座が拓かれたのである。

他方、イギリスでは、Barnes、Gluckman、Mitchell、Bottら（「マンチェスター派」と呼ばれることもある）が、都市化、産業化に伴い、人々の生活自体が個人化、多元化、複合化し、個々人が複数の社会文化的集団、組織、人間関係に、多様な形で参加、所属している状況に取り組む必要性から、個々人の帰属、参加の仕方を研究主題化し、「社会的ネットワーク（the social network）」（Barnes 1954）という語を用いるようになった。さらに、密度（density）、到達可能性（reacheability）、多重関係性（multiplexity）、強度（intensity）など社会的ネットワークを捉える基本的な概念も、彼らの研究により具体化された（Mitchell ed. 1969）。

本書の観点からみれば、こうしたエスノグラフィー調査におけるSNA的アプローチ（以下、本章では、「人類学的SNA」と呼ぶ）の形成は、まさに、「定性／定量」対称性方法論を先取りしたものと評価することができる。

人類学的SNAは、現在のSNAが対象とするような数千、数万、数億といった大量データを扱うわけではない。むしろ、せいぜい数十といった限られた社会的主体を対象として、ノードのあり方、ノード間の関係性を、個別の文脈に沿って丹念に掘り下げていくことで、定量的分析と定性的分析とを高次に組み合わせることを可能にものである。

数十人から百数十人の集落を対象としたフィールドワークを仮定してみよう。構成員（ノード）が内部でつながりあい、外部とのつながりが限定的な小集団であれば、ノード同士の関係性を包括的に探究しうる。人類学において、20世紀前半から半ば、親族関係が最も大きな研究主題だったが、親族関係抽出は、ある集団を対象として、成員たちの親族関係をたずね、把握するもので、まさにSNA的調査が必要であった。さらに、構成員たちの所属している部族集団、物品の交換、日常における接触、会話、協働行動、敵対行動等の有無、相続関係、儀礼参加など、対人関係のネットワークに重ね合わせ、データを収集することができれば、多元的、複合的に、その集落に生活する人々の「全体性」を捉え、描くことができるように思われる。

人類学的SNA研究は、ノードとエッジ（リンク）からなるネットワーク全体を俯瞰し、包括的に関係性を把握しようとする志向性をもつ。こうしたSNAの捉え方を、マンチェスター派の中心的研究者であるBarnesはtotal networkと呼んだ（Barnes 1954: 43）が、その後、一般的には「全体ネットワークアプローチ（whole-network approach）」（Wellman 1979, Marsden 2011, Grosser and Borgatti 2013）（以下、本章ではWNAと表記）と呼ばれるようになった。もちろん、WNAは、人類学的SNAだけに限らず、例えば、社会心理学や組織研究で、ある企業の従業員全員を対象に、それぞれの従業員から、友だち関係、敵対関係、相談する関係等々にある他の従業員をすべてあげてもらうような場合もある。ただ、社会心理学、組織研究であれば、友だち関係、敵対関係なども「変数」としてあくまで定量的に分析されるのに対して、人類学的ＳＮＡは、ノードの個体性、個別の関係性、具体的な社会的相互行為（会話や行動）が生み出される個別の文脈に深く入り込み、「友だち関係」、「敵対関係」の微妙な陰影、微細な意味作用を掘り下げていく。

とはいえ、現実には、社会的関係性が内部のみで閉じる社会文化はきわめて希であり、多元的関係性をすべて枚挙することもできない。とりわけ、先に述べたように、ＳＮＡ形成を担った人類学者たちは、多元化・複合化する現代社会を対象としており、ＷＮＡ的調査は、たとえ、小規模村落や地縁組織・集団、あるいは、企業組織や学校のクラス、趣味・同好組織など、内部同質性が相対的に高いと思われる小規模集団を対象にしたとしても、「全体性」を確保することは不可能と言わざるをえない。

例えば、ある高校のクラスを対象とし、オンライン、オフラインの交友関係を調査する場合を考えてみよう。多元化が進展する現代社会では、オンライン、オフラインそれぞれで、多様な交友関係が形成されており、クラス成員相互のそうした関係性をすべて聞き出すことは難しい。また、関係性自体が流動的であり、調査過程で変遷していく可能性も高い一方、関係性はクラス成員間のみに限られるわけではなく、むしろ、学生によってはクラス成員以外との交友が重要だろう。

そこで、実際の調査研究においては、「エゴ中心アプローチ（egocentric approach）」（以下、本章ではＥＣＡと表記する）（Wellman 1979, Marsden 2011）にならざるをえないことも多い。ＥＣＡは、特定の調査対象から、何人かの成員を対象に、一定の文脈における関係性のある個人をすべてあげてもらい、それぞれの個人について、さらに具体的に掘り下げる。例えば、「困ったとき相談する人をすべてあげてください」と依頼し、名前のあがった個人、1人1人について、関係性（友人、家族など）、性別、年代、地理的距離など、さまざまな事項を掘り下げていく。第一段階のネットワーク抽出質問は“name generator questions”、第二段階は“name interpreter”と呼ばれる（Burt 1984, Marsden 2011）。

第8章で紹介する筆者自身の調査（ＶＡＰ、ヴァーチュアル人類学プロジェクト）も、ＥＣＡにもとづいている。日本社会のデジタルネイティブ調査だが、たとえ、高校生、大学生に限ったとしても1学年百何十万人いるデジタルネイティブを対象に、ＷＮＡはもちろん、代表性を担保したサンプリング調査も不可能である。ＷＮＡでもＥＣＡでも、人類学的ＳＮＡ調査では、エスノグラファーが個々のインフォーマントに、人間関係を事細かにたずねていかなければならず、インフォーマントに相当な認知的・時間的負荷がかかる。そのため、対象者の数はせいぜい数人から数十人程度の水準に留まらざるをえない[7]。

実際、VAPでは、足掛け7年間に、日本社会で131人、アメリカ社会で17人を対象にしたに過ぎない。とはいえ、例えば、インフォーマントは100人でも、それぞれが一番よく利用するSNSの友だち50人について語ってくれれば、5000人がその調査には現れ、関係性が語られる。むしろ、1人1人に対して、きめ細かく、丹念に調査することにより、そのミクロコスモスから、マクロコスモスを覗き見る意思をもって研究を進めることになる。人類学的想像力においては、WNA的「全体性」が強く息づいており、こうしたECAを積み重ねることから、ある社会文化的現象についての「全体性」を浮かび上がらせようとする。筆者の研究も、限られたインフォーマントから、日本社会、アメリカ社会のデジタルネイティブたちのあり方を探ろうとしている。

さて、1970年代以降、他の社会科学、人間科学でSNAが発展し、1990年代から勃興する数理系ネットワーク科学、ウェブサイエンスとの融合も進展する一方、人類学では、このような人類学的SNAの形成、展開にもかかわらず、引継ぎ発展させる動きは見られない。たとえば、アメリカ人類学主要誌において、SNAがキーワードとなる論文は、21世紀（2001~2015年）でみるとわずか33件に過ぎない。

しかし、Yahoo!ニュース、「ヤフコメ」のようなオンラインデータは、人類学的SNAに新たな可能性を拓いており、本節で展開したように、デジタルによる「定性／定量」対称性を踏まえれば、積極的に、SNAとエスノグラフィーとの接合に取り組むべきだというのが、本書の主張である。

図5-1を改めてみてみよう。このようなネットワークを描くことで、アカウントとアドレスとがどの程度つながっているのか、ネットワークにどのようなパターンが見られるのか、図5-1のように集積している（「クラスター」となっている）場合には、構成しているノードの特徴はあるのか、といった解析を行うことができる。とくにデジタルログデータの特徴は、膨大なデータでありながら、個々のノードについても、1つ1つの文脈を参照することが容易なことである。この例でみれば、C81、C2291、C3340という3つの投稿者IDが、

[7] 経済学、経営学、政治学の分野では、企業の兼任取締役ネットワーク、政治家同士の親戚関係、名士・エリート等支配層ネットワークなどの研究もあり、各種文書をもとに分析可能だが、この場合でも、アナログ世界においては、せいぜい数百の水準に留まる。

つながり、ネットワークを構成しているＩＰアドレスで、それぞれ（投稿者ＩＤとＩＰアドレスの組み合わせ毎）、どのようなコメントをしているか、たやすく抽出し、きめ細かい分析が可能である。

詳細は第10章第４節で議論するが、図5-1の場合、同じＩＰアドレスとつながっているＣ８１、Ｃ２２９１、Ｃ３３４０だが、Ｃ８１、Ｃ２２９１がある立場からのコメントをすると、Ｃ３３４０は正反対の立場からのコメントを行っている。しかも、Ｃ３３４０のコメントは、Ｃ８１、Ｃ２２９１と対立しているある投稿者になりすましているような印象を与えるものである。つまり、同一の投稿者が、対立する相手の立場になりすますことも行いながら、自分の主張を展開していると考えられるのである。

つまり、ビッグデータを対象とした定量的分析は、デジタル世界において、エスノグラフィー的アプローチと接合しうる。むしろ、ビッグデータは、仮説検証とともに、探索発見的アプローチによりデータを掘り下げることが重要であり、質的アプローチとの接合が強く求められる。

例えば、図5-2は、イランのブロゴスフィアを分析した図である（Kelly and Etling 2008）。これは、ハーバード大学バークマンインターネット社会リサーチセンターの「インターネットと民主主義（Internet and Democracy）」プロジェクトにおいて、２００７年７月から２００８年３月にかけ、９万８８７５にのぼるペルシャ語によるブログを毎日トラッキングしたデータにもとづいている。ブログを開設し、記事を書き、他のブログ、外部リソースにリンクを貼り、といった行為は、それ

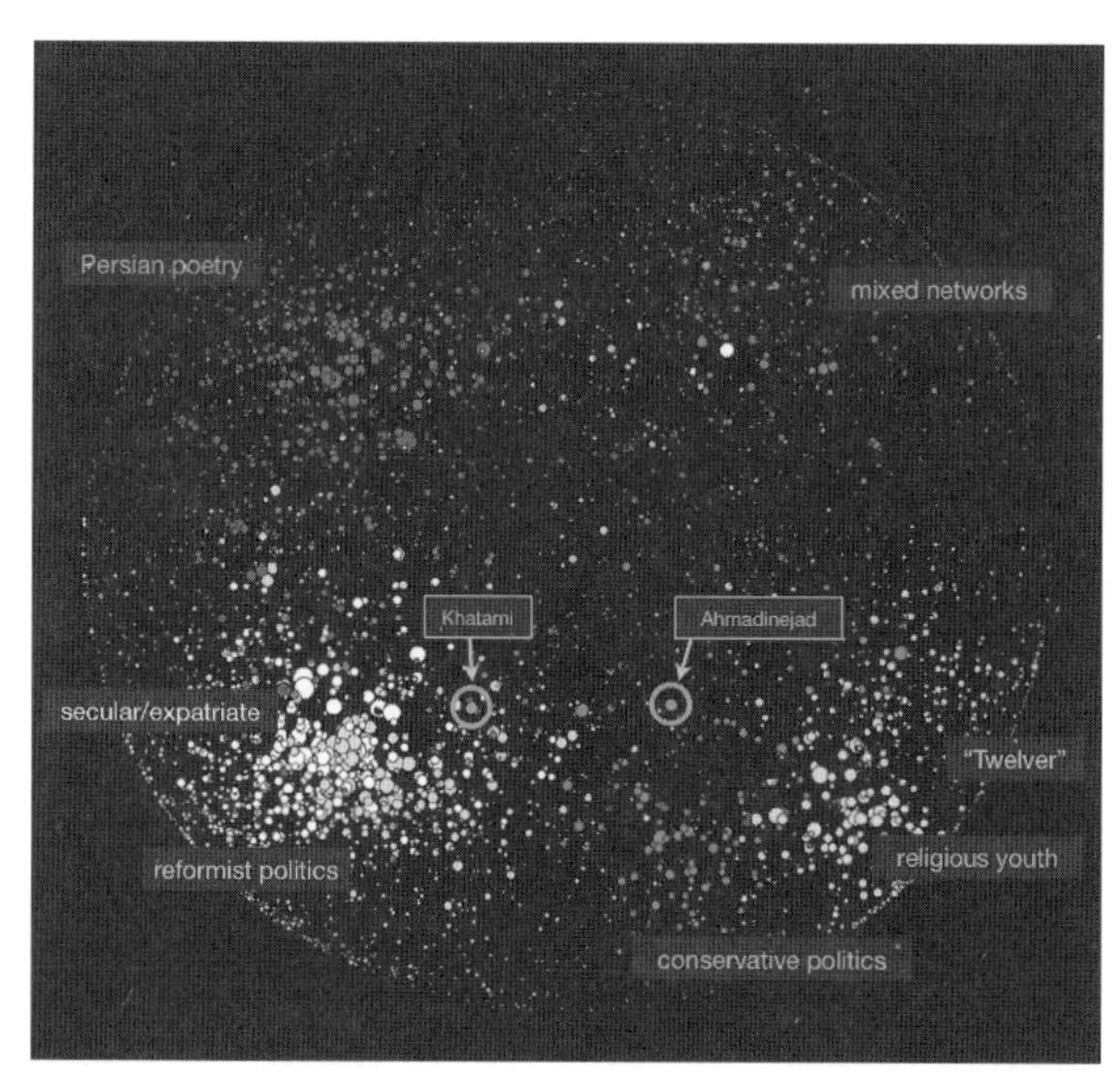

図5-2　ペルシャ語ブロゴスフィアの構造（Kelly and Etling 2008）
出典：http://cyber.law.harvard.edu/sites/cyber.law.harvard.edu/files/Iran_blogosphere_map.jpg

ぞれのブロガーが独立に行っていることである。しかし、十万、百万単位の独立した行為が収集され、集合的行為として可視化され、分析の対象となる。

前世紀までは、文系の場合、これだけの大規模なデータであれば、そのまま扱うことはできず、数百、数千の単位にサンプリングし、サンプリングデータを分析せざるをえない。より一般的に、アナログ世界では、研究主題に対して、研究者のアクセスできるデータが、範囲、量ともに限られるため、仮説構成、サンプリングなどが重要となる。従来の社会調査では、億単位はおろか、万単位でも、調査票を配布回収し、データ化するだけで膨大なコストがかかり、現実的ではなかった。そこで、社会調査の統計的データ分析では、サンプルデータ（例えば、日本全国20～69歳の男女２０００人）で見られた差異（例えば、支持政党の分布や性別、年代別、世帯年収別での支持政党分布の違い）が、母集団（日本全国20～69歳の男女８０００万人）でも有意な差かどうかを検定する推計統計学が主要な役割を果たし、仮説構成、サンプリング、代表性、統計的検定などの手続きが研究調査の正統性、科学性の源泉として捉えられることになる。

他方、ＮＣの場合、億単位でも全数データを対象に分析しうる。Facebook 利用者十億人以上のプロフィールとアクティビティ、数十億人が絶えず累積している Google 検索、クリック閲覧データ、数億人の Amazon 商品検索、アクセス、購買履歴データ。これらＩＴ企業は、20世紀であれば天文学的とも思える巨大なデータ（ビッグデータ）を、サンプリングせずにデータマイニングすることが可能である。もっとも、これらＩＴ企業のデータは、第三者がそのデータにアクセスし、詳細に分析することは難しいが、Twitter、Youtube、ブログ、掲示板など、外部からアクセスできるソーシャルメディアデータ＝「ソーシャルデータ」を収集、データベースを構築し、多様な分析方法を提供する「ソーシャルリスニング（傾聴）」サービスも大きく進展している。[8]

社会科学分野、人間科学分野においても、Twitter を対象とし、億単位の全数データは難しいが、十万件水準の計量テキスト分析は２０１０年代行われるようになってきた。例えば、高（2015）は、２０１２年11月から２０１３年２月にかけて、一定の手順に従い、ランダムに10万以上のコリアン関係ツィート

[8] 例えば、日本国内では、ホットリンク社「クチコミ@係長」、Userlocal 社「Social Insight」、Nature Insight 社「Be Insight」、日立システムズ「ソーシャルデータ分析サービス」など。

を収集し、計量テキスト分析を行った。あるいは、北村ら(2016)は、オンライン調査会社モニター1075人の同意を得て、公開設定の(鍵なしの)Twitterアカウントからツィートを収集した。その結果、2013年8月の1週間で6万3000件以上のツィートが収集され、オリジナルツィート、メンション、公式リツィート、非公式リツィート、ハッシュタグ利用の割合、性別、年齢層別によるツィートあたりの語数や使われる語句の傾向などを分析している。

さらに、これらモニターがフォローしているアカウントのツィートを同期間収集している。その総計は2億7000万ツィートにおよび、北村らは、このデータセットから3万件ツィートを、3サブセット、無作為に抽出した。そして、それぞれを形態素分析し、いずれのデータセットでも100回以上出現する名詞を特定して、それらについてテキスト分析を行った。

現状では、億単位となると、コンピュータ資源の制約から、文系研究者が日常的に利用するノートPCで全数を扱うことは困難だが、いずれは克服されることになるだろう。ここで重要なのは、こうした大規模データを対象としたデータマイニング研究では、量/質は対称的、「量化」「質化」の相互変換が容易であり、量と質とを同時に扱うことを可能にすることで、仮説・理論生成、探索・発見型の量的/質的分析という新たな領域が切り拓かれつつある点である。

図5-2のペルシャ語ブログデータの例にもどれば、ネットワーク科学的、SNA的に分析する際、量的にだけでは解析することはできない。ブログ同士のリンク関係だけではなく、ブログがリンクしている、ニュースサイト、オピニオンサイト、動画共有サイトなどを分析に加える必要があり、そうした情報源サイトの特徴と影響力は、実際に研究者が質的に検討し、当該サイトを分析に加えるか否か、取捨選択をしなければならない。そうしたリンク関係の取捨選択を経て、6000余りのブログについて、ネットワーク近接性・密度(network neighborhoods)分析と、関心指向クラスター分析(attentive cluster analysis)[9]により視覚化された結果が図5-2なのである。

さらに、量的データ解析の結果として、図に現れているような、相互に関連したいくつかのクラスターが見いだされるが、個々のクラスターがそれぞれどのようなブログの集まりかを知るには、やはり実際に、研究者がブログや参照する情報源を質的内容分析する必要がある。

ここで、デジタルネットワークデータがもたらす革新は、質的内容分析する際、分類されたクラスターから、そのクラスターを構成するブログ、情報源にすぐにアクセスすることができることである。従来の量的分析の場合、人為的作業（タスク）により量化され、データ分析は度数、分布、行列などにもとづくため、データが量的データとして析出される元々の質的文脈にアクセスすることは困難であった。しかし、デジタルネットワークデータの場合には、きわめて容易に、個々の質的文脈に立ち戻ることができる。

こうした「量的／質的」、「量化／質化」の往復運動を経て、ペルシャ語のブロゴスフィアは、(1)世俗・改革派（Secular/Reformist）、(2)保守・宗教（Conservative/Religious）、(3)ペルシャ詩・文学（Persian Poetry and Literature）、(4)その他雑多（Mixed Networks、スポーツ、セレブ、少数民族文化、ポピュラー文化などに関連した小規模な集積の緩やかなクラスター）に分けられた。

一般に、欧米の関心は、「世俗・改革派」クラスターのブログに集まり、オンラインの言説空間が、反体制、民主化を求める声に満たされているかのような印象を持つが、この分析では、ペルシャ語のブロゴスフィアにおいて、保守派、宗教的要素の強いブログもまた同程度に強く、アフマディーネジャードとハタミを焦点として、２つのクラスターは対峙していることが示された。

このような分析は、ＳＮＡ、ネットワーク科学といった数理科学的指向性をもった方法論において、サンプリングを行い、仮説を構成して、母集団を推計したり、実験群と対照群とを比較する仮説検証型ではなく、データマイニングによりデータの構造を抽出し、その意味を探る、探索発見、仮説生成型推論が強く求められ、まさにこの文脈において、量的分析と質的解釈とが組み合わされる必要が生じることもまた明確に示している。

デジタルネットワークでは、調査関心対象について、場合によっては全数となる大規模なデータが捕捉可能であり、仮説はむしろ予断として機能してしまうリスクがある。ちょうど、エスノグラファー（民族誌研究者）が、フィールドである村落を初めてたずねる状況に似て、予見をもたず、探索発見的に深く分け入ることが重要となる。テキスト、発話、音声、音楽、画像、動画など、アナログ世界では第一義的に質的とみなされていたデータは、デジタル世界においてその第一義性を失い、質

［9］　ネットワーク近接性・密度分析は、ブログ相互のリンクにより近さを計算し表現する手法であり、関心指向クラスター分析というのは、それぞれのブログが参照している外部ソース（ニュースサイト、オピニオンサイト、動画共有サイトなど）を分析し、どの程度同じ外部ソースを参照しているかによってブログをクラスターに分ける手法である。

的、量的と相互変換しながら仮説・理論生成へとつながるものとなるのである。

本書が「ハイブリッド」という語を用いるのは、こうした二分法の瓦解、対称性の拡張を意味している。そして、ＳＮＡ、ネットワーク科学の専門家にとっては、ネットワークの構造、特性を発見、記述することが目的となるが、ハイブリッド・エスノグラフィーは、個々のノードに立ち戻り、その文脈を丹念に精査することにより、「厚い記述（thick description）[10]」を目指すものとして構想されるのである。

実は、Hine もオンライン空間での科学のあり方（e-science）に関する論文（Hine 2007）において、系統分類学（systematics）分野を対象に、ＳＮＡとエスノグラフィーとを融合させたアプローチを試みている。具体的には、電子会議室（online forum）、研究機関ウェブサイトを対象とし、会議室参加者の地理的分布とオフラインでの系統分類学研究者の分布とを比較することで、アメリカ研究者にオンラインが偏っていることを明らかにするとともに、系統分類学関係の研究機関（博物館が中心的役割を果たす）ウェブサイトを TouchGraph というネットワーク解析視覚化サービスを利用し分析している。Hine は、"connective ethnography"（結合のエスノグラフィー、つながりのエスノグラフィー）と呼ぶが、本項で展開したＳＮＡとエスノグラフィーの融合という観点からみると、ハイブリッドエスノグラフィーと考えることができる。しかし、Hine はこの論文以降、すでに議論した２０１０年代の著作において、connective ethnography をさらに展開してはいない。それは、Hine 自身、「ここで展開した方法論的アプローチが、新たな現象に直面し、機敏に適応しようとしている以上に、それ自体新規かどうかは議論の余地がある」（Hine 2007: 631）と述べていることにも現れている。

それに対して本書は、Hine が対象とした e-science はけして特殊な現象、特定の領域の問題ではなく、知識産出様式全体の大きな変化の一部、具体的な現れであり、エスノグラフィーもまた根底から変化する必要があると主張するのである。

5-3-3　「干渉型参与観察」特権化の瓦解

さて、このビッグデータを対象にした定量分析とエスノグラフィーの接合は、Hine がＶＥとして問題提起した論点をより直裁に問い掛ける。それは、「フィールドワーク」に関わる「時間」、「観察」の問題である。前項では、デジタル世界において、ログデータは、その生起した文脈に遡ってエスノグラフィックにアプローチできると論じた。だが、「ログデータ」は「過去」の痕跡に過ぎないのではないか？　エスノグラフィーとは、フィールドワークにもとづき、「フィールド」とは調査者とインフォーマントが時間と空間を共有する「現在」形の世界、「参与観察」という相互干渉の世界ではないのか？　この問いは、「現在」／「過去」、「反応・干渉」／「非反応・非干渉」の対称性という、デジタル世界における「対称性」拡張の課題を浮き彫りにする。

Hine はVEの第9原理において、「調査者とインフォーマントは、時間的にも、空間的にも、多元的に結びつく」と主張した。エスノグラフィーという方法論において、研究がもとづくデータは「フィールドワーク」を介してもたらされる。アナログ世界において、「フィールドワーク」[11]は、調査者が、調査協力者（informant、participant）[12]の了解を得て、同時・同所的に接する（観察、聞き取り、話し合い、参加、行動など）ことが必然であり、同時・同所の中長期にわたる調査では「参与観察」が不可避である。相手の了解を得ずに接することは、覗き見（盗み見）、聞き耳（盗聴）、スパイ（身分を偽った参加）などの行動とならざるをえない。つまり、「フィールドワーク」には、「インフォーマントの了解を得て接する」ことが不可避であって、インフォーマントの了解、信頼の醸成にもとづいた、同時・同所の長期的参与が、密度の高い質的調査へと結実することになる。現場を録音、録画する場合もあるが、録音・録画機材をセッティングし、別な場所で「モニタリング」したり（「同所性」を破る）、現場では直接観察、面接せず、事後的に録音・録画を聴く・見るだけ（「同時性」「同所性」を破る）とすると、それはエスノグラフィー調査とは見なされないだろう。

[10]　アメリカ文化人類学において、20世紀最も影響力の強い研究者の1人 Geertz が、１９７３年の著作（Geertz 1973）で人類学的記述のあり方として提示した概念。その後、人類学的アプローチの中核的特性の1つとして、広範な学術領域で用いられている。

[11]　なお、フィールドワークは、「フィールド調査（field research）」と同義として用いられる場合もある。この場合、「野外調査」と訳せば明らかなように、研究室、実験室ではなく、野外に出て行う調査活動を包括的に意味する。例えば、生物学で密林に赴き希少な昆虫を採集する、考古学で遺跡を発掘する、交通調査で交差点の自動車、歩行者数をカウントする、歴史学で古文書や行政資料を調査対象となる地域に直接赴き収集するといった調査もフィールド調査に含まれ、フォールドワークとも呼ばれる。しかし本書では、「フィールドワーク」を、第一義的には、エスノグラフィーに特有の方法に限定し、フィールド調査の一部と限定的に捉える。しかし、それと同時に、デジタル世界において、フィールド概念が変容するとともに、「フィールドワーク」自体もまた変革する必要があるとも主張する。

したがって、アナログ空間における人類学的フィールドワーク＝エスノグラフィーでは、「参与観察」が最も重要な方法論的特徴となる。観察法の場合、対象者が観察されていることを認識することにより、行動、態度、発話に、意識、無意識を問わずバイアスが生じる（例えば、心理学における実験者効果についての Rosenthal 1966）。こうした被観察認識に伴う反応性（reactivity）は望ましいものではなく、社会学、心理学では一般的に、傍観者・部外者として一方向的に観察することで、反応型（reactive）／干渉型（obtrusive）観察のバイアスを低減しようとする。例えば、カメラ・モニター越しやマジックミラー越しに観察することで、対象者が観察者を直接知覚しないようにする場合もある。

それに対してエスノグラフィーは、参与観察にもとづき双方向的である調査者－観察者－インフォーマント関係により、反応性を無効にしようとする。調査者がインフォーマントを観察するとともに、インフォーマントも調査者を観察する。相互に相手の存在を認識し、活動を積み重ねることにより、調査者がいてもいなくても、同様の振る舞いがなされる程度にまで、インフォーマントが調査者を日常生活の一部として受け入れ、自己開示する関係形成が志向される。このようなインフォーマント－調査者間の信頼にもとづく協力関係がラポール（rapport）と呼ばれ、ラポール形成が、人類学的エスノグラフィー調査の最も重要な基礎となり、エスノグラフィーに創発が生み出され、息吹が与えられるかを左右することとなる。したがって、アナログ世界における人類学的エスノグラフィーにおいて、「参与観察」に特権的重要性が与えられる。

しかし、デジタル世界では、「フィールド」は、同時性、同所性の制約から解放される。調査者は、インフォーマントと同時・同所である必要はなく、多時・多所的、異時・異所的に関わることができる。時間軸、空間軸において可塑的で、境界の定まらない高度な柔軟性と拡張性を有している。

しかも、調査者とインフォーマント相互に非対称的な関係を取り結びうる。つまり、調査者は、必ずしもインフォーマントに知られることなく、インフォーマントの残す多様な痕跡にアクセスし、量的、質的に掘り下げることができる。他方、インフォーマントも、デジタル世界の記号として、調査者に捕捉されたとしても、アナログ世界のアイデンティティは秘匿しておくことができる。

アナログ世界では、アナログ世界のアフォーダンスゆえに、ラポール形成、参与観察が不可欠となったが、エスノグラフィー調査の目的は、個々のインフォーマントの行動、思考、感情に深く入り込み、社会文化的文脈、意味生成のダイナミクスを掘り下げることであり、ラポール形成、参与観察自体は、目的でも、エスノグラフィーという方法論にとって絶対不可欠な構成要素というわけでもない。第2章で議論したように、デジタル世界では、「時間」「空間」の離散性、隣接性が、アナログ世界における線形的、メトニミー的関係ではなくなり、「現在（同時性）」における「干渉型参与観察」を特権化する必然性は瓦解する。

　このような観点から、NC研究の文脈でエスノグラフィー調査を考えれば、参与観察に縛られることなく、非反応型（nonreactive）あるいは非干渉型（unobtrusive）エスノグラフィー方法論の可能性が大きく拓けていることに気づく。

　従来の社会調査方法論においても、反応性のリスクから、非反応型／非干渉型観察法が模索され、発展してきた（Webb et al. 1966, Bochner 1979）。反応型／非反応型（干渉型／非干渉型）は、対立する手法と捉えることもできるが、Fritsche and Linneweber（2004）は、連続体として捉え、「非反応型」の程度が何段階か存在するモデルを提示している。

　非反応型は、気づかれずに観察（録音、録画）する以外に、物理的痕跡（physical trace）、保存記録（archival data）がある。物理的痕跡は、例えば、古本の下線を引いた箇所から読者の関心を知る、ガラス扉の指紋を見て子どもが利用する割合を推計する、美術館で展示物の前の床を工夫し、すり減り方で展示物毎の関心度を計測する、といったように、ヒトの行為の痕跡を観察することで、当該のヒトの行為について調査する手法

[12]　実験心理学などの調査では、調査に協力し参加する人を「被験者（subject）」と呼ぶのに対して、エスノグラフィー調査の場合には、「informant（インフォーマント）」という語が用いられてきた。インフォーマントとは、広く「情報をもたらす人」を意味するが、人類学や言語学においては、当該社会、文化、言語についての知識、情報を、調査者に話してくれる協力者のことを指す。実験科学との対比では協力者の積極的役割が含意されているが、インフォーマントという語は、植民地化の過程において、西洋社会が非西洋社会の言語、社会、文化を一方向的に研究するという枠組を背景に持っていることも間違いない。つまり、西洋社会の調査者が、非西洋社会のインフォーマントから情報、知識を一方向的に収集する、という枠組である。そのため、インフォーマントという語を避けて、participant（参加者、参与者）や conversationsal partner（対話者）などの表現が工夫されることもある。本書では、こうした術語をめぐる議論を十分に認識したうえで、非干渉型・非反応型調査の可能性をはじめとするオンラインデジタル世界の特性を踏まえて、「研究者に情報をもたらす人」という意味を積極的に捉え、「インフォーマント」という語を用いることにする。

である。また、保存記録は、私的記録（手紙、日記など）、公的記録（各種公文書）に大別され、文字、グラフィック・画像、写真、音声・音楽、動画など、アナログメディアであっても、記録される情報の種類・様相は多種多様である。

非反応型観察は、実験的にせよ、自然的にせよ望ましい面もあるが、ヒトを対象とした調査研究において、対象者に説明し、同意を得ることの重要性が強く認識されていることを踏まえれば、実施する際には、倫理面で十分な検討が必要とされる。また、非反応型では調査者が対象者を統制することが難しい

このように、従来のアナログ世界を対象とした非反応型／非干渉型調査の展開を踏まえると、オンラインでは、多種多様なコミュニケーションがリアルタイム（実況）、あるいは、ログを介して非反応的に観察可能となり、サイバーエスノグラフィー方法論として、どのように捉えうるかを検討することが重要である。実際、E³エスノグラフィーにおいてHine（2013）は、1章（第6章）を割いて、非反応型／非干渉型観察法を主題化している。

「ヤフコメ」を分析する場合を考えてみよう。コメント投稿者は、ログインアカウント、アクセスブラウザ、接続するＩＰアドレスにより識別される。もちろん、物理的に1人の投稿者が、複数のアカウント、ブラウザ、ＩＰアドレスを駆使する場合もあれば、物理的には複数の投稿者が同一のアカウント、ブラウザ、ＩＰアドレスを共有している場合もある。

調査者は、それらを区別することはできないが、識別されるアカウント、ブラウザ、ＩＰアドレス毎のオンライン行動は詳細を把握することできる。どの記事をいつ閲覧し、コメントをしたか。記事にどこからきて、どこに行くのか。それらの行動は、リアルタイムで把握する必要はない。むしろ、リアルタイムではとても追い切れない。オンラインの足跡は、時間により褪せはしない。調査者は、インフォーマントの行動を非干渉的に観察することができる。

Boellstorff（2008）は、セカンドライフについて、セカンドライフ社にコンタクトすることなく、自らセカンドライフで生活することで、民族誌を結実させた。これ自体、もちろん、優れた研究ではあるが、しかし同時に、セカンドライフに蓄積されている膨大なログデータを非干渉的に観察することは、エスノグラフィーではないのだろうか。予め排除する理由はないというのが、本書の主張である。結論を先取りすれば、エスノグラフィーの最も基本的な定義は、すべてに「開かれている」方法論であり、ＮＣ研究の文脈で考えれば、本節で議論しているように、「質」／「量」、「現在」／「過去」、「干渉」／「非干渉」は、対称的に扱われるべきなのだ。

5-4 「ビジネス／学術」の対称性

5-4-1 CUDOSからPLACE

本書が主張するもう1つの対称性は、知識産出様式における「ビジネス」／「学術」の二分法である。科学を他の社会制度、科学者集団を他の社会的集団と〈対称的〉に捉え、「科学社会学」という学術領域の形成を主導したMertonは、第二次大戦時である1942年、近代的科学研究にたずさわる科学者たちが共有する文化的規範（エートス）として、次の4つの制度的規律を提示した（Merton 1942）。

Communism（公有主義：科学的知識はすべての科学者により共有される）、Universalism（普遍主義：科学的言明が真であるか否かは、科学者の属性によらず、予め定められた基準に従う）、Disinterestedness（利害の超越：高度な知識をもつ科学者同士の相互チェックにより、私情、名声、経済的利害等を排除し、科学的知識を追究する）、Organized Skepticism（体系的懐疑主義：科学的言明・信念は、経験的、論理的基準に従い常に吟味され続ける）。

これらはその頭文字をとり、CUDOSとも呼ばれるが、こうした科学的知識産出への規範は、現代社会においても、一般社会、科学者集団内問わず、大学を中心にした「学術的研究」に対する一種の理念として期待されているだろう。

他方、こうした文化的規範にもとづく学術的研究の実践は、従来、ディシプリン（特定の学問領域）を基盤とする科学者集団により担われ、CUDOSが機能する範囲は、第一義的には、ディシプリンにより規定されていた。「物理学会」「法学会」「文化人類学会」などの「学会」が形成され、大学には、対応する「学部」「学科」「研究科」等が設置される。学会は、研究会議開催、学術誌刊行などを介して、当該分野の科学者集団の集積・交流、ピア・レビューによる知識水準の形成・発展、専門的知識集積の基盤となり、大学は当該科学者集団の研究展開、次世代育成の場として機能する。こうしたディシプリンを基盤とする学術的研究は、特定の利害に拠らず、科学者（集団）の自律性により研究課題が設定され、遂行・発展することで、人類知のフロンティアを拡大していくことが理念とされる。

ところが、こうした大学を中心とする学術的研究、知識産出のあり方、取り巻く環境は、1970年代から大きく変容してきた。科学技術社会論において、Ziman（1994, 1996b）は、その変容を、学術科学（academic science）に代わるポスト学術科学（postacademic science）の台頭と捉え、後者の知識産出規範をCUDOSと対照する形でPLACEと規定した。

PLACEとは、次の5つの頭文字である。Proprietary

（私的所有：知識は知的財産として私的所有されるものであり、エリート階層により独占される傾向にある）、Local（局在的：科学者は特定分野、文脈でのみ通用する科学的知識を追求する）、Authoritarian（権威主義：予算配分権限をもつ政府機関・企業組織の意向に科学者が従う）、Commissioned（受託・受注的：政府機関・企業組織から専門家として研究を請け負う）、Expert（専門家：体系的懐疑主義にもとづく科学的知識探究者ではなく、特定の問題に機敏に対応し、適切な解決策を提案できる専門家としての役割が期待される）。

　こうした学術研究、科学的知識産出の変容は、アメリカにおいて最も先行してきたが、日本においてもまた、理工系はもとより人文社会科学まで含めた学術領域全体に拡がっていると、本書の読者の多くも感じられるだろう。

　上記のような学術科学とポスト学術科学の対照を、Zimanは、基礎研究と応用研究、学術研究とビジネス研究・産業研究（ビジネス目的、企業における研究開発・ビジネスとの共同研究）の対照とも重ねて議論するが、「学術科学」／「ポスト学術科学」という区分は、科学技術政策コミュニティなどにも広範な反響を呼んだGibbonsらが議論する知識産出様式論における「モード1」（Mode 1）／「モード2」（Mode 2）にも呼応している。

Gibbonsらは、「モード1」、「モード2」を次のように説明する（Gibbons et al. 1994＝1997: 292–293）。

モード1：科学におけるニュートン・モデルのさまざまな研究領域への伝播を統制し、健全な科学実践と考えられるものへ従うことを確保するように発達してきた概念、方法、価値、規範の複合体。

モード2：アプリケーションのコンテクストで実施される知識生産であり、トランスディシプリナリティ、非均質性、組織の非階層性と一時性、社会的アカウンタビリティと自己言及性、コンテクスト依存、利用依存を強調した品質管理、などの特徴をもつ。社会における知識の生産者と利用者がともに拡大した結果として登場した。

ポスト学術研究、モード2科学の興隆は、社会全体の「知識社会化」に伴う大きな社会変動と捉えることができる。ここは詳述する場ではなく、粗いスケッチのみとなるが、この変動は、以下のいくつかのベクトルが相互に関係しながら展開する歴史的過程と捉えることができよう。

　第二次大戦後、大学を中心とする高等教育・研究機関は飛躍的に拡大を遂げた。それは一方で、ビジネス、政府系機関における研究開発、情報収集分析・計画立案、商品・サービス開発、マーケティングの重要性が高まる過程であり、他方で、学術的教育・研究機関以外に、高度な知識を扱う職種、職業、産業組織・活動もまた拡大する過程でもある。さらに、中等・高等教育を受けた中間層の拡大は、新たな社会的需要とそうした需要に対応する多様な活動を創出し、自らが担い手になる過程でもあった。

同時に、理工系分野を中心として、研究者が増大し、学術分野が拡大、高度化するに伴い、必要とされる研究費用もまた膨張する。さらに、科学が拡大する初期過程では、ディシプリンを基盤として、次々と新たな発見がなされるが、次第に、発見、ブレイクスルーに至るためのコストが増大していく。

ところが、福祉資本主義国家の成熟化による社会の高齢化、歳入・歳出構造の変化、グローバル化進展に伴う経済競争の激化（高付加価値化の必要性）、公的予算分配に対する説明責任（アカウンタビリティ）の高まり、といった社会的変化は、科学技術への予算を研究者の要求に応じて拡大することを困難にする一方、高付加価値、市場競争力、国際競争力、イノベーションが必要とされる研究開発領域や、地域社会再生、高齢化社会への対応など「社会的課題解決」に向けた研究に公的資金が競争的に配分される傾向を強めてきた。

公的資金の観点からみると、拡大・高度化する学術研究領域に、等しく予算を分配することが難しくなるとともに、学術的研究に対して、社会的必要性や社会発展・経済発展に結びつく成果を求める方向性が強まることとなった。学術的研究の多くは公的資金に依存しており、公的資金の分配を司る政策コミュニティにとって、科学者自身の関心にもとづく基礎研究は、相対的優先順位が低くなる。

したがって、大学の研究者たちにとっては、公的資金を競争的に獲得する必要性、公的資金以外に研究予算を獲得する必要性が増大する。他方、ビジネス側においては、研究開発をすべて内製化するのはリスク・コストが大きく、大学の研究者にいわばアウトソーシング（外部委託）し、有望なシーズを探索するため、共同研究や委託研究を行うインセンティブが拡がる。
さらに、「イノベーション」「社会的課題解決」といった研究領域は、ディシプリンを基盤とした科学の内発・自生・深耕型知識生産ではなく、具体的な社会的文脈において意味をもつ「ソリュージョン」型の知識生産活動であり、領域横断（トランスディシプリン）的に多様な研究者が交流し、異なる視点、知識をクロスオーバーさせることで創出される傾向をもつ。

こうした社会的変化、知識産出活動の変化が、モード2科学の勃興・発展、ＰＬＡＣＥという規範の拡大へと結びついている。ＩＴ関連、ＮＣ研究は、まさに、モード２科学、ＰＬＡＣＥにもとづく知的産出の典型といってよいだろう。実際、人類学を含め、ＮＣ研究におけるポスト学術研究、学術研究は、広範に進展してきた。その具体的展開は５-４-３で触れるが、ここで議論したい重要な論点は、ネットワーク社会の展開により、ポスト学術研究、モード２科学が新たな次元へと進展し、〈学術〉〈ビジネス〉という二分法そのものがもはや意味をなさなくなりつつあることである。

５-４-２　ネットワークに埋め込まれる人々の活動とＩＴ企業

表５-３は、経済産業省が、日米それぞれの社会における研究開発費を負担側と使用側に分けてまとめたデータ、表５-４は、主要米ＩＴ企業（と参考にトヨタ自動車）の２０１０年代における年毎の研究開発費支出を、筆者が各社ＩＲ資料をもとにまとめたデータである。単位は、アメリカが十億ドル、日本が千億円とすることで、１ドル＝１００円程度で換算し比較しやすいようにした。

表５-３が示すように、対ＧＤＰ比（２０１３年日本４・７兆ドル、アメリカ１６・７兆ドル）[13]で考えれば、日本の研究開発費はアメリカと遜色なく、また、両国とも総額の内、７割程

表5-3　日米における研究開発費

	アメリカ（2012年）				日本（2013年度）			
	研究費使用側		研究費負担側		研究費使用側		研究費負担側	
	金額（十億ドル）	割合（%）	金額（十億ドル）	割合（%）	金額（千億円）	割合（%）	金額（千億円）	割合（%）
合計	453.5	100.0	453.5	100.0	181.3	100.0	181.3	100.0
企業	316.7	69.8	268.2	59.1	126.9	70.0	126.2	69.6
大学	62.7	13.8	13.5	3.0	37.0	20.4	30.3	16.7
政府			154.6	34.1			22.4	12.4
公的機関	74.1	16.3			15.3	8.4		
外国負担			17.2	3.8			0.9	0.5
非営利団体					2.1	1.2	1.5	0.8

（経済産業省資料をもとに筆者作成）

表5-4　主要米ＩＴ企業2010年代研究開発費

(単位：十億ドル)		IBM	Microsoft	Intel	Apple	Google (Alphabet)	Amazon	Facebook	7社合計	トヨタ
研究開発費	2015	12.0	5.2	12.1	8.1	12.3	12.5	4.8	67.0	9.2
	2014	10.4	6.2	11.5	6.0	9.8	9.3	2.7	55.9	9.1
	2013	9.8	6.3	10.6	4.5	7.1	4.6	1.4	44.3	9.8
	2012	9.0	6.3	10.1	3.4	6.1	6.2	1.4	42.5	9.9
	2011	8.7	6.0	8.4	2.4	5.2	2.9	0.4	33.9	8.5
	2010	9.0	5.8	6.6	1.8	3.8	1.7		28.7	7.8
売上高	2015	93.6	81.7	55.4	233.7	75.0	107.0	17.9	664.3	248.0
	2014	86.8	92.8	55.9	182.8	66.0	89.0	12.5	585.7	256.5
	2013	77.8	98.4	52.7	170.9	55.5	74.5	7.9	537.7	267.0
	2012	73.7	102.9	53.4	156.5	50.2	61.1	5.1	502.8	235.5
	2011	69.9	106.9	54.0	108.2	37.9	48.1		425.1	222.2
	2010	62.5	99.9	43.6	65.2	29.3	34.2		334.7	204.4

（各社ＩＲ資料より筆者作成）

度は企業が使用している。日本の場合、政府負担が少ないように見えるが、大学負担と分類される研究費のおよそ半分は、国立大を中心に政府から運営交付金、科学研究費として支出されたものであり、実際に政府が負担している（つまり税負担）のは全体の2割程度である。アメリカ政府支出が大きいのは、軍事研究による面が多い。２０１２年、政府は１５００億ドル余り研究開発費を支出しているが、半分以上の８４０億ドル（約55％）は軍事関係[14]が占める。また、軍事・非軍事問わず、連邦政府が支出する研究開発費で、連邦政府機関（各省庁・公設研究機関）が使用するのは3分の1程度であり、残りの3分の2の大半は、企業（1割弱）と大学（5割弱）に分配されている。

他方、表5-4からは、ＩＴ企業それ自体の拡大と研究開発費膨張が見て取れる。ＩＴ企業・産業自体の成長について、象徴的なのはAppleである。Appleは、１９９０年代後半、パソコン市場におけるMicrosoftとの覇権争いに敗れ、２００１年の売上は54億ドルに過ぎなかった。ところが、iPod（mini、

［13］ https://data.oecd.org/gdp/gross-domestic-product-gdp.htm

［14］ American Association for the Advancement of Science http://www.aaas.org/page/historical-trends-federal-rd

Shuffle、Nano）などの成功により息を吹き返し、２００５年には１４０億ドルへと成長、２００７年iPhone、２０１０年iPadにより瞬く間に世界規模で売上が拡大した。２０１５年の売上は２３３７億ドル、トヨタに肩を並べる規模にまで巨大化している。また、Google、Amazon、Facebookといった新興ネット企業勢力の伸長もまた著しい。他方、ＩＢＭ、マイクロソフト、インテルは、従来型コンピュータ、パソコンが市場として成熟していることを示しているが、依然として日本円で6兆円から11兆円程度の売上を誇り、表にあげた7社を合わせると２０１５年には80兆円規模に達している[15]。

研究開発費をみると、Appleは売上高比２～４％、マイクロソフトが売上高比６％程度と相対的に少ないが、ＩＢＭ、Intel、Google、Amazon、Facebookは、その売上の1割以上を研究開発にあてており、ＩＴ企業7社だけで、２０１５年には６７０億ドル（８兆円）に達する。トヨタはAppleよりやや相対的に多い程度であり、アメリカＩＴ企業がいかに研究開発に資源を割いているかが伺える。２０１３年度、日本の大学が全体で３・７兆円、日本企業全体で18兆円であることを考えると、アメリカＩＴ企業の研究開発費は巨大である。

もちろん、上記のように、社会全体の研究開発活動において、企業はその費用使用の７割を占めており、ビジネスと学術とは、その研究目的が異なることを前提とすれば、日本の学術研究で重要な役割を果たしている科学研究費２３００億円を、表５－４にあげたＩＴ企業いずれにも満たないと比較しても意味はない。

しかし、これらＩＴ企業、とりわけ、Google、Amazon、Facebookなどのネット企業が収集し、解析しているデジタルネットワークデータは、ネットワークコミュニケーション、人間、社会の行動、思考に関する研究を進める上で、従来の学術研究／ビジネス研究という区分、棲み分けを全く無意味にしてしまう。

人々の生活世界の大半がアナログ世界であれば、ＩＴ企業であったとしても、ネットワークコミュニケーションを含め、社会、組織、ヒトの行動、認知、感情、価値体系などに関する基礎的研究、市場の動向、消費者の嗜好などのマーケティング調査は、アンケート、聞き取り、観察（実験的状況、自然的状況）等の調査に依存せざるをえない。これら調査は、学術研究、ビジネス研究問わず、その規模、期間における制約が大きいが、とりわけビジネス研究では、費用対効果が常に求められ、調査研究に理解があるとはいえないステイクホルダーも多いため、限られた人員、予算で、ビジネスの関心を優先せざるをえない。むしろ、そうしたビジネスの関心を満たし、意思決定に資するデータ以上は求められていない。

例えば、SNS利用に関してアンケート調査を実施する場合、学術研究であれば、SNSでのコミュニケーション、対人関係形成、自己提示、アイデンティティなどについてたずねるが、ビジネス研究の場合には、自社サービスと他社サービスの認知度、利用（意向）、それに寄与する要因などに大きな焦点をあてざるをえないし、それ以上は必要とされない。したがって、ネットワークコミュニケーションをそれ自体として理解することを目的とし、特定の利害から距離をとる学術的研究とは大きく異なり、従来のビジネス研究は、データ自体も研究のスコープも限定的となる傾向をもつ。

ところが、Google、Facebook、Amazonなどのネット企業は、私たちの行動、認知、感情等に関する文字通りのビッグデータを手にしている。実際、ネット企業は、いかにより多くの個人をネットワークに引き込み、ネットワークに滞留させ、活動させるか、つまり、私たちをいかにネットワークに埋め込むかに腐心しているといってよいだろう。

さらに、ネット企業は、「通信の秘密」に守られた「私文書」で、第三者の目には触れられないはずのメールやメッセージを、検索結果や広告等のカスタマイズ（例えば、内容に連動した広告の表示）、スパム、ウィルスメールのチェックなどを目的として、内容を機械的に閲覧（スキャン）している。日本で言えば、NTT、KDDIなど、電気通信事業者は、電気通信事業者法により厳しく規制され、通信傍受にあたるような行為はできないが、ネット企業は、そうした規制の外にある（だからこそ、便利で高度なサービスを無料で利用できるのではあるが）。

NC論の立場から重要なことは、こうしたネット企業が収集しているデータこそ、学術研究にとっても中核的な価値を持つという点である。私たちの生活にとってネットワークが不可欠になればなるほど、ネットワークに私たちが埋め込まれれば埋め込まれるほど、ネット企業は、たんなるビジネス目的を越え、私たちヒトのあり方を解き明かすために不可欠なデータを手にしていくことになる。それを学術研究には及びもつかない資本と人材で研究開発を推進していることは、とくに人文・社会・人間科学研究者は真剣に捉える必要がある。

5-4-3 「ビジネスエスノグラフィー」と「デジタル人類学」

学術／ビジネスの垣根を取り払うような学術的活動は、人類

［15］ 2015年のドル円年間平均1ドル＝121円にもとづく。

学、エスノグラフィーにおいてもまた展開されてきた。第3章第1節で述べたように、1980年代、企業において、人類学、エスノグラフィーに対する関心が高まり、1990年代から2000年代にかけて、「産業エスノグラフィー」、「ビジネスエスノグラフィー」などと呼ばれる学術領域が形成された(Suchman 2000, Cefkin ed. 2009)。

Jordanによる学部生テキストとして *Business Anthropology* が著されたのが2003年(Jordan 2003)、2010年には、学術誌 *International Journal of Business Anthropology* の刊行が開始された。本書では、これ以降、こうした(ポスト)学術的活動を「ビジネスエスノグラフィー」と表記する。

ここで指摘しておきたいのは、ビジネスエスノグラフィーの具体的な調査研究部門設置と実践において、IT企業が大きな先導的役割を果たしてきたことである。例えば、半導体最大手のIntelでは、2010年に設立された双方向性・経験研究所(Interaction and Experience Research)所長に文化人類学者(Genevieve Bell)が就任し、20人以上の人類学者が研究員として活動している。Microsoft、Intelなどは、2005年11月、Ethnographic Praxis in Industry Conference(EPIC)というエスノグラフィー的手法の産業界における適用に関する大規模な国際研究会議開催を積極的に支援した。アメリカ文化人類学会応用人類学部会(NAPA: National Association for the Practice of Anthropology)も深く関与するEPICはそれ以降毎年継続しており、会議の論文集も毎回刊行されている。

日本においても、富士通が2004年からPARC(Palo Alto Research Center)と「コーポレート・エスノグラフィー」の共同研究を開始し、フィールドワークを組織・業務改善プロセスへと積極的に取り入れている。「ビジネスフィールドワーク」「ビジネス・フィールドワーク」「business fieldwork」はすべて富士通が商標登録しており、毎年、150名程度「フィールドイノベーター」を育成している。

さて、第3章第2節で議論したように、文化人類学におけるNC研究が、1970年代からの情報通信技術と社会文化研究(より一般的には、「技術と文化研究」)の流れに位置づけられるのと同様に、ビジネスエスノグラフィーもまたけしてインターネットの普及とともに無から生じたわけではなく、応用人類学的研究領域として、長年実践されてきたものであり、IT企業を中心としたエスノグラフィー研究は、その展開上に位置づけられる。

ここではビジネスエスノグラフィーの歴史的展開を詳述する紙幅はないが、ビジネスエスノグラフィーは、先ほど人類学的SNAの形成で言及したWarnerらによるHawthorne実験に源流を求めることができる。Hawthorne 実験は、人類学的SNA発展に寄与すると同時に、産業組織におけるエスノグラフィー的研究として、組織における人間関係やマネジメントをミクロのレベルで理解することに大きく貢献することとなった。

Warner および、後継の Arensberg、Chapple、Whyte らは、工場やコミュニティにおけるインフォーマルな個人間関係の研究を展開し、Harvard 大学の研究者を中心として、1941年 Society for Applied Anthropology（SfAA）を設立した[16]。彼らの研究は、従業員たちのインフォーマル集団形成、そこでの相互コミュニケーション、社会性もまた、生産性向上に寄与する主要な要因であることを明らかにした。つまり、組織と労働生産性を理解するうえで、従業員たちの人間関係（human relations）の解明が重要との認識が形成され、彼らの研究は、“Human Relations School（人間関係学派）”と呼ばれるようになったのである。

Warner らはまた、工場など生産設備は、所在する地域社会に結びついており、その経済的、技術的状況が労働者の行動に強く影響を与えること（組織と外部環境との関係に配慮する必要性）、アメリカ社会を特徴づける組織が「（民間営利）企業」と「自発的結社（voluntary association）」であり、個人、家族、民族集団など、アメリカ社会の多様な構成要素を具体的に明確にする働きがあることを明らかにした。

しかし、人間関係への着目は、Mayo、Warner らが独創的に発見したというよりも、むしろ、20世紀前半の Welfare Capitalism（福祉資本主義）拡大、paternalistic（庇護恩顧的）な従業員懐柔策が進展していた状況を反映していたと解することができる。20世紀初頭、とりわけ共産主義国家であるソビエト連邦の成立から、資本家側に、労働者を感情ある人間と認識し、自律性、主体性を与え、疎外を改善し、賃金も生産性向上に応じて報いるものにするなど、変化が生じる。この枠組みでは、労使対立が生じたとき、それを解決するにはどうしたらよいか、労働者側にどのような不満が生じ、それはいかに解決（防止）できるか、という経営者側からの庇護恩顧的観点が優先されやすい。人間関係への着目も、こうした背景が前提となっており、人類学者は、社会的エリートとして、経営者・管理者への助言者の役割を果たす中で生み出されたとも解釈しうる。

そこで、1960年代、70年代、自動化技術などによる労働過程の再編成に関する Braverman の deskilling/degradation

[16] 学術誌 *Applied Anthropology*（のちに *Human Organization* と改題）を刊行。

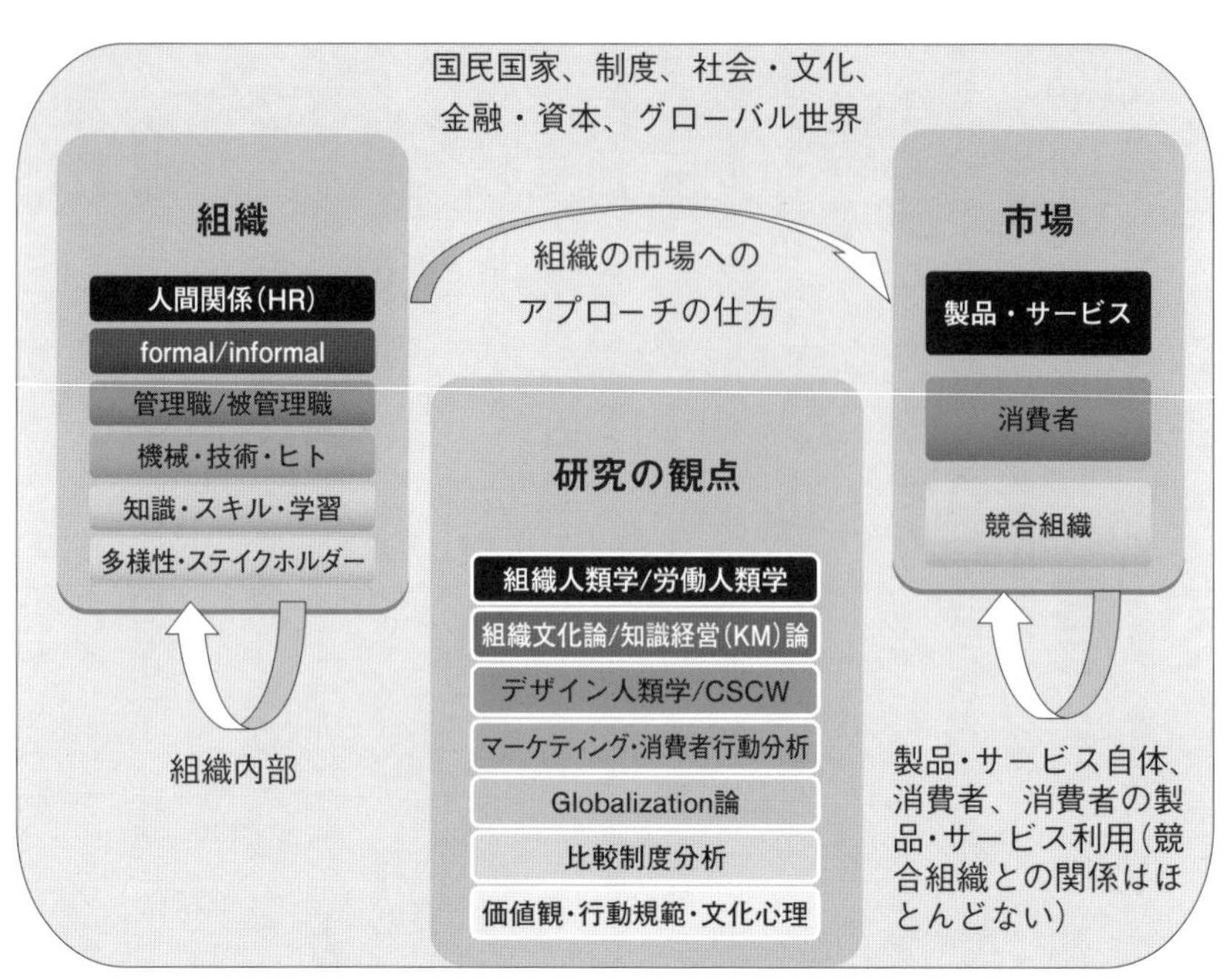

図5-3　ビジネスエスノグラフィーが展開する地平（筆者作成）

論が展開され、ベトナム戦争（１９６０―１９７５）時の反戦運動、「沈黙の春」（Carson 1962）を契機とした環境問題意識高揚など、対抗文化、大企業・営利主義への批判が高まり、批判理論的研究が優勢となることで、ビジネスエスノグラフィー、組織エスノグラフィーは下火となる。

ところが、１９８０年代以降、ビジネス人類学・エスノグラフィーは再び活性化し、上述のようにＩＴ企業でも大きな役割を果たしている。これには、いくつかの要因が関係している。レーガン、サッチャー政権による新自由主義的政策が積極的に推進され、組織のリストラクチャリング、リエンジニアリング、垂直統合型組織から水平分業型・ネットワーク型組織への転換、entrepreneurship（起業精神）の強調、重視といった言説が流通することとなり、ビジネスのあり方、組織のあり方自体、大きく変容する。また、日本の台頭と日本型経営への関心、組織文化、企業文化概念の普及、「知識経営（knowledge management）」、暗黙知の形式知への変換（必要性）という認識の拡大など、文化人類学的観点がビジネスからみて重要と考えられる契機が存在した。さらに、先述のモード論、ＰＬＡＣＥ論に見られる学術的活動の変化、人類学学位取得者の進路多様化（大学、学術研究機関ではなく、民間企業、企業研究所、コンサルティングなどの拡大）などもビジネスエスノグラフィーといった領域の形成に寄与していることは間違いない。

図5-3は、筆者なりの観点から整理した「ビジネスエスノグラフィー」の地平である。詳述する余地はないが、ビジネスエスノグラフィーは、組織、市場、ならびに、より大きな社会文化システム（国家、制度、グローバル世界など）について、人類学に限らず、多様な観点から多元的に調査研究が展開されている。

NC研究の文脈でみれば、組織内におけるコミュニケーション（Dearman et al. 2008, Karlson et al. 2009など）、途上国市場における人々のIT利用（Meso et al. 2005, Gitau et al. 2010a, Rangaswamy and Cutrell 2012など）、開発研究としての途上国におけるIT（Gitau et al. 2010b, Donner et al. 2011など）、マーケティングの観点からの体系的なネットエスノグラフィー方法論（Netnography, Kozinets 2010）など、ビジネスエスノグラフィー的研究が展開されている。Intel、IBM研究所の研究者であるde Paula（de Paula 2013）は、SNS研究において、人類学的SNAを展開する必要性を主張する。また、Microsoft研究所のboydは、精力的にサイバーエスノグラフィー・アプローチを実践、展開している代表的企業エスノグラファーといってよいだろう（boyd 2014）。

ここで1つ大きな課題は、このようなビジネスエスノグラフィーにおけるNC研究と「デジタル人類学」との交流がみられないことである。学術的研究志向の強い「デジタル人類学」は、前章で議論したように「ヴァーチュアル・エスノグラフィー」に対して冷淡であるとともに、ビジネスエスノグラフィーのような応用人類学的プログラムに言及することもほとんどない。例えば、筆者との私信においてMillerは、「EPIC（先述したIT企業と米文化人類学会実践人類学部会共催の年次国際会議）にはまったく関心がない。自分はEPICに関係している研究者とはまったく異なる」（Miller 私信）と述べる。

これまで議論してきたように、「デジタル人類学」は、デジタル世界における「定性／定量」「学術／ビジネス」の対称性を認識せず、「定性」「学術」に純化することで、対称性による広大な研究の沃野を切り拓く可能性に自らを閉ざしているのではないだろうか。他方、他分野におけるエスノグラフィーに対する関心や実践には、人類学が課題としている政治性、非対称性、対象構築に対する感受性が欠落していたり、「フィールド」や「集団」、「社会」、「文化」が安易に前提とされている場合も少なくない。したがって、NC研究の観点からみれば、前項で議論したIT企業によるビッグデータの蓄積、研究開発への投資の現状も踏まえ、「デジタル人類学」に関わる人類学者は、学術研究／ビジネス研究の二分法が瓦解したことを直截に認識し、積極的にビジネスエスノグラフィー領域にも足を踏み入れるべきだろう。ビジネスエスノグラフィーを実践する際には、多様なステイクホルダー（インフォーマント、組織の上司、役員、株主（研究自体よりも利潤を重視する）、調査地域住民、行政、政治関係者など）との関係、予算の制約、期間の制約などと、研究者としての問題関心との齟齬といった実践的な課題も生じる。だが、こうした課題は、けして些末なものではなく、現代社会における学術実践では正面から取り組むことが不可欠だと本書は主張する。

むしろ、学術／ビジネスを対称的に扱う必要が、ＮＣ研究において不可避だとすれば、調査対象者に関する個人情報の取り扱い、プライバシーの保護に関して、学術調査、ビジネス調査ともに、同水準の調査倫理規範に従う必要があるだろう。こうした点についても、学術、ビジネス双方の研究者たちが対話し、合意を形成していくことが望まれる。

ここまで本章では、前章での議論を受け、デジタル世界を対象にしたエスノグラフィー革新の方向性を考えてきた。その結果、デジタル世界において「定性／定量」を対称的に扱う必要性があり、エスノグラフィーを「定性」だけに閉じる必要がないとすると、そもそもエスノグラフィーとはどのような方法論なのだろうか？　章を改め、「ハイブリッド・エスノグラフィー」という知的実践として、そうしたエスノグラフィー方法論を具体的に展開することにしよう。

第6章 ハイブリッド・エスノグラフィーの方法論的基礎

6-1 リサーチプロセスから規定する「エスノグラフィー」

本書では、これまで、エスノグラフィーについて、学説史的規定を示すにとどめてきたが、本章では、「ハイブリッド・エスノグラフィー」を具体的に議論するにあたり、ポスト学術研究時代における「エスノグラフィー」という方法論を、次のように規定したい。

「個体としてのヒト並びに集合として／におけるヒトの行動、感情、認知、価値観、表現、技能・技術、生産物等を対象とし、フィールドワークにもとづいて、リサーチデザインを構成する3段階（概念化段階、経験的遂行段階、推論段階）いずれにおいても、可能な限り先入見・先験的枠組を排し、調査対象・事象を意味生成の文脈に即して（エミックに）[1] 掘り下げ、理解・解釈しようとする仮説生成・発見的方法論（abductive and heuristic methodology）」

この規定は、以下の4要素から成り立っている。

- **調査・研究対象**：「個体としてのヒト並びに集合として／におけるヒトの行動、感情、認知、価値観、表現、技能・技術、生産物、制度等」
- **データ収集方法**：「フィールドワーク」
- **調査者のリサーチプロセスへの関係性**：「リサーチデザイン3段階いずれにおいても、可能な限り先入見・先験的枠組を排し、調査対象・事象を意味生成の文脈に即して掘り下げ、理解・解釈しようとする」
- **理論とデータとの推論的関係**：「仮説生成的・発見的」

調査・研究対象については、とくに議論の必要はないだろう。エスノグラフィーは、あくまでヒトに関わる事象を対象とする。質的研究において、「フィールドワーク」は、エスノグラフィーを特徴づける大きな要素である。アナログ世界を対象とした調査については、おそらくこれからも、参与観察法を基盤としたフィールドワークがエスノグラフィー調査にとって不可欠であり続けるだろう。しかし、第4章で議論したように、デジタル世界を対象とした場合、「フィールド」概念自体が大きく変容しており、時間、空間、反応性の軸で「フィールドワーク」もまたより柔軟かつ多様に展開する必要がある。

表6-1は、アナログ世界における「フィールドワーク」の拡がりをまとめたものである。先述のように、アナログ世界では、民族誌的フィールドワークにとって、調査者とインフォーマントの同時・同所性が不可避であり、参与観察がエスノグラフィーの特徴となった。しかし、デジタル世界での「フィールドワーク」において、「参与観察」は規定的ではなくなる。したがって、エスノグラファーは、こうしたフィールドワーク自体の多様性、拡がりを十分認識し、状況に応じて方法を工夫する必要が生じるとともに、調査者のリサーチプロセスへの関係性こそが、エスノグラフィーという方法論を規定する上できわめて重要となる。

調査者のリサーチプロセスへの関係性、および、その具体的規定に現れる「リサーチデザイン」3段階という観点は、「定性／定量」を複合させるMixed Methodsの議論にもとづいている。質的研究と量的研究を組み合わせることはそれ自体けし

表6-1　アナログ世界における「フィールドワーク」の拡がり

フィールドワーク一般＝野外調査	人間・社会科学系	関与型フィールドワーク（狭義のフィールドワーク）	参与観察（民族誌的フィールドワーク）
			現場密着型の聞き取り
			現場での第一次資料収集
		非関与型フィールドワーク	非参与的現場観察
			１回限りの聞き取り
			質問票サーベイ
			インタビューサーベイ
			現地での資料収集
	自然科学系		
屋内調査・作業	デスクワーク、書斎・図書館での文献研究、実験室実験、統計資料分析、各種資料の二次分析など		

て新しいことではない。しかし、２０００年代に入り、教育学、社会心理学、健康科学、評価研究など多様な専門分野で、質的研究と量的研究を二者択一、対立関係にみるのではなく、両者を相互補完・複合させる方法論がより広く議論の対象となり、研究が発展してきた（Teddlie and Tashakkori 2009, Tashakkori and Teddly eds. 2003）。それは一般的に、Mixed Methodsと呼ばれ、日本語としては、「混合研究法」と訳される場合もある（Clark 2007＝2010）。積極的趣旨を活かすとすれば、「定性・定量相補複合法」とも訳しうるが、表記が長くなるため、後者の訳語を念頭に置きながら、本書ではこれ以降「ＭＭ」と表記する。

ＭＭは、いくつもの学術領域が関わる学際的分野であり、必ずしも統合された体系として確立しているわけではない。また、ＭＭはこれまで教育学、社会心理学が中心であり、アナログ世界における量的研究をベースに、質的研究を補完的に組み合わせる研究が多い（Clark and Creswell eds. 2008）。それに対して、本書は、質的研究を基盤とし、デジタル世界において、「定性／定量」を対称的に捉える必要性が生じているという理論的立場からサイバーエスノグラフィー方法論を展開する試みである。

つまり、アナログ世界では、対象とアプローチの仕方により、定量、定性は予め定まる傾向にあり、ＭＭはそれら定量、定性的方法を前提とし、いかに組み合わせるか、複合するかという方向性に対して、本書は、前章で議論したように、ＮＣ研究において、定性／定量を対称的に捉え、調査対象・事象を意味生成の文脈に即して、深く掘り下げ、理解するために、自在に切換え、組合せる方法論を志向している。この方法論はまた、アナログ世界（オフライン）とデジタル世界（オンライン）をともに含み込んだ生活世界を探索する方法論でもある。そこで、本書で展開する方法論を、ＭＭではなく、「ハイブリッド・エスノグラフィー」と呼び、以下、ＨＥと表記する。[2]

ＭＭは定性／定量の二分法に対して、複合する方法論的議論を積み重ねており、ＨＥを具体的に考える上で、その議論は重

［1］「エミック（emic）」とは「エティック（etic）」と対比的に規定される概念。emic／etic は phonemics（音素論）／phonetics（音声学）に由来する。音素とは、物理的には異なる音でも、それぞれの言語が同じ音とみなし、意味を区別する単位としての音の集まりを指すのに対して、音声学は言語音を物理的特性、発声の仕組みとして客観的に分析する。例えば、日本語では［l］と［r］を区別しないため、音素としては1つだが、音声学的に言えば、異なる音となる。そこで、「エミック」は文化に即した理解、「エティック」は外形的基準にもとづく理解を指す。

要な基点をなす。MMの中心的研究者であるTeddlie and Tashakkori (2009) は、質的、量的問わず、実際的なデータ収集を伴うリサーチプロセスを、次の3階層からなるモデルとして規定する（表6-2）。

第1階層　概念化段階 (Conceptualization Stage)：研究を方向付け、研究目的、主題、関連概念、調査命題を構成する段階

第2階層　経験的遂行段階 (Experiential Stage)：一定の方法論にもとづき調査を遂行し、データ収集・分析を行う段階

第3階層　推論段階 (Inferential Stage)：データを解釈し、推論を展開することで、記述・理解・説明を検証・生成する段階

上記3階層モデルにもとづけば、第3章第1節で触れたFlickによる定量調査の規定は、次のようなリサーチプロセスとして捉えることができる。まず、第1階層において、ある理論的枠組みにもとづき、変数と変数間の関係を予め仮説として定め、第2階層で、変数に関して量的にデータを収集し、統計的手法を用いて、変数・要因間の関係についての演算を行う。

表6-2　リサーチプロセスの3階層モデルと質的研究・量的研究の特性

	質的研究	量的研究
第1段階　概念化段階	発見的・探索的・帰納的 分析枠組自体を探索	演繹的 分析枠組、仮説を構成
第2段階　経験的遂行段階	質的データ 協力者の立場に深く入り込む	量的データ 協力者と距離を置く
第3段階　推論段階	仮説生成・理論生成 多元的要因の「厚い記述」	仮説検証 情報の縮約・要約

そのデータ分析、演算にもとづき、第3階層では、「仮説検証」、ないし、多変数の情報を少数の変数、次元に縮約、集約し、影響力、関連性のより強い要因を明らかにすることが志向される。

あるいは、階層を逆方向からみると、第2階層で「量」としてデータを収集、把握し、変数とするには、予め第1階層での概念化、理論、仮説を構成し、その仮説に従ってデータを収集する必要があると考えられる。むしろ、そうした概念化、仮説構成、タスク設計、コード化などが学術的妥当性、正統性の源泉と、量的調査では捉えられることになる。

他方、質的研究では、まず第1階層において、研究当初、明確な変数や変数間の関係を仮定することと、定型化は避け、多様な可能性

を探る傾向を持つ。ただしそれでも、第1階層において研究を方向付ける枠組、理論的志向性はある。解釈論、社会構成主義、批判理論、現象学、エスノメソドロジー、カルチュラル・スタディーズ、ポストコロニアリズム、フェミニズムなどがそれである。さらに、データ収集・分析（第2階層）にもとづき、推論を展開し、記述・理解・解釈（第3階層）を生み出す導出過程は、「検証」ではなく、「生成（emergence）」であり、分析手順や推論過程はやはり定型化されがたい。しかし、グラウンデッド・セオリー、エスノメソドロジー、会話分析、テキスト分析、SNAなど一定の定型化、志向性もまた存在する。

　このように、質的研究をリサーチプロセスの観点から捉えると、「エスノグラフィー」は、上述の規定に示したように、「リサーチデザインを構成する3段階いずれにおいても、可能な限り先入見・先験的枠組を排し、調査対象・事象を意味生成の文脈に即して（エミックに）深く掘り下げ、理解・解釈しようとする」方法論と規定しうる。

　つまり、第1階層において、明確な変数や変数間の関係、特定の仮説や理論、概念を措定し、対象に押しつけることは注意深く避ける（質的研究では「変数」という言い方はせず、「要素」「要因」「次元」などが用いられる）。ついで、第2階層のデータ収集・分析では、研究者の持つ枠組に従ったデータではなく、インフォーマントの視点に立ち、できる限り多元的、複合的なデータ収集が試みられる。とくにアナログ世界における人類学的エスノグラフィー調査では、「参与観察」が重視される。

　そして、第3階層では、限定された変数・要因間の関係ではなく、多次元を多次元として、多元的要因が複雑に絡まりあう社会文化的動態を丁寧に記述する「厚い記述」、要素還元主義的、情報縮約的な分析的理解ではなく、複合的、多層的な全体論的理解を生成することが追求される。さらに、いずれの段階においても、インフォーマント、事象を外部の基準に照らして対自的に捉えるエティック（etic）の視点ではなく、インフォーマント自身、事象自体の観点から即自的に捉えるエミック（emic）の視点を重視する。

　こうしたエスノグラフィーの特性は、explanandum（説明される対象）とexplanans（被説明対象を説明する概念）との相

［2］「ハイブリッド」というのは、PARC研究所のNick Yeeが、NC研究において、質的研究と量的研究を組み合わせる方法を「ハイブリッドメソドロジー（hybrid methodology）」と呼び、実践していることも反映している。http://blogs.parc.com/2010/08/ethnography-in-industry-methods-for-distributed-large-data-sets-part-two/

互規定的関係としても捉えることができる。量的研究では、explanandum が被説明変数（目的変数、従属変数）、explanans が説明変数（独立変数）であり、両者は明確に截然と切り離され、両者を含む整合的説明、議論が求められる。

他方、質的研究において、explanandum と explanans との区別は往々にして判然としない。「アイデンティティ」は説明されるべき対象であるとともに、説明するための概念としても用いられる。むしろ、両者の観点から議論を展開することにより、その概念自体の理解、解釈、説明を深めることが質的研究の強みと考えることができる。ただし、研究者自らは、ある議論において、当該概念を explanandum、explanans、いずれにおいて用いているのか、自覚的であることもまたきわめて重要である。質的研究で議論が錯綜するのは、研究者自身が何を何によって説明しようとしているのか、explanandum と explanans との区別が見失われてしまうことによるとも考えうる。

6-2 「アブダクション（仮説生成的推論）」
——エスノグラフィーの中核的力

さて、このように、HEにおけるエスノグラフィーとは、リサーチプロセスを通して、多くの可能性に開かれた方法論である。それは、理論とデータとの推論的関係が「仮説生成的（abductive）」、「発見的（heuristic）」であることと相即している。

「仮説生成（abduction）」は「演繹」「帰納」と対照される推論の様式である。MMを積極的に展開する議論では、理論とデータとを接合し、展開する推論形式として、「演繹」が量的研究、「帰納」が質的研究を特徴づけるのに対して、MMを特徴づけるのが「仮説生成」と主張される（Morgan 2007, Teddlie and Tashakkori 2009, Creswell 2013など）。

推論様式としての「仮説生成（abduction）」に関して、筆者からみると奇妙なことに、MMの議論で参照されることはないが、最も重要な基点となる議論を展開したと考えられるのが、記号論で知られる哲学者 Peirce である（Hartshorne and Weiss eds. 1931-1935）。伝統的に推論様式の区別であった演繹、帰納に加え、Peirce は「仮説生成」という第三の推論様式と、科学的探究におけるその重要性を提起した。三段論法を用いた具体的な例により3つの推論様式を対照的に捉えてみよう（Peirce CP 2.623）[3]。

〈**演繹**〉

・一般的原理・規則（Rule）：この袋の豆はすべて白い（大前提：すべてのAはBである）。
・前提となる具体的事例（Case）：ここにある豆は、この袋から取り出された（小前提：aはA（の具体的事例）である）。
・観察結果（Result）：ここにある豆は、白い（結果：したがって、aはBである）

〈**帰納**〉

・Case：ここにある豆は、この袋から取り出された。
・Result：ここにある豆は、白い
・Rule：この袋の豆はすべて白い。

〈**仮説生成**〉

・Result：ここにある豆は、白い
・Rule：この袋の豆はすべて白い。
・Case：ここにある豆は、この袋から取り出された。

演繹がRuleとCaseをもとにResultを論理的に導出する推論、帰納がCaseとResultから、それらを生み出すRuleを定立する推論であるのに対して、仮説生成は、Resultという観察結果をまず与件とし、Resultを帰結させうる蓋然性の高いRuleとCaseを定立することで、説明を生成する推論である。仮説生成についてPeirceは、「驚くべき事実Cが観察される。しかし、Aが仮に真であれば、Cは当然のことである。従って、Aが真だと推測する（suspect）理由がある」（Peirce CP 5.189）と述べる。上述の例で言えば、「ここにある豆は白い」という観察事実があり、それは、袋の中の豆がすべて白いこの袋があり、そこから、ここにある豆がとりだされたという仮定が真であれば、当然のことである。しかし、本当に取り出されたかどうかは分からない。

つまり、演繹、帰納において、Rule、Case、Result三者は論理的に整合的、必然的であり、体系として閉じているのに対して、仮説生成は、Resultを説明するために、Rule、Caseとの関係を仮説として構成するが、その関係性は開放性、蓋然性に富んでおり、必ずしも正しい説明であるとは限らない。

論理的推論というと、論理的整合性、堅牢性（security）が前提とされがちだが、Peirceは、新たな情報をもたらす創造性（uberty）の側面にも関心を向け、「仮説生成こそが、新た

［3］　CPは、Collected Paperの略記。以下、本節におけるPierceの議論については、Hartshorneらによる Pierce論集（Hartshorne and Weiss eds. 1931-1935）にもとづき、巻数とパラグラフ数を示すことにする。

な観念・着想をもたらす唯一の論理的操作である。というのも、帰納は価値を定めることしかせず、演繹は必然的結果をもたらすだけだからである」（Peirce: CP 5.171）と議論する。つまり、演繹、帰納の場合、三者の関係が整合的、堅牢であるがゆえに、Rule や Result の新規性、新たにもたらされる情報量が限られる傾向を持つのに対して、仮説生成は、Result 自体、さらに三者間の関係性が、創発的であり、新規の情報量に富んでいる。もちろん、その代償として、可謬性が高く、演繹、帰納よりも論証力が脆弱な蓋然的推論でもある。

Peirce の議論において、「演繹」「帰納」「仮説生成」は、科学的探究において相互排他的に競合する推論ではなく、三段階からなる科学的探究過程に対応する。まず、科学的探究は、驚くべき現象の経験的観察から出発し、「仮説生成」により着想される。次いで、着想された仮説から、演繹的推論により、実験観察可能な諸予測・帰結を導出・展開する。そして、それら諸予測・帰結は、帰納的に検証されることになる。したがって、「仮説生成」は科学的探究において、その端緒となる必要不可欠な推論であり、「今日確立されている科学的理論は、どの1つをとってみても、仮説生成推論に因っている」（Peirce: CP 5.172）。

こうした「仮説生成」的推論こそが、エスノグラフィーが持つ中核的力と規定することができよう。エスノグラフィーでは、観察された事象をもとに、その事象を説明する枠組（説明仮説）形成の推論が駆使され、豊かな解釈を発見的に生成することが目指される。読者が文化人類学者であれば、例えば、２０世紀アメリカ文化人類学の巨星 Geertz の議論がもつ力が、演繹でも、帰納でもなく、まさに「仮説生成」にあると首肯していただけるだろう。

バリの政治権力体制を「劇場国家」として論じ、政治学をはじめとする社会科学諸分野にも大きな反響を呼んだ「ヌガラ」（Geertz 1980）では、フィールド観察、歴史的資料（Result）を「劇場国家」という概念装置（Rule）により、バリ島における政治権力体制のあり方、変遷（Case）を具体的に議論している。Geertz の議論は演繹的、帰納的に論証できるわけではない。むしろ仮説生成推論が、驚くべき多様な観察事象に満ちたフィールドの知と出遭い、生み出される創意と機微に富んだ解釈こそが、Geertz の議論の魅力であり、エスノグラフィーの力である。

6-3 「ヒューリスティクス（発見法）」
――HEの中核的力

さらに、HEの観点から、「仮説生成」型推論と並んで重要なのが、「発見法（heuristics）」である。「発見法」は、コンピュータ科学において、爆発的計算量が必要となる問題に対するアプローチとして、理論にもとづき先験的に最適解に到達するアルゴリズムによるアプローチと対比され、経験的知識にもとづき、最善と思われる解を推論する方法を指す。また、心理学分野では、問題解決において、必ずしも論理的に妥当ではないが、経験的に有効と考えられる簡略化された推論、判断方法、規則、知識を指す。

こうした学術的によく用いられる「発見法」に対して、先にも言及したAbbottは、英語のheuristicの語源に立ち戻る（Abbott 2004）。古代ギリシャの数学者アルキメデスが王冠の密度を求める方法を風呂で発見し、「ユーレカ！（Eureka）」と叫んだという逸話が知られているが、Eurekaは、「見つける、発見する（to find）」を意味する動詞heuriskeinの一人称単数完了形であり、英語のheuristicはこのheuriskeinに由来している。Abbottは、コンピュータ科学や心理学における用法にこだわらず、科学的研究において、新たな着想を発見することの重要性を指摘し、社会科学における発見法（heuristics）を広範に展開したのである。

Abbottの議論には、Peirce、abduction、MMのいずれも一切現れておらず、異なる知的潮流にもとづいているが、その中核は、上述の仮説生成推論に関する議論と重なる。つまり、「科学とは、厳密さと想像力（rigor and imagination）との会話」（ibid.: 3）であり、想像力の働かせ方を「発見法」と規定しているが、これは、Peirceの推論における「堅牢性」だけでなく「創造性」を重視し、創造的推論を「仮説生成」とする議論と相同である。

さらに、Abbottは、「発見法」の中核が、異なる方法論的アプローチから研究対象を批判的に検討することにあると主張する。科学におけるさまざまな方法論は、より一般的な枠組みに位置づけ、体系的にカテゴリー化することはできない。方法論に関するメタ議論では、interpretive-narrative-emergentist-contextualized-situated knowledge（解釈－ナラティブ－創発－文脈依存的－状況依存的知識）とpositive-analytic-individualist-noncontexrualized-universal knowledge（実証－分析－個体主義－文脈非依存的－普遍的知識）を両極とする対立軸が措定される場合も多いが、それは誤っている。また、特定の問題に特定の方法論が特権的優位に立つことはない。方法論同士は、ジャンケン関係にあり、AをBが批判的に洗練したとしても、Bに対して批判的優位となるCがあり、Cに対して今度はAが批判的優位にたつ。

Abbott は、Levi-Strauss の神話研究（Levi-Strauss 1967）を例にとる。Levi-Strauss は、西カナダの一部族である Bella Coola に関する神話を収集し、フィールドワークをもとに、神話体系とその部族の社会構造（クラン体系）との結びつきを詳細なエスノグラフィーとして解き明かす。しかし、世界各地の社会に関する巨大なデータベースであるＨＲＡＦ（Human Relations Area Files）を用い、ＳＣＡ（standard causal analysis）アプローチ[4]は、神話体系の類型と社会構造との類型（例えば、父系出自、母系出自、双系出自）に対するより体系的な知見をもたらし、Levi-Strauss の議論をその一部とする可能性がある。

ところが、歴史的アプローチは、神話や物質文化が、その現地の人々自身のためよりもむしろ、人類学者、博物館関係者、「原始的物質文化」収集家などの需要に応じたものであることを明らかにする可能性がある。実際、近代社会との接触により、現地の社会文化は変容を遂げており、Bella Coola や Kwakiutl 族における有名なポトラッチは、文化接触の産物であることが明らかとなっている。

だが、ここで再びエスノグラフィーに戻れば、エスノグラファーは、文化接触自体を研究対象とし、注意深く人々の振る舞いを調査することで、現地の人々がいかに、文化接触から創発的に自らの社会を組み替えるかに深く分け入ることができる。

Abbott は、「したがって、方法論相互の批判は重要である。それは、私たちをより正しくするからではなく、より複雑に、とりわけ込み入った物事を述べることができるからである。つまり、方法論相互批判は、発見的に役立つものであり、あらたな着想を生み出すものなのだ。」（Abbott 2004: 76）と議論する。

ＨＥとは、こうした Abbott の主張する意味において、「発見的」推論を中核とする方法と本書は規定する。エスノグラフィーを基盤としながら、前章で議論したように、エスノグラフィー自体を革新するとともに、社会科学、人文科学、さらにはデジタルネットワークへのコンピュータ科学、ネットワーク科学等における多様な方法論との対話を介して、新たな着想を切り拓くことがＨＥの方法論的中核を形成するのである。

このような観点から、ハイブリッド・エスノグラファーは、問題関心、研究対象に応じた方法論の地図を、それぞれ独自に形成していくことが必要だろう。もっとも、Abbott も指摘していたように、多様な方法論を限られた次元で体系化できるものではない。とりわけ、デジタルネットワークの進展に伴う方法論の革新を考慮に入れるならば、方法論地図は絶えず更新されるものだろう。

それでも、異なる方法論を俯瞰する視座は重要であり、Abbott 自身も、社会科学系のリサーチパラダイムを俯瞰するいくつかの観点を提示している。まず Abbott は、社会科学の目的は、社会生活を説明することであり、社会科学における説明は、あらゆる記号システムの基底的な3側面（統語論、意味論、語用論）に対応すると主張する。統語論観点（syntactic view）は、ある事象について、構成要素と順序、組合せ方の構造を明らかにしようとする。意味論（semantic view）は、ある事象を、整合性を持った一定の説明体系へと翻訳、解釈する。語用論（pragmatic view）は、事象の因果関係を明らかにすることなどを介して、阻害要因や促進要因を特定し、具体的な行動に結びつける。また、これら3つの大きな方向性は、個別具体的なレベルの議論と抽象的、一般化を志向するレベルの議論に大別される。

さらに Abbott は、データ収集法、データ分析法、研究対象数、それぞれの観点から方法論を区分できると指摘する。データ収集法では、「エスノグラフィー」「社会調査（アンケート調査）」「記録ベース分析」「歴史」、データ分析法の面からは、「直接的解釈（direct interpretation）」「量的分析」「定型モデ

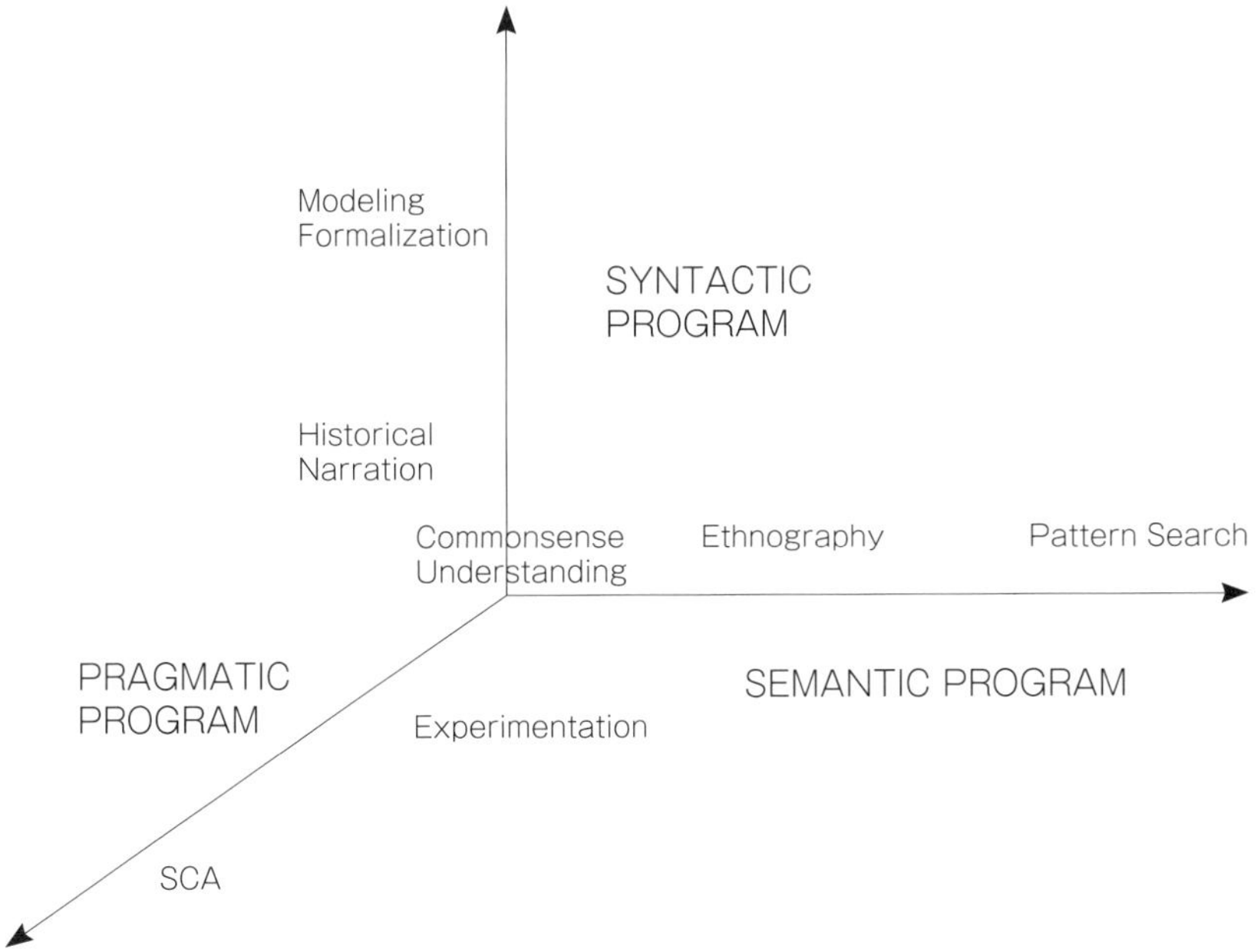

図6-1　Abbott による方法論のマッピング（Abbott 2004: 29）

リング（formal modeling）」、研究対象数にもとづけば、「事例研究」「少数N分析」「多数N分析」に分けることができる。

　これらの分類俯瞰する視座を組合せ、統語・意味・語用３次元の枠組（原点に近いほど具体、遠いほど抽象）で示したのが図6-1である。

　社会心理学者McGrath（1981）による人間科学、行動科学に関するマッピングもまたハイブリッド・エスノグラファーにとって有用な参照枠組であろう。多種多様な方法論同士の関係について、McGrathはAbbottと同様の問題意識を持っていた。「リサーチプロセスは、相互に組み合わされる選択の連続と見なすことができる。私たちは、いくつかの相克する切なる要求（desiderata）を同時に最大化しようと試みる。このような観点から、リサーチプロセスは、「解決される」べき問題群ではなく、「共存する」一連のジレンマと見なしうる」（McGrath 1981: 179、強調はMcGrath）と主張し、こうした方法論に対する観点を「dilemmatics」（ジレンマ法）と呼ぶ。これも面白いが、MM、AbbottはMcGrathについても一切言及していない。ここでも異なる知的潮流において、類似の方法論的議論が展開されてきたのである

　過度な単純化と認めながら、McGrathは、図6-2のような図式により、人間科学、行動科学における方法論の位相平面と

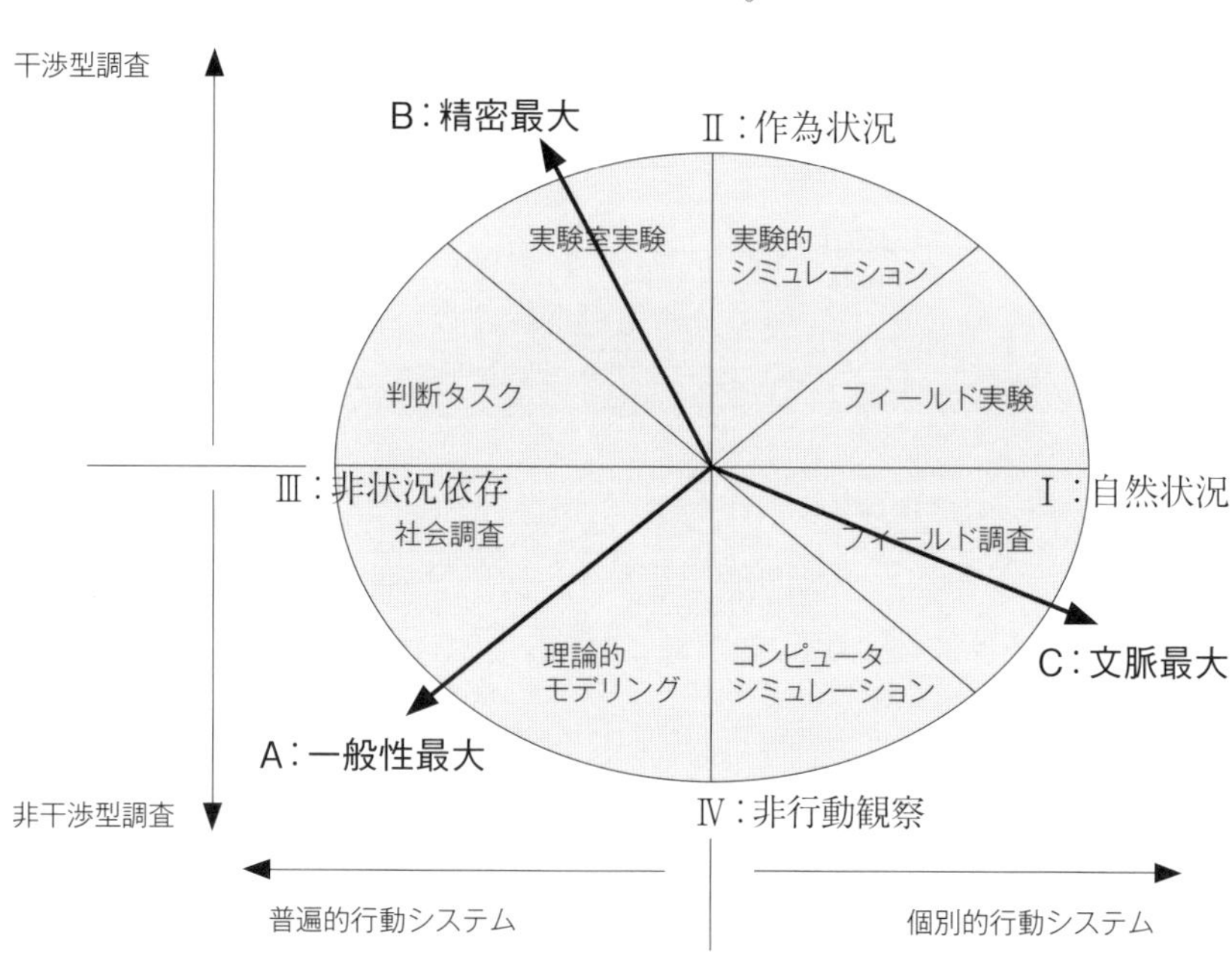

図6-2　McGrathによる調査方法戦略のマッピング（McGrath 1981: 183をもとに筆者作成）

8つの大きな方法論的戦略（methodological strategies）を示す。平面はまず、干渉型調査か非干渉型調査か、普遍的・一般的行動への関心か個別具体的行動への関心かという二軸により構成される。これら二軸を構成する4つの方向性は、それぞれ研究対象に関する知識を獲得するための大別される状況・環境（setting）と結びついている。干渉型調査は、実験室に典型的な作為的・人工的状況における調査研究、非干渉型調査は、行動観察を必要としないシミュレーションやモデリングのような調査研究、普遍的・一般的行動への関心は状況に依存しない調査研究、個別具体的行動への関心は自然的状況における調査研究である。

　また、これら4状況は、それぞれもう1つの軸が補完的に働き、2つの方法論的戦略に方向性が分かれる。例えば、干渉型の作為状況は、より一般性を志向する実験室実験と個別具体性を志向する実験的シミュレーションが区別される。

　さらに、McGrath は、A（研究対象・行為者（actor）に関する一般性、代表性、generality）、B（対象行動（behavior）測定の精密性、precision）、C（行動が観察される個別具体的文脈、context）は、人間科学、行動科学において常に最大化することが望ましい3つの切なる要求（desiderata）だが、いずれも最大化しようとすれば、他の2者を犠牲にせざるを得ないトリレンマを構成すると主張し、図においてそれぞれが最大に実現される方向性を示す。

　5-3-2において、ネットワーク科学とエスノグラフィーとの接合の必要性を主張した。McGrath が図6-2を提示した1980年代には、今日のようなネットワーク科学は存在していなかったが、コンピュータシミュレーションと理論的モデリングにネットワーク科学を位置づけることができる。そして、図が示すように、ネットワーク科学とエスノグラフィーは、自然的状況をもとに、個別具体的行動に関心をもち、文脈を最大化しようとする志向性を共有していることにより、隣接した方法論的位相にあると考えることができるのである。前章で議論したように、ネットワーク科学は、サイバースペースという時空間における実際の人々の行動を、非干渉的に、ビッグデータとして捕捉し、その構造を明らかにしようとする。オンラインは、非干渉的エスノグラフィーを可能とし、フィールドワークとネットワーク科学とはより緊密に結びつく可能性が拓かれている。McGrath は結論において次のように主張する。

［4］　SCAは、社会科学における典型的な仮説検証型定量分析を指す。相当数のサンプルに関する多様な変数データを収集し、統計的分析によりデータ間の関係性を推論する。

「いかなる調査戦略、デザイン、方法も、単独で用いられると、何の値打ちもない。複数のアプローチが必須である。ある研究を遂行するすべての段階における方法のレベルで。また、複数の研究間におけるリサーチデザインと戦略レベルで。」(McGrath 1981: 209、強調は McGrath)

Abbott、McGrath の議論にもとづけば、HEは、エスノグラフィーを他の方法論的戦略と組み合わせる発見法により、仮説生成という中核的力を引き出そうとする方法論と規定することができよう。

第７章 ハイブリッド・エスノグラフィーの具体的遂行と課題

7-1 エスノグラフィー調査の具体的遂行過程

前章までの議論で本書は、人類学、エスノグラフィーから、デジタルネットワークコミュニケーションに対してアプローチする方法論（サイバーエスノグラフィー・アプローチ）を、Hine のヴァーチュアル・エスノグラフィー、Horst、Miller らのデジタル人類学、Pink らのデジタルエスノグラフィーなど、これまでの学術的議論をもとに、主として理論的に考究し、その学術的文脈においてＨＥという方法論を提起、方法論的基礎を展開してきた。

それを受け、本章では、ＮＣに対するＨＥをより具体的なリサーチデザインとして遂行する過程における課題と方法を検討する。前章において、ＭＭの議論に従い、調査研究遂行プロセスを、概念化段階、経験的遂行段階、推論段階の３階層にモデル化したが、それをもとに、一般的なエスノグラフィー調査を具体的なフローとしてまとめると、表7-1のように模式化することができる。

これらの具体的過程について、従来のアナログ世界を対象とした文化人類学的研究、調査、エスノグラフィー調査方法論は、入門書的なものを含め、優れたものが数多く著されており、本書で改めて繰り返す必要はない。エスノグラフィー初学者の方は、是非、それらの著作に目を通していただきたい（例えば、佐藤 2002a, 菅原 2006, 武田・亀井 2008, 箕浦他 2009, 小田 2010, 藤田・北村篇 2013など）。

ただし、これまでの議論から明らかなように、エスノグラフィーはけして整然とした体系をなす方法論ではない。暗黙知的要素も多く、フローチャートにもとづいた手順化や方法の定型化などの形式化、体系化を拒む方法論であり、実際、本書で参照してきたサイバーエスノグラフィー方法論であるヴァーチュアル・エスノグラフィー、デジタル人類学、デジタルエスノグラフィーなども、明晰な形式知とはほど遠く、量的社会調査方法論や質的研究の中でも体系性を志向するグランデッドセオリーのような、調査遂行、分析フローの一種統辞／範列的マニュアル性[1]をもっているわけではない。

表7-1　エスノグラフィー調査の具体的フロー

階層	項目
第１階層 概念化段階	(A)　調査目的、主題の明確化
	(B)　フィールドサイト（調査地）の選定
	(C)　調査計画書の作成、調査倫理委員会（IRB）など所属組織からの調査許可、調査地域の調査許可取得
第２階層 経験的遂行段階	(D)　調査地に赴く
	(E)　観察、インタビュー・聞き取り、ドキュメント収集など調査データ収集、フィールドノート作成
	(F)　調査課題の発見・明晰化
	(G)　調査データを読み解くための理論的枠組の探索
	(H)　調査地を離れる
第３階層 推論段階	(I)　調査データ分析、解釈、理論生成、仮説生成
	(J)　エスノグラフィーにまとめる

　先述の通り、エスノグラフィーは、可能な限り先入見・先験的枠組を排し、調査対象・事象を相即的に理解しようと努め、多次元を多次元として、多元的要因が複雑に絡まりあう社会文化的動態を丁寧に解きほぐそうとする。したがって、表7−1のように模式化した3つの階層、(A)から(J)の10項目は、時間軸において、第1→第2→第3、(A)→(J)という大まかな流れを持つが、実際の調査では、表のように階層や項目が段階的に截然と区切られ、単線的に進むわけではなく、複線的に往復と交差を繰り返しながら螺旋的に展開していく。

　研究計画当初、(A)調査対象、調査課題を研究計画当初、明確にする必要はあるが、実際にフィールドワークの遂行過程では、(F)絶えず調査課題を見直し、更新し、新たな調査課題を組み込みながら、(G)データを読み解く理論的枠組を探索する、といった再帰的活動が不可避的に生じる。その結果、調査目的や主題が改めて明確となり、調査全体が軌道修正される（第2階層から第1階層に立ち戻り、第2階層が再構成される）ことも頻繁に生じる。他方、一旦フィールドを離れ、(I)の推論段階に入ってから、新たな理論的枠組が見いだされ、調査すべき課題が浮かび上がり、再度調査地を訪れ、(E)〜(G)に立ち戻る必要が生じることもけして少なくない。

　例えば、携帯電話利用を対象とした調査を考えてみよう。アンケート調査であれば、調査で明らかにしたい仮説を形成し、携帯電話の利用に関する質問と、仮説にもとづいたその利用に関連する人々の社会的属性や心理的傾向をたずねることが中心となるだろう。つまり、調査対象、調査課題は予め定めておく必要があり、理論的枠組も仮説とその検証の範囲内で検討されることになる。

それに対して、エスノグラフィー調査の場合、携帯電話利用で何が調査課題なのか、どのような理論的枠組によりアプローチするのか、フィールドワークを行う過程において、絶えず問い直され、思わぬ要素とつながることでフィールドワーク自体がダイナミックに変化していく。

例えば、Horst と Miller（2006）は、ジャマイカにおいて携帯電話利用を研究する過程で、シングルマザーがショートメッセージ（SMS）を多用していることに気づいた。この観察は、シングルマザーのジャマイカ社会における位置づけ、その背景にある女性、男性、家族、親族、友人関係のあり方、携帯電話会社のビジネスモデルなどを調査課題とすることにつながる。さらに、そうした調査課題を掘り下げていくことから、シングルマザーが自立性を保ちながら、必要なときにサポートを得ることができる社会的ネットワークが、従来の親族関係から、携帯電話のショートメッセージ普及による男友達との弱い紐帯へと移行するという理論的枠組へと調査研究が展開していく。

このように、エスノグラフィー調査では、多元的要素が複合的に結びつき、フィールドワーク自体が再帰的に自己組織化されていく。もちろん、概念化段階で、調査計画を明確にするだけの具体性、調査研究を方向づける一定の枠組は不可欠だが、個別の状況に応じた個々の研究者の創意工夫、創発的アブダクションこそがエスノグラフィーの核心にある。探索発見的に、「虫の目（ミクロに対象に纏わり付く視点）」「鳥の目（マクロに全体を俯瞰する視点）」「魚の目」を駆使して、調査課題、理論的枠組自体を問い直し、アブダクション的推論を創発するだけの柔軟さと強靱さが強く求められる。

NC研究ではとりわけ「魚の目」が重要である。「魚の目」

［1］言語学において「統辞」とは、句、節、文を構成する語同士の構造、順序関係、「範列」とは意味的・文法的に同じカテゴリーにある語同士の相互関係のことを指し、例えば、英語では、統辞的に、主語＋動詞＋目的語の順序に配列され、主語の人称代名詞には、I、You、They などの選択的関係がある。量的社会調査方法論の場合、質問票調査であれば、研究主題、仮説、調査対象の決定→質問内容、質問文作成→質問票作成→調査実施→集計→データ分析、といった統辞的関係にある調査フローがあり、「対象」では、地域、年齢、性別など属性、「調査」では「郵送法」「面接法」「留置法」「オンライン法」など実施方法、「データ分析」では「度数分布」「クロス集計」「多変量解析」などの集計、分析手法と範列的関係にある選択肢が定型化されている。

とは、研究対象の時間軸を捉えるため本書が提起するメタファーである。研究空間を深い海として想像してみよう。海面では、潮の流れが速く、わずかな時間で激しく変化する。海を次第に潜っていくと、徐々に潮の流れは遅くなり、海底ではほとんど動きはない。

こうした海と潮の流れのイメージをNC研究の世界にあてはめてみると、海面には、1000分の1秒単位で行われるアルゴリズム取引、1秒間に14万以上の「バルス」がツィートされるTwitterなど、秒以下の世界が拡がっている。そこから、1日に数十回のメール、1日に数回更新されるSNSやブログ、数ヵ月毎に新製品が市場投入されるIT機器、サービス、ポケベル→PHS→ケータイ→スマホ、mixi→LINEのように数年単位で変化するプラットフォーム、十年単位で変化していく法制度、STS的研究におけるLTS（Large-Scale Technological System、大規模技術システム）論（Hughes 1993）や「技術-経済パラダイム（TEP：techno-economic paradigm）」論（Freeman 1989, Perez 2009, Dosi and Nelson 2016など）が対象とするような四半世紀から半世紀以上の社会システム変化、生み出されてから数百年の印刷術、数千年の文字、数万年単位の音声、言語、心理、行動、認知などヒトに備わった能力と、異なるリズムやライフサイクルを持った潮の流れが層をなす深海をイメージすることができる。

NC研究では、海面の目まぐるしい変化をビックデータとしてヒトの行動や思考の一般的法則を導出する、人々の日常生活におけるNC行動から（一般性を持った）社会心理学的、社会言語学的知見を得る、ネットを介した政治的活動の実践から四半世紀単位での社会システム変化を探るといった学術的活動が営まれる。つまり、研究を実践する際には、研究対象が位置する潮の流れと、明らかにしようとする研究主題の議論が位置する潮の流れを明確に把握する「魚の目」が求められる。

これは空間軸においても同様である。NCを含め、ITに関しては、その技術の普遍性、グローバル性から、少なくとも主要産業国に関して、普及するサービスや利用法について、同質的と暗黙裡に想定されがちである（筆者は「情報社会の斉一性仮説」と呼ぶ（木村 2005））。しかし、たとえば、アメリカのCMC研究はアメリカの大学生や大企業を対象にした場合が多く、そこで得られた知見が、他の社会はもちろん、アメリカ社会内における他の属性の人々にもあてはめることができるかどうかは常に批判的に検証される必要がある。まして、少数の事例に依拠する質的調査の場合、年代、性別、社会経済的地位、地域、文化など、調査結果をどこまで敷衍することができるかは常に留意することが望まれる。

したがって、改めて、地球上に拡がる広大な海として研究空間を捉えれば、研究しようとする海域の特徴、固有性に対する鋭敏な「魚の目」が空間軸においても不可欠である。このように、NC研究においては、研究対象が高い流動性をもつことを研究者自身が十分に認識し、空間軸、時間軸において、研究対象と研究主題の有効性が及ぶ範囲を常に意識することが、とりわけ重要であり、そのエスノグラフィー調査は、先験的、処方箋的枠組に規定されず、「虫の目」「鳥の目」「魚の目」を駆使することが求められる。

むしろ、HEという本書の観点からは、質的、量的問わず、複数の方法を組み合わせることに意味があり、多種多様な方法論を自家薬籠に取り込み、必要に応じて取り出し、複合できる創造性、柔軟性（ハイブリッド性＝雑種性）が重要である。さらに、いうまでもなく、エスノグラフィー調査では、インフォーマントのプライバシーをはじめ、調査倫理として留意すべき要素も多い。

そこで本章は、表7-1のような大きな調査遂行フローを念頭に置きながら、NC研究であることにより、HEをリサーチデザインとして具体的に遂行する過程で生じる方法論的課題を、方法論的多様性と調査倫理の観点から、具体的に議論することにしたい。その際、エスノグラフィーはその特性から暗黙知に依存する面も大きいが、本章では、可能なかぎり形式知として定式化することを意識したい。

7-2 つながりとしての「フィールド」とサイバーエスノグラフィー・アプローチ3類型

7-2-1 つながりとしての「フィールド」

エスノグラフィーには調査を行うフィールドが不可欠であり、オンライン、サイバー空間というフィールド自体の問い直しが、ヴァーチュアル・エスノグラフィーの基点であった。しかし、その「フィールド」の定式化は難しい。Hine は、VEにとっての「フィールド」を地理的場所（locatoin）と境界（boundary）ではなく、フロー（flow）と接続性（connectivity）として規定する必要が有ると議論しているが、具体的な方法論、リサーチデザインを構想する上では、抽象的に過ぎる。そこで本書は、NC研究における「フィールド」を「ネットワーク」＝「つながり」の観点から捉えることで、より具体的な定式化に取り組みたい。その作業を介して、サイバーエスノグラフィー・アプローチを大きく3つのベクトルに区分し、HEとしてのあり方を具体的に論じたい。

単純に考えれば、NCの場合、フィールドは、「オンライン空間」「サイバースペース」である。しかし、すでに議論したように、NC研究における「フィールド」は、必ずしも「オンライン」に限られるわけではない。「オンラインフィールドワーク」ではオンライン（のみ）がフィールドだが、「コミュニケーション生態系」においては、オンラインを含んだ日常生活、生活世界が主題であり、オフラインがフィールドとなる。

そこで、図7-1のように、NC研究におけるフィールドを、個人間コミュニケーションが行われる空間として、ノードとリンクからなるネットワークの観点から模式化してみよう。この模式化において重要なのは、ヒトを、物理的存在として境界づけられる単一のノードとしてではなく、端末を介しネットワーク上の論理的存在と結びつく《物理的存在-端末-論理的存在》という内部ネットワーク構造を持った存在として規定している点である。

さらに、この論理的存在は、サーチエンジン、閲覧履歴、購買履歴、ブックマーク、トラックバック、「友だち」関係、「シェア」、タグ付けなど、アルゴリズム、他の論理的-物理的存在の行為、自らの行為により、クローン増殖性を介してサイバースペースの様々なデータベース上に複製され、他の論理的存在、情報とのつながりが蓄積されていく。他方、物理的存在は、オフライン世界の文脈に埋め込まれており、無数の《物理的存

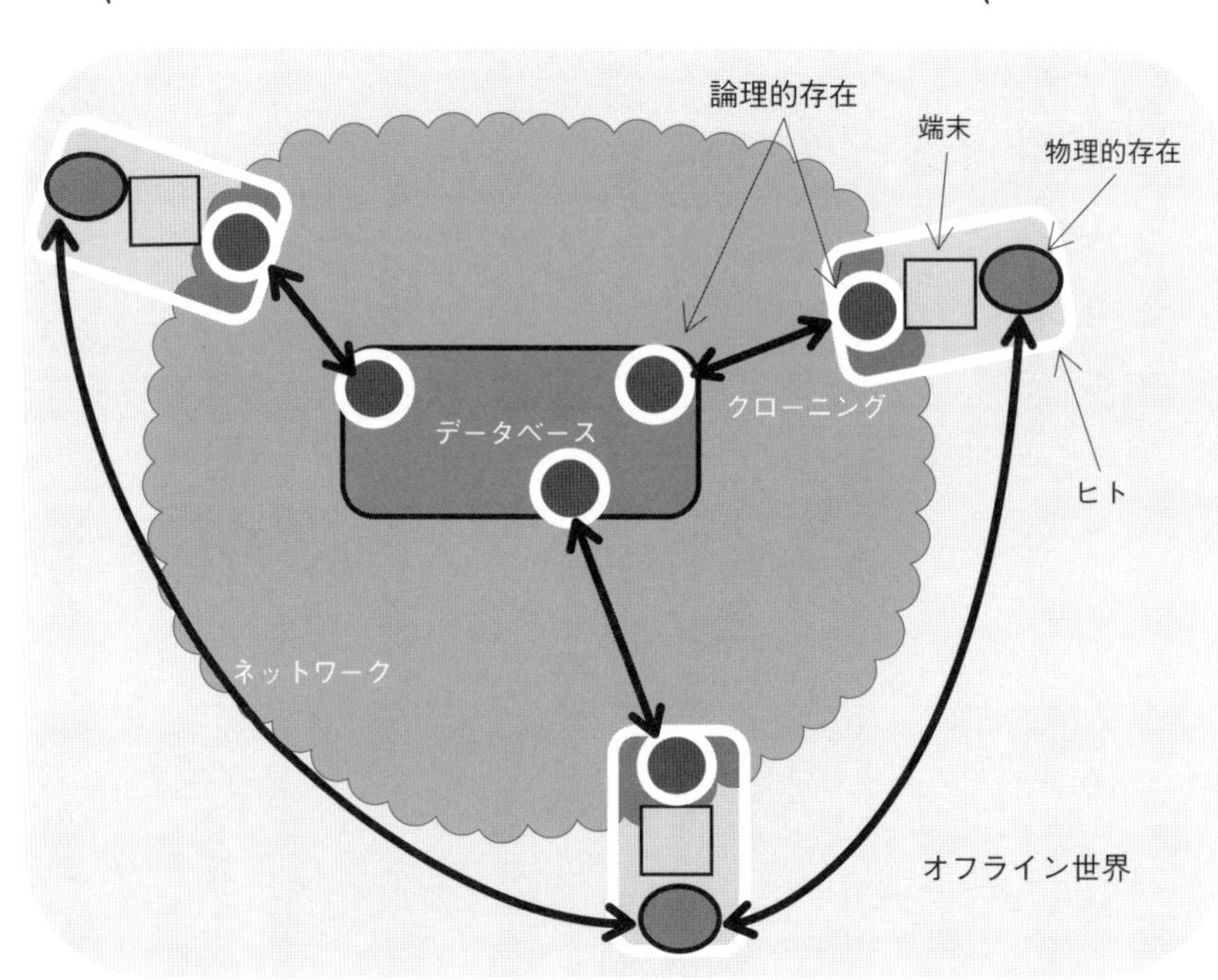

図7-1　NC研究における「フィールド」

在－端末－論理的存在》をノードとして、オフラインとオンラインとは絶えず結びついている。

このモデルにもとづき、限定的に捉えれば、NCは、〈論理的存在とネットワークから成り立つ部分〉と考えることができる。つまり、物理的存在と論理的存在が分離されており、論理的存在から物理的存在を確実に同定することができない以上、論理的存在相互のコミュニケーションが、まずNCの研究対象として規定される。この意味で、論理的存在とネットワークから成り立つNC（ここでは「限定的NC」と呼ぶ）こそ、オンライン世界（仮想空間、仮想世界、サイバースペース）のNCである。

しかし、NC研究は、論理的存在とネットワークだけではやはり完結しない。個人間コミュニケーションである限り、論理的存在は、物理的存在と端末を介して結びついており、端末の機能やインターフェイスは、コミュニケーションに大きな影響を与える。さらに、物理的存在は、オフラインの社会文化的文脈に埋め込まれている。コミュニケーションする際の社会的、心理的状況、オフラインでの物理的存在同士の関係もまた、NCのあり方と深く結びついていることはいうまでもない。

つまり、図7-1にもとづくと、NC研究における「フィールド」とは、〈ネットワーク－論理的存在－端末－物理的存在－利用する際の状況・文脈－オフラインでのネットワーク〈物理的存在同士の結びつき・コミュニケーション〉〉という〈つながり〉から成り立ち、オフラインとオンラインとが再帰的に作用する空間と規定することができる。

7-2-2　焦点となる〈つながり〉からみたサイバーエスノグラフィー・アプローチ3類型

3-2において、方法論的観点から、人類学的NC研究を大きく「オンラインフィールドワーク」と「コミュニケーション生態系」に大別した。従来の人類学的研究は、アナログ世界での蓄積をもとに、オンラインへと拡張する形をとることで、オンライン自体でオフラインと同様のフィールドワークと行うベクトルと、オンラインを含んだ生活世界というベクトルに分化している。

こうした2つの方向性と本書のこれまでの議論を踏まえ、前項のように、NC研究フィールドを、〈つながり〉としてのフィールドとして捉えると、サイバーエスノグラフィー・アプローチは、

（A）つながりのどの部分に焦点を当てるか

（B）フィールドワークをオンライン／オフラインどちらで（あるいは組み合わせて）行うか

表7-2　サイバーエスノグラフィーの３類型

類型名	調査遂行プロセス（データ収集・分析）		主要な研究分野
	A）焦点となるつながり	B）フィールドワーク遂行空間（オンライン／オフライン）	
オンラインフィールドワーク	「限定的ＮＣ」（ネットワークー論理的存在）	オンラインのみ	社会言語系、社会心理系ＣＭＣ、コミュニケーション研究
ヴァーチュアル・エスノグラフィー（狭義）	ネットワークー論理的存在＝物理的存在ーオフラインネットワーク	オンライン（主）／オフライン（従）	ＳＴＳ系研究
コミュニケーション生態系	ネットワークー物理的存在ー状況・文脈ーオフラインネットワーク（オンラインを含み込んだ日常生活）	オフラインが基本	人類学系研究

という2つの観点から、表7-2にまとめたように、「オンラインフィールドワーク」、「コミュニケーション生態系」に、Hine 的志向性である「ヴァーチュアル・エスノグラフィー」を加えた3つのベクトルに改めて整理することができる。

もちろん、個々の調査研究が截然とこの3種類に区分されるわけではないが、〈つながり〉のどこに焦点をあて、オンライン／オフラインのいずれでフィールドワークを行うかについて、研究者は自覚的である必要がある。

(A)の側面は、調査研究により何を明らかにしようとするか、explanandum（説明対象）とexplanans（被説明対象を説明する言葉）の射程に関係し、3つのベクトルに、関連する学術的領域が、それぞれ異なることにもつながっている。まず、オンラインフィールドワークの場合には、社会言語学、社会心理学的傾向をもったCMC研究やコミュニケーション研究からのアプローチが多い。

限定的NCが関心の焦点ということは、顕在的、潜在的問わず、アナログオフラインの対面コミュニティ（FtF: Face to Face）との対照という枠組みにおいて、オンラインコミュニケーションの形態、テキストそのものが研究対象とされることを意味する。CMC研究、コミュニケーション研究では、オンラインでの交流の仕方、そこでの自己提示、印象形成、アイデンティティ、友だち関係、恋愛関係、近隣関係、集団形成、規範、衝突・紛争、場所性、時間感覚の変容などを研究主題とし、オンライン空間の理解を深めることが試みられる傾向が強く認められる。

次いで、Hine の提起するＶＥは、サイバーエスノグラフィー全般を指すものとして構想されるが、ＳＴＳ研究者であるHine の関心は、科学技術と社会が中核にあり、e-science への関心にも現れているように、オンライン空間というテクノロジーとヒト、モノ、コトが織り成す相互のつながりにまず焦点があてられる。しかし同時に、オンラインフィールドワーク、論理的存在の振る舞いに閉じられることなく、論理的存在とつながる物理的存在、オフラインにおける人々の行動まで射程は拡がっている。第４章第２節で触れたように、ＶＥは、サイバーカルチャーなどのインターネットで生起する文化実践自体と１つの文化的人工物（cultural artefact）としてのインターネットという両面性を常に視野に入れるべきと主張するのである。

具体的には、オンライン上のあるグループや特定のトピックに関連してオンライン活動をしている人々から研究プロジェクトを開始し、オフラインでのインタビューを含め、オンライン活動を行う文脈も理解することを志向する。こうした具体的アプローチを狭義のＶＥと規定すると、ＳＴＳ系研究者は、人々が、他の人々やネット上のオブジェクトとどのような意図により結びつく（リンク、トラックバック、フレンド、フォロー／フォロワー、リツィートなど）のか、そのような行動により形成されるネットワークがいかなる意味、知識を生成するのか、といった研究関心からアプローチする傾向を持つ。

あるいは、Howard ら民主化運動などの政治的活動とインターネットの関係に関心を持つ社会科学者も、ネットワークでの情報流通や人々の結びつきがもたらすオフラインへの影響に研究の焦点をあてる（例えば、Jones and Howard eds. 2004）。つまり、オンラインが第一義的研究対象・フィールドであり、オンラインでの活動、あるいはオンラインのオフラインへの影響を理解するために、オフラインもフィールドに含み込まれるのである。

最後に、コミュニケーション生態系アプローチは、オンラインを含み込んだ日常生活、生活世界こそが関心の焦点であり、人類学的アプローチが中核的役割を果たす。このアプローチにおいては、「日常生活におけるオンライン」という観点で、生活世界におけるインターネットをはじめとするネットワーク、メディアの利用に焦点をあてる方向性と、「オンラインを含んだ日常生活」という観点で生活世界自体の実践、構造、変容に焦点をあてる方向性が交錯する。前者の「日常生活におけるオンライン」は、狭義のVEに類似するが、インフォーマントとの関係をVEが基本的にオンラインから始めるのに対して、CEの場合には、オフラインにおける一般的なフィールドワークと同様にインフォーマントとの関係を形成するのを基本とする。

こうしたインフォーマントとの関係形成という視点が(B)の側面であり、図7-1において、調査者が自らを、また、インフォーマントが調査者をどこに位置づけるかに関連する。単純に考えれば、オンラインフィールドワークでは、調査者自身もまた論理的存在として活動し、コミュニケーション生態系では、アナログ世界におけるフィールドワークと同様、互いに物理的存在として交流する。そして、VEでは、基本的に互いに論理的存在から出発し、物理的存在へと拡張する。しかし、この「論理的存在」としての関係形成は、方法論的に深刻な課題を生じさせる。

7-2-3　論理的存在／物理的存在の分離がもたらす方法論的課題

1990年代後半、インターネットの普及とともに、オンラインフィールドワークが試みられた当初、ログ取得の容易さ、時空間制約からの解放により、オンラインでのフィールドワークは、従来のオフラインのそれよりも容易との期待ももたれたい（Markham 1998）が、実際には、けしてたやすいものではない。その最も大きな要因が、研究者とインフォーマントとが、「論理的存在」として関係を形成することに伴う困難である。

まず、オンラインだけでは、インフォーマントの物理的存在を確定できない。あるニックネームを2人以上で使っている場合もあれば、1人が複数のニックネームを使い分けている場合もある。また、協力者の物理的存在が持つ属性（性別、年代、居住地域、教育歴、職業など）を確かめることもできない。

すると、一体誰を対象にした調査なのか、質的調査全般で論点となる代表性が、より深刻に問われうる。例えば、乳がん患者にとってのインターネットを調べるために、オンラインで募集を行い、20名の患者（という論理的存在）とオンラインで深層インタビュー（in-depth interview）を行ったとする。果たして、オンラインでたまたま募集に応じてくれた、物理的存在が不確かな（乳がん患者を装っているだけ、あるいは、ボット・人工知能かもしれない）この20名の論理的存在にもとづき、例えば、「乳がん患者にとってのインターネット」という研究主題を議論することができるのだろうか。

同様に大きな課題は、質的調査がその強みを活かすために望まれる協力者とのラポール形成がきわめて難しい点である。物理的存在の不確定性は、調査者から見た協力者だけでなく、協力者からみた調査者にも強くつきまとう。対面であれば、お互い、相手の物理的存在を前にし、様々な社会的手掛かりを利用し、コミュニケーションを行うことでラポールを形成できる。ところが、オンラインの場合には、インフォーマントとのラポール形成を促進するには、調査者が積極的に自己開示する必要が生じるが、そうした自己開示は、インフォーマントの考え方や態度、インフォーマントたちが形成しているコミュニティの在り方に影響を与える可能性が大きくなる。

そこで、オンラインで知り合ったインフォーマントと対面で会い、インタビューする機会を得ることに積極的な研究者もいる。コンピュータ、ネットワークとの接触によるアイデンティティの変容に関する議論で広く知られる臨床心理学者の Turkle は、対面で実際に会った人物のデータのみを対象とする。

他方、オフラインに従属しないNCの自律的側面を対象にすると考えれば、オフラインでの社会的属性や個人の特定などは非関与的であり、オンラインでの論理的存在（アバター、仮想人格）の発話、行動それ自体のみに研究対象を限る方向性もある。Boellstorff（2008）による3次元仮想空間であるセカンドライフ研究は、敢えて、セカンドライフにアクセスする物理的存在を問わず、セカンドライフのアバター自体を社会的主体と捉え、その行動、規範、文化を解釈することを試みたものであった。

しかし、オンラインであったとしても、インフォーマントと出会い、一定のラポールを形成し、十分な観察、インタビューを行うには、年単位の調査が必要となる。Boellstorff の場合にも2年以上セカンドライフで活動し、そのデータにもとづき、議論している。このように、オンラインフィールドワークは、当初期待されていたような「効率的な」質的研究をもたらすわけではなく、丹念で手間のかかる調査が必要であることに変わりはない。

さらに、Boellstorff の民族誌は、オンラインフィールドワークが、オンラインだけで閉じることができず、その発話や行動が、そのアバターの背後にいる物理的存在を前提とし、オフラインでの日常生活により文脈づけられることも示している。例えば、「AFK（away from keyboard）[2]」とタイピングして、

[2] 英語圏では、オンラインチャット（オンラインでの同期的会話）向けに、タイピングの手間を省くために、定型的表現の短縮形（LOL＝Laugh Out Loud（大爆笑）など、構成する単語の頭文字にもとづく頭字語が多く、Chat Acronyms などと言われる）が数多く流通しており、AFKは代表的な語。

キーボードから一時的に離れる行動が持つ意味、ある男性のアバターに関して、時折その妻がログインして行動する様子、オフラインで男性（と自称している人）がオンラインで女の子として振る舞う様子などが描かれる。

この論理的存在と物理的存在との関係は、研究者側においても不可避であり、方法論上の大きな課題となる。つまり、オンラインフィールドワークは、論理的存在同士のつながりに焦点をあて、NCそれ自体の特性や構造を明らかにしようとするが、分析するのは物理的存在としての調査者であり、その議論は、オフライン世界における物理的存在としての私たちのあり方を、移植せざるをえない。

例えば、「炎上」という現象は、たしかに、オンラインでの言語表現だけを収集し、他のコミュニケーションとは異なった語彙、文法、やりとりのパターンを発見することができるだろう。しかし、それを「炎上」と名づけ、分類するのは、データベース上の単なる文字列が「批判、罵倒」であり、そうした言説が野火のように燃え盛り、その対象となっている論理的存在と接続された物理的存在が恐怖や場合によっては身体的危険すらを感じているという理解が不可欠である。同じように特定の対象への言及が行われたとしても、それが好意的、肯定的な場合の「バズる」とは明確に区別される。「煽り」「釣り」「アラシ」「詐欺」なども、オフラインにおける、私たちの発話の意味とそれに伴う心理、感情の動き方にもとづかれている。

あるいは、サイバースペースは「性」（生物学的セックスであれ、社会的ジェンダーであれ）というカテゴリーを無化あるいは超越するとも考えられたが、これまでのところ、サイバースペース上の性はオフライン世界の意味論から逸脱することはまれである（Slater 1998）。ネットワーク科学における研究でも、空間軸、時間軸において、つながりの分布と変化の構造的特性を明らかにすることができるが、その特性の分析、説明は、やはり、オフライン世界の意味論に依存する。つまり、論理的存在に焦点をあてた限定的NC研究は、（オフライン世界との対比、対照を伴いながら）オフライン世界で培われた意味論を移植あるいは密輸せざるをえないのである。

しかし、だからといって、オンラインがオフラインに、論理的存在が物理的存在に一方的に従属するわけではなく、オンラインがオフラインの単なる鏡となるわけでもない。オンラインとオフラインとは、それぞれに自律し、エイジェンシーとしての力をもち、再帰的に入り組んでいる。

例えば、乳がん患者たちのインターネット利用についてオンラインフィールドワークを行ったOrgad（2009）は、83の電子メールアカウント（物理的存在と対応関係はとれない）とメールのやりとりをする関係となり、その中で10人と対面で、一人と電話でインタビューを行った。その対面インタビューをした10人の内9人はアメリカ各地に散らばっており、さらに1人はイスラエル在住者だったが、Orgad はそれぞれの協力者を訪ねている。

Orgad は、電子メールでのインタビューと対面でのインタビューでは、協力者の語るインターネットは異なると主張する。電子メールでは、乳がん患者である彼女たちにとってのインターネットという1つのメディアが、悩みを共有し、勇気づけてくれる手段か、単なる情報収集手段として描かれた。それに対して、対面インタビューでは、あくまで病気にいかに立ち向かうかが語られ、その中で、インターネットを一括りにせず、ウェブサイト、電子掲示板、メーリングリストなど、それぞれをどのように利用したかが触れられる。

このOrgad の例は、オフラインの対面インタビュー、オフラインの電子メールインタビュー、それぞれが独立し、インフォーマントと調査者が織りなす実践であることを明確に示している。それと同時に、オンラインが、オフラインの意味論に依存する現状もまた見て取ることができる。

本項で議論してきたように、論理的存在/物理的存在の分離は、方法論上、重大な課題を研究者にもたらすが、コミュニケーション生態系アプローチのように、物理的存在に依拠することが解決策ではない。HEの観点からみると、研究者は、こうしたオンライン/オフライン、論理的存在/物理的存在の対称性を認識し、オンラインがより自律性を高め、独立した意味論を発展させる可能性(さらには、post-human を対称的に組み込んだ社会的現実のあり方を記述する言葉、意味論もまた必要になるだろう)に対して、常に鋭敏であることが求められる。〈つながり〉としての〈フィールド〉のどこに焦点をあてるかによるサイバーエスノグラフィーの3ベクトル、それぞれの強みと弱みを把握し、対称性と探索・発見性に留意しながら、ベクトル相互、並びに、他のアプローチと、いかに複合し、より立体的にアプローチするかが重要となる。

7-3 調査倫理

7-3-1 ケアの原理(principle of care)

社会調査全般に当てはまることだが、とりわけエスノグラフィー調査を計画、遂行する上で重要なのは調査倫理である。オンラインを対象とした調査研究における倫理について、インターネットの社会的普及当初から議論が行われてきたが(例えば、Jones 1994, Schrum 1995, Kling ed. 1996)、インターネット研究のリサーチデザインを考える上で、参照すべきガイドラインとしては、インターネット研究者の国際的組織であるAoIR（Association of Internet Researchers）が策定した"Ethical decision-making and Internet research: Recommendations from the aoir ethics working committee"をあげることができる。

２００２年にとりまとめられた第一版（Ess and the AoIR ethics working committee 2002）[3]では、倫理の多元性（pluralism）、通文化的意識（cross-cultural awareness）、非処方箋（not "recipes"）であることが強調された。特定の問題に対して、異なる倫理的立場（功利主義、義務論、利己主義、徳倫理、文化的道徳規範など）があり、グローバルに展開されうるオンライン調査は、社会文化毎の法的、倫理的判断の枠組の多様性を十分に認識、意識し、考慮に入れる必要がある。したがって、予め処方箋を描くことは不可能であり、曖昧さ、不確実性、意見の相違が不可避であることを前提として、倫理的意思決定を行うことの重要性が指摘された。

第二版（Markham and Buchanan 2012）においても、「いかなるガイドラインや規則も固定的ではない。インターネット研究は動的で異種的（dynamic and heterogeneous）である」（Markham and Buchanan 2012: 2）という認識をもとに、調査が行われる文脈の多様性に十分に留意し、倫理的意思決定（ethical decision-making）を行うための基本的な観点、論点が示されている。

ここでは、第二版で提示された６つの指針となる原則を紹介しておきたい。

（1）コミュニティ／著作者[4]／調査参与者の脆弱性（vulnerability）が大きければ大きいほど、調査者がコミュニティ／著作者／調査参与者を守る責務もまた大きくなる。

（2）「危害」は文脈によって規定されるため、倫理的原則は、普遍的に適用可能ではなく、むしろ、帰納的に理解されるべきである。1つの基準ですべての判断にあてはまるのではなく、倫理的意思決定は、個別の文脈に十分留意した実際的判断を適用しようとすることにより最も適切にアプローチできる。

（3）デジタル情報はすべからく、何らかの点において、個々人を含んでいるものであり、ヒトを対象とした調査研究に関連する諸原則[5]を考慮することが、必要となる場合がありうる。たとえ、調査データにおいて、諸個人が、どのように、どこで含まれることになるか、すぐに明らかにならなくても。

（4）倫理的意思決定をする際、調査者は、対象（著作者として、調査参与者として、ヒトとして）の権利と、調査の社会的便益ならびに調査を遂行する調査者の権利とのバランスをとる必要がある。様々な異なる文脈において、調査対象の権利が、調査の便益を上回る可能性がある。

（5）計画、実施、成果出版、発信と、調査過程のすべての段階において、倫理的課題は生じ、取り組む必要がありうる。

（6）倫理的意思決定は、熟慮が必要なプロセスであり、調査者はこのプロセスにおいて、可能な限り多くの人々、情報源に意見を聞くべきである。同僚の研究者、調査対象の文脈／サイトに参加しているあるいは精通している人々、調査審査委員会、各種倫理ガイドライン、学術的刊行物（自身の学術領域とともに、他の領域における）、適用可能な場合には法的先行事例などである。

こうした調査倫理に対する考え方は、HEをはじめとするNCに関するエスノグラフィー的調査においてもまた、基礎となるものである。Boellstorffらによる*Ethnography and virtual worlds: A handbook of method*（Boellstorff et al. 2012）は、人類学系オンラインフィールドワークの方法論として最も具体的なものだが、調査倫理に1つの章を割いて議論しており、その冒頭で彼らは次のように述べる。

> エスノグラフィー的研究は、人類の活動それ自体と同じ程度に多様である。したがって、エスノグラファーが、巧みに、豊かな感受性、注意力をもって対応するよう準備しなければならない状況の範囲を、前もって規定することができる、先験的倫理規則などは存在しない。（ibid.: 129）

引用に示されているように、Boellstorffらもまた、AoIRと同様、調査倫理を、先験的に処方箋が規定できるわけではなく、文脈に即して柔軟に、巧みに、感受性、注意力を動員して、状

[3] ちなみに、Hineもこのガイドライン策定倫理委員会のメンバーであった。

[4] 「著作者」（author）というのは、オンラインリサーチでは、メール、ブログ、ソーシャルメディアなどでの多様な投稿者のことを指しており、例えば、未成年、児童、社会的少数者など脆弱性の高い人々への配慮がより重要であることを含意している。

[5] 国連人権宣言UN Declaration of Human Rights、ニュルンベルク綱領（the Nuremberg Code）、ヘルシンキ宣言（the Declaration of Helsinki）、ベルモント・レポート（Belmont Report）など。

況毎に判断する必要のある意思決定と捉えている。その上で、Boellstorffらは、エスノグラフィー調査における調査倫理の中核的価値を次のように主張する。

エスノグラフィー的調査において、いかなる状況に遭遇しようとも、ケアの原理を指針（guiding principle of care）として、私たち（エスノグラファー）は状況に応じる。ケアこそ、調査者が内面化し、それにもとづき、一貫して注意深く、誠実に関わり、行動すべき中核的価値である。（ibid.）

AoIRの場合には、非干渉的なオンライン収集データを量的分析するだけの場合まで含みこんでいるが、エスノグラフィー調査の核は、たとえ非干渉型ビッグデータ分析であったとしても、個別の文脈における個々の論理的存在、物理的存在（＝インフォーマント）の在り方、振る舞いを精緻に捉えようとする視座にある。つまり、論理的存在だけであったとしても、個々の「ヒト」に関するきめ細かいデータがエスノグラフィー調査の中核にあり、Boellstorffらが主張するように、インフォーマントをヒトとして尊重し、配慮することこそが、調査倫理の起点であり、終点でもある。

例えば、ソーシャルメディア上でのインフォーマントの発話・投稿を、エスノグラフィーでどのように記述するかを考えてみよう。オフラインの一般的なエスノグラフィーの場合、インフォーマントが発した言葉は、できるかぎり忠実に記録し、それがエスノグラフィーにとって重要であればあるほど、引用符とともに再現的に表現されることもある。しかし、ソーシャルメディア上の投稿は、検索され、インフォーマントが特定される可能性があり、Boellstorffは、セカンドライフの民族誌において、インフォーマントの発話、投稿を、検索で特定されないよう、書き換えていた。ところが、インフォーマントによっては、自らの発話・投稿を「著作物」と考え、編集されることを好まない場合もありうるだろう。とくに、社会的問題に関わり、自らの主張を積極的に公にしたい場合がそうである。とはいえ、ある時点で公開が望ましいと思ったことでも、後になって、「忘れられる権利」を主張するインフォーマントもいないとも限らず、インフォーマントが著作者として扱われることを望んだ場合、こうした点について、エスノグラフィー執筆時、インフォーマントと認識を共有する必要がある。

したがって、すべての調査過程（概念化、計画段階から、経験的遂行、推論、エスノグラフィー執筆段階まで）において、調査者がインフォーマントとどのように関わるかは、《ケアの原理》にもとづいて、個別具体的に判断する他はない。本節では、このような基本認識をもとに、調査倫理について、リサーチデザイン構成、調査遂行の文脈を考慮に入れ、具体的に、ある程度定式化できる要素を検討していきたい。

7-3-2 調査研究許諾の確認と説明――研究機関および venue 毎の必要性

まず、フィールドワークを行うにあたり、研究者が所属する組織と、調査を実施するフィールド、それぞれで許可を得る必要があるか否か、あるとすればどのようなものが必要かを把握する必要がある。

北米、欧州の大学、研究機関では、ヒトを対象とした調査の場合、プライバシー侵害懸念のないアンケート、行動観察、聞き取り調査であっても、組織内研究倫理委員会（ＩＲＢ：Institutional Review Board と呼ばれることが多い）といった組織に事前に研究計画を提出し、承認を得ることが義務づけられている。それに対して、日本の大学、研究機関では、医学、薬学、健康保健科学、実験心理学などで、ヒトの身体、行動、心理に外部から介入し、何らかの意図的な働きかけを行う調査（干渉型・反応型調査）の場合、調査審査組織による事前審査が義務づけられているが、人類学、社会学、民俗学などにおいて、街頭、電車内など公共空間でヒトを観察したり、ヒトの行動、履歴、意見、態度などをインタビューで聞き取る場合、そうした事前審査による許諾を必要としない場合も多い。

とはいえ、次項で議論する「調査同意（インフォームドコンセント）」にもかかわるが、調査計画段階で十分具体的にリサーチデザインを構想し、一般の人たちにもわかりやすく、調査の目的、具体的内容、期待される成果、予測されるリスクなどを伝える準備をした方がよい。

もちろん、フィールドワークの場合、実際には、当初計画した通りに実施されることはなく、調査を進めながら、内容、手順、説明もたえず更新されていく。だが、たとえ所属組織における事前審査がないとしても、研究計画に関する説明を、異なるステイクホルダー（所属研究組織の調査審査組織、同じ分野の研究者、調査予定フィールドの代表者・管理者・運営責任者、個々のインフォーマント（未成年の場合にはその保護者も）、研究助成組織・審査委員など）を念頭において用意することは、調査計画を明晰にし、調査研究助成を獲得し、説明が必要な際に直ちに対応するといった側面から、調査実施にとって重要である。

同様に、調査計画を立案する過程で重要なのは、フィールドワークを行う場所（地域、組織、活動、ネットワークサービスなど）によって、代表者・管理者・運営責任者、さらには、参加者1人1人からの許諾が不可欠かどうかを、調査倫理の観点から判断していくことだ。

この観点で重要な概念が"venue"である。venueとは、CMC研究、インターネット研究において、コミュニケーション活動が生起する場（place）の観点から捉えたネットワークサービス・アプリケーションを指す。具体的には、電子メール、電子掲示板、電子会議室（フォーラム）、チャット、インスタントメッセンジャー（IM）、メーリングリスト（ML）、メッセージングアプリ、ブログ、SNS、個人ホームページ（HP）、写真共有サイト、動画共有サイト、知識共有サイトなどのNCが生じるサービスやアプリケーション（ジャンルおよび個々のサービス・アプリケーション双方を指す）である。

調査倫理の観点からみて、venueへのアプローチは、アクセス・メンバーシップが公開（open）か限定的（closed）かにより、大きく分かれる。

登録せずに誰でも利用、アクセス可能（＝open）なvenueの場合、基本的には、データを取得し、分析すること自体、とくにその管理者、投稿者の許可を必要としない。例えば、Twitterにおいて閲覧者を制限する鍵がついていないアカウントによるツィート、Yahoo! 知恵袋、Wikipediaのような知識共有サイトでの投稿、2ちゃんねるや不特定多数に公開されているBBS（電子掲示板）、閲覧者を制限しない個人ブログなどでの記事・投稿の場合である。

こうしたvenueの場合、エスノグラフィー調査であっても、非干渉・非反応的に調査を行うことができる。むしろ、調査者が論理的存在のまま個別にコンタクトをとると、その論理的存在の振る舞いに大きな影響を与えてしまい、さらには、否定的な反応を引き起こしてしまいかねない。ただし、エスノグラフィー調査の場合、ある特定のアカウントに着目し、友だち、フォロー／フォロワーなどのネットワークや、発言、投稿の詳細な分析を行うことになる。したがって、その内容が個人的な場合はもちろんのこと、広く社会や不特定多数に向けてのメッセージであったとしても、前節で議論したように、検索によって当該アカウントが特定されないような工夫は必要であり、調査対象となっている掲示板、スレッド、ブログ自体も、状況に応じて特定されない記述を心掛けることが求められる。

さて、広く一般不特定に向けて、積極的に情報発信を行い、個別のオンラインコミュニケーションにも積極的と観察される個人ブログ、ホームページ、Twitter、Youtubeなどの場合には、その著作者（投稿者）、アカウントに連絡をとり、調査意図を伝え、インフォーマントとして協力を求めることもできるだろう。その場合には、コンタクト当初から調査者であること、調査意図を明確に知らせるべきだ。例えば、身分と意図を知らせずに、ブログのコメント欄に書き込みをするなど、きっかけを作り、個人的に親しくなってから、身分・意図を明かしてインフォーマントを依頼するのは、欺瞞的（deceptive）欺き研究（deception research）であり、個人さらにはコミュニティの反感を買い、炎上にすらつながりうる。[6]

他方、組織が管理するグループウェア（例えば、企業内の情報伝達・共有システム）や、主宰者が管理し、登録制の電子会議室（「フォーラム」と呼ばれることもある）、メーリングリストのように、アクセス・メンバーシップが限定的（closed）な場合には、1人1人の参加者に承諾を求めるのではなく、当該組織の責任者や電子会議室の主宰者に了解をとることで、データ収集、分析ができる場合がある。企業などの組織であれば、組織内での情報のやりとりもまた組織の管理下にあると考えられ、プライバシーを侵害するリスクがなく、業務改善などに資する面があれば、調査への協力を得やすい。

組織管理者の承諾により調査を実施する場合、個々のメンバーに対しては、非干渉型調査を行いうる。IT系企業の場合であれば、社員が無線ICタグを携行し、社内での移動や同僚との接触なども含めデータ化し、分析できる場合もある（この場合には、企業自体が社員から事前に承諾を得ている必要はもちろんある）。非干渉的に調査する場合には、インフォーマントのプライバシーに関して、必要以上に配慮し、研究成果を公刊する際には、調査を実施した組織、個人が特定されないよう記述する必要がある。

組織の許諾を得た上で、個々のメンバーに関して干渉型調査を行う場合には、従来のアナログ空間におけるエスノグラフィー調査と同様、インフォーマントたちとのコミュニケーションがきわめて重要である。インフォーマントたちが調査者の存在を気にかけず、コミュニケーションが自然に行われるよう、調査意図、調査内容を開示し、進捗状況も定期的に報告することが望ましい。

SNS、電子会議室、電子掲示板、ブログ、メッセージング、チャット、メーリングリストなどの多くは、サービス提供会社がプラットフォームとして場を提供し、その中で、ある個人・集団が、グループ、トピック、スレッドなどを立ち上げ、参加

[6]　もっとも、当初は調査意図がなく、一個人として、著作者（投稿者）、アカウント、さらには、関連コミュニティで交流を重ねており、のちになって、調査を実施できないか、相談する場合はありうるだろう。この場合には、調査計画を明確に関係する著作者、アカウント、コミュニティに示し、承諾を得る必要があることはいうまでもない。

者をコントロールする場合もある。こうしたvenueでは、まず、

（A）プラットフォームの規約等を確認し、プラットフォーム運営組織自体に事前に説明する必要、許諾を得る必要があるかどうか

（B）当該プラットフォームで調査可能だとわかった上で、関心対象であるグループ、トピック等の管理者、主宰者にコンタクトをとり、調査者として名乗った上で、調査者自身の参加と調査の許諾を求めるべきか否か

を判断する必要がある。その上で、

（C）関心対象であるグループ、トピック等の参加者の中で、とくに関心を持った論理的存在にアプローチし、調査の説明をし、調査への協力を依頼する

ことになる。(C)では、先ほどの個人ブログ、ホームページ、アカウントなどと同様、調査者であることを予め明らかにして活動すべきである。

とはいえ、オンライン・論理的存在のままで、初めから研究者であると明言し、調査意図を示す形では、とくに日本の場合には、インフォーマントを探すことは難しい。筆者の場合、コミュニケーション生態系を基本とするのも、この要件によるところが大きい。第8章で紹介するアメリカでのデジタルネイティブ調査では、Craigslistによりインフォーマントに出遭うことができたが[7]、日本社会では、どうしてもインターネットでの匿名性、不安感が強く、ネットを介した社会的ネットワーク拡大も限られる。オンラインで不特定多数を対象に、下手にメーリングリストや電子掲示板で情報を流せば、スパムと受け取られかねず、場合によっては炎上するリスクすらある。

そこで、(A)、(B)の段階で、運営組織、管理者、主宰者に、適切な参加者、心当たりを紹介してもらうよう依頼することも考えられる。機縁法（「友だちの友だちは友だち」にもとづくインフォーマント探索、「雪だるま（スノーボール）式」とも呼ばれる）は、オンライン、オフラインを問わず、エスノグラフィー調査にとって必須である。調査倫理に関する議論でも触れたが、インフォーマントとの接点の持ち方は、先験的処方箋があるわけではない。venueとインフォーマントたちが属する集団がもつ特性に留意しながら、それぞれの状況に応じて方略を考えていく必要がある。

さて、ここまで述べたようにvenueの特性と調査主題を考慮に入れ、必要な調査許諾を得る組織、ヒト、アカウント等を明確にしつつ、いわゆる「調査同意（インフォームドコンセント）」文書を用意する。物理的存在にコンタクトできる場合には、アナログ空間におけると同様、書面を準備し、サイン、押

印してもらうこともありうるが、オンラインエスノグラフィー的調査の場合には、論理的存在同士で同意を交わす必要がある。電子メールでやりとりできる場合には、論理的存在としての確認をメール、添付ファイルでとることができる。Twitter などでも、リプライかダイレクトメッセージをやりとりし、その画面を表示しキャプチャーすることができる。Boerstroff の場合には、仮想3次元空間で、電子的文書を作成し、アバター同士がそれを確認し、署名をして、それをキャプチャーすることで同意を得ていた。

［7］ 第8章で議論するアメリカにおけるHE調査では、17人のデジタルネイティブを対象とした。そのうち、高校生1名、大学生11名（女性7、男性4）、大学院生1名の計13人は、調査地域にあるA大学の学生と関係者で、何人かの知り合いを介する機縁法により、紹介してもらった。しかし同時に、現地研究者の勧めもあり、Craigslist という個人広告サイト（クラシファイドコミュニティサイト）の利用も試みた。

　クラシファイド広告というのは、一般的な企業による広範囲の大衆向け広告ではなく、地域・個人ベースの売買、住居探し、仲間募集、人手探し、職探し、イベント告知など、個人間を中心とした募集広告、告知で、地域毎に目的で分類されるものである。日本で考えれば、『ぱど』のような地域別ミニコミ誌、タウン情報誌を念頭においてもらえばよいだろう。アメリカではもともと地方新聞の主要なコンテンツであり、インターネット普及とともに、オンラインでのクラシファイド広告サイトが開設され、利用が拡大してきた。実際、２０１３年３月アメリカで16歳～30歳を対象にしたウェブ調査を実施したが、「クラシファイド広告サイト」利用は、週1回以上25％、週数回以上19％、月数回以下36％、過去利用８％、未利用12％と比較的よく利用されている。

　そうしたアメリカのクラシファイド広告サイトで最も成功しているのが Craigslist である。１９９５年に始まり、ネットアクセス分析 Alexa 社のデータによれば、全米ウェブサイトランキングで10位前後のアクセス数を維持している。Craigslist を見ると、「community」カテゴリーの「volunteers」セクションには、医療健康科学や心理学、社会調査などの協力者募集がよく登録されている。そこで調査地域の craigslist サイトを利用し、「volunteers」セクションに調査概要と募集の告知を載せた。1ヵ月ほどの掲示で10人からコンタクトがあり、最終的に4名がインフォーマントとして調査に協力してくれた。やや不審に思われるコンタクトや「協力者募集」に機械的に反応するような人からの問い合わせもあったが、連絡先アドレスを載せていてもスパムメールは皆無に近く、インフォーマントとして協力してくれた4人は、大学関係の機縁法によるインフォーマントと類似しているが背景の異なる人々であった。

7-3-3　関係形成のダイナミズム

改めて表7-1をみてみよう。遠隔地に赴く人類学的調査の場合、フィールドワークは、実際に物理的に調査地へ赴くこと(D)と調査地を離れること(I)により、時間軸、空間軸双方において区切られることが多い。しかし、ここで「赴く」、「離れる」というのは、ただ物理的に調査地に入り、出るという移動を指すのではない。フィールドで調査するために、ヒトと接触し、調査者-インフォーマントの関係を取り結び始める過程、その関係を形成、発展、維持し、必要に応じて変容させる過程、フィールドワークを終了し、そして、その関係性から離れる過程を含んでいる。つまり、フィールドに「赴き」「調査し」「離れる」というフィールドワークの過程は、人間関係を形成し、発展させ、一定の区切りをつけるダイナミクスである。

アナログ世界において、エスノグラフィーは、「調査者がインフォーマントの了解を得て接する（観察、聞き取り、話し合い、行動など）ことを中核とする方法」と規定しうる。人類学的フィールドワークでは、インフォーマントといかに出会い、関係を形成するかが成否を決定的に左右する。

全く知らない土地で、相手も「よそ者」である調査者を警戒し、調査者も相手を警戒する状況から、調査について理解してもらい、協力してくれるインフォーマントと出会い、調査を進める環境を作ること。調査に区切りをつけ、調査者-インフォーマントとして築いた関係を、「知己」「旧友」といった関係に再形成すること。このように具体的に思い浮かべれば、こうした「赴く」、「離れる」過程が持つ複雑さ、難しさとフィールドワークにとっての重要性が浮き彫りとなる。

NC研究の場合には、これまで議論したように非干渉型調査が可能であり、この場合には、調査者とインフォーマントとの関係はとくに問題とならない。他方、調査者とインフォーマントとが何らかの形でコミュニケーションをとるオンラインフィールドワークの場合、物理的対面にもとづかないことから、固有の課題が生じる。ラポール形成を考えれば、インフォーマントにとって、調査者は、論理的存在としてだけではなく、物理的存在としても信じるに足ることが望ましいが、インフォーマントは基本的に論理的存在に留まることを選好する。したがって、調査者は、こうした非対称的選好に留意し、自己開示を適切に行いながら、インフォーマントが調査者を信頼し、自己開示できる関係へと粘り強くコミュニケーションを重ねる必要がある。

その過程で重要なのは、venue に応じた自己開示と社会的手がかりのコントロールである。venue は、調査者とインフォーマントが、出遭い、ラポールを形成し、観察、インタビューなど調査を実践する場と捉えられる。ここでいう調査者の自己開示は、直接的に調査実践を展開するvenueだけではなく、多様なvenueにおける意識的にコントロールを意味する。例えば、Facebook上でフィールドワークを展開する場合にも、（潜在的）インフォーマントたちは、他のvenueにおける調査者に関する情報にもアクセスし、論理的存在、物理的存在としての調査者についての印象形成を行う可能性があることを、十分認識しておく必要がある。つまり、たとえ調査者の個人的アカウントだとしても、自らの多種多様なソーシャルメディアにおける活動、さらには、エゴサーチによる検索結果にも気を配ることで、調査者の論理的存在のみからも、（潜在的）インフォーマントたちが物理的存在まで含めた調査者に対する適切な印象形成を行い、ラポールが形成されやすいように、ネット上の自己をコントロールする必要がある。

　また、インフォーマントとコミュニケーションを行うvenueによって、どのような社会的手がかりをいかに利用するかも、調査者のスキルとして重要となる。とくに、言葉遣い、絵文字、顔文字、スタンプなどの非言語的表現、また、時間軸離散性のコントロールに留意することが不可欠である。まず、言語・非言語表現だが、電子メールであれば、比較的改まった表現で、顔文字等の利用は控えるのに対して、ＬＩＮＥでは相対的に砕けた表現と適切なスタンプ利用が求められやすい。もちろん、言葉遣い、顔文字等の利用は、関係の変化とともに、柔軟に対応する必要もある。

　さらに、オンラインコミュニケーションの場合、離散性のコントロールが柔軟であるがゆえに、相手の規範意識や相手との関係性を含め、venue毎に適切と考えられる範囲をたえず推測し、上手な距離感で、コミュニケーションを展開していくことが重要となる。例えば、インフォーマントからのメールに、すぐに返信すると、相手もすぐに返信しなければならない義務感、切迫感を与えてしまいかねない。他方、Twitterの場合には、タイムラインで埋もれない程度に、離散性をなるべく短くし、相手のタイミングに自らを合わせていくことが求められるだろう。素早く反応しないと、インフォーマントは応答しなくなってしまう可能性も高まる（Postill and Pink 2012）。

　もう1つ、本項で指摘し、共有しておくべきオンラインフィールドワーク型調査固有の困難さは、フィールドを「離れる」ことの難しさである。アナログ世界、オフラインでは、フィールドが一定の境界性を持ち、調査者（物理的存在＝論理的存在）は自社会を「離れ」てフィールドに「赴き」、フィールドを「離れ」て自社会に「戻る」。つまり、その物理的境界性により、時間軸、空間軸両軸において、フィールドワークは研究者の日常生活から隔てられた時空間を構成し、調査者がフィールドを離れれば、それは、インフォーマントたちとも離れることを意味する。

他方、オンラインエスノグラフィー調査の場合、調査者のフィールドへのアクセスは、自社会での日常生活における活動と連続した時空間の一部である。自らの研究室、自宅、外出先問わず、パソコン、タブレット、スマホなどで調査者は、自らの生活の一部として、オンラインにアクセスする。それは、インフォーマントにとっても同様だ。インフォーマントは、調査対象空間だけでなく、多様なvenueで、論理的存在としての調査者に、非干渉的にアクセスすることができる。しかも、それは調査期間だけに限らず、調査者が調査終了とみなして以降も継続する可能性がある。

すると、例えば、仲間意識の強いファンコミュニティを対象にした調査の場合、調査者がそのコミュニティに突然アクセスしなくなると、インフォーマントたちは、気になって調査者の論理的存在をオンラインに探し求めることもあり、インフォーマントによっては、研究のために利用されたといった感情を持つ可能性もある。

つまり、オンラインでは、地理的空間、非同期コミュニケーションが地理的制約、時間的制約を克服する可能性を広げるが、他方、非干渉的観察の機会まで含め、調査者とインフォーマントとの関係はより対称的となり、調査者は、「フィールド」を「離れる」という行為を意識的に、インフォーマントとの関係に細心の注意を払って行う必要がある。調査当初の説明を準備する際にも、終了時がどのような形になるかを想定し、インフォーマントたちに情報提供するとともに、区切りをつける際のコミュニケーション、さらに、終了後の距離の取り方、コンタクトの仕方を考えることが重要だ。

こうしたオンラインエスノグラフィー的調査に比すと、コミュニケーション生態系アプローチの場合には、物理的存在同士の関係性があり、上述のような社会的手がかり、関係形成のダイナミクス、どちらの面でも、従来のフィールドワークと大きくは異ならない。他方、コミュニケーション生態系的調査では、論理的存在としてのインフォーマントにアクセスすることがかえって難しくなる。前項で議論したように、論理的存在と物理的存在とは、互いに独立し、自律的側面があるが、インフォーマントとオフラインでラポールを形成するコミュニケーション生態系の場合、インフォーマントのオンラインでの行動は、オフラインとのつながりに限られ、自律的なオンラインのみの行動にまで踏み込むことは容易ではない。

また、多様なvenueにおける調査者の自己呈示の重要性は、コミュニケーション生態系でも変わらない。むしろ、Luptonが「デジタル社会学者」になることの不可避性を指摘していたように（第5章第1節）、インフォーマントによる非干渉型観察も含め、調査者とインフォーマントとの対称性の拡大・深化、調査者のオンラインにおける自己呈示にコントロールの重要性は、サイバーエスノグラフィーに関わる／関わらないを問わず、エスノグラフィーに携わる研究者すべてにとって必須の配慮事項であろう。

7-4　フィールドワークにおけるデータ収集法

7-4-1　観察、インタビュー、保存記録

人類学に限らず、広くフィールドワーク（フィールド調査）全般におけるデータ収集法は、大きく、(1)観察法、(2)インタビュー法、(3)保存記録（アーカイブ、ドキュメント）分析の3つに分けられ、それぞれに関して、方法論的区分の観点を整理すると、表7-3のようにまとめることができる。

これらは、従来のアナログオフライン空間での調査にもとづいているが、オンラインにおけるデータ収集法も、その方法論的区分の観点は同様である。「観察様態」についても、オンラインフィールドワーク型調査は「間接的」にならざるをえないが、コミュニケーション生態系型調査の場合には、「直接的」にオンラインを含んだ日常生活を観察することも多い。

ただし、オンラインとオフラインで決定的に異なるのが、時間・空間の多元性・柔軟性である。すでに議論したように、アナログオフライン空間でのフィールドワークにおいて、エスノグラフィー的調査における観察法、インタビュー法は、調査者と対象者とが「同時」「同所」であることが必然であった。それに対して、オンラインの場合には、エスノグラフィー的調査であったとしても、観察、インタビューの「同時性」「同所性」は必要とされない。保存記録である「ログ」と「観察」「インタビュー」との境界が曖昧となり、「非干渉型」調査の可能性が拡大する。

[8]　複数名を対象とした面接法は、一方の極として、司会者が議論の主題、流れを強くコントロールし、参加者がそれぞれ司会者の質問に答えていく「集団面接（グループ・インタビュー）」があり、他方の極に、予め設定された議論のテーマに焦点をあてるが、あくまで参加者同士の自発的、主体的なディスカッションが尊重され、進行役（モデレーター）は、焦点をあてるべきテーマからの逸脱を修正するなど、交通整理的役割に留まる「フォーカス・グループ・ディスカッション（FGD：focus group discussion）」がある。

表7-3　フィールドワークにおけるデータ収集法と方法論的区分の観点

データ収集法	方法論的区分観点			説明
観察法	観察様態	直接的（direct）		観察者が五感を介して直接的に観察する
		間接的（indirect）		観察者が、録音・録画機器、モニター機器、活動の痕跡などを介して観察する
	観察環境の統制	実験（experimental）		心理学実験のように人為的に変数を統制（コントロール）できる環境を作り、そこでの行動を観察する
		自然（natural）		路上観察のように人々が自然に行動している様子を観察する
	観察事象の選定	組織的（系統的）（systematic）		研究目的に沿って観察する事象・対象を予め選定しておく
		偶発的（incidental）		観察する事象・対象を予め選定せず、生起する事象を任意に観察する
	調査者ー対象者関係	反応型・干渉型	一方向的	対象者は観察されていることは認識しているが、観察は調査者側からのみの一方向的
			双方向的	観察対象者もまた調査者を観察し、双方向性が生じる場合
		非反応型・非干渉型		対象者が自ら観察対象であることを認識していない場合
インタビュー法	場所	限定		会議室などインタビューのための場所を用意
		非限定		会話が行われる日常生活のさまざまな場面
	調査者ー協力者関係	質問ー回答型		調査者が質問し、それに回答する形式
		会話（対話）型		回答者と調査者が（トピックについて）語り合う形式
		傾聴（聞き取り）型		回答者（たち）が自由に語る（話し合う）のを調査者が傾聴し、聞き取る形式
	構造化の程度	構造的（指示的）		質問、順序を予め規定する
		非構造的（非指示的）		質問、順序を予め規定しない
	協力者の数	個別		一対一で行う
		集団（グループ）		複数名を一箇所に集めて行う。「集団面接」と「フォーカス・グループ・ディスカッション」に分かれる[8]
保存記録分析	プライベート			私信、日記、メモ、家系図、組織内文書、写真、録音、ビデオなど
	パブリック			行政文書、新聞、雑誌、掲示、広告、ラジオ番組、テレビ番組、映画、グラフィティ、デジタルサイネージなど

さらに、マーケティング分野ではＭＲＯＣ（Market Research Online Community）と呼ばれるが、集団（グループ）インタビューの領域で、オンラインは、従来とは異なる調査を可能にする。つまり、一定の期間、複数の参加者たちに、オンラインにアクセスしてもらい、アンケート形式での回答、モデレータと参加者との一対一での会話、つぶやき、写真、動画、音声なども含めた情報提供、掲示板でのディスカッション、写真、動画、音声なども含めた情報共有、コミュニケーションなど、多様な要素を同時並行的に遂行できる調査方法が考案され、実践されている。こうしたオンラインでの多元的調査方法は、ＭＲＯＣという術語が示すように、マーケティング主導で、開拓されているが、ＨＥの観点からは、その方法論自体のメタレベルでの議論も含め、学術的に取り組む必要がある

7-4-2　インタビューの多元性

上述のように、フィールド調査全般におけるデータ収集法は3種類に分かれるが、ここでは、筆者自身の研究経験から、具体的な方法論として「インタビュー」について、できる限り明示的に掘り下げたい。「インタビュー」「面接」というと、会議室で机を挟んで調査者と回答者が対面し、質問と回答を繰り返すようなイメージ、読者によっては「採用面接」や「取り調べ」といった情景を想起するかもしれない。

たしかに、一般的な社会調査において、インタビューは、会議室やカフェなどの場所を用意したり、調査者が協力者のもとを訪ね、調査者が質問を行い、協力者が回答する形で進行するのが基本的である。しかし、調査者とインフォーマントのラポールにもとづき、日常的社会生活を対象とするエスノグラフィー調査の場合、「インタビュー」は、そのために状況を設定する（時間を約束して相手の家にいったり、場所を確保するなど）場合だけに限らず、「会話」が生じるあらゆる場面に生起する。例えば、参与観察を行いながら（作業しながら、歩きながら、立ち止まって、食事しながら等）雑談のように会話をする場合、井戸端会議のような場面で人々の話に耳を傾ける場合など、生活のさまざまな場面がインタビューの場となる。

つまり、参与観察では、「観察」と「インタビュー」は截然と区別されるものではなく、観察しながら会話し、質問したり聞き取りを行う、話しながら観察する。したがって、調査者とインフォーマントが、単純に質問－回答を行う（質問－回答型）だけではなく、漠然と雑談したり、あるトピックについて話し合ったり（会話（対話）型）、インフォーマント（たち）が自由に語る（話し合う）のに耳を傾け、聞き取る場合（傾聴（聞き取り）型）も多い。実際、エスノグラフィー調査では、

ラポールを形成し、調査者が日常生活に溶け込むことで、質問していいタイミングを学ぶ（逆に質問してはいけない場合も学ぶ）必要があり、何気ない会話が調査にとって重要なインタビューとなることも少なくない。

さらに、エスノグラフィー調査では、予断をもたず、インフォーマントの考え方、捉え方、表現の仕方を理解することが重要なため、質問の仕方は「非構造的（非指示的）」となる。構造的／非構造的（指示的／非指示的）（structured/unstructured [directive/non-directive]）というのは、排他的二者択一ではなく、表7-3に「構造化の程度」と示したように、質問項目と順序に関して事前にどこまで規定しておくかという連続的概念である。

最も構造的なのは、定量的アンケート調査において、調査員が質問と選択肢を順々に読み上げ、協力者の回答を書き取っていく場合である。調査票（質問と選択肢、その順番）はすでに決まっており、問1に「はい」であれば問2へ、「いいえ」であれば問3へといった形の分岐も規定されている。また、自由回答を求める質問でも、アンケート調査の場合には質問とそれに対する自由回答で完結するため、調査者は質問を読み上げ回答を書き取るだけで、その回答をもとにさらに質問などを展開はしない。

定性的インタビューにおいても、複数の場所（国際比較調査もある）で異なる複数の調査者がインタビューを実施するような場合には、得られるデータの質を揃えるため、質問の順番や分岐の仕方を予め細かく決めておくケースもある。ただし、定性的調査では、質問導出構造が大きく異なる。

「質問導出構造」をここでは、《テーマ（主題）》－《トピック》－（《サブトピック》－）《質問》という階層構造をもとに考えてみたい。インタビューにおける個々の質問は、それぞれが孤立しているわけではなく、《テーマ（主題）》－《トピック》－（《サブトピック》（さらなる下位分類））という階層的な枠組において、相互に関連し、位置づけられる。例えば、スマホという大きなテーマは、端末機種、利用アプリ、個別アプリの利用法、ガラケーとの違い、利用マナーといったトピックに分かれ、利用アプリであれば、アプリ情報の入手経路、アプリダウンロード、具体的なアプリ利用などにさらに分かれていく。そして、アプリダウンロードについて、具体的に、ダウンロード時の留意点（個人情報取得やウィルスの可能性など）、有料／無料、未利用／利用／削除、ジャンル毎（ゲーム、SNS、チャットなど）といった観点からのアプリ数や見解、有料アプリの金額や上限、等を個々の質問として訊くことが考えられる。

個々の質問は、基本的に《XはYである》《XはYする》といった形の命題により表現され、時間、場所、条件、理由、結果、程度、頻度、対比などの修飾要素と結びつき、より限定される。最も構造的な場合、質問項目は、基本的に、命題と修飾要素をすべて明示し、該当の有無、同意の程度などの回答を求める。つまり、「あなたはスマホのアプリをダウンロードするときに、アプリがアクセスする情報（個人情報にアクセスすること）を気にしますか」と質問することになる。

他方、定性的インタビューでは、命題の一部のみが明示され、他の部分が問いとなる。《XはYする》《XはYである》ではなく、《Xは何でしょう?》《Yするのは何ですか?》、《Aのとき、XがYする》ではなく、《Aのとき、Xはどうしますか?》《どういうときに、XはYしますか》といった形式となる。例えば、「スマホのアプリをダウンロードするときに、あなたは何か気にすることはありますか?」とたずねたり、さらには、「アプリの作動で気になる時はどういう時ですか」といった問いも考えられる。

最も非構造的なのは、テーマあるいはトピックについて漠然と話題を提示し、協力者が語るままに聞き取っていく形態である。「スマホをご利用ですよね?」あるいは「あなたはいまお持ちになっているのは何ですか」といった形で、テーマを提示し、協力者が話す方向に寄り添い、語りを引き出していく。協力者によっては端末機種について詳しく語ってくれる人もいるだろうし、アプリを自分で作っているといった話をしてくれる人もいるだろう。そもそも、「スマホ」「アプリ」といったカテゴリーを所与とせず、協力者がどういったカテゴリーを持っているのか、使うのかから積み上げていくことが望ましい。

ただし、エスノグラフィー調査におけるインタビューは非構造的形態を重んじるが、それだけで調査を進めることは難しい。さまざまな半構造的（semi-structured）形態を駆使することが必要であり、この要素は、協力者とのラポール形成力と並び、調査者のインタビュースキルとして最も重要な要素だと筆者は考える。

半構造的形態でも、構造化の程度が高い場合には、《テーマ（主題）》－《トピック》－（《サブトピック》－）《質問》の枠組にしたがい、質問項目、順序を決める一方、回答については、自由回答を主とし、調査者はその質問項目が位置づけられているサブトピックの範囲内で、さらに発展させるといった形態が考えられる。

例えば、「アプリをダウンロードするときに、あなたは何か気にすることはありますか?」とたずね、「アクセスする個人情報が気になります」と答えがあれば、「どういう点（時、場合）が気になるんですか？」といった方向で展開する。あるいは、「アプリの大きさと接続速度を気にする」といった答えであれば、「具体的にどういうことですか？」とさらに詳細に訊く。しかし、そうした話から「ネットの個人情報」や「接続の仕方」といった話題に変わりそうな場合には、話題をあくまで質問が位置づけられたサブトピックの範囲（この場合では、「アプリをダウンロードする際の留意点」）に戻すのである。

他方、エスノグラフィー調査の場合には、サブトピックの範囲から外れても、できる限り、協力者の話が進む方向に沿って展開することを心がける。エスノグラフィー調査でのインタビューが、開放的（open-ended）で、深層（in-depth）インタビューと呼ばれる所以である。

その過程で調査者は、上記の《テーマ（主題）》－《トピック》－（《サブトピック》－）《質問》という階層構造を意識し、話題がいまどこにあり、これからどのように展開するか（あるいは、協力者の話が一段落した際に、どこに話を持って行くか）を考えながら、インタビューを進めていく。さらに、協力者の話によっては、《テーマ（主題）》－《トピック》－（《サブトピック》－）《質問》の構造自体を組み換え、新たな構造などを発見する柔軟さも求められる。

例えば、個人情報の話からSNSで複数のアカウントを使い分けるといった話題に展開した場合、スマホ－アプリ－アプリダウンロード－ダウンロード時の留意点－個人情報の取得、という階層構造からは完全に離れ、インターネット－オンライン上の存在（論理的存在）－アカウント－複数性といった新たな階層構造をイメージする必要がある。その上で、話の展開を追いながら、切れのよいところでアプリの話題に戻るのか、さらに別なトピックに展開するかをインタビューしながら絶えず考え、判断する。

ここで重要なのは、テーマ、（サブ）トピック、質問を構成する概念は、それぞれの階層と組み合わせに固定されたものではなく、文脈によって、階層を自由に移動し、さまざまな概念と組み合わされうることである。上記例において、スマホはテーマに位置しているが、例えば、スマホ－機能－カーナビ（ソーシャルゲーム）という関係に対して、カーナビ－簡易型－スマホ、ゲーム－ソーシャルゲーム－端末－スマホといった階層関係もありうる。概念的知識は、このように、互いに相手の一部を包含するような柔軟性を持っており（このような知識構造を「スキーマ」[9]と呼ぶ）、協力者がどのようなスキーマで話しているのかに留意しながら、他のスキーマや階層構造との関係をイメージすることが、インタビューを豊かにする上で不可欠である。

7-5　質的／量的をいかに組み合わせるか
――HEにおけるMMの具体的展開法

前節の議論は、エスノグラフィー的調査を介してアクセスされるデータが、いかに異種的（heterogeneous）、多相的（multimodal）かを改めて示している。観察、インタビュー、保存記録といった異なる手法の多様なアプローチを駆使し、発話、テキスト、音声、画像、映像、身体動作、感情、認知など、多様な様相のデータが、エスノグラフィー調査の過程では、調査者に経験されることになる。

アナログ世界においては、こうした異種・多相データは質的であり、研究者がエスノグラフィーへと昇華させていくものであったが、本書がこれまで議論してきたように、デジタルネットワークにより、オンラインコミュニケーションに関する／を介したデータは、質的にも、量的にもアプローチすることができる対称性を獲得する。

そこで本節では、MMアプローチの議論をもとに、HEとして具体的に質的、量的アプローチをいかに組み合わせるかについて検討したい。第6章第1節で議論したように、MMは、調査遂行プロセスを、概念化⇩データ収集・分析⇩推論の3段階に分ける。さらに、この第1段階から第3段階を1つのまとまりを持ったプロセスとして捉えた場合が「連（strand）」と呼ばれ、定性の連と定量の連とを組み合わせる（複数の連からなる）デザイン（multistrand（複連）デザイン）と、1つの連で定性と定量を組み合わせるデザイン（monostrand（単連）デザイン）が区別される。

MMの議論では、こうしたデザインの分類自体を含め、多様な議論が展開されているが、HEの観点から、まず複連デザインの場合、質的研究と量的研究の組合せ方（「（リサーチ）デザイン」）は、大きく次の3つのベクトルに分けることができる。

（1）並行デザイン（Parallel design, Concurrent design）：量的、質的アプローチを並行的に行う。

（2）継起デザイン（Sequential designs）：どちらかを先行させ、それを受けてもう一方を行う。

（3）多層デザイン（Multilevel mixed designs）：生徒、教室、学校、地域のようにいくつかの層で、異なる手法を用いて組み合わせる。

［9］ スキーマは知識構造の仕組みに関する認知科学における理論の1つ。認知言語学における理論については、例えば、松本（2003）を参照。ここでは詳述する余地はないが、そして特性の1つとして、本文で言及した、相互埋め込み性（inter-embeddedness）がある。

並行デザインだが、例えば、スマホ利用に関する調査を行うため、1つの調査チームがアンケート調査を立案し実施する一方、別な調査チームが少数の協力者を対象として、行動観察や深層インタビューを行い、両者のデータ分析結果をつき合わせて、議論を行うといったリサーチデザインである。これは、量的アプローチと質的アプローチによる「トライアンギュレーション（triangulation、三角測量法）」でもあり、異なる視点から調査対象をみることで、立体的に事象を捉えることを意図することになる。

継起デザインは、質的から量的、量的から質的への展開である。前者の場合、例えば、スマホとは生活者にとってどのようなものか、いかなる目的、効用が認識されているかを、グループインタビューや深層インタビューにより探索し、その分析からいくつかの仮説を形成して、社会調査を設計、実施することで検証を試みる（本書第9章がこのデザインを基本枠組としている）。他方、後者の場合、社会調査を実施し、その結果、確認されたいくつかの類型（例えば、スマホ利用の仕方の類型）があり、それらの類型毎にあてはまる協力者を募り、さらに質的調査を実施することで、その類型についての理解を深めようとする。Creswell and Clark（2011）は、前者の質的⇩量的を「探究的デザイン（Exploratory Design）」、後者の量的⇩質的を「説明的デザイン（Explanatory Design）」と呼ぶ。

多層デザインというのは、例えば、中学生における携帯電話利用と親の意識について、まず、都道府県単位で中学生の携帯電話利用の概要を量的調査する。その上で個別的な質的調査を行う必要性を認識し、いずれかの平均的な都道府県を選び、その中で学区をランダムサンプリングで選定して、その学区の中で、一定の特徴を持った学校において質的調査を行う、といったケースである。つまり、量的アプローチ、質的アプローチを対象の大きさによって組み合わせるリサーチデザインを考えることができる。

単連デザインを考えると、概念化⇩データ収集・分析⇩推論のプロセスで、第2段階《データ収集・分析》における組み合わせが鍵となる。厚い記述を行うためには、第2段階で質的データが必要となり、仮説検証を行うためには、第2段階で量的データが不可欠である。しかし、厚い記述が量的データを、仮説検証が質的データを排除する必然性もまたない。したがって、調査遂行プロセスの第2段階で、質的データ分析、量的データ分析を相補的あるいは融合的に用いることができる可能性がある。

実際、上記、並行、継起、多層デザインは、第2段階に組み込むことができる。つまり、全体として1つの仮説・理論生成的、あるいは、仮説検証的研究があり、そのデータ収集・分析段階において、質的観察と実験観察を組み合わせる〈並行〉[10]、スクリーニングのウェブアンケートを行い、その中から類型毎に何人かを抽出しグループインタビューする〈継起〉、全国調査から地域を選択し、一定の基準で協力者を選び深層インタビューする〈多層〉といったリサーチデザインは容易に考えられるし、第Ⅱ部で見るように、筆者の研究でも実践されている。

さらに、経験的遂行段階での質的、量的の組合せ方法として、次の2つを加えることができる。

（4）埋込デザイン（Embedded designs）：量的（質的）データ収集・分析過程に質的（量的）アプローチを組み込む。

（5）変換デザイン（Conversion designs）：量的データの質化（qualitization）、質的データの量化（quantitization）を行う。

埋込デザインとは、基本的には質的調査を行う過程で、調査対象者たちへの質問票調査を組み込む場合や、量的調査を行いながら、ランダムに選んだ何人かのインフォーマントに、より詳細な聞き取り、質的データ（例えば、写真を撮ってもらう、ＳＮＳの「フレンド」について人数だけではなく個々の関係について詳細を話してもらう）の提供を求める場合を挙げることができる。

変換デザインの1つの典型は、質的データであるドキュメント、写真などについて、文書の場合であれば語句の出現頻度や他の語句との共起関係、写真であれば、被写体や構図などを分類し、その出現頻度や共起関係をデータとして取り出し、分析する場合である。

この変換デザインこそ、ＮＣ研究に伴い拡大したものである。従来のアナログ世界において、変換デザインは容易ではなかった。それは、質的データ、量的データはそれぞれ独立しており、互換性がなかったからである。だが、ＮＣ研究では、例えば、インフォーマントのTwitter利用、ツィートのやりとりについて文脈に沿って詳しく聞き取りを行った上で、許諾を得てアカウントにアクセスし、収集したツィートをもとに、計量テキスト分析やフォロー・フォロワーとのネットワーク分析を行うことを容易に行うことができる。

つまり、ＮＣ研究は、常にハイブリッドメソッドに開かれている必要がある。むしろ、今後、オンライン空間自体がより一

[10] 以下、本書では、〈並行〉〈継起〉〈多層〉〈埋込〉〈変換〉と、〈 〉で囲んだ場合には、ＭＭアプローチでのリサーチデザインを指すことにする。

層自律性を持って拡大していくとすれば、上記5つのデザインを越えた質的・量的を組み合わせる方法を開発、発展させることがハイブリッドメソッドに求められることになるだろう。

さて、これら5つは相互に排他的というわけではない。〈並行〉、〈継起〉は時間軸上の区分で、1つの調査研究プロジェクトではどちらか一方のデザインをとることが多いが、両者が併存する場合もある。〈多層〉は地理空間上の区分であり、時間軸では〈並行〉の場合も〈継起〉の場合もありうる。そして、〈並行〉〈継起〉〈多層〉がプロジェクト全体をまとめて指すのに対して、〈変換〉と〈埋込〉は調査を構成する一要素ないし一側面であり、いずれのプロジェクトにも組み込まれうる。第8章では、筆者のデジタルネイティブを対象にした調査を例に、本節でのアプローチを具体的に展開することにしたい。

7-6　HEが展開される空間

7-6-1　NC研究の多層性・多元性

第一部の最後として、サイバーエスノグラフィー、HEが具体的な調査研究を展開する空間がどのようなものかを概括的に考えてみたい。もちろん、さまざまな専門領域が関わり、多彩なアプローチが交差する、学際的、複合的でダイナミックな領域であるNC研究を、網羅的に捉えることなど能うべくもないが、具体的な利用調査データにもとづく実証的調査研究という観点から、ここでは2つの俯瞰する観点を紹介したい。

まず、個人-二者関係-集団-文化・社会というミクロからマクロの異なる水準として捉える枠組である。Baym（2010）は主としてオンラインにおける対人間コミュニケーション研究の観点から、個人-二者関係-集団という水準を区分しているが、三浦他（2008）は、社会心理学からのインターネットへのアプローチ全般に関して、個人-二者関係-集団に、文化・社会のレベルを加え議論している。

NC研究に関し、上記4水準を区分すれば、（1）NCにおける言葉遣い、語用の特徴、孤独感、ソーシャルスキル、など個人の意識、態度、行動様式・規範などとの関係、（2）対人間コミュニケーションとそこでの関係性に焦点をあて、関係形成、維持、発展、終焉やそこでの関与者たちの行動、態度、意識などを研究する水準、（3）組織コミュニケーション研究も含まれるが、三者以上からなるグループにおける成極化、課題遂行などのダイナミクス、オンラインコミュニティ、（4）文化、社会といったマクロレベルでのコミュニケーション、対人関係形成、ネットワーク利用などの特性に焦点をあてる場合と、研究対象とするレベルを区分することができる。

他方、Herring（2007）が提起したCMC分析のファセット分類（faceted classification）は、社会言語学の観点からNC研究の包括的な枠組を模索した試みと考えることができる。Herringは、社会言語学分野におけるCMC研究第一人者に数えられ、社会言語学的CMC分析をCMD（computer-mediated discourse、コンピュータ媒介ディスコース）分析と呼ぶ。Herringによれば、社会言語学的CMC研究では、まず1990年代、CMDを単一の「ジャンル（コミュニケーションタイプ）」と見なし、オンラインでの言語表現にグローバルな一種の"Netspeak"（Crystal 2001）が生成しつつあるとの見解にもとづく議論が行われた。その後、1990年代半ば以降、インターネットの普及に伴い、CMDのジャンルには、メーリングリスト、ニューズグループ、チャット、MUDなど異なるコミュニケーションの種類に分かれ、それぞれについてその言語的特性を明らかにする方向へと大きく転換したという。

ただし、「ジャンル」分析は、何をジャンルと見なすかについて必ずしも明確ではなく、インターネットで普及し名づけられた特定のサービスモデルに左右され、抽象度も定まらない。そこで、任意のCMDを定位しうる外形的属性分類の枠組を構成することをHerringは試みる。

まず、CMDは、「媒体（medium）」（技術的要因）と「状況（situation）」（社会的要因）という2つの大きな枠組により分類しうる。この技術的要因と社会的要因はどちらが強いと予め理論的に措定されるものではない。経験的分析を通して異なる文脈毎に相対的強さは見いだされる必要があるとする。

媒体を構成する重要なファセットとしてHerringは次の10をあげる。

1 Synchronicity（同期性）

2 Message transmission（1-way vs. 2-way）（メッセージ伝達（一方向か双方向か））：タイピングしている1文字毎に相手に送信され、文章をタイピングしている途中で互いにフィードバックできる場合が双方向、文章を入力し終わり、送信しないと相手に伝送されない（入力途中互いにフィードバックできない）のを一方向と規定

3 Persistence of transcript（転写持続性）：受信されたメッセージがどの程度の期間消えずに残るか。電子メールなどは通常保存していれば消えない。チャットではとくに何もしなければ、メッセージはしばらくすると消えていく。

4 Size of message buffer（メッセージ許容量）：1メッセージあたりに割り当てられる最大文字量。例えばSMS（携帯電話のショートメッセージサービス）は160字。

5 Channels of communication（コミュニケーションチャ

表7-4　HerringによるＣＭＤに関する「状況(社会的要因)」のファセット分類(適宜抜粋)

ファセット	要素
Participation structure (参加構造)	・一対一、一対多、多対多 ・パブリック／プライベート（不特定多数に公開されたものか否か） ・匿名性／仮名性の程度 ・集団規模、活動的参加者数 ・参加の量・割合・バランス（参加者が比較的均等に発言するか、一部が支配的か）
Participant characteristics (参加者属性)	・人口学的属性：性、年齢、職業など ・習熟度：言語、コンピュータ、ＣＭＣに関する ・経験：話相手、グループ、主題に関する ・役割／地位：「現実世界」、オンラインペルソナ ・既存の社会文化的知識、交流規範 ・態度、信念、イデオロギー、動機
Purpose (目的)	・グループ自体の目的：専門、社交、ファンタジー／ロールプレイング、美的、実験的など ・（具体的な）交流の目的：情報収集、合意形成、専門／社交関係の形成、他者に強い印象を与える／他者を楽しませる、娯楽など
Topic or Theme (主題・テーマ)	・グループとしての（適切な）主題・テーマ ・（具体的な）意見交換・交流における主題・テーマ
Tone (調子)	・真剣な／おどけた ・フォーマル／カジュアル ・論争的／友好的 ・協力的／冷笑的
Activity (活動)	・ディスコースを手段として追求される交流目的：ディベート、求人広告、情報交換、社交辞令、ふざけあい、ゲーム、芝居がかった演技、戯れ、ヴァーチュアルセックスなど
Norms (規範・規則)	・組織的規則：グループの運営、設定に関する規則 ・社会的適切性の規範：ネチケットやFAQで記述されるような行動規範 ・言語的規範：その場で適切な短縮形、頭字語、仲間内の冗談など
Code (コード)	・（使用される）言語、言語変種（方言、言語使用域など） ・フォント、書記法

ンネル）：文字、画像、動画、音声など伝達される情報の様相

6　Anonymous messaging（匿名でのメッセージのやりとり）：機能の有無、程度

7　Private messaging（個別のメッセージのやりとり）：機能の有無、程度

8　Filtering（フィルタリング）：迷惑メール、特定のアドレスからのアクセス禁止などの指定

9　Quoting（引用）：従前のメッセージをどの程度まで引用できるか

10　Message format（メッセージ形式）：個々のメッセージが端末（ディスプレー）でどのように表示されるか。インターフェイスのあり方

状況に関しては、次の表7-4のように、大きく7つのファセットと下位区分に分けられる。

7-6-2　NC研究の重層的空間

個人-二者関係-集団-文化・社会の4水準区分やHerringのCMD枠組は、NC研究がいかに多層的、多元的、複合的であるかを示している。しかし、4水準区分は、CMDで言えば参加構造と参加属性だけに関係しており、具体的な研究主題を含んではいない。

他方、具体的な研究主題を外形的に分類しようとするCMDは、社会言語学が基盤となっているため、研究対象となる言語表現を生み出す技術的要素、言語表現を分析的に捉える概念（主題・テーマ、調子、コードなど）、言語表現を分析するための社会的要素（参加構造、参加者属性、目的、活動、規範・規則など）に限定されている。そこで、前項の2つの観点を参照しながら、他の研究アプローチも視野に入れて整理したのが表7-5である。

NC研究の第一義的研究対象が「コミュニケーション」（情報・意思伝達）にあることはいうまでもない。そして、それぞれの専門領域は、各々の関心に応じたコミュニケーションの側面にアプローチする。例えば、社会言語学系であれば言語表現に関連した要素、社会心理学系であれば没個人化や非抑制的など社会心理的側面、ネットワーク科学系であれば、ノード（論理的存在やデータ・コンテンツ）間のリンク形状や方向性に関心を持つだろう。Herringの枠組では、「主題・テーマ」、「調子」、「コード」、「言語的規範」は、コミュニケーション（情報・意思伝達）に直接関係した社会言語学的関心を示していると考えることができる。

また、NCが、アナログ世界のオフラインコミュニケーショ

表7-5　NC研究を構成する次元と要素

次元		要素
ヒト（論理的存在・物理的存在）と文脈	ミクロ－マクロ	個人－二者関係－集団－文化・社会の４水準区分
	属性	物理的存在、論理的存在の属性
	利用文脈	個別的文脈、社会的（政治的、経済的、文化的）文脈
	社会的関係	物理的存在同士、論理的存在同士の社会的関係性（既知／未知、血縁、友人、知人、地縁、組織縁、電縁、地理的／心理的距離など）
	効果・影響・結果	ＮＣを行ったことによる効果、影響、結果
コミュニケーション	情報・意思伝達	（データ・コンテンツを媒介とした）論理的存在間、論理的存在とデータ・コンテンツ間のコミュニケーション
	参加構造	参加人数、頻度、発言分布、個人の識別程度、公開の度合
端末		ヒトとネットワークのインターフェイス。端末自体のサイズ、ユーザインターフェイスなどもＮＣを左右する
ネットワーク	データ・コンテンツ	ネットワーク上に存在するデータ、コンテンツ。論理的存在の活動とアルゴリズムにより再帰的に増殖する。
	機能	ネットワークで提供される機能。端末側、ネットワーク側、それぞれでハード・ソフトの開発、実装が必要。そうした機能をどのような主体が開発提供するか、機能の利用／非利用もＮＣに大きな影響を与える。
	インフラ	情報通信ネットワークのハードインフラ全般。情報通信インフラは、国家にとって枢要であることから、情報ネットワークの構築と運用は、様々な法制度、規制、政策、経済的要因に左右される。

ンと大きく異なる点は、「情報・意思伝達」が、メッセージのやりとりだけに留まらず、ソーシャルメディアを中心に、コメント、トラックバック、タグ付け、「いいね」、フレンド関係のなどの形態における情報・意思伝達も含むことである。Herringの枠組には明示されていないが、こうした情報・意思伝達もまた重要な研究対象の一部となる。

さらに、「参加構造」に関するデータが比較的容易に取得可能であり、「匿名／仮名／顕名」、「公開／非公開」というオフラインでは一般的とはいえない要素が大きな役割を果たす。この「参加構造」は、社会言語学的アプローチに限らず、NC研究全般にとって、重要な要素と考えることができる。

もちろん、NC研究は、狭義の「コミュニケーション」だけに留まるものではない。一方では、行為者（物理的存在、論理的存在）の属性、コミュニケーションを行う際の感情、思考、コミュニケーションが起きる社会的文脈（例えば、組織コミュニケーションなのか、カジュアルな個人間コミュニケーションなのか）など、そのコミュニケーションを担うヒトと生起する文脈を考慮に入れ、コミュニケーションとの関係を探究する必要があり、他方で、コミュニケーションを可能にするさまざまな技術的要素（端末、ネットワーク）を視野に含む必要性もある。

このような観点からみれば、個人－二者関係－集団－文化・社会の4水準区分は、それぞれの調査研究において、「ヒトと文脈」をどのように捉えるかを基本的に規定する枠組であり、どの水準に焦点をあてるかにより、「属性」、「利用文脈」、「社会的関係」、「（コミュニケーションの）効果・影響・結果」という4つのカテゴリーにおいて対象とする要素もまた異なってくると考えることができる。

「属性」はHerringの「参加者属性」に対応しており、あるヒト、集団に帰属する性質と考え得る要素から成り立つ。個人に焦点をあてた社会心理学的研究であれば、「パーソナリティ」なども入るだろうし、集団に焦点をあてた組織コミュニケーション研究であれば、組織における立場（職位や職能などによく区別）も重要な要素となる。

「利用文脈」は、行為者がコミュニケーションを行う際の動機、感情、思考など個別的な文脈と、コミュニケーション行為そのものを制約し、意味づけ、組織立てる社会的文脈から成り立つ。Herringの状況（社会的要因）に関する分類枠組には個別的文脈はとくに項目立てされていないが、「目的」、「活動」は、コミュニケーション行為を意味づける社会的文脈、「規範・規則（言語的規則は除く）」は、組織立てる社会的文脈とみなすことができる。「制約」というのは、「パケット従量制（定額制ではない）」で使いすぎを抑制されるといった経済的制約や、独裁政権によるインターネット規制・監視における利用といった政治的制約をここでは意味している。

仲間内の悪ふざけのつもりで、不適切な写真をTwitterに掲載し、そうした不適切投稿を注視し投稿者の物理的存在を特定して、晒しものにしようとする第三者（「自警団」と呼ばれることもある）の目にとまり炎上するといった事象を考えると、個人（投稿者自身、「自警」する人自身）、二者関係（友だちとふざけて投稿するに至る過程）、集団（投稿者のオンライン、オフラインの友人関係や「自警団」）、それぞれのレベルで利用文脈があり、さらには、こうした事象自体が生み出される社会文化的環境という「社会的文脈」もまた研究対象となりうるだろう。

第三の「社会的関係」は、Herringの枠組にはない要素だが、（社会的）ネットワーク分析の観点からは重要である。「属性」のように個人に帰属させるのではなく、社会的関係は、相手とのペア関係において成立する要素であり、基本的に二者関係を基盤とするが、集団における社会的関係の種類や分布、文化社会毎の社会的関係の特徴なども含まれる。本書では、第8章において、相手との心理的距離とコミュニケーション行動との関係が中心的主題の1つとなる。

最後の「効果・影響・結果」だが、Herringは、「目的」「活動」という形で、ＮＣを意味づける文脈の側面でカテゴリー化しているのに対して、情報収集、意見交換、娯楽、気晴らし、社交などは、時間軸の観点から「効用」「効果」の側面でもまた捉えることができる。さらに、短期的な課題遂行への影響、インターネット中毒のようなメンタルヘルス（主として個人のレベル）、第2章第5節でＳＩＰについて議論したような中長期的な人間関係の形成の視点（主として二者関係）や、社会的関係資本とＮＣとの関係（主として、集団、文化社会）など、効果、影響、結果は、ＮＣ研究にとって重要な構成要素である。

さて、ここまで、コミュニケーションの次元、コミュニケーション行為者と文脈の次元について検討してきたが、Herringがあげた10の技術的要因は、表7-5の枠組における端末と機能にあてはまる。ネットワークに実装される機能、端末の対応、端末自体の特性（サイズ、可搬性、ユーザインターフェイスなど）が重要であることはいうまでもない。だが、先ほども述べたように、ソーシャルメディアを中心に、コメント、トラックバック、タグ付け、「いいね」、フレンド関係など、オープン性とハイパーリンク性を活かした、論理的存在、データ、コンテンツ相互の結びつきと、さらに検索やデータマイニングによる再帰的に増殖するつながりの創出もＮＣ理解には不可欠である。したがって、そうした「データ・コンテンツ」は独立したカテゴリーとして区分されるべきと考える。

また、いかなるネットワークインフラが、どのように構築されるかは、政治経済的状況により国・地域毎に大きく異なり、構築されたインフラも各種規制を受けるため、利用料金や利用可能サービスにも差異が生じる。例えば、日本では、携帯電話の３Ｇ回線を利用したインターネット接続が２０００年代初頭から広く普及したが、欧米では一般に広く普及するのはスマホ登場以降である。日本の携帯電話が、従来型の端末に多様な機能を盛り込んだ「ガラパゴスケータイ」として進化したのは、このタイムラグ（あるいは、欧米圏の低機能携帯からスマホへの蛙跳び）によるのだが、これには、３Ｇ用周波数帯を競売するか否かという政治的判断や携帯機器製造事業者と携帯通信サービス事業者との関係に関する規制など、複数の政治的要因が関与している。

さらには、アラブの春における独裁政権による国外とのインターネット網切断と電話回線によるゲリラ的ネット接続による対抗の例に見られるように、インフラを誰がどのようにコントロールするかが、いかなるNCが利用可能かを直接左右する場合もある。このように、政治学や国際関係論の観点からNCにアプローチする場合には、インフラのあり方を考慮に入れる必要が生じる。こうしたネットワーク自体の水準では、サイバー戦争、ビットコインなどの仮装通貨、ロボット・AIの発展に伴う、ヒト、社会とコンピュータ、コンピュータ間のコミュニケーションもまた、大きな研究領域となりつつある。

このようにNC研究は広大な沃野であり、今後も拡張していくことになるだろう。本書は、「日常生活における個人間NCについてのエスノグラフィー調査研究法」と、守備範囲を限定したうえで、HEの方法論的基礎を検討してきた。第8章から第10章は、筆者自身のHEへの取り組みを紹介するが、それも限定的な枠組みの中に留まるものである。しかし、定性／定量、干渉／非干渉の対称性、ネットワーク科学とエスノグラフィーの接合、アブダクションとヒューリスティックスの重要性など、HEという方法論の中核は、広大なNC研究においても有効であり、必要な方法論であろう。

II

ハイブリッドエスノグラフィーの実践

第８章　ＶＡＰ（Virtual Anthropology Project）
――ソーシャルメディア利用の日米デジタルネイティブ比較

８―１　ＶＡＰ（Virtual Anthropology Project）とデジタルネイティブ研究

８―１―１　ＶＡＰ（Virtual Anthropology Project）

ＶＡＰ（Virtual Anthropology Project、ヴァーチュアル人類学プロジェクト）（以下、本章では、「ＶＡＰ」と表記する）は、具体的な調査研究を立案、実施することを介して、本書で展開してきたＨＥ方法論を発展させる基礎付け作業を行うとともに、情報ネットワーク社会としての日本社会のあり方を分析することを目的として筆者が２００７年度から取り組んできたプロジェクトである。

表8-1　ＶＡＰ調査の概要

	ＶＡＰ－Ⅰ		ＶＡＰ－Ⅱ		ＶＡＰ－Ⅲ		ＶＡＰ－Ⅳ		ＶＡＰ－Ⅴ		定性調査協力者累積計		
	2007年12～2009年１月		2009年11～2010年１月		2010年12～2011年１月		2011年12～2012年２月		2012年12～2013年２月				
調査実施地域	東京圏		東京圏		東京圏＋長野県		東京圏		アメリカ北東部				
性別	女	男	女	男	女	男	女	男	女	男	女	男	合計
社会人（20～70代）	8	8									8	8	16
社会人（19～30歳）					9	6		5	2	1	11	12	23
大学院生									1		1		1
大学生	23	4	9	1	13	8	10	4	8	4	63	21	84
高校生		2			11	7	1		1		13	9	22
中学生					1	1					1	1	2
合計	31	14	9	1	34	22	11	9	12	5	97	51	148

HE方法論の開発と実践であるVAPは、VAP-IからVAP-Vまで、5次にわたり、延べ150人近いインフォーマントの協力を得た（表8-1）。まずVAP-Iでは、50代から70代5人、40代5人、30代5人、10代・20代30人（合計45人）と、青少年中心だが、幅広い年代を対象として試行的に取り組んだ[1]。それは日本社会における情報ネットワーク利用をできる限り包括的に把握することを志向したからである。しかし、若年層から熟年層までを等しく綿密に調査することは、実際的に困難であった。そこで、第2次調査（VAP-II）以降、デジタルネイティブ論の観点から10代、20代を中心とし、日米比較を含めた調査研究を行った。

8-1-2　「デジタルネイティブ」論と「デジタルネイティブ」概念の脆弱性

「デジタルネイティブ」とは、幼少期からデジタル技術に本格的に接した世代のことで、およそ1980年前後以降に生まれたものを指す。80年代から90年代前半、パソコン、パソコン通信、インターネット接続に関する技術開発が進展し、冷戦終焉後の「IT革命」が準備された。日本社会で考えれば、この時期、パソコン（1982年からNEC98シリーズ）やパソコン通信（1986年NECがPC-VAN、富士通・日商岩井がニフティサーブの運用開始）が普及した時期である。ただし、こうしたコンピュータ、デジタルネットワークの普及は大企業に限定され、デジタル技術の社会（特に青少年）への浸透はゲーム機が中心だったといってよいだろう。任天堂の「ファミリーコンピュータ」（ファミコン）が1983年に発売され、そのソフトである「スーパーマリオブラザーズ」（1985年リリース）が一般家庭への普及を促進した。

つまり、1980年前後生まれの世代は、幼少期にコンピュータゲームに触れ、中高生（1990年代半ば）でポケベル、PHSなどの移動体通信を経験し、大学（1990年代後半）でメールアドレスを割り当てられ、就職活動にインターネット利用が不可欠となり始めた世代である。このような、幼少期から青年期にかけて、デジタル技術、ネットワーク技術の社会的

[1]　VAP-Iでは、方法論的基礎の検討と社会人を対象にした調査について、科学研究費助成研究「サイバー・エスノグラフィーの方法論的基礎に関する調査研究」（2007−2009年度科学研究費助成研究・基盤研究（C））、大学生を中心とした青少年の調査研究について、国際コミュニケーション基金（現KDDI財団）研究助成「エスノグラフィーにもとづく情報行動研究」の研究助成を得て行われた。

普及とともに育った世代を「デジタルネイティブ」と呼び、それ以前のアナログ世代、アナログ世界で育ち、デジタル世界に移住した「デジタル移民」と対照させる議論が２０００年代に入り脚光を浴びた。

「デジタルネイティブ」論自体に関する立ち入った議論は、本書では行わないが、「デジタルネイティブ」という概念は慎重に議論しなければ、表層的な世代論に陥る危険性があることは読者とともに確認しておきたい。Thomas ed.（2011）*Deconstructing Digital Natives* は、教育学研究者を中心に、その書名の通り「デジタルネイティブ」という概念を強く批判的に検討している。例えば Bennett ら（Bennett and Maton 2011）は、「デジタルネイティブ」概念そのものを、「若者たちのスキルと興味を理想化し、均質なものと捉え、若者の技術利用を誤解したもの」（ibid.: 181）と厳しく指摘し、こうした単純化した若者論は、典型的な「モラルパニック」だと分析する。詳細は省くが、デジタルネイティブ論の脆弱性は以下のようにまとめることができるだろう。

デジタルネイティブ論は、次の２つの主張を基本的な骨格ないし前提としたものであると特徴づけられる。

1. デジタルネイティブ世代の若者たちはＩＣＴに関して、高度で洗練された知識とスキルを有している。
2. テクノロジーに囲まれ、経験して育った結果、デジタルネイティブたちは、それ以前の世代とは異なった、その世代特有の学習選好ないし学習スタイルを持っている。

ところが、これら２つの主張は、理論的にも、実証的にも、十分に論証されていない。まず、青少年におけるＩＣＴ利用に関する実証的研究は、ＩＣＴに関する知識、スキルに関して、いわゆる「デジタルネイティブ」世代は一様ではなく、個人間の差異が大きいことを明らかにしている。高度に使いこなす青少年はいるが、知識・スキルが低い場合も多い。

さらに、そうした差異は、社会経済的地位、文化・民族的背景、性別、学科・専門などにより異なる可能性が観察されている。デジタルネイティブ論は、「生まれつきデジタル」な時代の青少年があたかもすべて同様に前世代と異なっているかのような議論を展開することにより、こうした多様性、差異、それと結びつく社会的問題を視界から隠してしまうことになる。

また、複数タスク同時並行処理、高度な視覚処理、ビジュアル表現、双方向性の選好といった知識、情報への接し方、学習スタイルの根底的変化についても、それがデジタルネイティブ世代に特有の現象であるかは論拠に乏しく、また、そうした情報処理、選好が、学習にとってよいものであるか否かは議論の余地が大きい。例えば、「ながら学習」は「メディアマルチタスク」として学習環境に深く浸透しているが、Ophirらの"media multitasking index"に関する研究は、高マルチタスカーの方が関係ない刺激で気が逸れやすく、タスク切り替えが効率的ではないことを示している（Ophir et al. 2009）。複数の刺激を同時並行処理すると、刺激が認知処理能力を越え、過剰負荷になり、集中力が低下する弊害があるとも考えられる。

　このように、デジタルネイティブ論は、その主張の論拠が脆弱であり、理論的枠組みとしても曖昧である。その主要な論拠は、印象的なエピソード、先駆的とされる学生の挿話的記述、「ＩＴ革命」といったディスコースにより生み出される急速な社会的変化認識に整合的な青少年変化像の提示であり、十分な実証的データにもとづいてはいない。また、デジタルネイティブ世代と前世代との差異を強調するために、世代内の差異に無関心であり、日常生活におけるＩＣＴ利用と学習環境におけるそれとを無批判に同一視する傾向がある。

　このように、「デジタルネイティブ」という概念は、学術研究において相当脆弱といわざるをえない。２００６年から"Digital Natives project"に取り組み、*Born Digital*（Gasser and Palfrey 2008）を著しているハーバード法科大学院バークマン研究センターのPalfreyとGasserは、Thomas編著（Thomas ed. 2011）に寄稿した論考（Palfrey and Gasser 2011）において、「デジタルネイティブ」を「厄介な術語（awkward term）」と認め、「多くの人々、実際、私たちの知っているほとんどの研究者たちは、この術語を好ましいとは全く思っておらず、この術語を使うことは益よりも害が大きいと強く感じている」（ibid.: 36）と述べる。

　ただ、彼らはそれにもかかわらず、「デジタルネイティブ」という術語を用いることに意義があると主張する。それは、一般社会で、問題ある意味合いを含めて広く用いられており、研究者はこの概念をより適切な形で議論し、一般社会にも働きかける必要があるのではないかという問題意識にもとづいている。そこで彼らは、全員が同じように行動し、考える「世代」を議論するのではなく、「デジタルネイティブ」という語により、潜在的にきわめて洗練された「（デジタル）実践」を行う若年層の「部分集合」に焦点を当てることを提唱する。そうした若者たちが、情報、技術、その相互にどのような関係を持つのか、そうした彼の実践から生じる問題とともに、創造性、学習、起業家精神（進取の気性）、イノベーションの新たな可能性の研究として「デジタルネイティブ」研究を捉え返している。

8-1-3　日本社会において「デジタルネイティブ」研究の持つ意味

ＶＡＰは、デジタルネイティブという概念がその脆弱性を含め広く人口に膾炙しており、学術的研究がより適切な議論を喚起する役割があるのではないかという彼らの問題意識を共有している。他方、一部の先進的利用者に焦点をあてるのではなく、情報ネットワーク社会として日本社会を考える場合には、「デジタルネイティブ」という語には学術的に積極的意味があり、重要な戦略的概念だと考えるのが、ＶＡＰの主張である。

図8-1をみていただきたい。これは、１９８０年生以降（＝デジタルネイティブ）が、総人口に占める割合を世界全体、アメリカ、中国、日本について２０００年から5年毎にみたものである（国連人口中位推計にもとづく）。世界全体でみると、２０１０年には、すでにデジタルネイティブは過半数を越え、本書が刊行される時点では6割程度に達している。米中もそれぞれほぼ半数に達していると推計される。

つまり、世界全体でみると「デジタルネイティブ」を「新興世代」として議論すること自体、もはや意味をなさない。図8-2に示したように、人口の年齢中央値（ある集団を最年長から最年少まで順番に並べ、ちょうど真ん中に位置する人の年齢）は、世界全体でみるとようやく30歳、すなわち、地球上の

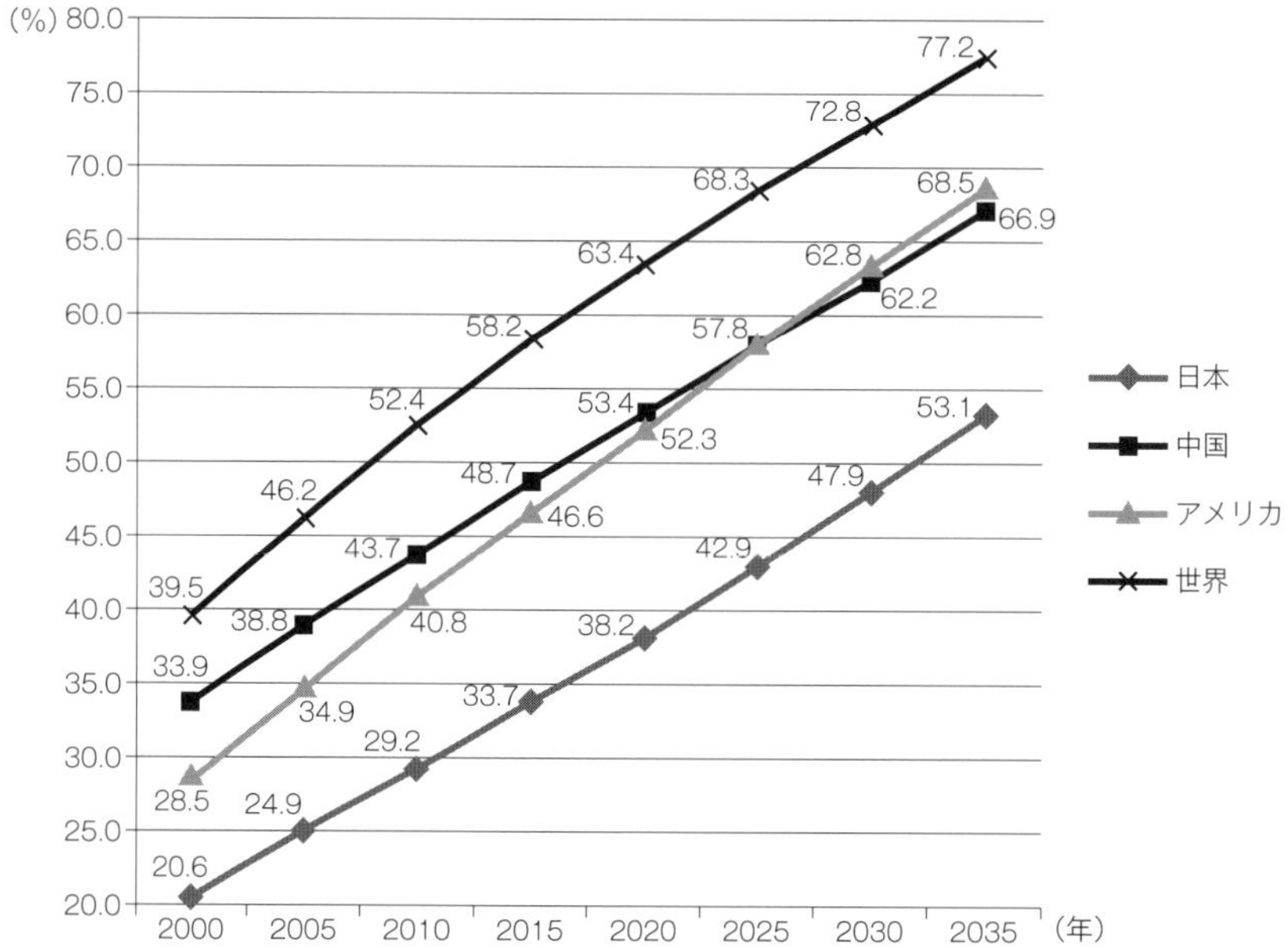

図8-1　デジタルネイティブの総人口に占める割合の推移（日中米・世界、データ：国連）

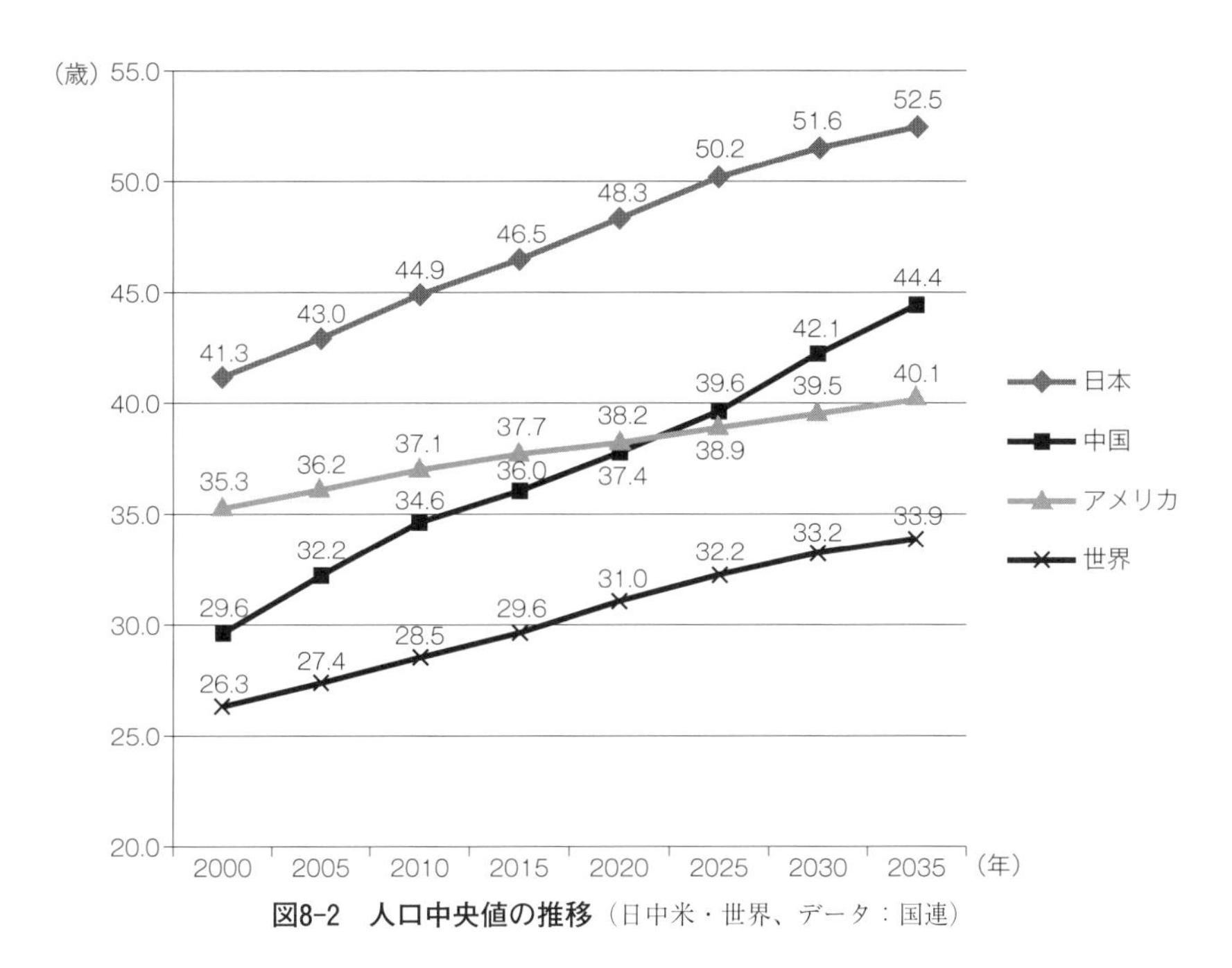

図8-2　人口中央値の推移（日中米・世界、データ：国連）

人類の半分は30歳以下で占められており、人類は「若い」。２０１１年チュニジア、エジプトで独裁政権が倒れた「アラブの春」も、こうした地域の人口構成が１つの鍵となっていたことは間違いない。スマホで写真、動画をとり、Facebook、Youtube、Twitterなどにアップし、拡散する行為も若い社会だったことが強く影響している。

アメリカをみると、「デジタルネイティブ」が議論され始めた２０００年には、１９８０年生以降は人口の３割に満たず、人口中央値が35歳の社会であり、デジタルネイティブが「新興世代」と認識された。ところが、「ミレニアル」「ネットジェネレーション」ともいわれるこの世代以降は、２０１０年代になると、人口の４割を占め、１つの集団としてみること自体が難しくなる。

こうした世界全体やアメリカの状況と比べると、日本社会は、少子高齢化の進展が先進社会の中でも際立っており、１９８０年生以降は、２０００年でわずか2割、２０１５年でも３分の１に過ぎない。図８-３は、デジタルネイティブを、14歳以下と、ネットワーク利用が活発となる15歳から１９８０年生と区分するとともに、１９３５年生以前（２０１５年で80歳以上）を「アナログネイティブ」、１９３６～７９年生を「デジタル移民」と規定し、21世紀における人口構成の推移をまとめたも

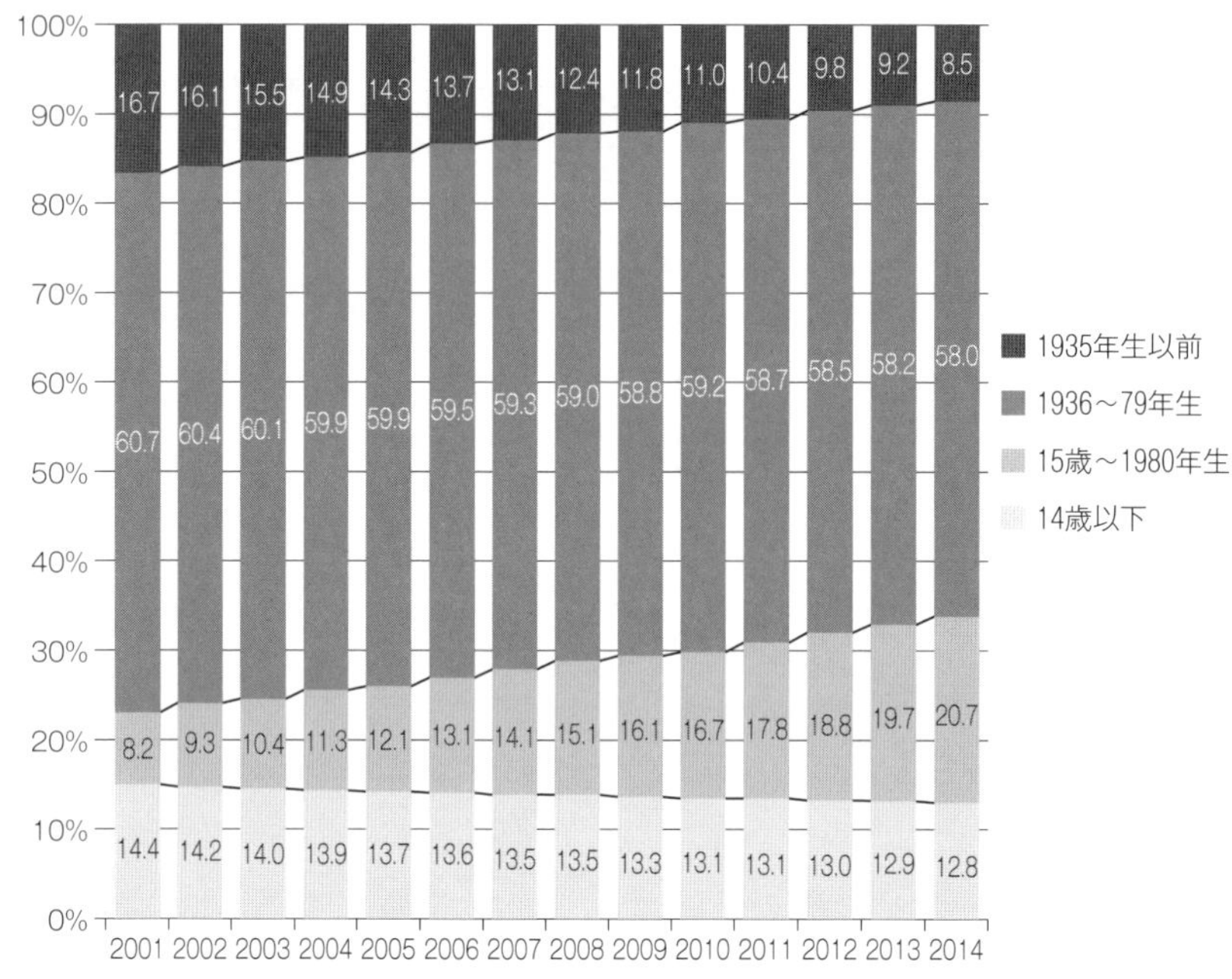

図8-3　日本の総人口に14歳以下、15歳～1980年生が占める割合の推移（データ：総務省）

のである。この図から明らかなように、日本社会では、デジタル移民が、6割程度で多数派を占めており、15歳以上のデジタルネイティブは、2001年でわずか8%、2014年にようやく2割である。国立社会保障・人口問題人口研究所の中位推計にもとづけば、日本社会でデジタルネイティブが過半数に達するのは、2030年代を待たなければならない。

したがって、日本社会の場合、2000年から2030年代にかけて、デジタルネイティブたちが多数派となっていく過程での社会的変化、デジタルネイティブ内部での分化という観点は、学術的にも、実際的にも重要だろう。2000年代は、ブロードバンド、モバイルインターネット、スマートフォン、タブレット端末が次々と社会的に普及し、ソーシャルメディアが人々の生活に深く浸透してきた時期にあたり、情報ネットワーク環境の変化が、情報行動、対人関係、生活様式、価値体系などの変化とどのように結びついているかは情報ネットワーク研究として取り組むべき重要な課題である。

つまり、デジタルネイティブという概念は、1990年代からのデジタル、モバイル、ネットワークの発展を中核としたネットワーク社会の進展を、1980年前後生まれ以降の世代とそれ以前の世代を対比するとともに、デジタルネイティブ世代の内部においても情報ネットワークの発展に応じて世代が分化するという観点から捉えるものである。インターネットの商用化からすでに20年近くの時を経て、デジタルネイティブ初期世代がすでに30代になっている。日本社会に関して、２０００年から２０３０年くらいまでの期間は、単純な若者論ではなく、その内部に多様性を含み、今後の社会の中核を担う世代としてのデジタルネイティブが日本社会で存在を高めていく過程として捉えることが可能であり、その形成過程を分析することを通して、これまでのネットワーク社会としての日本社会とこれからのあり方を展望する上で、デジタルネイティブという方法論的概念は、時宜に適ったものなのである。

ＶＡＰは、こうした認識のもと「デジタルネイティブ」研究として展開してきた。本章では、こうした学術的研究文脈であることを踏まえた上で、ＨＥ方法論の観点から、ＶＡＰについて議論する。第４次（ＶＡＰ-Ⅳ）までの調査研究については、拙著（『デジタルネイティブの時代』、木村 2012a）に報告しており、同書では方法論的議論も行ったが、リサーチデザインの詳細に立ち入った議論はしなかった。

そこで本章ではまず、ＶＡＰの具体的なリサーチデザインを説明し、コミュニケーション生態系アプローチの観点から、ＨＥがいかに実践されるのか、その方法論的遂行過程を紹介する。ＶＡＰは、ＶＡＰ-ＩからＶそれぞれが単連（monostrand）、Ｉ⇩Ⅱ⇩Ⅲ⇩Ⅳ⇩Ｖが、継起的に展開する複連（multistrand）デザインと捉えることができるが、単連デザインにおける定性調査をデザインする際にも、〈並行〉〈継起〉〈多層〉〈埋込〉〈変換〉による定量との組み合わせが積極的に追求される。

ＶＡＰ-Ｖを例に、定性、定量調査とその組み合わせに関するリサーチデザインを詳述し、ＭＭの５つのデザインがＶＡＰ-Ｖにおいて具体的にどのように組み込まれているかを説明する。そこから、〈並行〉〈多層〉を組み合わせた形でのウェブ調査の課題を、第3節で具体的データにもとづき報告する。

8-2　ＨＥとしてのＶＡＰリサーチデザイン
――３つの観点

ＶＡＰは、コミュニケーション生態系アプローチであり、デジタルネイティブを対象として、「日常生活におけるインターネット」利用のあり方、意味づけを掘り下げ、理解しようとする。すでに議論したように、コミュニケーション生態系アプローチの場合、オフラインでインフォーマントと中長期に接触し、観察、聞き取りを重ねる形態が一般的である。オンライン、オフライン問わず、インフォーマントと活動を伴にし、交流に関わりながら、日常生活におけるインターネット、インターネットを含みこんだ生活世界のあり方を理解していく。

質的研究は、観察法、インタビュー法、記録分析、の3つに大別されたが、日本社会において、コミュニケーション生態系的アプローチを具体的にリサーチデザインしようとすると、観察法には多くの障壁があることがわかる。ネット利用しているディスプレイをインフォーマントの肩越しに観察することや、インフォーマントのオンラインでの活動に研究者が参与観察することは現実的に難しい。インフォーマントのグループLINEやFacebookグループに研究者もメンバーとして参加したり、鍵をかけているFacebookアカウントなどにアクセス可能にしてもらい、タイムラインを常時チェックしたりすることには、インフォーマントの抵抗も大きいだろう。さらに、こうした調査を、少人数とはいえ、10人、20人といった単位のインフォーマントたちにきめ細かく行うことは至難の業である。

このように具体的なリサーチデザインを思い描くと、コミュニケーション生態系的アプローチは、すでに中長期にわたり、研究者がフィールドワークしてきた地域、人間関係を基盤にするか、ある地域での情報化活動・取り組み、自助グループやNPO等オフライン・オンラインを自在に横断するCoI（関心の共同体）的活動など、活動単位がある程度明確で、調査者がオンライン、オフライン問わず観察関与することに無理のない対象に限定されざるをえない。むしろ、オンラインで一定の関係を築き、オフラインへと拡張していくヴァーチュアル・エスノグラフィーは、こうしたコミュニケーション生態系アプローチにおける観察法の困難を迂回する戦略と捉えることもできる。

しかし、VAPは、デジタルネイティブという広範な対象について、エスノグラフィー的アプローチから取り組むことを志向している。しかも、前節で述べたように、外れ値と思われる尖った個人に焦点をあて、社会の想像力に訴える「デジタルネイティブ」像を創りあげるのではなく、デジタルネイティブ内部の分化、多様性を捉え、それぞれのネットワークを含みこんだ生活世界のあり方を掘り下げたい。では、5次で累計150人近いが、それぞれのプロジェクト単位ではせいぜい十人単位を対象とする質的研究を基盤としたVAPは、どのように、こうした研究主題を具体的なリサーチデザインへと翻訳しうるだろうか。

本章の議論は、こうした翻訳への取り組みの結果だが、HEを具体的にリサーチデザインする上で、次の3つの観点がきわめて重要である。

まず、調査期間の問題である。「デジタルネイティブ」をある特定の活動、集団や突出した個人ではなく、その内部分化、多様性を含めて捉えるためには、相互に関係のない、多様な個々人をインフォーマントとする必要がある。すると、個人化が進展し、時間が最も希少とみなされる現代社会において、そうした数十人のインフォーマントたちと、同時並行的に中長期的関係を築き、調査を進めることは実質的に不可能である（ちなみに、一般的な社会調査においても、青少年は訪問調査に応じてくれる割合が少ない）。

他方、観察法の問題に関し、本書（とくに5-3-3）で議論してきたように、デジタル世界では、「現在」／「過去」、「反応・干渉」／「非反応・非干渉」が対称的に扱われ、「過去」の「非反応」的データ（アーカイブ、ログ）を観察することができる。つまり、インタビュー調査に、アーカイブデータを組み合わせることで、時間軸、空間軸をそれぞれ独立、分離し、（過去の）非干渉型データを（インタビューにより）干渉的に観察することが可能となりうる。例えば、Twitterのツィートは、インフォーマントが非干渉的に行ってきたものである。それをインタビューセッションで（インフォーマント自身にツィートの取捨選択をしてもらった上で）、具体的にデータとして開示してもらい、文脈に沿った展開を詳細にたずねることができる。さらに、そこに登場するリプライアカウントやリツィートアカウントなどについて、踏み込んでたずねることも可能となる。MMの観点からみると、これは、インタビューセッションに、アーカイブデータをうまく取り込み、〈埋込〉〈変換〉デザインとして積極的に展開することを意味する。

このような、（1）調査期間の観点と、（2）インタビュー調査におけるアーカイブデータ活用の観点から、VAP-Iでは、1人のインフォーマントに対して、対面調査セッションを、一定期間をおいた3回に分け、セッション間にインフォーマントによるログ収集や調査者による次回に向けた分析を行うデザインとする工夫をした。ところが、わずか3回のセッションであっても、社会人や若年層を中心に負担が大きく、調査同意に至らないケースや、1回目のセッションに協力してもらっても、第2回以降の調整ができずに終わる場合も多かった。そこでVAP-II以降、1回の対面調査セッション（ただし、3時間から4時間集中的に行う）で調査を完結できるリサーチデザインとした。もちろん、こうした短期調査で形成されるラポールは、一般的な中長期にわたるエスノグラフィー調査で形成されるそれとは大きく異なり、得られるデータの質もまた、それに応じて異なることは十分留意する必要があるが、図4-1で示した「ヴァーチュアル・エスノグラフィー」こそ、VAPが取り組む領域である。

ＶＡＰをＨＥとしてリサーチデザインする上でもう１つ重要な３番目の観点は、調査票（とくにウェブ調査）を積極的に利用することで、インフォーマント集団をより大きな社会集団に位置づけ、相対的位相を探ることである。数百万以上の人口を擁する現代社会で、どうしても数人から数十人単位に留まらざるをえないインフォーマントへの調査にもとづき、社会文化的現象について、いかに説得的に議論することができるだろうか。エスノグラフィーの一般的なアプローチは、人数が相対的に限られている特定の集団、活動に焦点を合わせること、あるいは、少数の印象的事例に奥深く立ち入ることで、個別的ではあるが、ヒト、文化について深い理解を得ることを志向する。それに対して、ＶＡＰは、あえて、十数人～数十人単位の調査から、「日本社会のデジタルネイティブ」について議論を展開することに取り組んだ。

人類学的エスノグラフィー調査では、質問票調査が利用されることはない。しかしＶＡＰでは、２００７年度、〈並行〉デザインによるウェブアンケート調査実施を契機として、アンケート調査と同様の質問票をインフォーマントたちにも回答してもらうことで、インフォーマント集団をより大きな社会集団に位置づけ、相対的位相を探ることにした。後述するように、インフォーマントが20人程度あれば、そのインフォーマントたちを社会集団として捉え、同年代のネット利用者全般と相対的に比較することができる。従来のアナログ世界において、ネット利用者全国１０００人の回答を得るための調査をしようとすれば、精度の高い訪問留置き法で数百万円水準の予算が必要となり、郵送法では回答率が２、３割に留まる。さらに手書きの回答を入力、データクリーニングする手間も大きい。それに対して、ウェブ調査は数十万円の水準で実施可能であり、データはデジタル化されて分析可能となる。そこで、ウェブ調査の持つ問題（8-4-3参照）は問題として明確に認識するよう努めながら、ＶＡＰは積極的にウェブ調査をリサーチデザインに組み込むことを試みた。ＭＭの観点からみると、定量である質問票調査を媒介とすることで、エスノグラフィーが持つ意味をより大きな社会集団に位置づけるという点では、ローカルな定性とマクロな定量という〈多層〉デザインと解することができる。

以下、対面調査セッションにおいて、インタビューセッションにアーカイブデータをいかに組み合わせ、短期的調査デザインとしたか、そして、質問票調査を用い、インフォーマント集団をいかにより大きな社会集団に位置づけるか、それぞれについて節を分け、具体的に展開することにしたい。

8-3　デジタル現在（digital present）
——観察・アーカイブ・インタビューの融合

8-3-1　デジタル現在（digital present）——HEにおける「民族誌的現在」の革新

上述のように、VAPでは、インタビュー調査に「アーカイブデータ」を組み合わせ、非干渉型データを干渉的に観察するリサーチデザインを工夫した。本節では、具体的にそのリサーチデザインを紹介するが、このデザインについて、〈つながり〉としてのフィールドにおけるデータのあり方という観点からまず議論しておきたい。

NCの特性として「時間軸における離散性、隣接性概念の変化」を指摘した（第2章第4節）。アナログ世界では、時間の経過が媒体に刻印されることで、媒体に体化せざるを得ない情報もまた時間の痕跡を示す（例えば、写真や新聞の黄ばみ、アナログビデオテープの劣化など）。それに対して、デジタルデータからなる〈つながり〉としてのフィールドでは、時間軸の観点からみれば、すべての情報は〈同時〉に存在し、時間軸上の離散性／隣接性はアナログ世界の感覚と独立する。このフィールドでは、〈過去〉は〈過去〉として化石化し固定することはない。当事者が気づかない／記憶にない／コントロールできないつながりが絶えず生み出され、つながり全体が絶えず更新されている。

VAPで、Twitterの利用について、インタビュー前日の様子をたずねた場合を例にとりたい。インタビューセッションでは、調査者はノートPCを利用し、サブディスプレイも用意した。インフォーマントに、調査メモをはじめ、調査者が何を記録し、閲覧しているか、セッションの内容を常に提示、確認してもらうためである。これは、調査者-インフォーマントの非対称性を、双方向的に軽減し、ラポールを形成することを意図していた。

同意を得られれば、インフォーマントに、Twitterアカウントにアクセスしてもらい、前日のツィートに関するタイムラインをコピーさせてもらう。インフォーマントは、前日非干渉的にツィートしていたが、インタビューセッションにおいて、ディスプレイに表示され、干渉的に観察されるそれらツィートは、その後リツィートされたり、「いいね！」をされたり、インフォーマントがツィートした時点でのタイムラインとは異なったつながりを形成している。フォロー、フォロワー関係、ブロック、ミュート関係も、時々刻々と変化している中で、インタビューセッションが行われる〈現在〉時点での、つながりが保存され、干渉的観察とインタビューが展開される。

このように、〈つながり〉としてのフィールドにおけるデータは、「アーカイブ」といっても単純に化石化された過去の蓄積ではなく、インタビューも単なるインタビューではなく、フィールドに直接アクセスし、観察するとともに聞き取る場である。そこで、こうした〈つながり〉としてのフィールドにおけるデータのあり方を《デジタル現在（digital present）》と呼ぶことにしたい。

人類学的エスノグラフィー論において、「民族誌的現在〈ethnographic present〉」は、「全体性（holism）」と同様、激しい批判に晒され、息絶えかけながら、人類学的価値の中核でありうる厄介な概念である。エスノグラフィーは「現在時制」を巧みに利用する。フィールドワークが行われる時間、エスノグラフィーが執筆される時間、読者が手に取り読む時間がすべて「現在時制」で結び付けられる。それは、フィールドを〈調査対象〉として、時間軸における変化の欠如した固定した像を生み出し、あたかも、人類学者＝先進社会に接触する以前には時間性がないかのような他者＝対象を生み出した。しかし、アナログ世界におけるエスノグラフィーは、フィールドワークこそが拠り所であり、それは〈同時性〉〈同所性〉、つまり、《民族誌的現在》を必然とする。したがって、人類学において、「民族誌的現在」は批判され、安易に用いることが難しい概念であるとともに、中核的価値を持ちうるものと認識され、反省的、再帰的議論の対象となり続けている（Halstead et al. 2008, Ingold 1996など）。

《デジタル現在（digital present）》という概念もまた、HEという方法論にとって、厄介だが、中核的価値と考えられる概念である。〈つながり〉としてのフィールドは、インフォーマントのNC行為、インタビューセッションでのインフォーマントアカウントへのアクセス、オンラインでのインフォーマントとのコミュニケーション、調査者のインフォーマントにつながる情報へのアクセス、すべて「現在時制」で結び付けられる。しかし、《民族誌的現在》とは異なり、それぞれは、つねにダイナミックに変容する多種多様なタイムラインのそれぞれの時点における断面であり、事後的に文脈とともに再構成され、観察、聞き取り、アーカイブが融合している。そして《デジタル現在》は、デジタルとして存在する（be present）ことにより、質的とともに量的としてもアプローチすることを可能にする。

つまり、HEの観点からみれば、《デジタル現在》は、時間性を忘却し、対象を現在時制で固定し、永続的円環のように描く《民族誌的現在》を、動態的で絶えず変動し続け、観察、聞き取り、アーカイブが融合する《現在》へと刷新し、定性と定量とを対称的に扱うアプローチへの契機となりうる。

もちろん、ＶＡＰにおける《デジタル現在》は、インフォーマントたちが展開するＮＣをすべて対象にできるわけではない。方法論的制約との対話からアプローチの方向性が具体化されることになる。まず、ＮＣの生起と具体的な文脈に関して、デジタル技術は多くの可能性をもたらしているが、ＶＡＰで用いることは容易ではない。調査者が干渉するのではなく、キーロガーのようなソフト、ＧＰＳトラッカーのようなデバイスを用い、行動履歴、ＰＣ利用履歴、ウェブ閲覧履歴、携帯利用履歴、ＳＮＳメッセージなどを機械的に（干渉して）取得し、コミュニケーション生起のダイナミズム、文脈を《デジタル現在》として構成することは、技術的に可能である。しかし、インフォーマントの抵抗感は強く、調査倫理の観点からも適切とはいえず、ダイナミズム、文脈を捉えるための工夫が必要となる。

さらに、ＶＡＰのように短期的接触を相対的に多人数に展開する場合、コミュニケーションの中身に深く立ち入ることは難しい。もちろん、インフォーマントが自発的にメールや、鍵をかけている Twitter のアカウントを調査者に開示してくれることは望ましく、実際にそうしてくれるインフォーマントもいるが、全員に求めることはやはり困難である。また、Gershon (2010) の「別れ話」のようにトピックを限定することで、コンテンツに立ち入ることができたとしても、当該トピックについて開示してくれるインフォーマントは、ＶＡＰに理解を示してくれるインフォーマント以上に偏りが生じる。

そこで、ＶＡＰの場合、コミュニケーションの中身自体には深く立ち入らず、エゴ中心ネットワークのＳＮＡ的観点から、ＮＣ生起のダイナミズムと文脈とを捉えるデータ収集法を工夫することなった。つまり、ＶＡＰでは、それぞれのインフォーマントが、具体的に、誰とどのような状況で、どの情報ネットワークメディアを介してコミュニケーションを行っているのか、やりとりの文脈、それぞれの登場人物といかなる関係にあるのかなどを《デジタル現在》として、詳細に聞き取る。

こうしたＮＣのＳＮＡ的側面は、ソーシャルメディアなどＮＣに関するネットワーク科学的アプローチ、アンケート調査による定量的把握の対象でもある。しかし、５-３-２で議論したように、ネットワーク科学の場合、Facebook、Twitter などサービスプラットフォーム毎の分析は容易だが、対面、音声通話など複数の venue と生起する文脈を含めた「コミュニケーション生態系」の観点は困難である。この困難はアンケート調査にもまた当てはまる。つまり、ＶＡＰは、オフライン、オンラインを問わず、多様なコミュニケーションメディアがどのような状況、いかなる社会的関係性により用いられるのかについて、観察、聞き取り、記録を融合した《デジタル現在》を対象とすることで、ネットワーク科学によるトポロジカル（位相空間的）ソーシャルグラフ分析や、社会調査にもとづくコミュニケーションメディアと対人関係の相関分析とは異なる次元にアプローチする。まさに、ネットワーク科学とエスノグラフィーとの接合、HEという方法論によるアプローチが求められる領域と考えることができる。

8-3-2　VAPにおけるデジタル現在（digital present）

VAPにおけるデータ収集は多岐に渡るが、前項で議論したようにSNA的観点から《デジタル現在》を構成するために具体化したデータ収集法は、次の5つである。

（A）ライフログ（日常生活、情報行動）記録
（B）携帯・スマホ通信記録
（C）Twitter 記録
（D）SNSフレンド・SNA関係性
（E）通話・メール・対面・SNSフレンド相互関係

（A）ライフログ記録

SNA的データをNC生起のダイナミクス、文脈とともに把握するためには、インフォーマントの生活行動とそこでの情報行動を、1日の行動に即して聞き取る必要がある。そこで、VAPでは基本的に、インタビュー前1週間のうち3日間（さらにそのうち1日は休日を含める）をインフォーマントに選択してもらい、3日それぞれについて、詳細に聞き取ることにした。

まず、1日毎の日常生活（起床、食事、外出、友人と会うなど）、情報メディア利用（PC起動、ソフト、アプリ利用など）の記録（「ライフログ」）だが、上述のように、ログ記録のためのソフトやデバイスを利用しない。そこで、日常生活、情報メディア利用については、何らかの行動、変化が起きた際、スマホ・携帯で撮影、スクリーンショットを保存してもらった。起床時の目覚まし時計、外出／帰宅時の玄関、外食の際の食事、PCを立ち上げた／シャットダウン時のディスプレイ、アプリを開いた時のスクリーンショットなどである。

調査によっては、こうした写真をサーバにあげるシステムを利用する場合もあるが、VAPではとくにそうしたシステム利用もない。記録してもらった写真は、インタビューセッションで、図8-4のような様式とともに、ディスプレイに映し出し、互いに見ながら、3日間の行動を聞き取り記録した。

もともとは、図8-4のような日記式回答用紙（ファイル）を用意し、記入してもらうことを考えていたが、インフォーマントへの負担を軽減するため、写真撮影のみで行動を記録してもらい、インタビューセッションで調査者が日記式データを入

	A	B	CU CV CW CX CY CZ	DA DB DC DD DE DF	DG DH DI DJ DK DL
1	1 月 31日 (曜日)		午後8時	午後9時	午後10時
2					
3	生活行動	睡眠中			
4		食事			
5		買い物			
6	あなたのいた場所	自宅(住んでいるところ)にいる			
7		職場・学校			
8		移動中			
9		その他			
10	スマホ	スマホ利用			
11	パソコン	パソコン利用			
12	インター	ネットを利用している(閲覧、検索、書			
13	情報行動	新聞・本・雑誌を読む			
14		ラジオを聴く			
15		音楽を聴く(CD、i-Pod、携帯などで)			
16		自分がいる部屋のテレビがついてい			
17		テレビ番組を(意識的に)みる(カーナ			
18		ビデオやDVDをテレビ・パソコンでみ			
19		ゲームをテレビ・パソコンでする			

図8-4 「行動記録」ファイルの記入例

(午前４時から翌日の午前４時までの24時間を１日とする。１つのセル(マス目)が10分)

力する形にしたのである。しかし、こうした記録方式の変更は、たんにインフォーマントの負担を軽減するだけに留まらない。写真というメディアを媒介することで、デジタル現在が、インフォーマントと調査者に、「経験の多重性」をもたらす。

インフォーマントは、調査のために写真を撮る以上、反応的行為として撮影するが、何をいつ撮るか、自らコントロールすることが可能であるとともに、調査者に同時性をもって観察されるわけではない。したがって、撮影行為自体は、インフォーマントの一連の行動に即自的に付加されるに留まる傾向が強い。他方、インタビューセッションで、調査者とインフォーマントは、デジタル現在を介してインフォーマントの行動を追体験することになる。インフォーマントにとって、デジタル現在は、一種の「外部記憶」であり、自身が忘れてしまったり、間違えて記憶していたことを含め、改めて、自らの行為を再構成する。つまり、写真には記録されていない行動、思考、感情まで含め、追体験する過程は、単純に過去を想起するのではなく、デジタル現在としてある過去の経験、インタビュー時点で「追体験」されている過去という経験、調査者に干渉的に観察、聞き取りされつつ追体験しているという経験という、少なくとも３つの経験が重なり合ったものである。

調査者にとっても、インフォーマントに記入してもらった日記式データをただ受け取ることと、デジタル現在をインフォーマントと共有し、日記式データを聞き取ることとは、まったく異なる経験である。調査者自身、デジタル現在として提示された過去を経験するとともに、インフォーマントの追体験を参与観察する経験でもあり、聞き取り調査を遂行する経験と、同様に少なくとも3つの経験が重なり合う。

こうして、いつ、どこで何をしていたのか、日常生活を時間軸に沿ってインフォーマントのコミュニケーション生態系を経験することで、以下のコミュニケーション行動に関する聞き取りの文脈が形成されることとなる。

さて、MMの観点からみると、VAPにおいて、写真それ自体は、質的、量的いずれの分析対象にもしていない。他方、図のように、生活行動、情報行動を分節化し、10分毎のマス目単位で記録することにより、質的行動履歴を量的に変換、分析する〈〈変換〉デザイン〉が可能となる。

（B）携帯・スマホ通信記録

上記のように、3日間のライフログ記録を行い、追体験を共有した上で、SNA的データ収集を行う。まず、携帯・スマホでの音声通話発着信、メール送受信、SMS送受信の聞き取りを行った。[2] インフォーマント自身に、端末でログを確認しても

	音声発信		音声着信		メール送信		メール受信	
日にち	時間	通信相手	時間	通信相手	時間	通信相手	時間	通信相手

図8-5　携帯通話・メール利用聞き取りフォーマット

日にち	発信時刻	リツィート 公式・非公式	リプライ @	#(ハッシュタグ)	発信のきっかけツィート		絡んでくれたツィート	
					ツィート時刻	発信者	ツィート時刻	発信者
1月1日	15:23		ゆっけ	komasai	14:49	ゆっけ	15:25	まぁ

図8-6　Twitter聞き取りフォーマット

らいながら、図8-5のような様式に、通話、メール、SMSの時間と通信相手を、調査者が聞き取り記録し、やりとりの内容についても、可能な範囲でたずねメモをとる。通信相手は本名ではなく、便宜的なニックネームを付けてもらい記録する。インフォーマントには、インタビューセッション前1週間の上記ログは消去しないように要請しており、当日、ログデータをもとに話してもらえるかを確認している。また、インフォーマントは、ログすべてを話す必要はなく、取捨選択することができる。

（C）Twitter記録

日本社会では、VAP-Ⅲの段階から、Twitter利用が青少年を中心に急速に拡大した。そこで、VAP-Ⅲ以降、Twitter利用者については、図8-6のような様式を用いて、（B）と同様の聞き取り記録を行った。さらに、同意が得られれば、その場でアカウントにアクセスし、ログの保存もさせてもらった。

（D）SNSフレンド・SNA関係性

インターネットへの常時接続、ブロードバンドが普及するにつれ、2000年代半ば以降、SNSがデジタルネイティブたちにとって必須の社会的コミュニケーションメディアとなった。そこで、まず、最もよく利用するSNSのフレンドについて詳しく聞き取りを行うことにした。

日本調査（VAP-Ⅰ～Ⅳ）を実施した2007年から2012年は、mixiがSNSの覇者であり、Twitterが急拡大を遂げ、Facebookが徐々に広がった時期である（表8-2参照）。その後2012年から13年にかけて、2011年サービス開始したLINEがmixiにとって代わることになるが、VAPにおける「最もよく利用するSNS」は、mixiがほとんどであった。他方、2012年～13年にアメリカで行ったVAP-Ⅴでは、Facebookが覇権を握っており、インフォーマント全員がFacebookをもっともよく利用するSNSとしていた。

さて、具体的な調査だが、日本調査では、最もよく利用するSNSのフレンド50人、アメリカ調査では20人を、任意の基準

［2］ SMSとはShort Message Serviceの頭字語。携帯電話の電話番号に、最大140字（半角）までのメッセージを送ることができる仕組み。日本では「Cメール」と呼ばれ、ガラケーではあまり利用されず、「ケータイメール」（……@docomo.ne.jp. ezweb.ne.jp. softbank.jp など「キャリアメール」とも言われる）が広範に利用されたが、アメリカでは、SMS＝texingが日常的なコミュニケーション手段として広範に普及した。

表8-2　主要ＳＮＳの登録者数・利用者数の推移（単位はすべて万人）

	LINE*	mixi*	Twitter**	Facebook**	Twitter***	Facebook***
	MAU*		MAU（日本語版）		延べ登録者数（世界）	
サービス開始	2011/6	2004/2	2008/4	2008/5	2006/7	2004/2
2008/8		1,126				10,000
2009/3		1,174	36	64	200	
2009/9		1,206	215	88		
2010/1		1,284	473	136	3,000	35,000
2010/6		1,410	910	160	4,000	50,000
2010/12		1,454	1,290	308	5,400	60,000
2011/6		1,527	1,452	872	8,500	70,000
2011/12	400	1,520	1,353	1,254	11,700	80,000
2012/6	2,000	1,453	1,348	1,608	15,100	95,000
2012/12	3,000	1,299	1,278	1,692	18,500	105,000
2013/6	3,500			2,100	21,800	115,000
2013/12	4,100		1,500	2,100	24,100	125,000
2014/6	4,700		1,980	2,200	27,100	135,000
2014/12	5,100			2,400	28,800	140,000
2015/6	5,500		3,500	2,400	30,400	149,000
2015/12	5,800		3,500	2,500	30,500	159,000
2016/6	6,200		4,000	2,600	31,300	170,000

*　LINE、mixi の MAU（Monthly Active Users、当該月に一度でもログインした利用者数）は、それぞれの運営企業が公表しているデータ。

**　Twitter、Facebook の PC ベース訪問者数（日本語版）は、ネットレイティングス株式会社によるインターネット利用動向調査「Nielsen/NetRatings NetView」のデータ。当該１ヵ月の間に、PC でのインターネットにより、Twitter、Facebook それぞれにアクセスしたユニークユーザ数の推計値。

***　Twitter（世界）、Facebook（世界）の登録会員数は、それぞれの企業の決算説明会資料、プレスリリースにもとづく。

表8-3　ＶＡＰにおいてたずねたＳＮＳフレンドに関するＳＮＡ的情報

1. 相手との関係（選択肢は設けず自由に回答してもらう）
2. 既知年数
3. 性別
4. オンライン遭遇か否か
5. （オンライン遭遇の場合のみ）オフライン対面の有無
6. 任意のＳＮＳでフレンド関係にあるか
7. 携帯番号把握有無
8. 携帯メールアドレス把握有無
9. PC メール（ウェブメール）アドレス把握有無
10. ブログ保有（ある、ない、知らない）
11. ブログアクセス頻度（日本：週１回以上、月２、３回、月１回程度、ほとんどない、全くない；アメリカ：週２、３回以上、週１回、月２、３回、月１回以下、ほとんどない）
12. ＳＮＳアクセス頻度（日本：週１回以上、月２、３回、月１回程度、ほとんどない、全くない；アメリカ：週２、３回以上、週１回、月２、３回、月１回以下、ほとんどない）
13. 対面会話頻度（日本：週１回以上、月１回以上、たまに、ほとんどない；アメリカ：週２、３回以上、週１回、月２、３回、月１回以下、ほとんどない）
14. 心理的距離（後述の Boissevain によるゾーニングにもとづいた５段階評価）
15. 地理的距離（日本：30分以内、１時間以内、２時間以内、２時間以上；アメリカ：30分程度以内、40～60分程度、70～90分程度、100分～２時間程度、2.5時間程度以上）

で選択してもらい、各フレンドに関して、表8-3にまとめたＳＮＡ的情報について回答してもらった。表にあるように、知り合いの期間、オンラインで出会ったか（オンラインのみか）、携帯電話番号、メールアドレス、ブログなど他の venue でのつながり、相手とのオンライン、オフラインでの距離感、接触頻度をたずねている。回答は、表8-3にある項目の大半を、選択肢形式で回答できるように印刷したフォームを用意し、50人（20人）を識別、記憶できるよう、ニックネームなどで記入した上で、それぞれについて、回答してもらった。

ＭＭの観点からみると、この調査は、質的なインタビュー調査に、質問紙調査を組み込んだ〈埋込〉デザインとなっている。

（E）通話・メール・対面・ＳＮＳフレンド相互関係

上記の過程を踏まえ、さらに（B）～（D）を横断的に聞き取る調査を行った。携帯・スマホ通信記録、Twitter 記録に現れた通信相手を枚挙、一覧にし、同一の登場人物はいないか、ＳＮＳフレンドと重なる人物は誰かを確認する。

図8-7は、ＶＡＰ-Ｉ調査における一例である。ＳＮＳでのフレンド、ＳＮＳに足跡のついたアカウント、ＳＮＳメ

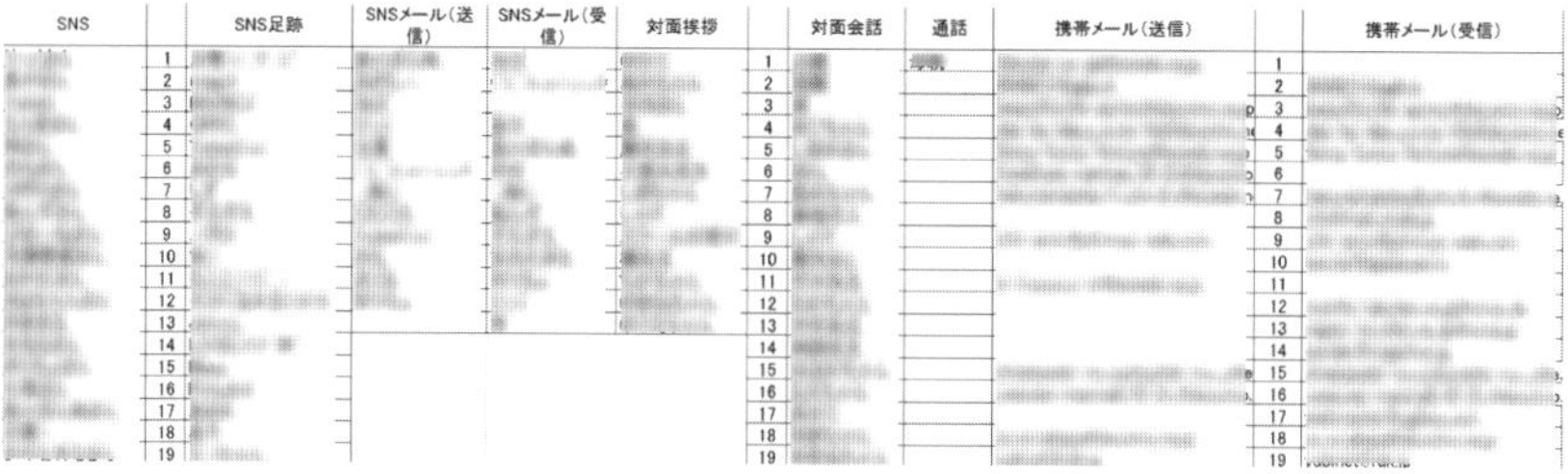

SNS		SNS足跡	SNSメール（送信）	SNSメール（受信）	対面挨拶		対面会話	通話	携帯メール（送信）		携帯メール（受信）
	1					1				1	
	2					2				2	
	3					3				3	
	4					4				4	
	5					5				5	
	6					6				6	
	7					7				7	
	8					8				8	
	9					9				9	
	10					10				10	
	11					11				11	
	12					12				12	
	13					13				13	
	14					14				14	
	15					15				15	
	16					16				16	
	17					17				17	
	18					18				18	
	19					19				19	

図8-7　各種記録に現れた通信相手の一覧表

ッセージのやりとり、対面挨拶、対面会話、通話、携帯メール送信相手、受信相手を一覧にし、同一の人物を確認していった。

その上で、登場人物一覧からSNSフレンドとしてすでに回答のあった人物を除いた人々について、表8-3に対応した記入用紙を用意し、回答してもらった。つまり、一度のセッションにおいて、聞き取った情報を整理し、質的情報である登場人物について、さらに量的分析可能なSNA的情報を提供してもらう〈変換〉デザインを埋め込んだのである。

その結果、インフォーマント毎に、3日間での携帯・スマホ利用、Twitter利用で接触した人物、SNSでフレンド関係にある人物たちについて、いかなる関係にある人と、どのvenneで、どの程度コミュニケーションしたかに関する詳細なデータが収集されることとなった。こうしたSNA的データは、一般的社会調査、ネットワーク科学、通常の人類学的エスノグラフィーとは異なるコミュニケーション生態系からのアプローチを可能にするが、本研究は、さらに、インフォーマント集団の相対的位置づけと社会間比較というそれぞれ方法論的に重要な観点と組み合わせることにより、多元的、複合的な分析へと発展させている。そこで、具体的なHE分析を展開する前に、これら2つの方法論的観点について検討することにしたい。

8-4　TML (Translational Multi-Level) デザイン
――インフォーマント集団をより大きな社会文化集団に定位する方法

8-4-1　アンケート調査との並行・継起デザイン

上述のように、VAPでは、調査票（とくにウェブ調査）を積極的に利用することで、インフォーマント集団をより大きな社会文化集団に位置づけ、相対的位相を探ることを可能にするリサーチデザインに取り組んだ。表8-4にまとめたように、VAP-Ⅱでは実施していないが、VAP-ⅠからⅤまで、基盤となる定性調査（表8-1）と並行ないし継起デザインで、6

表8-4　ＶＡＰにおけるアンケート調査の概要

	ＶＡＰ-Ⅰ		ＶＡＰ-Ⅲ
実施年月	2007年11月	2008年７月	2010年12月
対象地域	日本全国	東京都内私立女子大学	日本全国
年齢	12歳～64歳	18歳～23歳	15歳～69歳
有効回答数	3056	138	3770
サンプル	全国９地域に人口比で割付、それぞれの地域で年代（12～14歳、15～64歳は５歳刻みで計11グループ）毎に男女で人数を均等割付	授業時に調査票を配布回収。	全国９地域に人口比で割付、それぞれの地域で年代（15～19歳、20代～60代の６グループ）毎の男女で均等割付
本書での表記	2007ウェブ調査	2008A大学調査	2010ウェブ調査

	ＶＡＰ-Ⅳ	ＶＡＰ-Ｖ	
実施年月	2012年１月	2013年３月	2013年８月
対象地域	日本全国	アメリカ全土	関東、東海、関西３地域
年齢	13歳～29歳	16～30歳	12～29歳
有効回答数	1500	1200	1038
サンプル割付方法	全国９地域に人口比で割付、それぞれの地域で年代（13～19歳、20～24歳、25～29歳の３グループ）毎の男女で均等割付	年代は16～20歳、21～25歳、26～30歳の３グループに分け、東北部、西部、南部、中西部４地域・男女で均等割付	関東、東海、関西の３地域で人口比に対応させ、その上で、12～19歳・20～24歳・25～29歳、男女で均等に割付
本書での表記	2012ウェブ調査	2013ウェブ調査（米）	2013ウェブ調査（日）

回のアンケート調査を行っている。これらの調査実践を介して、インフォーマント集団の相対的位相を探ることの可否とともに、ウェブ調査自体の課題、留意点もまた検討してきた。

図８-８をみていただきたい。ＶＡＰ-Ⅰにおいて、より大きな社会文化集団におけるインフォーマントたちの位相を探る観点からみたリサーチデザインは、基本となる大きな枠組として、「機縁法にもとづく定性調査（α）」と「より大きな社会文化集団を対象とした定量（アンケート）調査（β）」の〈並行〉関係から構成されている。こうしたデザインを設計する契機となったのは、ＶＡＰ-Ⅰで筆者が定性調査の準備を進め、リサーチデザインを構想していた時期、全国規模の定量調査研究（表８-２における「２００７ウェブ調査」）に加わる機会があったことによる。そこで、その定量調査を活かし、定性調査インフォーマントの偏りを把握できないかと考えたのである。

８-４-２　ＶＡＰ-Ⅰでの実践

先述のように、ＶＡＰ-Ⅰは、幅広い年代を対

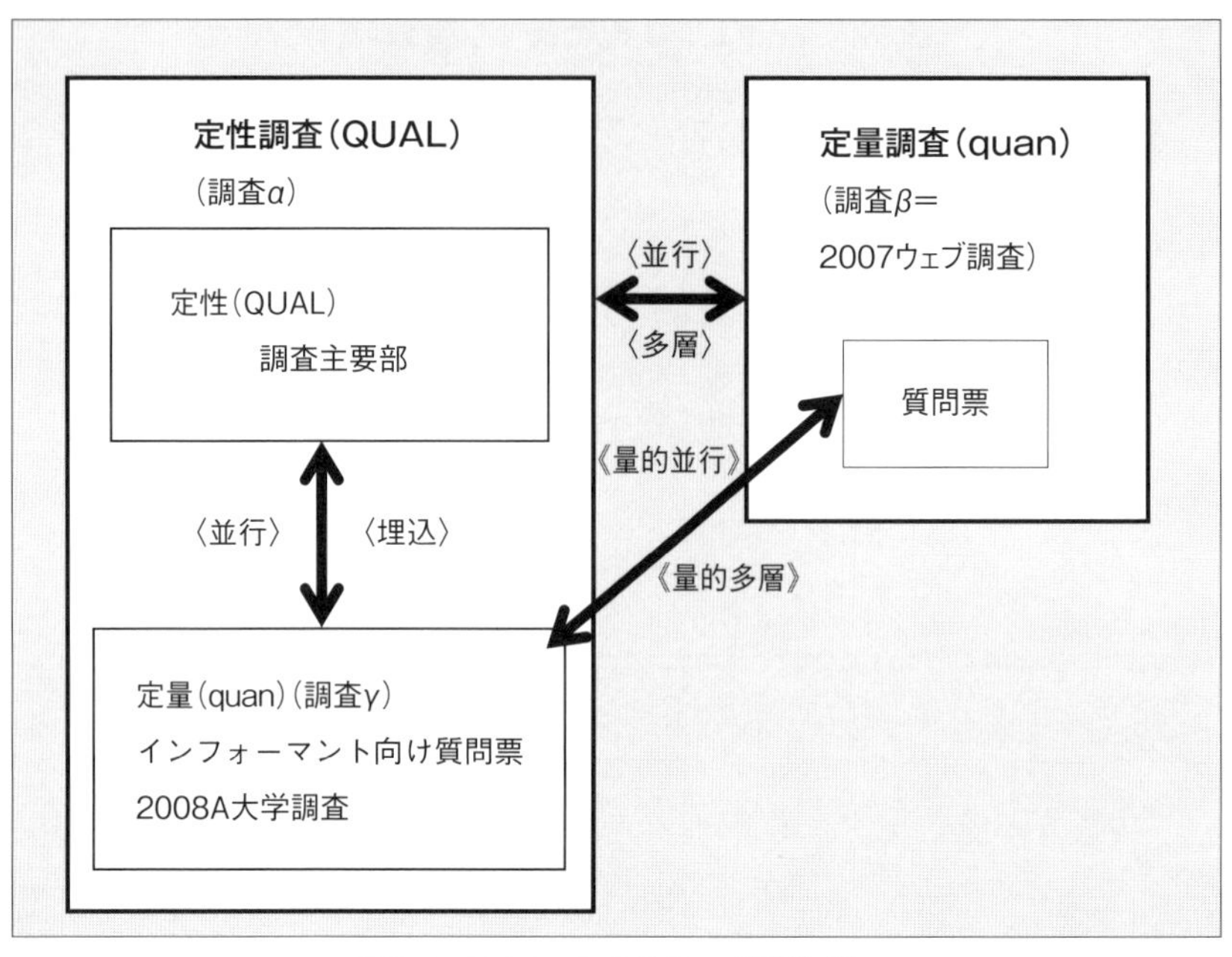

図8-8　ＶＡＰ-Ｉのリサーチデザイン

MMの表記法では、定性をＱＵＡＬ、定量をＱＵＡＮとし、あるデザインで補完的に用いられる場合に qual、quan と小文字で表記するため、図はその表記法に準じている。

象として試行的に取り組んだが、最終的には45人のインフォーマントのうち、大学生が27人（女性23人、男性４人）と6割を占めており、しかも女性23人のうち20人はA大学（女子大学）の学生であった。45人のインフォーマントたちは、年代構成、性別構成が大きく偏っており、集団として定量調査β（以下、ＶＡＰ-Ｉの場合には「２００７ウェブ調査」と表記）と比較することは難しいが、20人のＡ大学学生たちを集団として捉え、２００７ウェブ調査の大学生（６７１人）と比較することは可能だと考えた。

２００７ウェブ調査は、定量調査として独自の意図があり、定性調査α（以下「ＶＡＰ-Ｉ定性α」）とは独立して設計されている（２００７ウェブ調査の回答者とＶＡＰ-Ｉ定性αのインフォーマントたちとの間には何ら関係がない）。そこで、定量調査γ（ガンマ）（以下「ＶＡＰ-Ｉ定量γ」）の質問票は２００７ウェブ調査と同一である必要はない。ＮＣ行動に関する質問、社会心理的態度、価値観についての質問等、２００７ウェブ調査票とＶＡＰ-Ｉ定量γとで共有する部分を確保し、比較可能にするとともに、インフォーマントに回答してもらうため、自由回答部分を多く設けることもできた。

さて、こうしてＶＡＰ-Ｉ定量γの調査票を設計した段階で、A大学のある授業でアンケート調査をする機会を得られ、2008年7月実施した。回答者数はインフォーマントを除き138人であった。VAP-I定量γの調査票（自由回答を一部省略）をA大学生対象に実施することで、A大学インフォーマントたちを、A大学生という社会文化集団に位置づけることが可能となったのである。

こうして、同一の項目と尺度による質問（NC行動については、携帯電話利用、PCネット利用、ブログ・SNS利用、オンラインを介しての人間関係形成の4領域、社会心理的傾向については、ネット中毒、社会的内向・孤立志向、社会的スキルなど31項目）について、A大学インフォーマント20人、A大学調査138人、ウェブ調査大学生671人（男性327人、女性344人）を比較することが可能となった。

これらの比較については、木村（2009）で報告しており、ここでは簡略に結果を紹介したい。まず、2007ウェブ調査の大学生を男女に分け、2008A大学調査（インフォーマントを含めた158人）と比較することで、A大学生の相対的位置を検討した。

社会心理的傾向として、社会的信頼感、ネット中毒、趣味への没入、自己流の価値観、社会的内向・孤立志向、不安感・焦燥感、社会的スキル、社会的富・リスク分配への態度など31項目を比較したが、その結果、24項目では有意差がみられず、むしろ、A大学学生がウェブ調査女子大生とほぼ同様の傾向を持っていることが示された[3]。

他方、A大学生とウェブ調査大学生との間に、7項目で有意差（5%水準）が認められた[4]。それらをまとめると、2007ウェブ調査大学生は、ネット中毒傾向（オンラインへの没入、オンライン友だち親和度、ネット秩序破壊行為欲求）が高いのに対して、A大学生は長期的関係の重視、自己効力感、自己肯定感が高かった。また、社会経済的地位に関連し、所属階層意識と日常生活満足度、どちらの面でも、A大学生はウェブ調査大学生よりも有意に高い。

NC行動についてみると、まず、ケータイ（メール、サイト）利用について、A大学生が有意に積極的に対して、PCネ

[3]　A大学学生、ウェブ調査女子大生、ウェブ調査男子大生の3グループに分け、「あてはまる」から「あてはまらない」の4件法への回答比率をもとにしたχ二乗検定および、「あてはまる」＝1から「あてはまらない」＝4の連続変数として扱いTukey-Kramer HSD検定を行った。

[4]　2007ウェブ調査男子大生と女子大生との間に有意差があるか否かは問わず、両者を合わせた集団とA大学生の間に有意差が認められた項目である。

表8-5　所属階層意識、生活満足度に関する、A大学生、ウェブ調査大学生の回答分布

（単位：%）

	所属階層意識					生活満足度			
	上	中の上	中の中	中の下	下	満足	まあ満足	やや不満	不満
A大学	2.5	42.4	43.7	10.8	0.6	21.0	54.8	21.0	3.2
ウェブ(男)	2.5	28.1	38.2	25.7	5.5	9.2	47.1	33.0	10.7
ウェブ(女)	1.2	27.3	45.1	21.8	4.7	11.9	46.8	31.1	10.2

ットは２００７ウェブ調査が男女問わず有意に利用度が高かった。また、ブログ・ＳＮＳ利用に関しては、ウェブ調査大学生がＰＣネットでの利用、Ａ大学生がケータイでの利用が、それぞれ有意に高いこと、利用端末を問わなければ、ブログについてＡ大学生とウェブ調査大学生とにさほど大きな違いはないこと、ＳＮＳについてはＡ大学学生がきわめて積極的であることが明らかとなった。さらに、オンラインでの人間関係拡大について、Ａ大学生が最も消極的であり、２００７ウェブ調査女子大生が最も積極的であった。

　では、Ａ大学インフォーマント20人は、Ａ大学学生という集団においてどのような位相にあるのだろうか。インフォーマント20人とそれ以外の学生１３８人に分けて分析した結果、社会心理的属性、情報ネットワーク行動の一般的傾向は変わらず、むしろ、わずか20人にもかかわらず、それ以外の１３８人と分布が驚くほど一致していた。

　ただ一点、有意な違いがあり、それは、インフォーマントが、ＰＣネットをより積極的に利用する傾向を示していた。ＰＣネット利用時間とＳＮＳのＰＣネット、モバイルネット利用割合に関して、Ａ大学生の中では、ウェブ調査に近い集団と考えることができる。

　以上のように比較すると、Ａ大学インフォーマント20人について、２００７年・２００８年前後時点における日本社会の大学生を母集団として考えた時に、次のような偏りに留意する必要があることが明らかとなった。まず、社会経済的地位に関連し、所属階層意識と日常生活満足度が相対的に高い層に属しており、社会心理的態度として、長期的関係を重視し、自己効力感、自己肯定感が相対的に高い。

　これは、ＶＡＰ定性調査全体にもあてはまる。さまざまな作業と長時間のインタビューを求めるため、同年代との比較において、インフォーマントの社会経済的地位、自己効力感、自己肯定感、外向性・積極性が相対的に高くなる傾向をもっている。ただ、社会心理的態度については、有意差がない項目が大半（31項目中24項目）であり、日本のデジタルネイティブを考える上で、インフォーマントたちが大きく偏った集団ではないこともまた明らかである。

また、インターネットの利用に関して、所属している大学の学生たち同様、大学生全般に比して、SNS利用が積極的で、ネットワーク拡大には消極的であり、既知の人間関係を優先する度合が強い可能性がある。ただし、周囲のA大学生たちはPCよりも携帯優位に対して、インフォーマントたちはPCと携帯をともに積極的に利用する層だが、ネット中毒性は周囲同様高くはない。

これらは、A大学が女子大学であることも関係している。インフォーマントを含めA大学生の場合、SNS利用が既知の人間関係維持を主目的としており、オンラインでのネットワーク拡大に消極的な傾向が強い。他方、ウェブ調査モニターの偏りという観点からは、PCネット利用、内向性、孤立感、ネット没入傾向が相対的に高い傾向がみられる（この論点については、次項で検討する）。

このように、社会心理的態度、社会経済的属性、インターネット利用機器、利用時間、コミュニケーションサービス（SNSやブログ）利用・非利用、利用頻度などについて、インフォーマントたちを1つの社会集団として捉え、より大きな社会集団（インフォーマントたちはその母集団の一部であることは間違いない）における分布と比較することは、一種の対話であり、それぞれの集団の特性を相互に照らし出すことで、定性調査の解釈を深める契機、手がかりを与えてくれるものである。

「ウェブ」、「インターネット」自体、アクセス手段・機器・UI（ユーザインターフェイス）それぞれに常に変化しており、測定誤差、サンプリング誤差、どちらの問題も、明確な解が得られるというよりは、たえず、知見を蓄積しつつ、環境の変化に応じた知見を積み重ねていくことが重要となるだろう。

8-4-3 TML（Translational Multi-level）デザイン——定性調査の弱点克服とウェブ調査のバイアス

前項のように、定性調査α（VAP-I定性調査）、定量調査β（2007ウェブ調査）、定量調査γ（2008A大学調査、A大学インフォーマント向け調査）の三者は、それぞれに独立して設計、実施される部分があり、その意味では相互に〈並行〉関係にある（ただし、βとγはともに定量調査であり、図では《並行》のように《》で囲んだ）。しかし、定量調査γは定性調査αに組み込まれ〈埋込〉として機能し、定量調査βとの比較により、インフォーマントたちをβが推計する母集団と《多層》関係（定量同士のため《》で囲む）におく一方、定性調査α全体もまた定量調査βと〈多層〉の関係として接合する役割を果たすことになる。

もちろん、定性調査αと定量調査βとの〈多層〉関係は、先に述べたような体系的リサーチデザインにもとづいているわけではないが、同時に、インフォーマントたちがより大きな社会集団の一員（例えば、「首都圏在住のデジタルネイティブ」）であることもまた間違いない。こうしたＭＭ的アプローチは、（1）定量調査βの分析を、定量調査γを介して定性調査αの個々の具体的事例と連関させて取り組むアプローチ、（2）インフォーマントという少数のデジタルネイティブを対象とした定性調査αの分析を、定量調査γを介して、より大きな社会集団と連関させて取り組むアプローチ、という相互に補完するベクトルが生じ、立体的、複合的なトライアンギュレーションが生成しうる。

つまり、定性調査αが定量調査βの体系的な（あるいは単純な）サブセット（部分集合）ではないがゆえに、定量調査γを介して、調査者には、トランスレーショナル（橋渡し的＝翻訳的）で柔軟な分析が求められる。そこで、図8-8のような枠組で定性調査αと定量調査βとの間に多層的関係性を形成するリサーチデザインを、「トランスレーショナル多層デザイン」（Translational Multi-level Design）（以下、本章では、「ＴＭＬデザイン」、〈ＴＭＬ〉と表記）と呼ぶことにしたい。ＴＭＬは、アブダクション型推論と定量／定性を対称的に捉えて組み合わせるＨＥのアプローチを最も典型的に表すリサーチデザインと考えることができよう。

ここで実際上重要なことは、ＴＭＬを具体化する上で「ウェブ調査」が鍵となっている点である。本章第2節で議論したように、定量調査βの部分に関して、オフラインの社会調査は、費用、回収率、データ入力などの面で、エスノグラフィー調査において、定性調査と組み合わせることは容易ではない。

他方、オンライン活動、デジタル情報の社会での流通量が爆発的に増大していることから、量的に把握する可能性と社会からの要求もまた強まっている。質的研究者にとって、質的調査の必要性、その独自の価値を主張することも大事だが、自らの方法の弱点を克服していく努力もまた不可欠だと本書は主張する。その観点から、ウェブ調査を積極的に活用するＴＭＬデザインは、定性調査にとって大きな意味をもつ。

調査実施者が、定量調査、定性調査ともに関わることにより、情報ネットワーク行動、社会心理的変数、社会経済的属性等に関して、インフォーマントたちがより広い集団において相対的にどのような位置にあるかを検討することが可能となるよう、インフォーマント向け、定量調査向け質問項目を検討することができ、それは、トランスレーショナルな分析を介して、定性調査自体を豊かにする可能性を持っている。

もちろん、「ウェブ調査」はオンライン利用者のみを対象とするものであり、NCを研究対象とするHEだからこそ有効だという点は、方法論の観点から留意しておく必要がある。さらに、ウェブ調査という方法自体、社会調査方法論として課題を多く抱えていることもまた十分に認識することが不可欠である。それは大きく、回答がオンライン画面操作にもとづくことによる測定法の問題と、実質的に調査会社の登録モニターを対象とすることによるサンプリング（回答者のリクルート法）の問題に分かれる。

「インターネット調査」というと、電子メールを送付し、メール本文の質問、あるいは、添付ファイルの質問票に回答し、返信してもらう、一種の郵送法代替も含まれる。それに対して、「ウェブ調査」は、基本的にはPC、スマートフォン、タブレット端末の画面に表示され、ボタンやスケールを操作することで回答していく様態を指す。

ウェブ調査の場合、調査会社から回答依頼メールが送られ、当該のURLにアクセスして、画面に自らで回答する形態（「自記式」とも言われる）が基本であり、調査者と回答者が、回答（確定）行為において直接コミュニケーションすることはない。対照的に、通常の訪問面接法、調査票留置回収法の場合、調査員と直接対面する機会が生じるが、こうした回答・回収様態の違いは測定誤差を生み出すこととなる。例えば、ウェブ調査は、社会的規範・期待に影響を受けにくい、社会的逸脱行為・規範について率直に回答しやすくなる（一種の脱個人化(deindividuation)）、回答漏れや非該当者回答を防止し、質問項目間の動線や論理的関係に齟齬が起きないようにするといったメリットがある反面、いい加減な回答をしやすく、回答したのが誰かをチェックできないなどのデメリットもある。調査会社も、回答時間の測定、回答のパターンなどから、不適当な回答を検知する工夫をしているが、「協力者の回答に対する低関与とそれによる（研究者にとって）「望ましくない」回答行動であるSatisfice（目的を達成するために必要最小限を満たす手順を決定し、追求する行動）」（三浦・小林 2015: 1）、サティスファイサー（サティスファイスする回答者）は深刻な課題である。

さらに、サンプリングに関して、ウェブ調査は大きな課題を抱えている。概念の定義として、ウェブ調査が必ずモニター調査というわけではけしてないが、実態として、ウェブ調査は、調査会社がボランティア型のアクセスパネルを用意する。つまり、非確率抽出法登録モニター調査のため、母集団としての当該社会を正確に反映しているとは言えない。さらに、日本における大手調査会社の登録モニター数はそれぞれ百万人を越えているとはいえ、オンライン調査の場合、とくにVAP実施時点においては、PCインターネット利用者が主対象であり、非利用者だけでなく、携帯電話のみネット利用者は含まれない。スマホの普及により2010年代になると、PCネット利用者のみの状況は改善されてきたが、他方、スマホ画面の限定、操作性は、質問項目を制約する。

こうした課題、制約を踏まえ、前項で触れたように、VAP-IにおけるTMLデザインは、インフォーマント、A大学の偏りとともに、相互のデータの対話から、ウェブ調査モニターの偏りもまた照射するものである。2007ウェブ調査モニターは、PCネット利用、内向性、孤立感、ネット没入傾向が相対的に有意に高い傾向がみられた。

これは、VAP-Ⅲでも同様である。VAP-Ⅲの場合、首都圏以外のデジタルネイティブについて調査するため、東京とともに長野でもフィールドリサーチを行った。VAP-Ⅲ定量αは、高校生、大学生、20代社会人をほぼ均等にすることとし、中高生20人、大学生21人、社会人15人、計56人（内、長野は、中高生4人、大学生5人、社会人6人、計15人）をインフォーマントとする一方、表8-4にある2010ウェブ調査を〈並行〉デザインとして実施した。2010ウェブ調査は、日本全国15~69歳男女3770人を対象としているが、TMLとしての分析は、以下のような回答者の抽出を行った。

15歳から29歳のみ（638人）から、長野県在住者については11人全員、東京圏として東京都、神奈川県、千葉県、埼玉県在住者（183人）から、インフォーマントの構成である「中高生」16人（男9、女7）、「大学生」16人（男4、女12）、「社会人」9人（男5、女4）と同じ構成になるようランダム抽出し、長野インフォーマント、長野モニター、東京圏インフォーマント、東京圏モニターの4集団を比較した。

この比較については、木村（2012）において報告しており、ここでは、特徴的な知見をまとめ、共有するにとどめたい。まず、東京圏インフォーマントと東京圏モニターは、情報ネットワーク行動、社会心理的変数とも概して同様の傾向を示した。例えば、PCネットとモバイルネットの合計利用時間はともに210分程度と、生活時間のうち3時間半程度をインターネット利用に費やしている。ただし、インフォーマントはモバイル優先（モバイル120分）に対して、東京圏モニターはPC優先（PCネット135分）であり、また、東京圏インフォーマントの方が、競争と自分の努力が報われる可能性に肯定的、孤独感が低く、外向的であった。実際、SNSの「友だち数」は、モニター平均53人に対して、インフォーマント平均127人と倍以上に達した。

長野についても、モニターはPCネット優位で、PCネットだけの平均が3・5時間に及ぶ。社会心理的観点からみると、4グループのなかで、長野モニターは、有意に内向的で、ネット依存傾向、地域社会からの孤立傾向が強く、地方部でのウェブ調査モニター属性として、留意すべき点とも考えられる。

このように4グループを比較すると、東京圏モニターを基準にした場合、長野モニターがPCへビーユーザの傾向を強く示していること、東京圏インフォーマントでモバイル利用が相対的に強いことを除けば、ネットの利用方法やそれに影響を及ぼす社会心理的側面でインフォーマントたちに大きな偏りがあるとはいえなかった。一点、東京圏と長野でネット利用に顕著な差異が生じていたのは、地理的環境による影響であった。

モバイルネットに関して、インフォーマントの場合、東京圏が平均ほぼ2時間に対して、長野はわずか36分と3分の1以下に留まる。これは、長野インフォーマントたちが通学、通勤に長時間の電車利用をしていない（東京圏インフォーマントたちは、長時間電車利用がある）ためであり、交通機関予約、ネットショッピング利用に関しては、やや長野が多いのも、生活環境の違いによる。

このように、TMLデザインにより、定性的研究のインフォーマントたちが、より大きな社会において、どのような位置づけにあるのかを相対的に理解し、解釈をより深めることが可能となるとともに、ウェブ調査のモニター集団に関しても相対的理解が進展し、そのデータ解釈に際する留意点が明確となる。

Yeagerら（Yeager et al. 2011）は、（a）確率抽出法にもとづく政府の大規模調査、（b）RDD法[5]対面調査、（c）RDD法ウェブ調査、（d）7つの非確率抽出法登録モニターウェブ調査の比較を行い、（a）を基準として、（b）～（d）の偏りを調べた。比較する項目は、一次的人口学的属性（性、年齢、学歴、民族集団など）、二次的人口学的属性（未既婚、家族構成、就労状況、住居形態など）、非人口学的属性（喫煙、飲酒量、健康状況など）である。その結果、二次的人口学的属性、非人口

[5]　RDD（Random Digit Dialing）法。コンピュータによる乱数計算をもとに無作為抽出された電話番号に電話をかけて行う調査法。固定電話の場合、市外局番と地域とに対応関係があることから、固定電話を対象として行われる。携帯電話では番号と地域との対応関係がない（さらに、利用者の物理的移動もある）ため、地域的偏りを統制できない。また、固定電話では世帯を介して回答者の性別、年代も統制しうるが、個人専有が大半の携帯電話ではそれもできない。そのため、RDD法は、固定電話利用者というバイアスをはらむことになる。

学的属性に関して、(a)のデータに対する平均絶対誤差は、(b)が2・90、(c)が3・40に対して、(d)は5・23であり、(d)の信頼性が最も劣っていた。

しかし、確率抽出法であるRDD法でも誤差はあり、日米いずれにおいても、調査会社は登録モニターの拡充に取り組んでいる。Yeagerらはまた、大学生を対象にした非確率抽出法にもとづく調査による学術研究は広く行われてきており、母集団としての当該社会における分布や変数間相関の強さを推計するには信頼性が低いが、ある2つの変数が相関しているかどうかを検証するといった目的であれば十分意味があると論じている(ibid.)。

したがって、数十人を対象とする定性調査に対して、「オンライン調査登録モニター」という偏りがあることを前提とし、留意しながら、より広範囲(本調査の場合であれば1000名単位)の人々の傾向を把握すること。そして、より大きな社会集団における定性調査インフォーマントの位相を探索しながら、定性調査で得られる知見をどの程度、いかに一般化できるかを考究していくことこそ、HEとしてのTMLデザインがもたらす大きな可能性であろう。

8-5 VAP-V(北米調査)
――社会文化間比較に拡張したTMLデザイン

TMLを日米社会文化集団比較という観点まで拡張したのがVAP-V(2012年12月から2013年8月)である。図8-9に、VAP-ⅣまでのC調査研究とVAP-Vのリサーチデザインを構成する要素をまとめた。

8-5-1 VAP-Vのリサーチデザイン

マルチストランド(多連)デザインの枠組で捉えれば、VAP-V全体および(A)、(B)、(C)の構成要素それぞれは、VAP-Ⅳまでの調査研究(X)を先行調査とする〈継起〉の位置づけにあたる。他方、シングルストランド(単連)デザインとしてのVAP-Vは、図に示しているように、〈並行〉〈継起〉〈埋込〉〈変換〉〈多層〉5つのMMデザインが組み込まれている。

具体的な調査遂行手順としては、まず、(X)にもとづき、デジタルネイティブに関する包括的、体系的な分析を進めながら、アメリカでの定性調査(A)を立案、実施した。ついで、その定性調査実施過程で掘り下げるべき課題を生成し、アメリカのデジタルネイティブを対象とした定量調査(B)、それと比較するための日本での定量調査(C)に取り組んだ。つまり、時間軸に

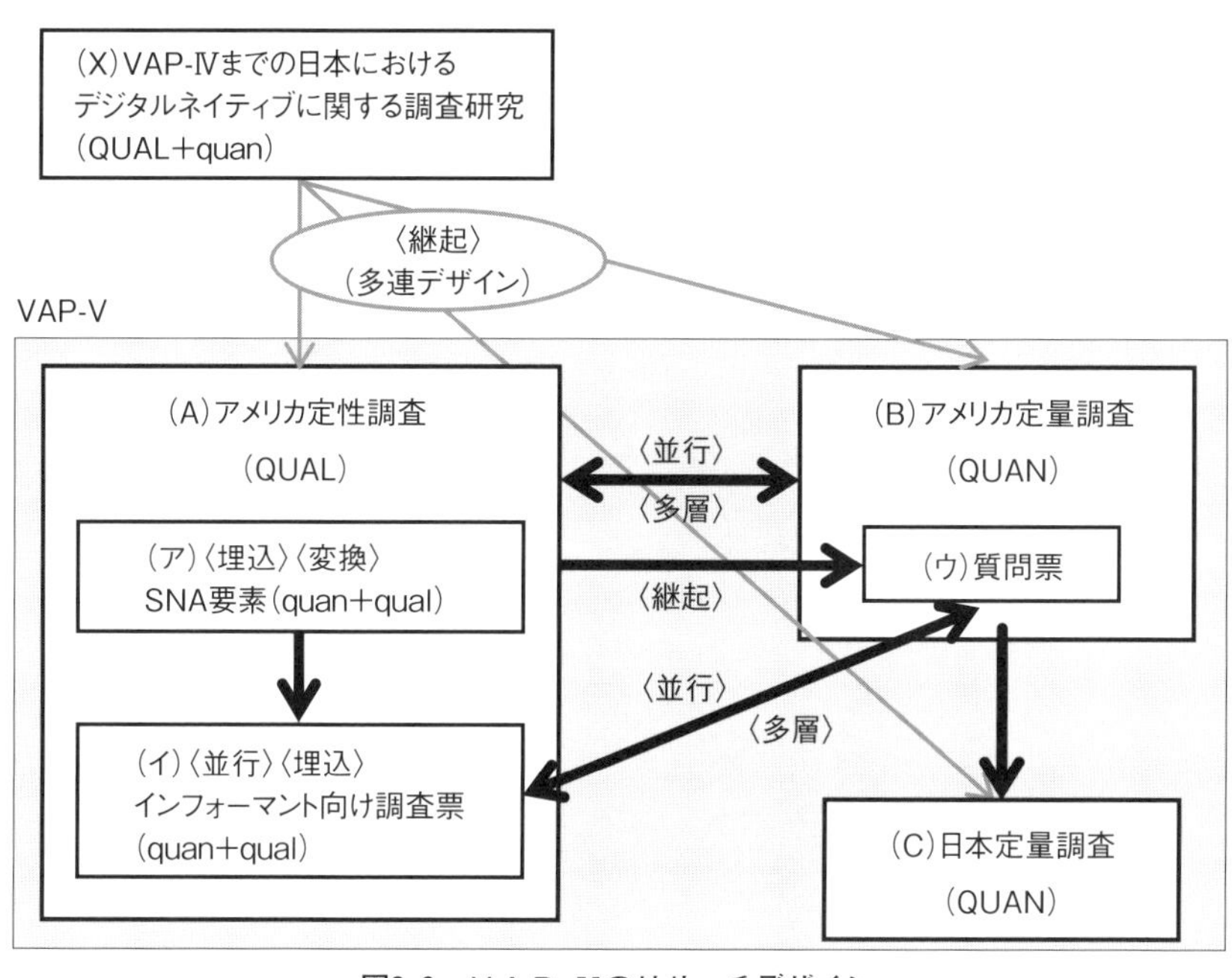

図8-9　ＶＡＰ-Ⅴのリサーチデザイン

おいて、Ａ→Ｂ→Ｃの〈継起〉デザインであり、先行する調査での進展がその後の定量調査の内容に反映している側面がある。他方、ＶＡＰ-Ⅳまでが定性を基盤（QUAL）として、定量を補完的（quan）に組み合わせていたのに対し、ＶＡＰ-Ⅴでは、定性（Ａ）、定量（Ｂ）、定量（Ｃ）が、それぞれ同じ重みを持ち、ＶＡＰ-Ⅴの分析は、Ａ、Ｂ、Ｃ、さらには、ＶＡＰ-Ⅳまでの日本調査を有機的に組み合わせ、統合的にアプローチすることとなった。

Ａ、Ｂ、Ｃの概要は以下の通りである。

・アメリカ定性調査（Ａ）

◇２０１２年12月～２０１３年２月、アメリカ北東部の大学街で、表８-１にまとめたように17人（女性12人、男性５人）を対象に実施。

◇前節（８-３）で展開したＶＡＰ-Ⅲのデータ収集フォーマットを踏襲した。

・アメリカ定量調査（Ｂ）（以下、表８-４の表記に従い、「２０１３ウェブ調査（米）」）

◇全米16～30歳の男女を対象に、２０１３年３月４日～13日実施。有効回答数は１２００人。

◇地域（東北部、西部、南部、中西部の４区分）[6]、年齢（16～20、21～25、26～30の３区分）、性別（男女）、３つの人口学的属性を組み合わせ、「東北部・男性・16～20」など24セルで均等割付（１セル50人）をした。

・日本定量調査（C）（以下、「２０１３ウェブ調査（日）」）

◇関東、東海、関西３地域、12～29歳の男女を対象に、２０１３年８月13日～15日実施。有効回答数は１０３８人。

◇関東、東海、関西の３地域[7]で人口比に対応し、それぞれ５割、２割、３割となるようにした上で、それぞれの地域で、12～19歳・20～24歳・25～29歳の３グループ[8]、男女で均等になるよう割り付けした。

◇調査対象地域を関東、東海、関西の３地域にしたのは、①都道府県別に人口比で割り付けるのが困難（予算、モニター数両面）、②全国調査にすると地方部のモニター数が限定され、十分な回答者が得られるかリスクがある、③少数の地方部モニターは、ＶＡＰ-Ⅳ長野調査について触れたように、ＰＣネットへビーユーザであり、やや偏った傾向を持つリスクがある、といった考慮にもとづく。

8-5-2　国際比較、異文化間比較研究

ＶＡＰ-Ⅴでは、アメリカにおける定性調査インフォーマントとウェブ調査モニターとのＴＭＬデザインでの比較だけではなく、ウェブ調査での社会文化間比較が加わっている。すると、後者の比較においては、ウェブ調査のサンプリングバイアスとともに、国際比較、異文化間比較にどのような枠組みでアプローチするかが大きな課題となる。

国際比較研究（international comparative research）、異文化間比較研究（cross-cultural research）は、単純な項目比較に留まるものではなく、まさにトランスレーショナルなアプローチが不可欠である。具体的な例を介して検討してみよう。

「インターネット利用率」は、異なる社会を一次元の尺度の上で比較することが可能な単純な指標に思われるかもしれない。しかし、インターネットへのアクセス端末と回線の種類が社会毎に大きく異なり、単純に一元化して比較することは難しい。

たとえば、２００５年前後、世界各国では、携帯電話でのインターネット接続はほとんど普及しておらず、ほぼＰＣネットだけだったが、日本では、３Ｇ回線によるモバイルインターネット（docomo 社の i-mode など、ガラケーによるインターネット接続）が広範に普及していた。そこで、「インターネット利用率」をＰＣネットだけで比較すると、日本社会は主要産業

国で中位に留まる一方、モバイルネットを含めると日本がきわめて高い普及を示すこととなった。

ここで問題となるのは、ガラケーでのインターネット接続利用はPCネット利用と（さらには、その後のスマートフォン利用、タブレット利用）と単純に同一のものとみなすことができないことである。さらに、端末だけではなく、回線速度も利用の仕方に大きな影響を与える。遅いダイヤルアップ回線、中速のDSL回線、光ファイバー（FTTH）、i-mode普及初期のようなガラケーネット回線、第4世代携帯（LTE）や「光ファイバーとWifiとの組み合わせ」など、「インターネット」と言っても、回線速度により、利用されるアプリケーション、頻度、方法などが大きく異なる。また、こうした端末や回線、アプリケーションの普及は、インフラ整備の仕方、通信事業の競争状況、ネットワークへの規制など社会毎の法制度、産業構造、ビジネス環境などが大きく影響を与えている。

さらに、こうした国家を単位とした社会制度的問題だけでなく、「インターネット利用」は、対人関係やコミュニケーションに関する多様な規範、価値などが強く作用する「文化的実践」でもあり、文化毎にオンラインコミュニケーションや自己開示の様式が大きく異なる。ところが、文化的実践の比較は、社会制度比較以上に、比較するための尺度や次元を特定しがたい。日本社会では、ブログやSNSにおける自分に関する情報の開示（自己開示）が乏しいが、本名、居住地域、連絡先など

---

［6］ 具体的には米連邦政府統計局の区分にしたがい次の通り。北東部（Northeast）：Maine, New Hampshire, Vermont, Massachusetts, Rhode Island, Connecticut, New York, Pennsylvania, New Jersey、中西部（Midwest）：Illinois, Indiana, Iowa, Kansas, Michigan, Minnesota, Missouri, Nebraska, North Dakota, Ohio, South Dakota, Wisconsin、南部（South）：Delaware, Maryland, District of Columbia, Virginia, West Virginia, North Carolina, South Carolina, Georgia, Florida, Kentucky, Tennessee, Mississippi, Alabama, Oklahoma, Texas, Arkansas, Louisiana、西部（West）Idaho, Montana, Wyoming, Nevada, Utah, Colorado, Arizona, New Mexico, Alaska, Washington, Oregon, California, Hawaii

［7］ 具体的には、**【関東】**茨城県、栃木県、群馬県、埼玉県、千葉県、東京都、神奈川県、**【東海】**岐阜県、静岡県、愛知県、三重県、**【関西】**滋賀県、京都府、大阪府、兵庫県、奈良県、和歌山県

［8］ 調査対象者については、可能であれば中学生の回答を得ることができれば望ましいと判断し12歳からとした。他方、12～15歳を独立したカテゴリーとし、さらに16～20、21～25、26～30に分けることは、中学生、高校生のモニター数が少なく現実的ではないため、12～19、20～24、25～29歳で比較できるよう均等に割り付けた。

の項目の開示／非開示を集計して、社会毎の多寡を見たとしても、多寡自体に意味があるわけではなく、文化的実践としての自己開示をそれぞれの社会毎に掘り下げて理解する必要があることは言を俟たない。

したがって、インターネット利用率をはじめ、情報ネットワーク行動や規範、態度についてデータとして捕捉することは、経年変化も含め、統計情報として重要だが、数字の高低に大きな意味があるわけではない。むしろ、国際（社会間）比較、異文化間比較を行う場合、上記のような端末、アクセス速度、利用法、法制度、産業構造などを含め「インターネットを利用すること」とそれが社会にどのように広がっているか（逆にどのような人々にアクセス手段がないか、利用しないか＝デジタルデバイド）、対人関係、コミュニケーションに関する規範や価値体系が、文化毎に、どのようにインターネット利用に影響を与えているのか、などの観点から「インターネット利用」を掘り下げ、社会文化毎の差異を解き明かしていくこともまた重要である。

つまり、「インターネット利用率」のような単一次元として社会間（国際）比較可能に思えるものでも、社会・文化というシステムに深く組み込まれているものであり、要素を単に比較するに留まらず、システム相互を比較することが大きな意味を持つ。しかも、「システム相互の比較」というのは、システムを要素に分解、還元し、比較する尺度・次元を構成するということではなく、システム相互を参照し、縦横に分け入りながら、多次元的、複合的、文字通りトランスレーショナル（「翻訳・変換」）に、記述、説明、解釈を生成していく発見的、探索的アプローチであり、「比較」自体よりもむしろ、比較を媒介することで、それぞれのシステムの理解が深まることにこそ大きな意味がある。エスノグラフィーが要請されるのはまさにこのような文脈であろう。

VAP-Vにおける日米比較研究は、基本的に、上記のような国際比較研究、異文化間研究の認識にもとづき、日米それぞれの社会文化とデジタルネイティブを、定量、定性問わず、多面的、複合的に検討することとなった。

8-5-3　VAP-Vにおける日米ウェブ調査モニター・インフォーマントの偏り

2013ウェブ調査（米）、2013ウェブ調査（日）は、それぞれの社会におけるウェブ調査の偏りを孕んでいる。そこでまず、人口学的変数の観点から、それぞれのウェブ調査が、アメリカ社会、日本社会のデジタルネイティブ層を適切に反映しているのか、日米で比較する場合留意すべき点はないのかを

表8-6　就労・就学・学歴・民族集団の2013ウェブ調査（米）とＣＰＳデータの比較

		本調査	CPS (2013)
就労状況*	常勤	15.6	26.2
	非正規	26.6	21.1
	失業者	18.0	7.3
就学者*	大学生	34.7	26.1
	高校生	15.6	28.8
（非就学者）最終学歴*	高校中退まで	5.4	6.9
	高卒	20.4	18.1
	大学経験・準学士	11.9	14.0
	大卒・院卒	10.3	6.1
民族集団**	White	71.3	77.5
	Black or African American	13.5	16.1
	Hispanic or Latino	12.3	20.5
	Asian	8.5	6.4
	American Indian, Alaska Native	3.1	2.4
	Native Hawaiian, Other Pacific Islander	0.6	0.6
	Other	1.8	—

＊「就労状況」「就学者」「（非就学者）最終学歴」の「CPS」列は、CPS（Current Population Survey）2013年データ（http://www.bls.gov/cps/cpsaat03.htm）による。このCPSの区分に沿って、2013ウェブ調査（米）の属性データをまとめたのが左列（「本調査」）である。

＊＊　米連邦政府統計局による2011年１月現在人口統計推計値にもとづき、本調査の対象年齢16歳〜30歳のみを抽出した。http://www.census.gov/popest/index.html。本調査、連邦政府データとも、複数回答であり、列のパーセントを足し合わせると100％を超える。

検討することにしたい。

２０１３ウェブ調査（米、日）は、どちらも、性年代、地域でサンプル数を割り付けている。そこで、性年代・地域の枠組みを前提とし、中央政府により行われたオフライン大規模社会調査と比較することで、就労・就学状況、学歴（およびアメリカでは民族集団）といった人口学的属性について、ウェブ調査モニターの偏りを見ることにした。

表8-6が２０１３ウェブ調査（米）と同時期の連邦政府ＣＰＳ（Current Population Survey）データとの比較、表8-7は２０１３ウェブ調査（日）と人口学的構成を比較可能な全国対象の大規模オフライン調査である内閣府「第５回情報化社会と青少年に関する意識調査」（２００７年３月実施、以下「内閣府調査」と表記）のデータを比較し、まとめたものである。

両表をみると、回答者の就労者率、就学

表8-7　就労・就学・学歴の2013ウェブ調査（日）と内閣府調査データの比較

		内閣府	本調査
就学中	高校	0.5	2.6
	高専・短大	1.2	0.9
	大学	13.9	29.4
	大学院	1.1	2.8
	専修学校・各種学校	3.1	3.7
	その他	0.5	1.3
既卒最終学歴	高卒まで	34.0	15.6
	高専・短大卒	11.0	4.1
	大学卒	21.2	28.5
	大学院卒	0.9	2.2
	専修学校・各種学校卒	12.5	7.7
	その他**	—	1.1
職業*	常勤	46.4	27.3
	非正規	16.7	22.4
	自営業	3.0	1.8
	学生	20.3	40.7
	主婦・主夫	7.1	6.8
	無職／失業中**	4.8	4.3
	家業手伝***	1.6	—
	その他***	—	3.7

*　「職業」に関して、内閣府調査は単数回答だが、本調査は複数回答（例えば、「学生」で「非正規」は両方に回答するよう求めた）

**　内閣府調査は「無職」、本調査は「失業中・求職中」

***　内閣府調査では「その他」の選択肢がなく、本調査では「家業手伝い」はなかった。

者率、常勤／非正規の割合などに関して、日米ウェブモニター調査には類似しており、中央政府によるオフライン調査との比較において、大学生が多い、常勤が少なく、非正規が多いといった傾向もまた共有している。つまり、人口学的構成が日米ウェブ調査で著しく異なっているわけではなく、両者を社会集団として比較し、差異が認められた場合、どちらかの人口学的要因がその差異を説明する蓋然性は低い。例えば、アメリカでは大学生・大卒の割合が日本よりも顕著に高いことで、ネットバンキング利用率が高い（ネットバンキングは社会に関係なく学歴と相関しており、アメリカ社会の方が高学歴者が多いことで、利用率が高くなる）、といったことは考えにくい。むしろ、後述のように、人口学的変数よりも、社会文化的差異の方が、

NC行動に関して大きな違いを生み出す場合が多い。

　さて、アメリカ定性調査のインフォーマントは17人と少数であり、ウェブ調査以上に、人口学的属性が大きく偏っている。地域は北東部のみであり、年齢は、16～26歳と広がっているが、18、19、22歳で11人と3分の2近く、学歴も、現役高校生1人を除き、大学（院）生、大学（院）卒である。さらに、女性が12人と7割、職業は学生（14人）と非常勤（3人）のみ。民族集団ではヒスパニック系がおらず、白人半数（9人）、アジア系4分の1（4人）と、全米分布（表8-6）と比べるとアジア系が多く、白人が相対的に少ない。

　このように、インフォーマント集団は、多くの人口学的属性に関して、全米当該年齢集団、ウェブ調査モニター集団の分布とは異なる大きな偏りがある。そこで、VAP-Ⅳで、ウェブ調査モニターからサブグループを抽出し、インフォーマント集団と比較したように、VAP-Vでも、属性構成が類似するモニターサブグループ（以下、「サブモニター」と表記）を構成した[9]。サブモニター（54人）をインフォーマント集団と比較すると、社会経済的地位の差異が際立つ。世帯年収の分布（図8-10）をみると、サブグループには15万ドル以上がおらず（ただし、「わからない・無回答（DN・NA）」が2割以上いることは留意すべきだが）、DN・NAを除外し、選択肢の「1万ドル以下」を5千ドル、「15万ドル以上」を15万ドル、他は示された範囲の中点に換算し、平均を算出すると、インフォーマント8万4千ドルに対して、サブグループ5万ドルと大きく異なる。日本のVAPについ

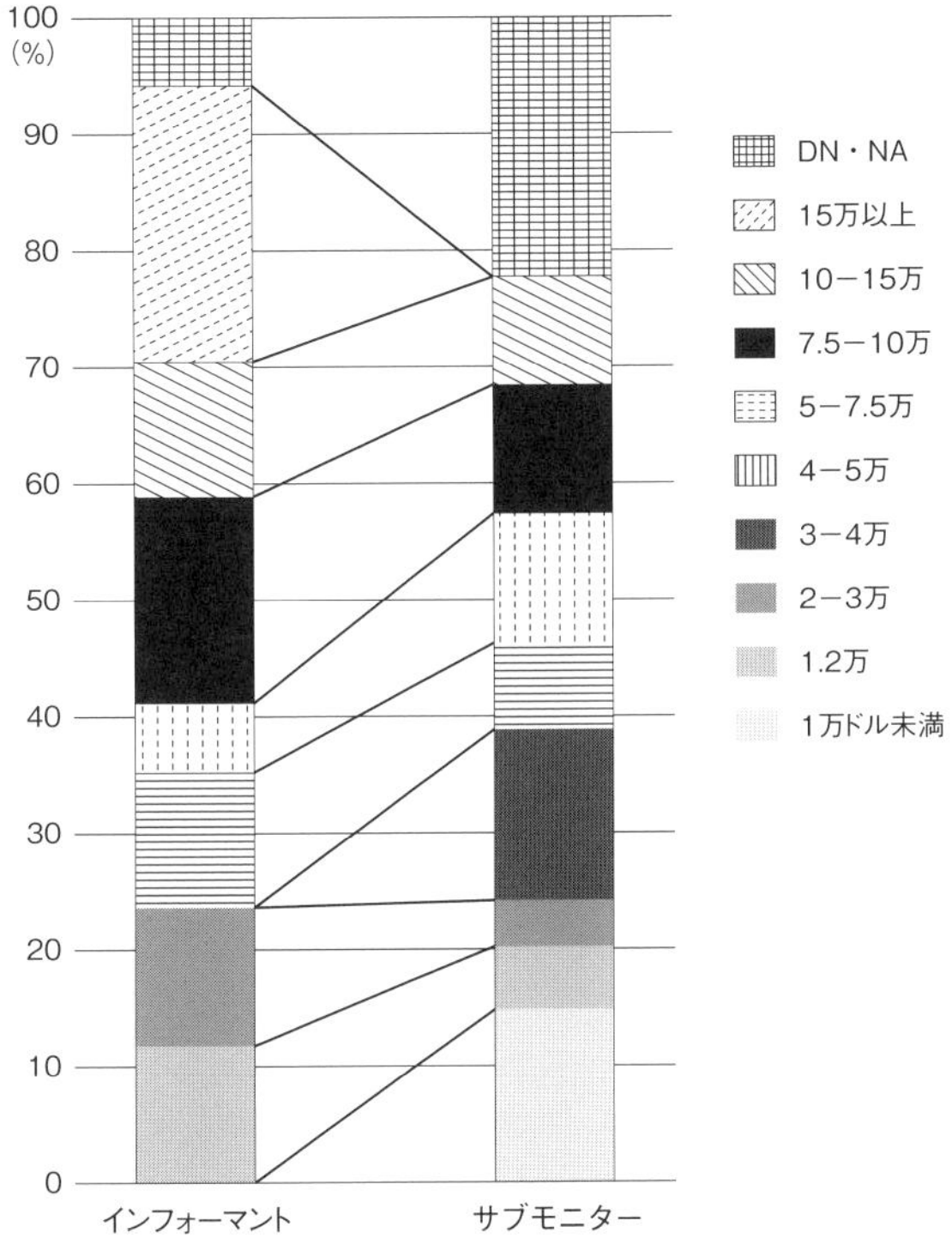

図8-10　米インフォーマントと米サブモニターの世帯年収回答分布

ても触れたが、定性調査インフォーマントは学歴、世帯年収など社会経済的地位が相対的に高い。

8-6　TMLデザインによる日米比較

8-6-1　インターネット利用全般

ここまで議論したようなTMLデザインにより、ウェブ調査モニターとインフォーマントの偏りを踏まえ、米インフォーマント集団（17人）、米サブモニター集団（54人）、米モニター全体（1200人）、日モニター全体（1038人）、という4集団の比較を行った。4者を比較すると、基本的には、日米間の社会文化的差異が大きく、木村（2012）で議論した日本社会の特徴が、日米対照により明瞭に浮かび上がる。分析は多岐に渡るが、ここでは、日米対照に焦点をあて、インターネット利用に関連した、特徴的な分析結果を報告する。

まず、インターネット利用全般（利用時間や利用法）に関して、米モニターは、日モニター以上にインターネット利用に積極的（日モニターは米モニターよりもかなりインターネット利用が限定的）と考えることができる。VAP-Vでは、図8-11にある14項目の具体的なインターネット利用法について、利用の有無、頻度をたずねた（項目はインフォーマントの利用率が

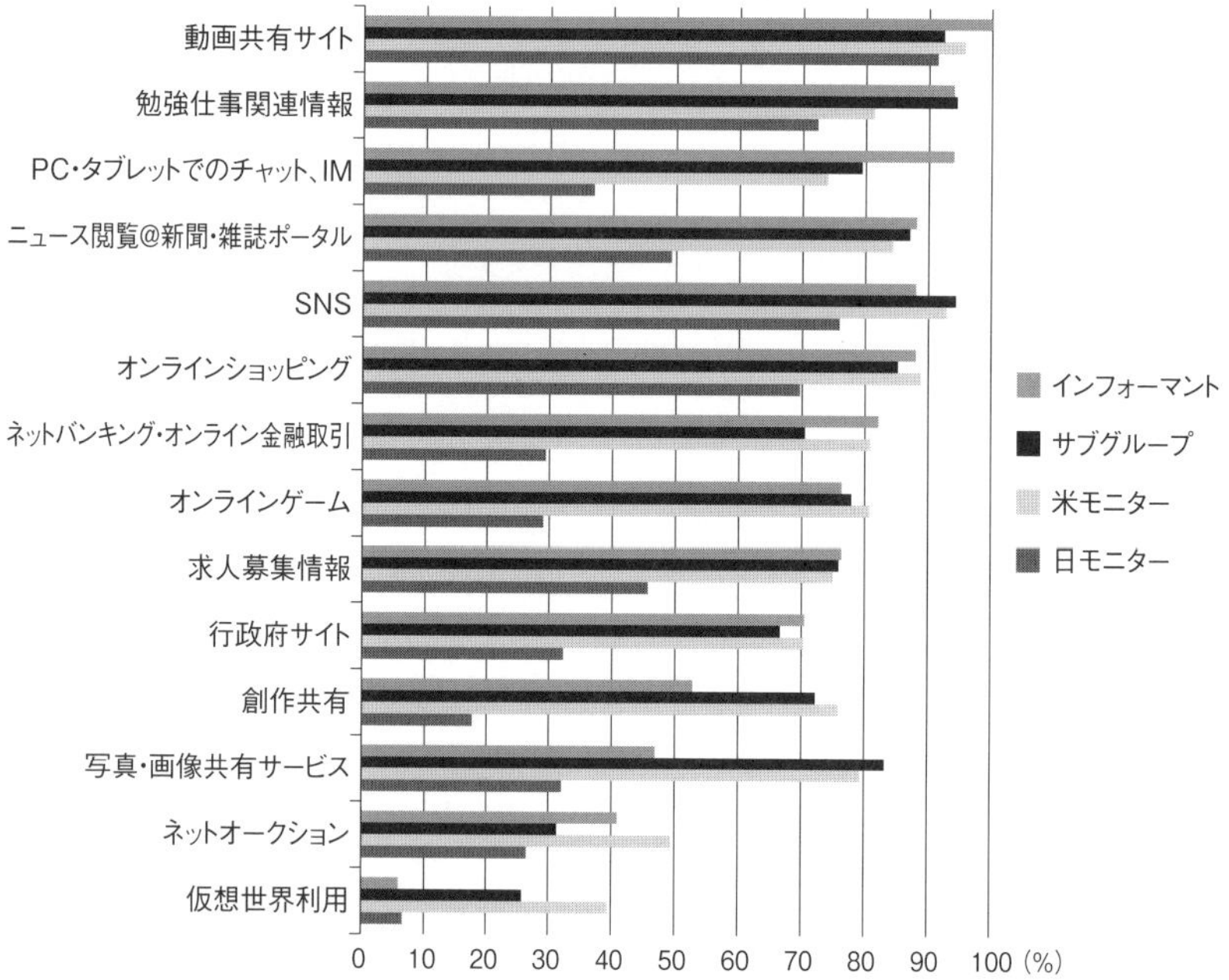

図8-11　ネット利用法の日米デジタルネイティブ比較

高い順に並べてある）。図に示されている通り、日モニターの利用率は多くの項目で有意に低く、利用率が50％を超えているのは、動画共有サイト、勉強仕事関連情報収集、ＳＮＳ、オンラインショッピングの４項目のみである。他方、米モニターはネットオークションと仮想世界（セカンドライフなど）利用を除く12項目が７割を超え、オンライン利用の積極性が確認できる。

これは、ネット利用時間をみても同様である。図8-12、13は、インターネット利用をＰＣ、タブレット、携帯（スマホ）に分け、それぞれの利用率と、利用者における利用時間（１日平均）の中央値をまとめたものである。

ＰＣネットは日モニターも利用率は90％と高いが、インフォーマント、サブグループ、米モニターは94％を超え、利用時間も中央値で５時間以上と日モニターの倍以上に達する。また、タブレットでは、インフォーマント、サブグループ、米モニターいずれも、日モニターより利用率、利用時間とも大きく、米モニターでは利用率が50％近くに達する。もっとも、高校生が多いサブグループは、モニター全体に比べると利用率がやや低く、インフォーマントたちの場合、ノートＰＣと４Ｇ・ＬＴＥ回線でのスマホを併用しているケースが多いため、タブレット利用率は24％と４分の１弱にとどまっている。定性調査を行った街では、市街地の相当部分で大学のwifiアクセスが利用可能となっており、学生たちはノートＰＣで場所を問わずネットにアクセスできる環境にある。

［9］　モニターサブグループの抽出手順は以下の通りである。

・地域に関して、定性調査は北東部の都市で行われたため、北東部回答者のみに限る。
・民族集団に関して、ヒスパニック系モニターは除外することにした。
・上述の通り、インフォーマントの職業は、学生（14人）と非常勤（３人）のみだが、２０１３ウェブ調査（米）の職業分類は次の９種類である。①フル常勤、②パート常勤、③非正規、④自営・フリー、⑤失業、⑥学生、⑦主婦主夫、⑧学生＋有職、⑨その他。職業も自由時間の量や利用するサービスに影響を与えるため、モニターから③非正規と⑥学生のみを抽出した。

以上の条件に合致したモニターは、女性39人（学生38人、非正規１人）、男性38人（学生37人、非正規１人）であった。他方、インフォーマントは女性12人、男性５人と非対称的であり、情報ネットワーク行動は男女差が大きいため、サブグループもまた女性12対男性５の比率にすることとし、女性は39人全員、男子は学生37人から14人をランダム抽出し、男性非正規１人を加え、合計54人をモニターサブグループとした。

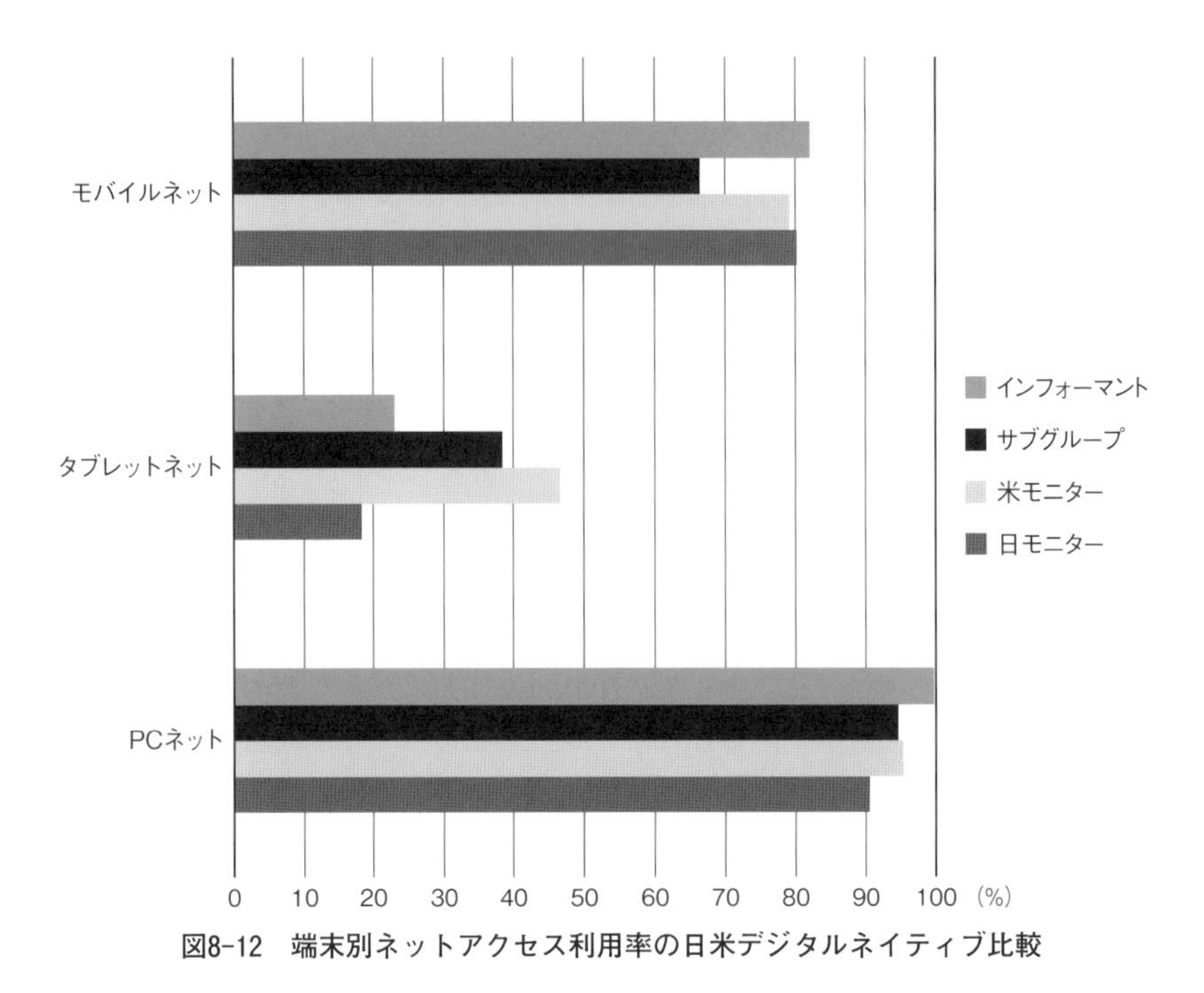

図8-12　端末別ネットアクセス利用率の日米デジタルネイティブ比較

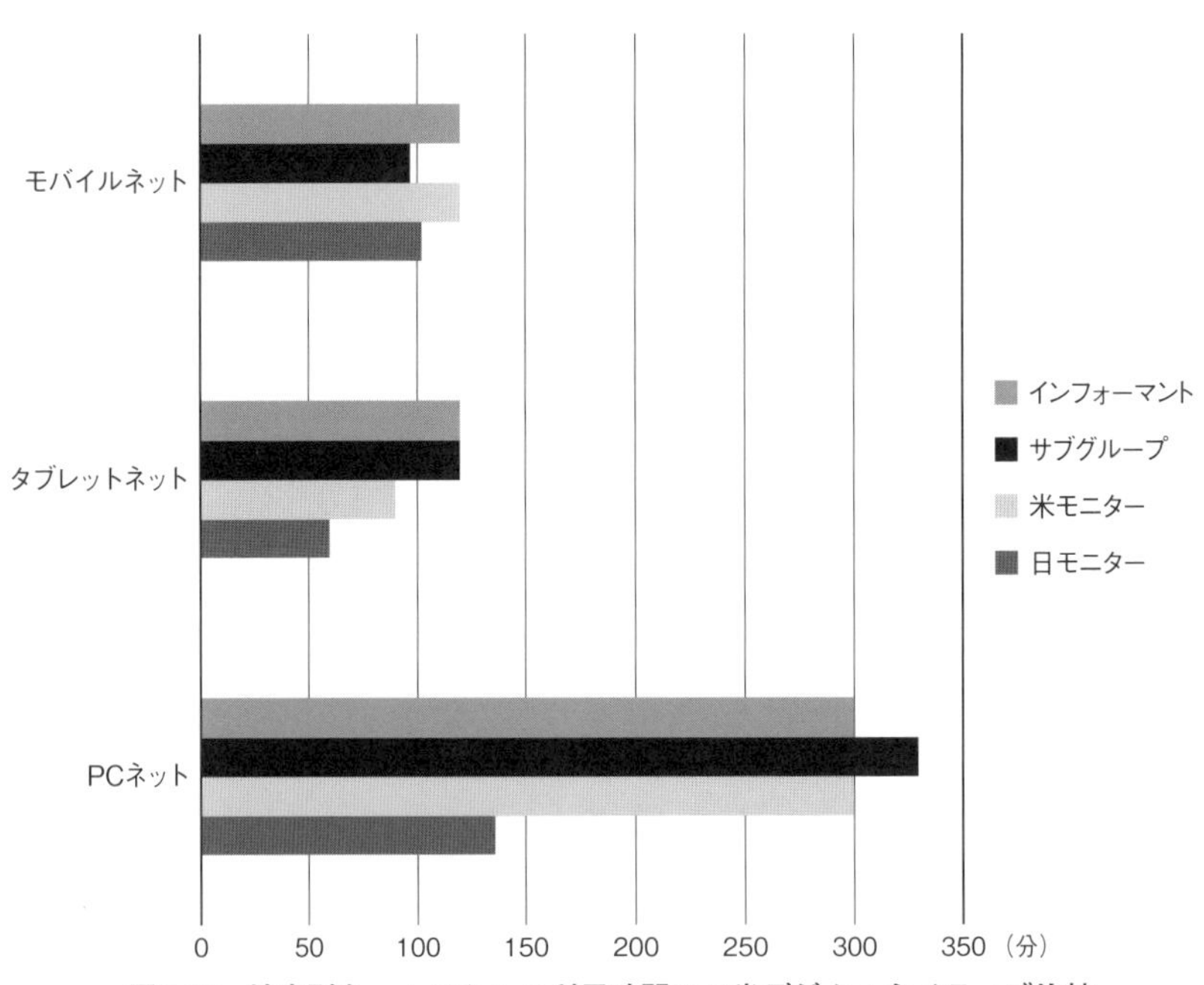

図8-13　端末別ネットアクセス利用時間の日米デジタルネイティブ比較

また、表8-8をみると、8割のインフォーマントは4G・LTE回線のスマホをパケット定額制（「無制限データプラン」）で利用しており、スマホは7割だが、4G・LTE回線は24%、パケット定額制41%に留まるサブグループとは大きく異なる。米モニター全体でも4G・LTE回線31%、パケット定額制55%であり、インフォーマントたちの社会経済的地位の高さを傍証している。

i-mode以来、モバイルネットにおいて、日本社会は最も先進的で、アメリカ社会に大きく水をあけていたが、本調査からは、デジタルネイティブに関して、日米がほぼ同水準にある（むしろアメリカのデジタルネイティブがより積極的である）といってよいだろう。実際、表8-8にもとづき、日米モニター同士を比較すると、携帯系端末保有率9割前後、モバイルネット利用8割前後、（携帯系端末利用者における）スマホ率8割前後、iPhone利用、4G・LTEとも35%前後とほぼ同水準である。

高度サービス（パケット定額制、4G・LTE）については、若干、日本が上回っているが、高速回線については国土面積の違い（狭い日本が敷設に有利）、調査実施時期（5ヵ月遅く日本で実施）を考えれば、大きな差といい難く、パケット定額制については、アメリカでは、「texting無制限」プランが日本のパケット定額制並みに普及している。アメリカのデジタルネイティブにとって、texting（SMS）は、いわゆる通常のガラケー以来、携帯系端末利用で最も重要であり、アメリカでは、物理的QWERTYキーボード搭載端末が、スマートフォンになっても商品化、流通している（図8-14参照）。本調査では、携帯系端末利用モニターの3割が物理的QWERTYキーボード搭載端末を利用しており、texting（SMS）を速く行う需要がきわめて高いことを示している。

もちろん、アメリカでは、プリペイドがモニター、サブグル

図8-14　QWERTYキーボード付きスマホの例
（Samsung Stratosphere I405 4G LTE、こうした端末はslider phoneと呼ばれる）

ープとも2割前後に上っており、①必要最低限機能の前払い制、②基本機能の契約後払い制、③テクスティング定額制、④データ通信定額制、⑤4G・LTEと、価格＝消費能力に応じたサービスが垂直方向に広がり、情報ネットワーク利用における社会経済的格差が表れている。実際、今回のウェブ調査データで、携帯系端末利用状況を世帯年収別にみると、プリペイドは世帯年収が低い方が、スマホ、モバイルネット、無制限データプラン、4G・LTEは世帯年収が高い方が、それぞれ利用率が高い（とくに、年収1万ドル未満と10～15万ドルを比べると顕著である）。しかし、アメリカでも日本と同様、あるいは日本以上に、モバイルネットが、デジタルネイティブたちの日常生活に深く浸透していることは間違いない。

表8-8　モバイルネット利用形態の日米デジタルネイティブ比較

		イン	サブ	米	日
携帯系端末所有		100.0	94.4	93.5	89.7
携帯系端末利用者における割合	スマートフォン	82.4	70.6	81.0	77.7
	プリペイド	11.8	19.6	23.0	
	無制限データプラン	76.5	41.2	55.1	85.2
	無制限 texting プラン		88.2	83.6	
	iPhone	41.2	45.1	39.3	33.7
	4G・LTE	82.4	23.5	31.0	37.9

イン＝インフォーマント、サブ＝サブグループ、米＝米モニター、日＝日モニター

8-6-2　ケータイメール・SMS利用の規範意識、気遣い

ケータイメールは、時間軸の離散性が柔軟な非同期コミュニケーション手段として、2000年代当初急速に普及した。同期的音声通話は限られた対人関係（家族と恋人）に限定され、友人間でも、「これから電話していい？」と事前にメールする行動様式が普及した。これは、日本社会において「空気を読む」ことが強く求められており、空気の読みにくさから音声通話が敬遠されることによる。

ところが、そのケータイメールですら、「送信すると返信を一定時間内にしなければならない」、「夜遅くは呼び出し音で起こすかもしれないのですべきではない」、「『これから電話していい？』は、相手に電話してほしいと暗に要求しているととら

表8-9　ケータイメール・SMS 利用の規範意識、気遣い

	インフォーマント（N=9）	サブグループ	米モニター	日モニター
A） 緊急時を除き夜遅くには友人に音声通話はしない	3.71	3.20	3.44	4.06
B） 緊急時を除き夜遅く友人にケータイ系メール（SMS）しない（起こすことを危惧）	2.39	3.44	3.65	4.00
C） 相手の状況がわからないので緊急時を除き友人に音声通話はしない	3.57	3.06	3.77	4.71
D） ケータイ系メール（SMS）で会話を切るのが難しい	3.22	3.06	3.11	3.45
E） 寝るときにはサイレントか振動のみに設定する	3.78	4.44	4.03	4.09
F） こちらの状況を気にせず送ってくる人にうんざりする	3.36	3.15	3.11	3.10
G） ケータイ系メール（SMS）の文章に気を遣う	3.78	3.93	3.98	3.58
H） 友だちからのケータイ系メール（SMS）は数時間内に返信すべき	4.82	4.33	4.40	3.63
I） すぐ読んだはずの友人からSMS 返信が半日ないと苛つく	3.99	4.39	4.13	2.93
J） すぐ読んだはずの友人からSMS 返信が半日ないと何か悪いこと言ったかと不安になる			3.65	3.04

れかねない」、「書き出しや終わり方など文章を丁寧に工夫しなければならない」など、新たな読むべき「空気」が生み出されるとともに、タッチパネル操作のスマホとTwitter、LINEのようなインターフェイスの登場は、ガラケーのケータイメールを「一々返信ボタンを押さなければならない」「これまでの流れを確認するのが面倒」なメディアへと変えてしまった。もはや、日本のデジタルネイティブたちは、友だち、恋人であっても、携帯電話番号、メールアドレスを知らず、LINEのIDだけを共有している場合も少なくない。

こうしたNCの規範意識、気遣いが、アメリカデジタルネイティブの場合にもあるのかを探るため、表8-9にある(A)から(J)の10項目を案出し、アメリカで「SMS」とした部分は日本では「ケータイ系メール」として、それぞれの調査でたずねた。この質問では、回答を「いつも」「だいたい」「しばしば」「時々」「ほとんどない」「けしてない」

の6件法できいており、「いつも」を「6」、「けしてない」を「1」の連続変数として扱った平均値（中立点は3・5）を表にはまとめた。

これをみると、アメリカのデジタルネイティブたちが気を遣わないわけではないことを示している。彼らはSMSの文章に気を遣い、数時間以内に返信はすべきで、返信が来ないと苛ついたり、自分が悪かったか気になったりする傾向が強い。もっとも、苛立ち（I）が自責（J）より強いのはアメリカらしい。一方、日本のデジタルネイティブたちに顕著なのは「音声通話」回避と「起こすことを危惧して夜中にメールを出さない」ことである。彼らは思ったほど返信が来ないことに苛立ちもせず、気にかけたりもしない。

こうした結果は、定性調査にもとづけば次のように解釈することができる。日本社会では、自分が働きかける際に相手の状況を読むべきとする圧力が強く、それに失敗すると「空気を読めない」とされてしまう。他方、アメリカ社会では、「自分の選択した行為の結果は自分で引き受ける」、「マナーを守る」という考え方がこうした行動規範意識、気遣いに関係している。例えば、夜中呼出音が鳴って起こされるのが嫌であれば、サイレントか振動のみにしておけばいい。もし、（起床の）アラームを使いたくて呼出音をオンにしておいたとすれば、それは自分の責任だ。あるいは、友だちも、必要があるから夜遅くても連絡をしてくる（反対に自分もする）のであって、夜中どのような状況で連絡するかしないかはマナーの問題と見なされる。コミュニケーションは、互酬的関係であり、必要があればメッセージを送るし、送られればできる限り迅速に対応する。しかし、それは「空気を読む」わけではなく、やはり、マナーの問題であり、やりとりのタイミングが遅い個人がいたとすれば、それは個人の嗜好性の問題である。

8-6-3 ブログ・BBS・SNS——情報発信・交流・自己開示

表8-10は、ブログ、BBS、電子会議室（フォーラム）の利用についてである。2009年頃、ブログは日本で利用が高まり、ブロゴスフィアにおける日本語のプレゼンスの高さも耳目を引いたが、今回の調査をみると、日モニターにおける「過去利用率」＝「離脱率」が大きい。とくに「自分のブログに記事をアップする」は、現在利用が25％に対して、過去利用が3割に達しており、日本では、流行としてブログが普及し、一時的流行で利用した人々が退出したと考えられる。また、BBS・フォーラムのような文字ベースでのディスカッションスペースは利用自体が少なく、ブログ、BBS、フォーラムへのコ

表8-10　ブログ、BBS、電子会議室利用の日米デジタルネイティブ比較

	行為者率				過去利用率			
	イン	サブ	米	日	イン	サブ	米	日
自分のブログに記事アップ	29.4	46.3	43.7	25.3	5.9	20.4	11.2	30.1
友人、知人ブログ閲覧	76.5	66.7	62.3	42.2	5.9	11.1	7.3	18.2
オンラインのみの友人ブログ閲覧	29.4	51.9	56.0	31.4	5.9	14.8	8.2	12.1
よく知らない人の（個人）ブログ閲覧	47.1	51.9	55.4	47.3	11.8	13.0	7.0	9.5
他のブログにコメント	41.2	50.0	52.8	21.8	0.0	13.0	8.6	17.7
BBS、フォーラムにアクセス	64.7	53.7	62.8	22.3	0.0	16.7	8.3	6.7
BBS、フォーラムにコメント投稿	58.8	46.3	56.7	12.5	0.0	16.7	9.2	8.6

メントが少ない（情報発信に消極的である）ことも日本社会の特徴であり、本調査でも変わりはない。他方、アメリカでは44％～63％の回答者がブログ・BBSの書込、閲覧を行っており、利用者は週に数回アクセスしている。ただ、インフォーマントについては、「オンラインのみの友人のブログ閲覧」の利用率が有意に低く、これは、オンラインのみの友人が少ないことの延長にあると考えられる。

上述のように、日米を比較すると、日本のデジタルネイティブは、相対的にオンライン活動に消極的である。VAP-Vでは、「一般的にいって、インターネット上の情報はほとんどすべて信頼できる」かを、「とてもあてはまる」～「まったくあてはまらない」の6件法できいているが、「とてもあてはまる」＝1から「まったくあてはまらない」＝6として、平均を計算すると、インフォーマント3・50、サブグループ3・87、米モニター3・42、日モニター4・38であり、アメリカではインフォーマント、モニター問わず中立的に対して、日モニターは相当否定的である。

こうしたオンライン活動、オンライン上の情報に関する消極的態度は、SNSにおける自己開示にも表れている。表8-11は、最もよく利用するSNSについて、それぞれの情報を開示しているか（「本当の情報」「仮ないし偽の情報」「情報なし」から選択）訊ねた結果をまとめたものである（米モニターの真情報開示率が高い項目順）。表から明らかなように、真情報開示が半数を越えるのが、日モニターでは性別、年齢・生年、趣味の3項目（いずれも個人がすぐ特定される情報ではない）に留まるのに対して、米モニターは電話番号、日記以外すべてである。これはもちろん、米モニターが「最もよく利用するSNS」の78％が実名制のFacebookであることが大きいが、実名制のFacebookがアメリカで広く普及してきたこと自体、アメリカ社会におけるオンライン活動、オンライン上の情報への態

表8-11　ＳＮＳにおける自己開示に関する日米デジタルネイティブ比較

	アメリカデジタルネイティブ						日本デジタルネイティブ		
	インフォーマント（N=16）		サブグループ（N=52）		米モニター（N=1145）		日モニター（N=956）		
	真情報	仮・偽情報	真情報	仮・偽情報	真情報	仮・偽情報		真情報	仮・偽情報
性別	81.3	6.3	86.5	1.9	89.3	4.0	性別	69.2	6.1
名前	75.0	12.5	82.7	5.8	89.2	6.2	名前	39.6	22.6
年齢	50.0	12.5	75.0	7.7	80.8	5.5	年齢・生年	55.2	7.8
顔写真	81.3	6.3	80.8	7.7	78.6	7.4	顔写真	24.2	8.2
趣味・関心	62.5	0.0	86.5	3.9	76.9	5.2	趣味	59.0	5.2
学校名・会社名（現在）	75.0	0.0	76.9	3.9	69.7	6.6	在学校名	26.3	4.1
							勤務先	10.6	5.0
学校名・会社名（過去）	75.0	0.0	71.2	1.9	67.1	7.1	卒業校名	30.9	3.7
							勤務先（過去）	9.3	3.0
メールアドレス	43.8	6.3	57.7	5.8	58.1	5.5	メールアドレス	13.6	5.1
電話番号	12.5	6.3	13.5	7.7	32.4	6.5	電話番号	10.5	4.7
日記	0.0	0.0	9.6	7.7	21.0	5.9	日記	29.7	3.9

度を示唆している。

ＳＮＳは、21世紀に入り、デジタルネイティブたちの日常生活に最も深く浸透したメディアといってよいだろう。そうしたＳＮＳ利用については、さらに、フィールドワークでのＳＮＡ的デザインによるデータと組み合わせることで、興味深い知見が得られた。そこで、ここでは節を改め、ＳＮＳ利用を日米社会文化の文脈に定位し、掘り下げることにしたい。

8-7　ＳＮＳ利用と社会的ネットワーク空間の構造

8-7-1　日本社会におけるＳＮＳの普及——せめぎ合う3つの「つながり原理」

ＳＮＳ普及はグローバルな現象であり、とりわけデジタルネイティブ世代にとってそうである。だが、それにもかかわらず、日米で普及しているＳＮＳサービスが大きく異なる。本調査（日米それぞれの２０１３ウェブ調査）では、Alexa（Amazon傘下のウェブサイト利用状況調査サービス）などのランキング情報にもとづき、図8-15、表8-12に示したような具体的サービスについてたずねた。２０１３年時点というスナップショットだが、図表の通り、アメリカでは、Facebookの一人勝ちといってよい状況に対して、日本ではＬＩＮＥが7割以上と最も

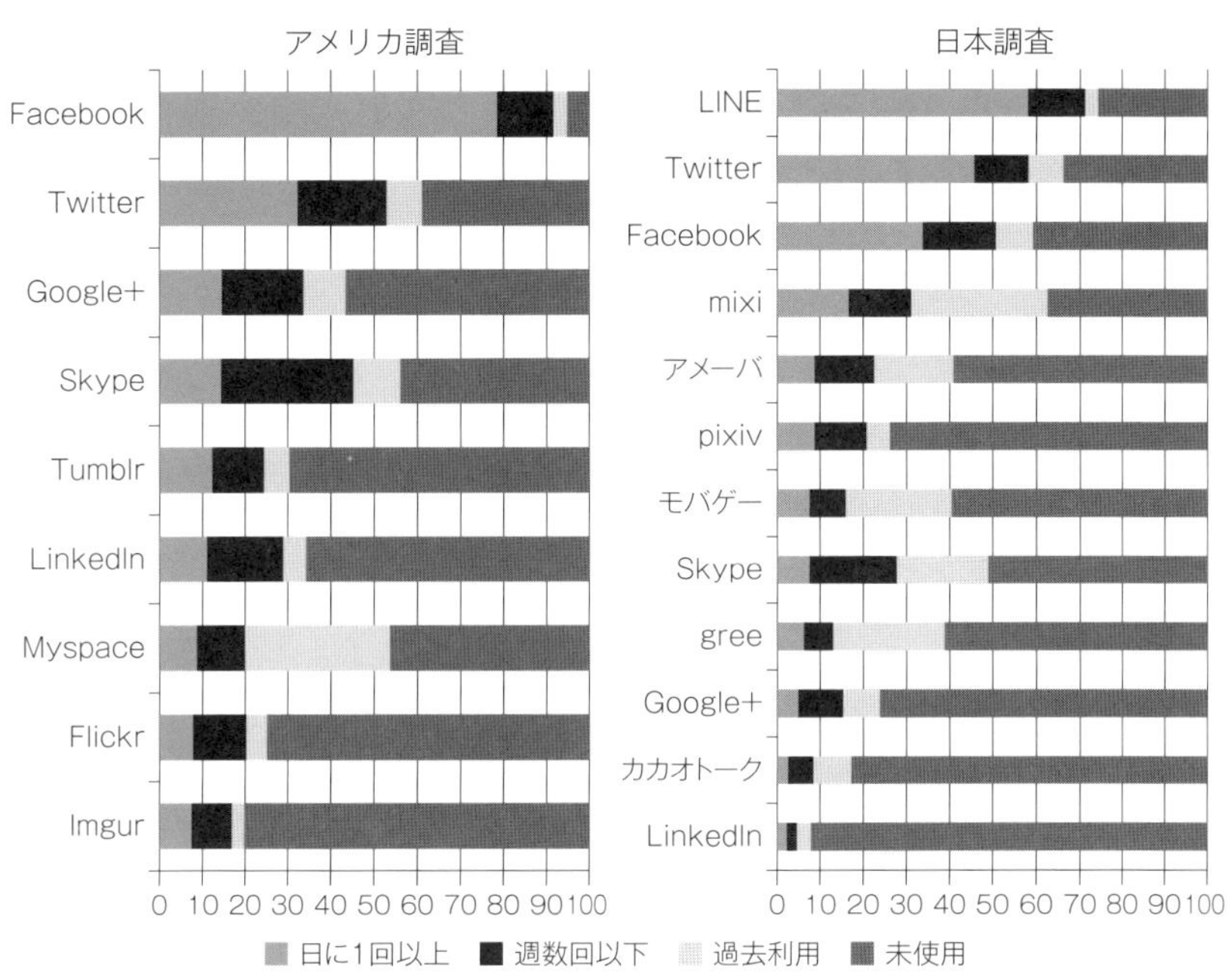

図8-15　ＳＮＳ利用の日米デジタルネイティブ比較

強いが、Twitter６割、Facebook５割と三者が鼎立している。

日本社会の状況を遡れば、２０１１年から12年にかけては、mixi、Twitter、Facebookがやはり三大ＳＮＳとして拮抗しており、12年から14年へとＬＩＮＥがmixiに取って代わる形となった。木村（2012）は、ＶＡＰ-ⅣまでのＨＥを展開する過程から、こうした三者鼎立状態になったのは偶然ではなく、「コミュニティ」「ソサエティ」「コネクション」という３つの「つながり原理」がせめぎ合う現代日本社会の構造を反映していると主張した。本項では、この「つながり原理」のせめぎ合いに関する筆者の議論にもとづきながら、ＶＡＰ-Ｖ調査による日米比較を介した深化を含め、日本社会におけるＳＮＳ利用とその社会文化的文脈を検討したい。

「コミュニティ」とは、既知同士のクリーク状の関係性による社会集団形成原理であり、伝統的な村落共同体や従来の終身雇用における「家族的経営」の企業組織などが典型的なのに対して、「ソサエティ」は、近代社会、産業社会の進展に伴う都市化した空間における社会集団形成原理である。近代化は、個人を村落共同体から引き剥がし、パブリックとプライベートを明確に切り分け、パブリックにおいては、自律的、合理的個人として振る舞うことで社会秩序を形成することを市民は選択したと理念的には考えることができる。そうした自律的、合理的

表8-12　ＳＮＳ利用率、離脱率、「友だち」数などの日米デジタルネイティブ比較

		対ＳＮＳ利用者比率（%）	離脱率（%）	「友だち」数		Cyber-asociality率（%）*	「０」以外回答者*	
				平均値	中央値		平均値	中央値
アメリカ	Facebook	93.3	3.8	346.4	200	0.8	349.3	200
	Twitter	46.9	13.5	228.1	40	6.0	242.7	50
	Skype	28.2	19.4	30.2	10	0.9	30.5	10
	Google+	18.4	22.6	45.2	10	12.9	51.9	20
	LinkedIn	15.6	14.6	67.9	30	8.5	74.2	34.5
	Tumblr	10.5	20.4	134.6	20	10.1	149.7	22
	Myspace	5.7	62.5	163.1	84	12.3	186.0	100
	Flickr	3.5	18.3	29.2	5.5	32.5	43.2	10
	Imgur	3.4	13.5	49.8	3	35.9	77.8	40
日本	LINE	77.1	3.7	72.6	50	0.8	73.2	50
	Twitter	63.1	12.4	1762.4	41	12.1	2005.1	50
	Facebook	55.2	14.0	87.8	50	7.0	94.4	50
	mixi	33.8	50.3	53.8	30	6.8	57.8	30
	Skype	30.4	43.0	13.8	6	10.0	15.3	7
	アメーバ	24.7	44.5	7.8	0	51.7	16.2	6
	pixiv	22.4	21.3	7.3	0	67.8	22.6	5
	モバゲー	17.2	61.0	11.0	1	47.0	20.7	8
	Google＋	16.9	35.1	6.9	0	63.6	19.0	5
	gree	14.4	66.1	11.9	0	51.4	24.4	5
	カカオトーク	9.3	50.3	14.2	5	28.1	19.7	10
	LinkedIn	4.9	40.3	240.0	0	61.7	626.6	6

＊　Cyberasociality率、「０」以外回答者については、214頁で説明、議論する。

個人が市民としてつながる原理を「ソサエティ」と呼ぶことにしたい。そして、成熟した消費社会における社会的主体が他者や資源と取り結ぶ社会的関係性原理が「コネクション」である。ミクロレベルで個々人が自らの利益を最大化するよう行動し、有利なコネクションを構成しようとすることから、マクロの秩序が創発される。

　このように3つの「つながり原理」を区別すると、mixi、LINEがコミュニティ、Facebookがソサエティ、Twitterがコネクションを具体化していると考えることができる。そして、日本社会では、コミュニティ、コネクション、ソサエティ原理がせめぎ合っており、利用率がmixi（LINE）、Twitter、Facebookの順番になるのは、それぞれの原理の強さを示している。

日本社会では既知のつながりを基盤にオンラインでも交流するニーズが高く、それがmixi、LINEの隆盛を生み出している。LINEがmixiにとって代わる形になったのも、双方がコミュニティ原理にもとづく代替的サービスだったからだ。しかし、ネットワークの力は、一次の関係ではなく、二次、三次の関係へと拡大する（まさに「ネットワーキング」する）ことにある。[10] Facebookは実名制のソサエティとして、世界で10億人以上の利用者を獲得し、日本社会でもその力はある程度根付き、利用者も拡大してきた。

ところが、全世界では利用者が3億人程度に留まっているにもかかわらず、日本社会でFacebook以上に普及しているのがTwitterである。2013年10月Twitter社が株式上場を行う際のデータでは1日平均全世界で5億ツィートだが、Biglobe社によれば2014年5月1ヵ月間に日本では26億（1日平均8700万）ものツィートが投稿された。言語別でのツィート数をみると、1位はもちろん英語（34％）だが、2位は日本語で16％を占めており（3位スペイン語12％）、母語話者数を考えると、日本語のtweetsphereにおける存在感は際立っている。

こうしたTwitterの普及を考える上で鍵となるのが、「テンションの共有」である。ここでいう「テンション」とは和製英語で「感情の起伏（の度合い）」を指す。オフラインでは、「親しさ」を構成する「（情緒的）親密さ」と「テンションの共有」は不即不離の関係にある（つまり、親密な友だちであれば、喜怒哀楽を分かち合うのが基本）のに対して、オンラインでは相互に独立したベクトルとして働くことが可能となった。親密だが、テンション共有を避けたいといった友だち関係が広がるとともに、2ちゃんねるの祭り（炎上）やニコ動の弾幕による疑似同期経験にみられるように、テンション共有だけの親しさがオンラインでは拡大してきた。こうした日本社会における、テンション共有を強要されない親密さと、テンション共有のみによる親しさを求める社会心理に適合し、Twitterは、日本でとりわけ発展してきたと解釈できる（図8-16）。

具体的には、日本のデジタルネイティブたちは、（1）140字という文字量の制約、（2）タイムラインという独自のインターフェイス、（3）フォロー・フォロワーの非対称性というTwitterが持つ3つの特性を活かすことにより、従来のオンラ

[10] 直接見知っている相手を「1次の関係（つながり）」といい、1次の関係にある友だちを介して接触できる相手を「2次の関係（つながり）」という。以下、同様に、間に最短X人の人が入ることで接触できる相手を「（X＋1）次の関係」と呼ぶ。

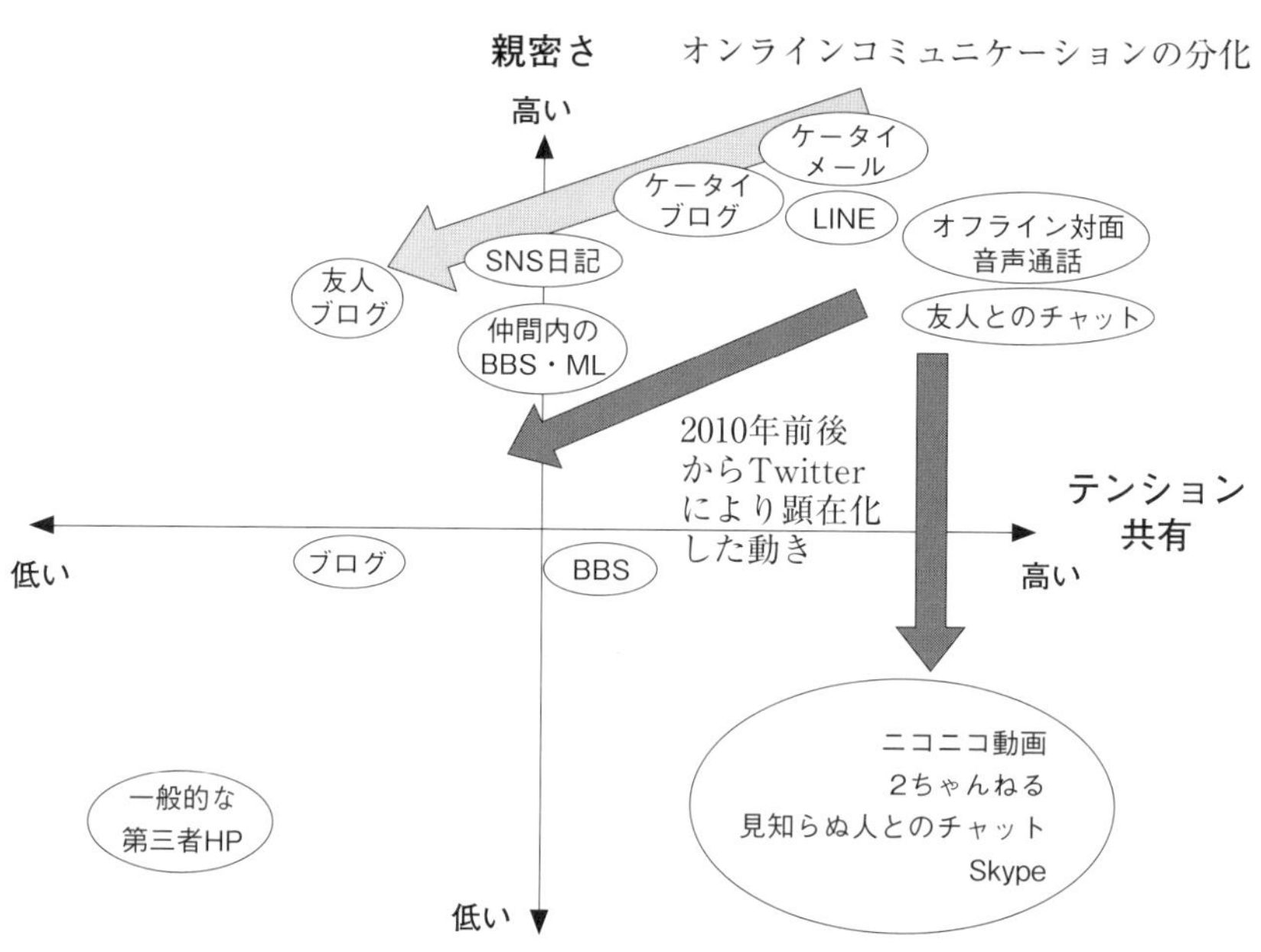

図8-16　「親密さ」「テンション共有」二次元によるNC空間の模式化とtwitterのもつベクトル

インコミュニケーション空間の特徴である「場」、会話の「キャッチボール」というメタファーを解体した。そして、この解体により、「親密さ」と結びついた「空気を読む」圧力を回避し、「テンションの共有（同期）」によるコネクション原理にもとづくつながり、「絡む」コミュニケーションを発展させてきたのである。

つまり、「テンション共有」だけを志向するオンラインだけの知り合いとのパーソナルコミュニケーションは、仮にケータイメールでやりとりするとすれば、どうしてもメッセージを送ると返事をしなければならないという互酬性規範を強要することになる。それはmixiのようなSNSでも同様で、場所メタファーにもとづくオンライン空間では、相手の日記を訪ね、足跡を付ければ、訪ね返したり、付け返さなければならない。それに対して、Twitterは、それぞれの利用者がTwitterにアクセスするたびに生成される動的なメッセージの流れであり、多元的平行世界が展開しており、気が付き、気が向いた時に絡めばよい。

こうしたコミュニケーションは、既知の関係にも適用され、特定の相手に「お昼食べない？」とメールするのではなく、「これからお昼食べに行こう」とつぶやき、反応してくれる人を待つコミュニケーションスタイルが拡大した。つまり、

Twitterは、親しい友人との間では、テンションの共有を強要しない、「緩い」親密さを醸成しうる媒体としても機能している。

これは、ケータイメール以来、ケータイブログ、mixi日記、ブログなどへと展開するベクトル、つまり、空気を読み、テンション共有を伴う強い互酬的な関係から逃れる親密さが求められてきたベクトルの延長にある。ここで重要なのは、逃れようとするベクトルとともに、強い互酬性が働くベクトルもまた依然として強固という点だ。例えば、スマホでの操作性に優れ、mixiにとって代わり、日本におけるSNSの覇者となったLINEは、基本的に「コミュニティ」原理にもとづいており、だからこそ、mixiの「足跡」機能に類似した「既読」機能が、その機能への強い欲求とともに、鬱陶しさも感じるジレンマを内在させ、「既読無視」「未読無視」といった利用者の葛藤を生み出すことになる。

8-7-2　「世間」の支配力

歴史学者の阿部謹也は、日本社会では、「社会」を自己から切り離し、対象化してとらえる視点は希薄であり、「世間」が生活世界を支配していると論じた。

> 世間という言葉は「世の中」とほぼ同義で用いられているが、その実態はかなり狭いもので、社会と等置できるものではない。自分が関わりをもつ人々の関係の世界と、今後関わりをもつ可能性がある人々の関係の世界に過ぎないのである。自分が見たことも聞いたこともない人々のことはまったく入っていないのである。世間や世の中という場合、必ず何らかの形で自己の評価や感慨が吐露されていたのである。（阿部 1995: 4）

> 世間には厳しい掟がある。…（中略）…その背後には世間を構成する二つの原理がある。一つは長幼の序であり、もう一つは贈与・互酬の原理である。（ibid.: 17）

日本社会では、自分が直接的に関わる人間関係の世界である「世間」が、個人に先立って存在し、「世間」こそが人々を支配する。自己というものも、常に世間との関係において定位される。個人がまずあり、個々人が社会を構成するという理念的西欧近代モデルとは異なる社会モデルなのである。

mixi、LINEと既知のつながりを基盤としたオンラインでの交流プラットフォームが、SNSの覇者となるのも、日本社会にとって依然として「世間」が生活世界を支配しているからである。それは、21世紀に生きるデジタルネイティブにとって

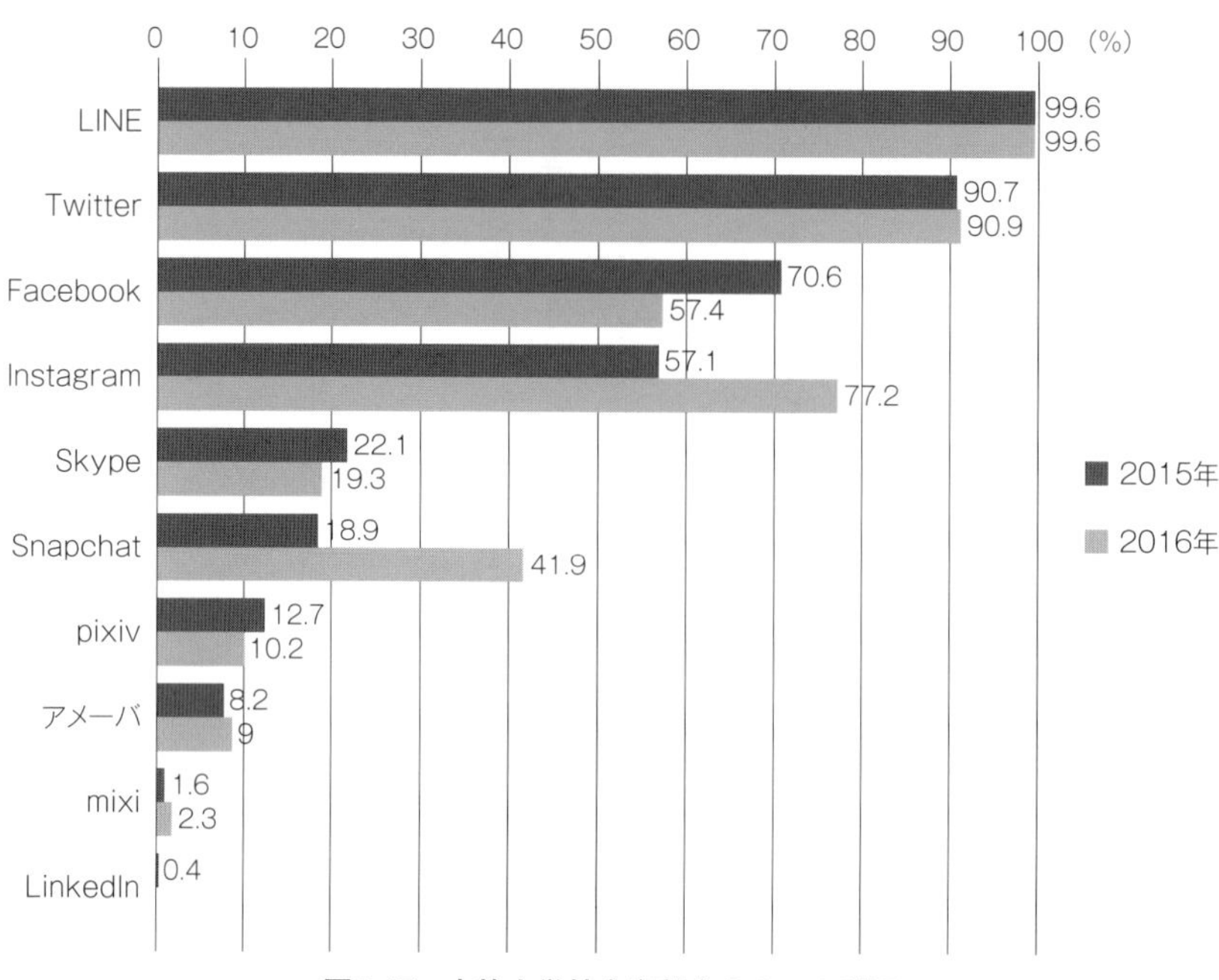

図8-17　立教大学社会学部生のＳＮＳ利用

も同様である。筆者は本務先である立教大学社会学部の学生たちを対象に、２０１５年から社会調査を実施している。表８−17は、２０１５年、２０１６年調査[11]でのＳＮＳ利用率をまとめたものである。

表を見ると、ＬＩＮＥはほぼ全員が利用しており、Twitterも９割以上に達する。他方、Facebookは２０１５年で７割、さらに２０１６年調査では57％と６割を割り、Instagramに取って代わられた。Instagramについては、まだ十分な分析とはいえないが、立教大学生調査にもとづく限り、ＬＩＮＥの「世間」＝日常、Twitterの「匿名」に対して、Instagramは「晴れ」の場として機能しているようである。

ＬＩＮＥ、Twitter、Facebookなど、既存のＳＮＳにおいて、学生たちは、互いに空気を読み、突出しないよう気を遣っている。ＶＡＰ-Ｖにおける日米モニター調査では、以下のようなＮＣにおける気遣いの意識と経験を訊いた。次の（Ａ）、（Ｂ）について、「インターネットを利用する際、次のようなことに不安を感じ」るかを、「とても不安を感じる」から「まったく不安を感じない」の６件法で訊ね、（ａ）、（ｂ）については、経験したことがあるか否かを、「３、４回以上経験がある」、「１、２回以下経験がある」、「経験はない」から選択してもらった。

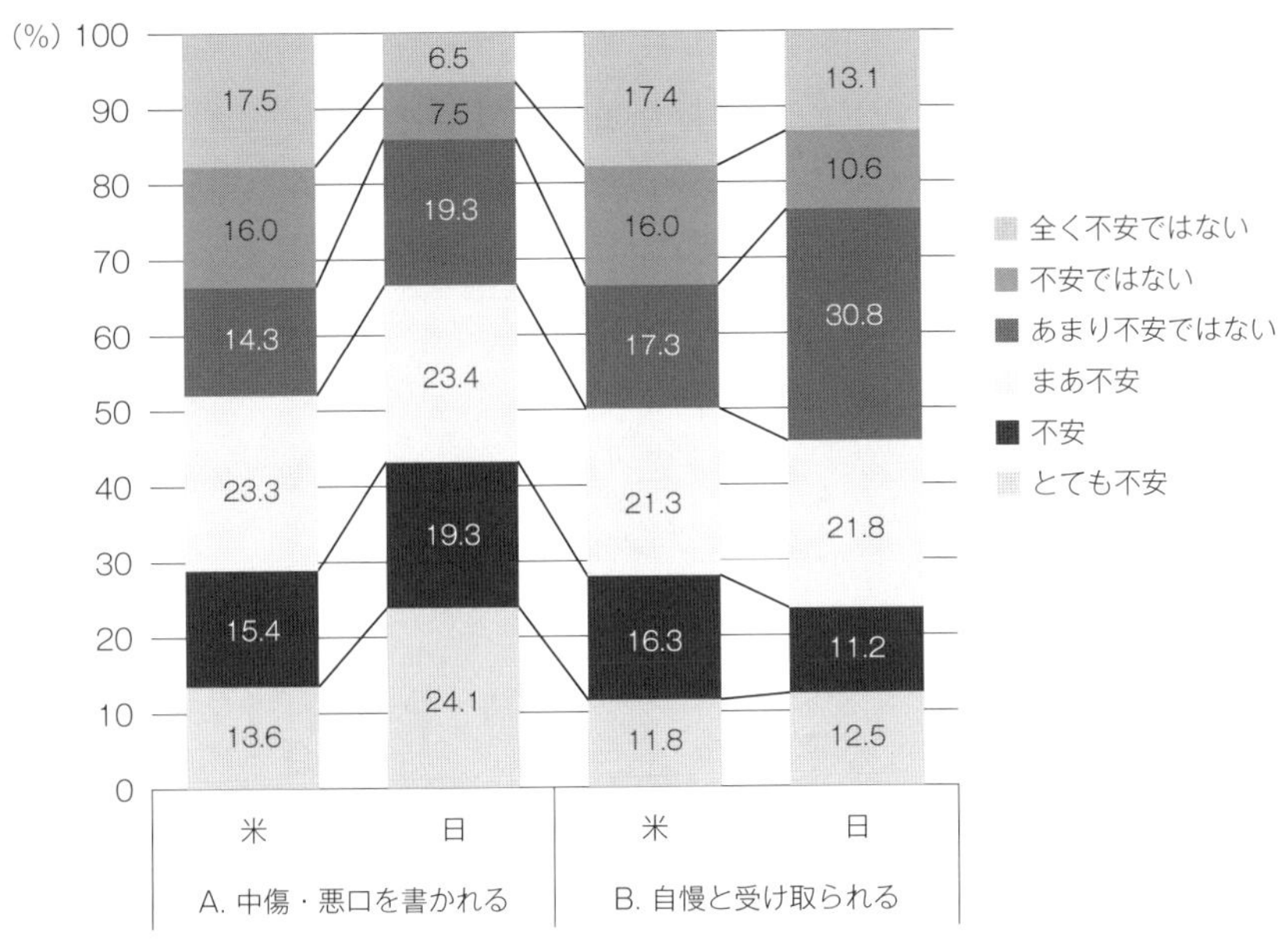

図8-18　NCにおける不安感の日米デジタルネイティブ比較

（A）SNS、ブログ、電子掲示板（BBS）などで自分に対する中傷や悪口などを書かれる

（B）もし、SNS、ブログ、電子掲示板（BBS）で自分の成功や幸せな様子を載せたとすると、自慢している嫌な人だと思われる

（a）SNS、ブログ、電子掲示板（BBS）などで自分に対する中傷や悪口などを書かれた

（b）もし、SNS、ブログ、電子掲示板（BBS）で自分の成功や幸せな様子を載せたとすると、自慢している嫌な人だと思われると危惧して、掲載しないことにした

その単純集計が図8-18、8-19だが、図をみると、米モニターでは、中傷、悪口を言われること、自慢と受け取られかねないことへの懸念は半数前後あり、中傷・悪口を言われた経験、自慢と受け取られることを懸念して投稿を躊躇した経験も、3分の1、4割に達する。つまり、米モニターでは、中傷・悪口

[11]　2015年調査：2015年10月実施。有効回答は247名（男性108名、女性139名）。2016年調査：2016年11月実施。有効回答は268名（男性98名、女性169名）。いずれも授業時における自記式集合調査。

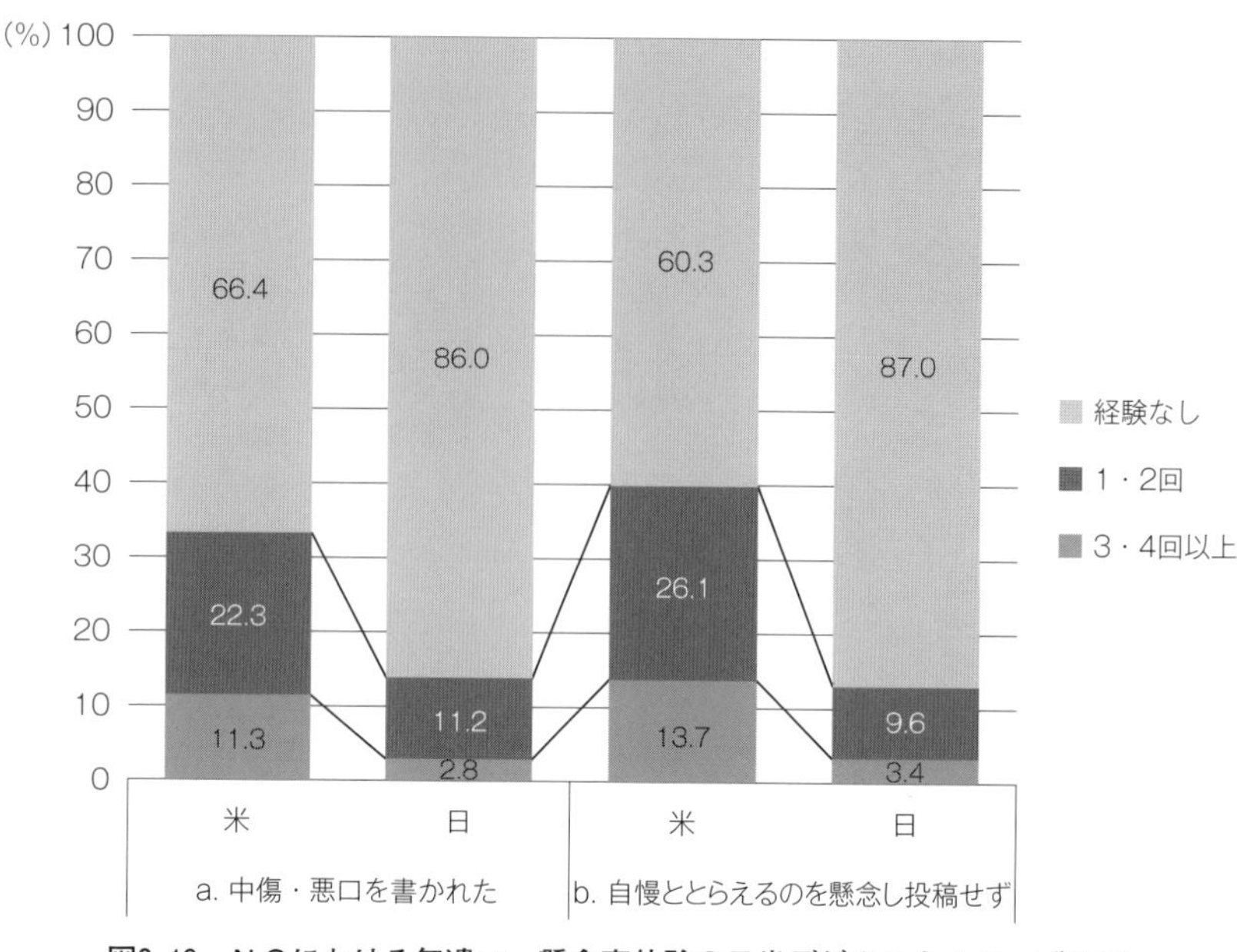

図8-19　ＮＣにおける気遣い・懸念実体験の日米デジタルネイティブ比較

が実際にある程度行われ、警戒するし、自慢と受け取られる懸念があり、実際投稿を躊躇することも社会的にある程度一般的である。

他方、日モニターでは、実際の経験がないにもかかわらず、不安が強いことが顕著に示されている。（ａ）中傷・悪口を言われた経験は８人に１人程度に過ぎないのに対して、（Ａ）の懸念は３分の２に達する。（Ｂ）の懸念は、日モニターの方がやや低いが、（ｂ）の投稿躊躇経験の少なさを考えれば、相対的に懸念は強い。（Ａ）は自分でコントロール不可能なものだが、（Ｂ）は自分で気を付けていれば防ぐことができる。つまり、自慢と受け取られないように自然に行動していることから、躊躇もしないし、不安もそこまで大きくはないと考えることができよう。

こうした日モニターにみられる強い不安感は、木村（2012）で議論したように、「不確実性回避」（UAI：Uncertainty Avoidance Index）が関与していると考えられる。本書では詳述しないが、「不確実性回避」というのは、オランダの社会心理学者・組織人類学者 Hofstede がモデル化した社会心理的尺度で、ある文化の成員が不確実な状況や未知の状況に対して脅威を感じる程度を指す（Hofstede 1991）。

「uncertainty」とは漠然とした不安感（anxiety）に根差して

おり、高所や閉所といった特定の対象に対する「恐怖（fear）」や、確率論的に計算できて冷静に判断できる「危険（risk）」とは異なる。Hofstede の研究では、漠然とした不安感が高く、未知なもの、不確実なものは避けて確実なものだけにしようという傾向（つまりＵＡＩ）が強い社会では、自殺率が高まり、清潔と不潔、安全と危険を明確に分けようとする。また、オランダやシンガポールなど多文化共生社会ほどＵＡＩが低く、日本のような単一文化性の強い社会では高い。筆者は、カナダ、中国、アメリカ、日本で比較研究をしているが、やはり日本社会でＵＡＩが最も高く、さらに、日本社会では、ＵＡＩと様々なネットトラブルへの不安感とに強い相関関係のあることが実証的に明らかとなった。つまり、日本社会では、「困ったらどうしようと困る」傾向があり、トラブル経験の有無にかかわらず、ＵＡＩが高ければ高いほど、個人情報漏洩、ウィルス感染、データ窃盗、中傷・悪口などのトラブルへの不安感も強いのである。

先に日本社会では、ＳＮＳでの自己開示が乏しいこと、インターネット利用において情報発信が総じて弱いことを指摘したが、これも第一義的に、こうしたＵＡＩの高さと結びついている。

ところが、木村（2012）で議論したように、日本社会では、オンライン日記（ウェブ日記）の利用率が国際的にみて高い。実際、ＳＮＳ普及初期の覇者である mixi は、「日記」がキラーコンテンツの1つであった。なぜ、自分が誰か名乗らないオンライン空間で、私的日常生活を「日記」として書き記すのか？

前項での議論も踏まえれば、日本社会では、不確実性回避傾向から、ＳＮＳをはじめ、オンラインで自己開示を積極的にはしない。他方、新たな社会的関係の形成（＝ネットワーキング）よりもむしろ、既存の社会的関係＝世間を再生産するためにオンラインを用いるベクトルが強く働く。mixi で「日記」がキラーコンテンツとなったのは、ケータイメールの互酬性強要を回避しつつ、世間が互いの状況をモニタリングすることを可能にする、「迂回的コミュニケーション」を可能にしたからである。したがって、世間は互いに、どのアカウントが誰であるかが分かっている。むしろ、世間だけが分かっていれば十分であり、積極的に、不特定多数に自己開示をする必要はない。

もっとも、趣味などでつながる場合には、オフラインでの社会的関係に発展する場合も増えてはいるが、名乗って世間に知られることは望ましいことではなく、自己開示せず匿名で、複数の「世間」を分断しておく必要がある。この意味でも、Twitter は、日本社会のデジタルネイティブたちにとって都合がよい。「裏アカ」（世間向けの「本アカウント（本アカ）」とは別のアカウント）を作成し、世間に知られず、自分の思いの丈を吐き出し、別な自分を表現する。

例えば、２０１５立教大生調査では、Twitter で複数アカウントを持っているかを訊ねるとともに、第1アカウント、第２アカウント、第3アカウントがどのような種類のアカウントかを自由回答で記述してもらった（持っているアカウントのみ回答してもらう）。Twitter 利用者２２８人中、１２９人（57%）が複数アカウントありと答え、第2アカウントの種類では、38%が「趣味」関係、1割が「裏アカ」関係と自由回答で特徴づけが行われた。

こうしたＳＮＳ環境において、2ちゃんねる、ニコニコ動画、Twitter など、匿名で脱個人化することによる自己表現、自己顕示空間はあっても、「晴れ」の自分を誇らしく表現できる空間は存在しなかった。pixiv のようなイラストサイトはあるが、そこで自己表現できる人は限られる。Instagram は写真投稿とハッシュタグという、非言語的表現手段を中核とすることで、そうした自己顕示、「晴れ」舞台欲求を満たす側面があると考えられる。

さて、このような日本社会におけるＳＮＳのあり方が、表8-12における「離脱率」と「Cyberasociality（サイバー非社交性）率」の高さと密接に関連している。本調査では、「現在利用」とともに、「過去利用」（＝利用していたが今は利用していない）についても訊ねたが、図8-15に現れているように、全般的傾向として、日本では「過去利用」の割合が、米モニターに比べ多い。

そこで、より具体的に把握するために、「過去利用／（現在利用＋過去利用）」＝「離脱率」（現在利用者と過去利用者の合計に対して、過去利用者がどの程度占めるか）と定義し、算出した結果を表8-12に示した。これを見ると、アメリカでは、Facebook 普及以前にＳＮＳの覇者であった Myspace が6割と高いが、それ以外はいずれも25%以下なのに対して、日本では、ＬＩＮＥ、Twitter、Facebook、そしてイラストＳＮＳサイトの pixiv を除くと、いずれも4割以上の離脱率である。とくに、mixi は、アメリカの Myspace にあたるものであり、ＳＮＳの覇権を握りながら、凋落したサービスと位置づけられる。また、モバゲー、Gree はいずれもケータイゲームとＳＮＳの要素を兼ねた日本市場で普及したサービスだが、ＳＮＳとしての機能は縮小し、スマホゲームサービスへと移行した。

さらに、日米比較で、日モニターに特徴的なのは、離脱率が高いだけではなく、登録し閲覧はするが、「友だち」は「０」のままという割合（これを Tufekci and Brashears（2014）を踏まえ、「Cyberasociality（サイバー非社交性）率」と呼ぶことにする）も、多くのＳＮＳで高いことである。サイバー非社交率は、米モニターではいずれのＳＮＳでもさほど高くないが、日本モニターでは12サービス中5サービスで利用者の半分を超える。ＳＮＳは、Social Networking Service（または Sites）の頭字語であり、対人関係を形成、発展させるサービス（サイト）のはずだが、そうしたＳＮＳで友人が0なのである。

　こうした日本におけるサイバー非社交率は、高い離脱率と裏腹の関係にある。つまり、本節で議論してきたように、ＳＮＳは、基本的には日本的コミュニティである世間を基盤とした既知の関係の再生産か、匿名（乏しい自己開示）で「テンションの共有」を追求するかに大きく分かれる傾向がある。したがって、コミュニティ型の mixi、ＬＩＮＥ、コネクション型の Twitter は、アカウントを登録し、友だち関係、フォロー／フォロワー関係を形成するが、他のＳＮＳは、娯楽、暇つぶし目的で傍観者として関わる傾向が強く、自己開示もせず、友だちが「0」でも支障はない。だからこそ、すぐに離脱することが可能となる。

8-7-3　対人関係空間の構造

日本社会における「世間」の支配に対して、アメリカ社会で Facebook が一人勝ちし、Myspace のように凋落することなく、さらに拡大している要因は何か？　ＶＡＰ-ＶにおけるＳＮＡ的アプローチは、社会人類学者 Boissevain の対人関係空間構造モデルによる、日米の構造的差異を鮮やかに示してくれた。

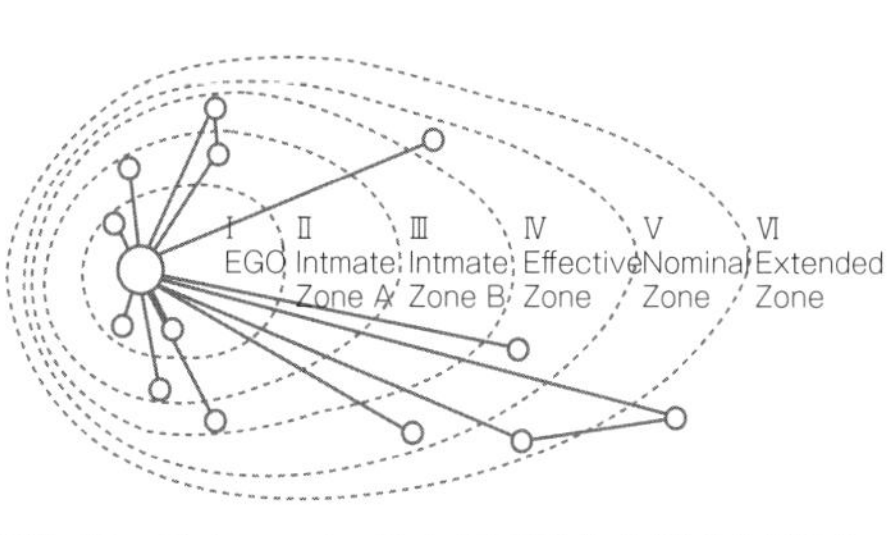

図8-20　Boissevain によるエゴ中心対人距離ゾーニングモデル（Boissevain 1974: 47）

　木村（2012）においても議論しているが、ＳＮＡを社会人類学の立場から発展させる上で大きな役割を果たした Boissevain は、長年の社会的ネットワークに関する調査にもとづき、個人（エゴ）を中心とした対人距離に関して、図8-20のようなモデルを提示した（Boissevain 1974、以下、図のモデルを「Boissevain モデル」と表記する）。中央の個人的セル（Ⅰ）は、近親者と最も親しい少数の友人であり、物質的・情緒的資源を多く投入している。親密ゾーンＡ（Ⅱ）は、エゴが能動的に親しい関係を維持しているきわめて親密な友人と近親者であり、親密ゾーンＢ（Ⅲ）は、情緒的に重要だが、Ａに比べると受動的な友人、親族からなる。

　実効ゾーン（Ⅳ）というのは、経済的、政治的目的、日常生活において、エゴにとって実際的な意味で重要な人々から成り立つ。このゾーンの人々は、それぞれの人が持つネットワークの効用があり、エゴはその関係性を維持することで、友だちの友だち（第2次、第3次の関係）[12]にも接触できるようになる。実効ゾーンがエゴにとって社会生活において大きな意味を持つのに対して、名目ゾーン（Ⅴ）は、効用の観点からも、情緒的にも、エゴにとってほとんど意味を持たない知り合いである。エゴはただ顔を見知っているだけで、相手は覚えていても、エゴは覚えていない場合すらある。そして、ここまでの5つのゾーンをBoissevainはエゴの第一次ゾーンと規定し、その外側を「外延ゾーン（Ⅵ）」と呼んだ。

ＶＡＰ-Ⅲ、ＶＡＰ-Ⅴでは、インフォーマントたちから、このBoissevainモデルに従ったＳＮＡ的データ収集を行った。先に（8-3-2）述べたように、ＶＡＰ-Ⅲ、ＶＡＰ-Ⅴでは、3日間の生活行動、情報行動について記録をとり、携帯音声通話とメール利用については、日時分と通信相手を聞き取った。そして、聞き取りで登場した通信相手の一覧を作成し、社会心理的距離に関して、Boissevainモデルを念頭に置き、1～5の5段階で、通信相手がどのゾーンにあたるかを分類してもらっている。

ＶＡＰ-Ⅲ日本調査において、インフォーマント54人[13]がそれ

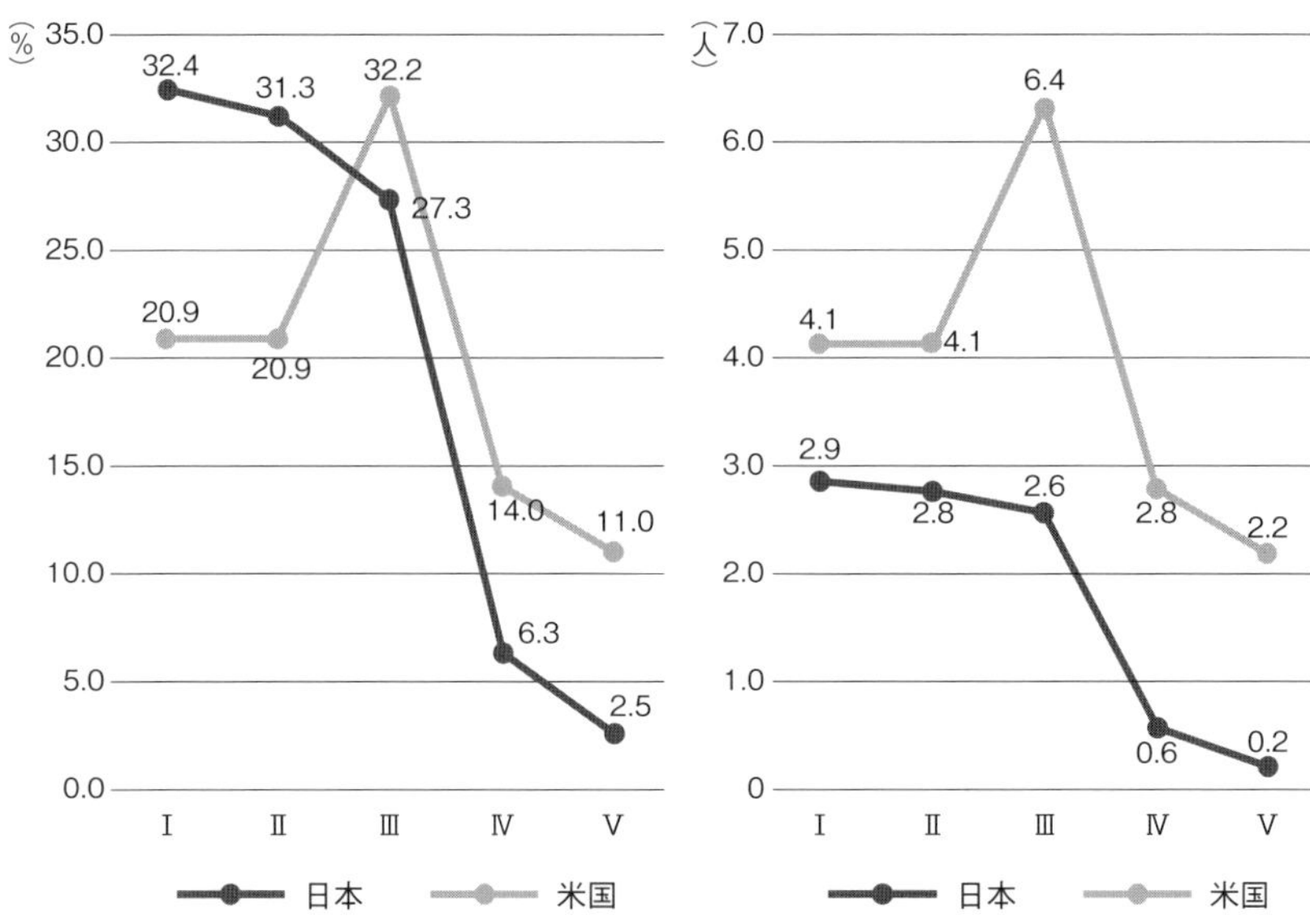

図8-21　携帯通信相手のBoissevainモデル・ゾーン毎の分布（左図）、インフォーマント1人当たりのゾーン毎平均通信相手数（右図）

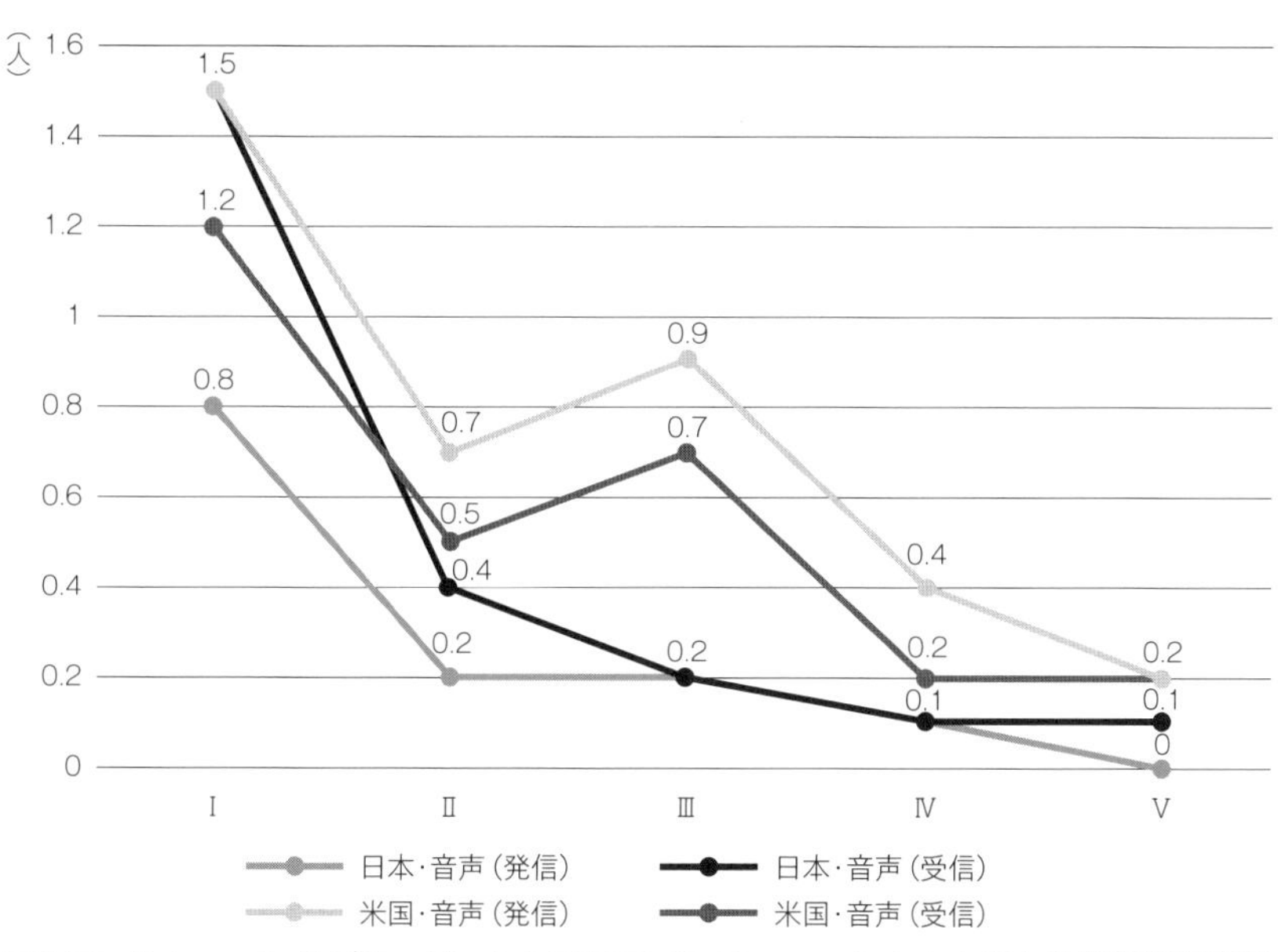

図8-22　Boissevain モデル・ゾーン毎の日米インフォーマント１人当たり携帯音声通信相手数（３日間合計）平均

ぞれ3日間で、携帯電話で音声通話ないしメール通信をした相手は総計476人、他方、VAP-Vアメリカ調査のインフォーマント17人が、それぞれ3日間に、携帯電話で音声通話、SMS通信、メール通信をした相手は総計352人であった（ただし、アメリカ調査ではゾーン分類がない相手が少数あり、ゾーン分類されたコミュニケーション相手は合計335人であった。したがって、ゾーン分類にもとづく議論は335人のデータを使用している）。

図8-21は、インフォーマントによるそれら通信相手のゾーン区分を累積し、ゾーン毎の人数が全体に占める割合（左図）と、インフォーマント1人あたりのゾーン毎人数（右図）を日米比較したグラフである。さらに、インフォーマント1人あたり、3日間合計で、平均何人と音声（発信）等の関係にあり、平均何回通信したかを、それぞれ図8-22から図8-25にまとめた。[14]

[12]　社会的ネットワーク分析のこれまでの研究によれば、3次の関係までは情報が広まり、影響がおよびやすい。また、大半の人とは6次のつながりで接触できるという。注[15]を参照。

[13]　VAP-Ⅲは、東京圏、長野県で合計56名のインフォーマントであったが、この分析では、男性1名は記録なし、女性1名はデータ不備のため分析対象から外した。

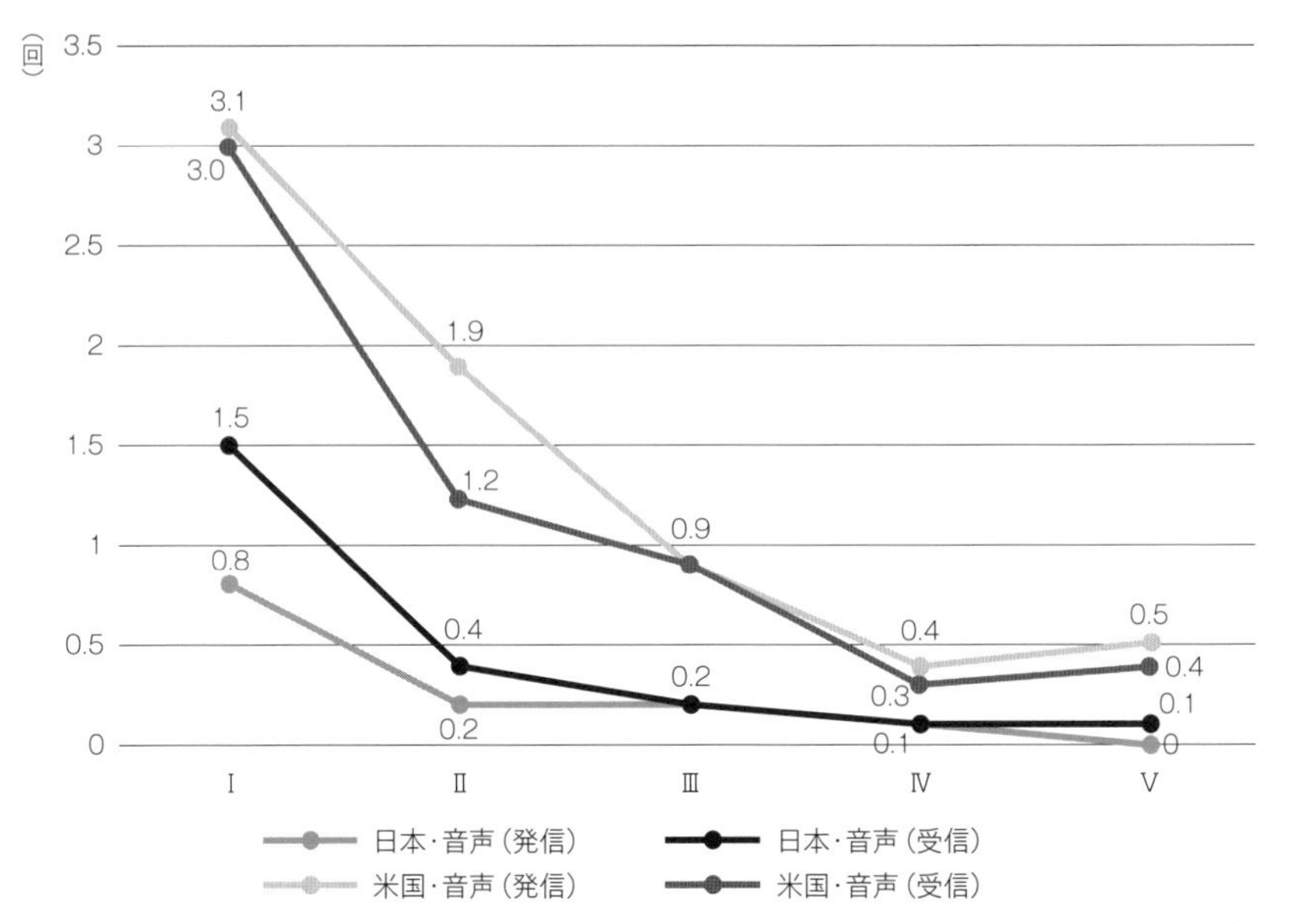

図8-23　Boissevainモデル・ゾーン毎の日米インフォーマント１人当たり携帯音声通信回数（３日間合計）平均

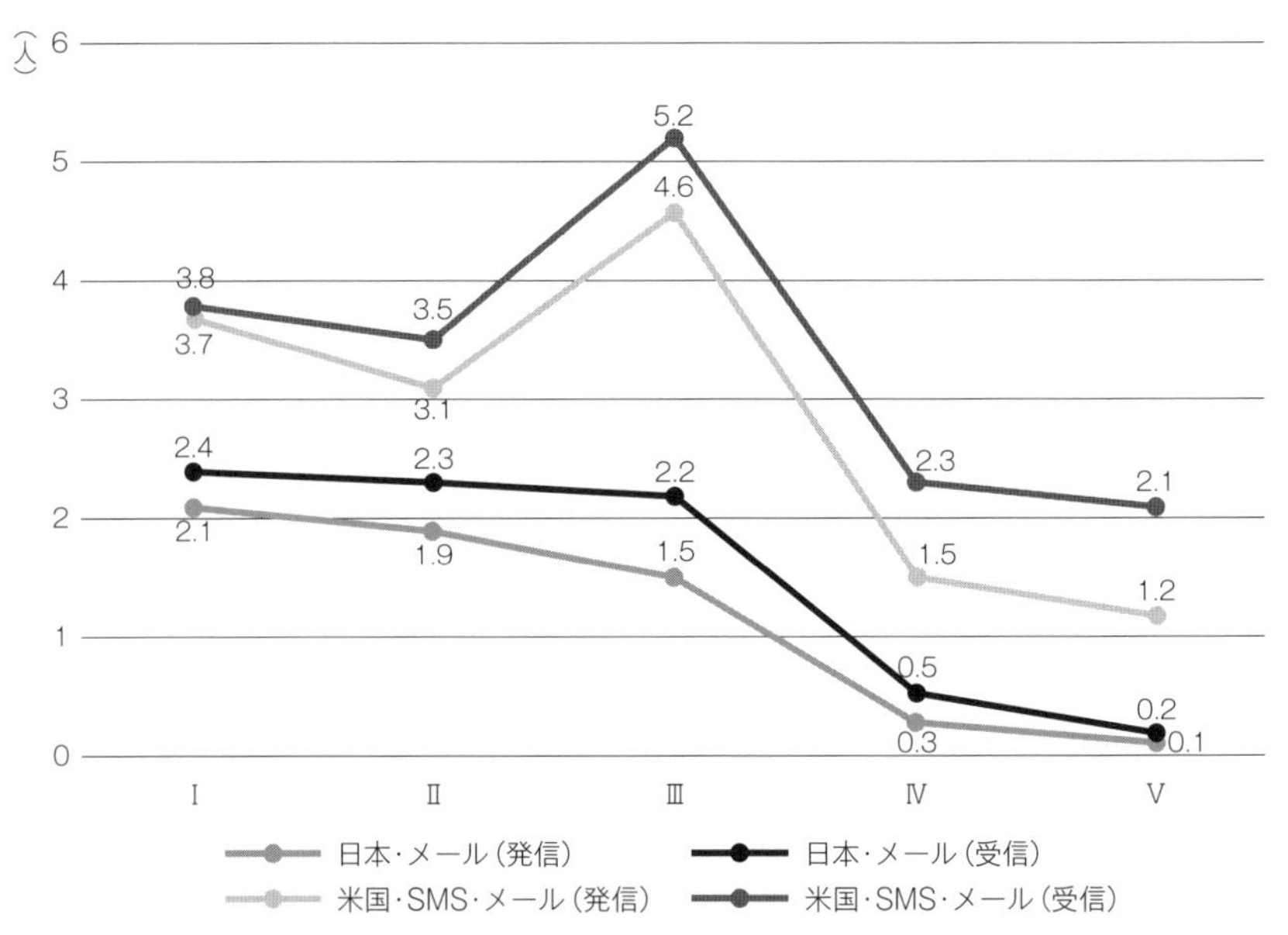

図8-24　Boissevainモデル・ゾーン毎の日米インフォーマント１人当たり携帯メール・ＳＭＳ相手数（３日間合計）平均

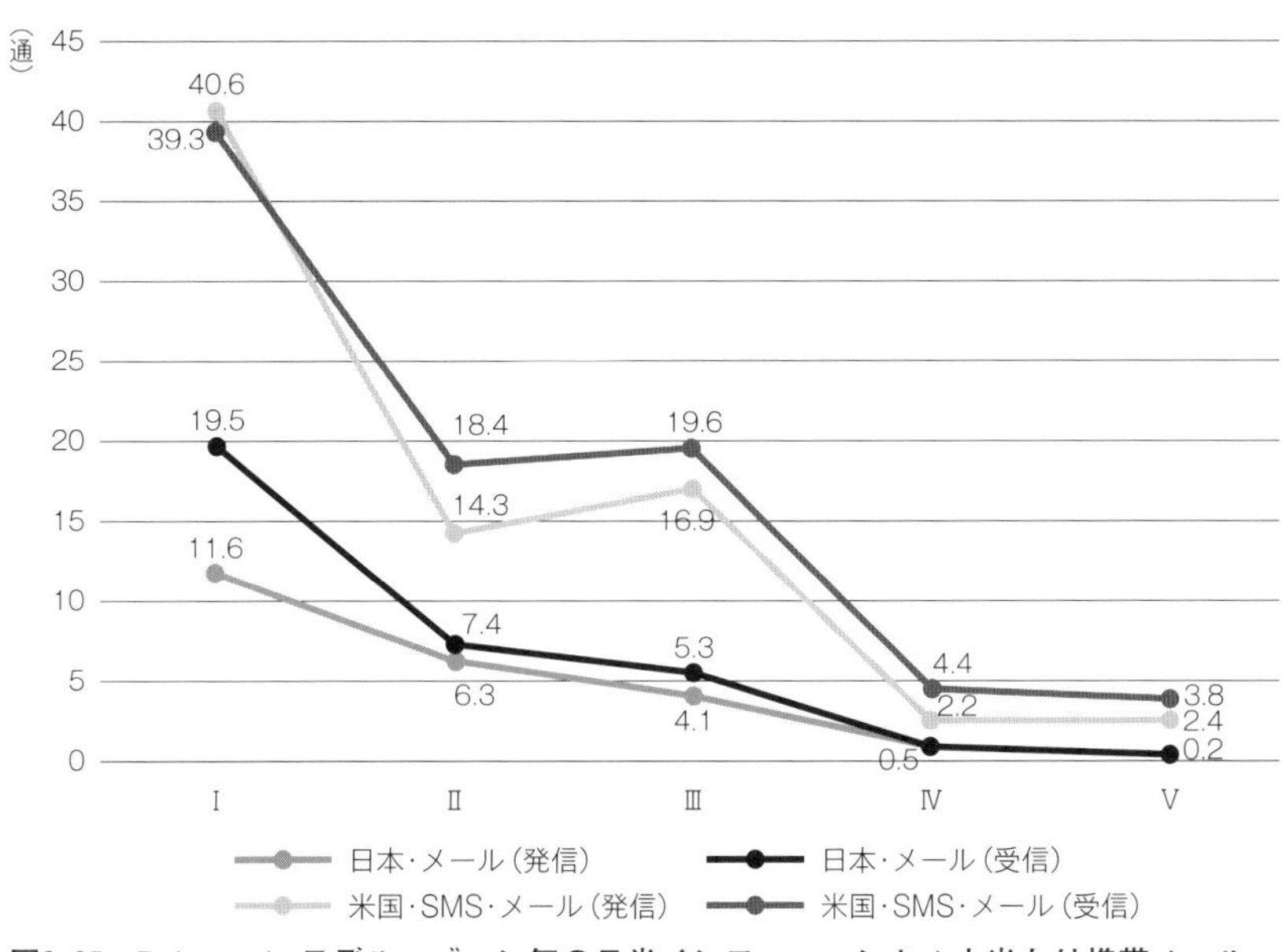

図8-25　Boissevainモデル・ゾーン毎の日米インフォーマント１人当たり携帯メール・ＳＭＳ通信数（３日間合計）平均

これらの図から、次の2点を読み取ることができる。①日米とも、携帯での対人コミュニケーションは、ゾーンⅢまでが大勢であること（あるいは、携帯でコミュニケーションをとるくらいの関係がⅢまでと規定されること）、②「ケータイ社会」と言われたが、コミュニケーションネットワークの規模（通信相手数）、広がり（ゾーン毎の相手数）、強度（通信数）、いずれの面でも、日本社会はアメリカ社会に比べ相対的に活発ではないこと。

まず①の論点を具体的に検討してみよう。図8-21で、3日間の携帯電話でのコミュニケーションをまとめてみると、日本の場合、ゾーンⅠ～Ⅲが均等に3人弱（全体の3割前後）、合わせると9割以上に達し、コミュニケーションの範囲がほぼⅠ～Ⅲであり、Ⅰ～Ⅲを「世間」と規定しうる。アメリカの場合も、Ⅰ～Ⅲで4分の3を占め、Ⅳ、Ⅴとは質的に異なるが、ネットワーク自体はⅣ、Ⅴまで拡がっている。

［14］　日本の場合、SMSはほとんど利用されていないためメールだけをたずねたが、アメリカの場合には、SMSとメールの利用をきいており、図8-24、8-25では、SMSとメールを合わせた数を示している。ただ、アメリカではケータイメールはほとんど利用されておらず、図に示した値の大半はSMSである。

音声通話とメール、SMSのテキストコミュニケーションに分けると（図8-22から図8-25）、日本のインフォーマントたちにとって、音声はほとんど利用されず、ゾーンⅠに限られる傾向を持つことがわかる。木村（2012）でも議論したように、音声のみの同期的コミュニケーションは、空気を読むことが難しく、きわめて親しいゾーンⅠの相手か、よほど至急の用事でなければしづらいと、日本のデジタルネイティブは感じている。

日本のインフォーマントたちにとってのケータイメールは、コンタクト人数でみると、ゾーンⅠ～Ⅲそれぞれ2人程度と比較的均等だが、コミュニケーション量自体は、ゾーンⅠとのやりとりがⅤまで含めた全体の半分以上を占め、ゾーンが遠ざかるにつれ、コミュニケーション量が減少する。逆の観点からみれば、世間に属しているか／否かで、ゾーンⅠ～Ⅲか、Ⅳ・Ⅴかの判断が分かれ、世間の中でよくメールコミュニケーションする人ほど近い関係と位置づけられると考えることができる。

アメリカの場合、音声通話の人数（図8-22）、SMS・メールの通信数（図8-25）は、ゾーンⅠ／ゾーンⅡ・Ⅲ／ゾーンⅣ・Ⅴの3段階に分かれ、家族・親友／友人／知人という大きな構造を持っている。日本と同様、音声通話は限定的であり、ゾーンⅠが大きな割合を占めるが、ゾーンⅡ、Ⅲでも相対的には一定の音声コミュニケーションを行っており、平均相手数はゾーンⅢが若干多いが、通話回数はゾーンⅡが多く、自ら働きかけるゾーンⅡと相手から働きかけられるゾーンⅢの特徴が表れている。このゾーンⅡとⅢの関係は、メール・SMSにさらに顕著である（図8-24、25）。通信人数としてはⅢの方が有意に多いが、通信回数はほぼ同じである。つまり、Ⅲの方がもともとの社会的ネットワークを構成する人数として多く、3日間のコミュニケーションでも延べ人数は多くなるが、1人の通信相手との通信回数はⅡの方が多くなる。

この観点から日本のインフォーマントを改めてみると、メール通信相手数は、ゾーンⅠ、Ⅱ、Ⅲいずれも2人強でほぼ同じであり、社会的ネットワーク自体の人数構造（後述のSNSフレンドの場合、Ⅰ<Ⅱ<Ⅲと人数は多くなる）に比例するわけではなく、音声通話ほど強くはないが、メールにおいても、距離が遠ざかり、空気を読む必要が強まるために利用自体が抑制的になり、世間を越えては必要な場合しかコミュニケーションが行われない。

実際、メール相手数、通信回数に関して、日本のゾーンⅢは、アメリカのゾーンⅣ、Ⅴと同水準でしかなく、音声通話であれば、日本の場合ゾーンⅡであっても、アメリカのゾーンⅣ、Ⅴと同水準に留まる。インフォーマント1人あたりの（3日間での）通信相手数は、アメリカ19・7人、日本8・8人と、アメ

表8-13　携帯コミュニケーションでの通信相手の分類（ＶＡＰ-Ⅲ日本調査）

大分類	具体的分類	平均距離	構成割合	インフォーマント１人あたりの該当人数
家族・親族	母、姉妹、兄弟、親戚、父	1.35	5.5%	0.48
友人・知人	恋人、親友、幼なじみ	1.24	4.4%	0.39
	友人	2.02	34.0%	3.00
	知人	3.21	3.6%	0.31
近所	隣人	3.67	0.6%	0.06
学校	同級生、学校・仲間、部活・仲間	1.94	17.9%	1.57
	学校・先輩、学校・後輩、同窓・先輩、同窓、同学年、元同級生、部活・先輩	2.41	17.2%	1.52
	先生	2.58	2.5%	0.22
趣味・団体関係	趣味仲間、趣味関係、団体活動関係	2.50	5.9%	0.52
バイト	バイト関係、バイト・後輩、バイト・先輩、バイト・同僚	3.21	2.9%	0.26
職場・仕事	職場・同僚、元同僚、職場・先輩	1.33	0.6%	0.06
	職場・同期	2.38	1.7%	0.15
	職場・後輩、仕事関係	3.50	0.4%	0.04
無回答		2.54	2.7%	0.24
合計		2.16	100.0%（476人）	8.81

リカインフォーマントの方が、倍以上の相手とコミュニケーションをとっており、ゾーンⅣ、Ⅴは、日本の場合1割に満たないのに対して、アメリカでは全体の4分の1を占める。

このように日本社会では、ゾーンⅠ～Ⅲが「世間」であり、ケータイでのコミュニケーションはほぼ世間の範囲に限定されているのに対して、アメリカ社会では、ゾーンⅣ、Ⅴまで拡がっている。これを別な観点からより具体的に示してくれるのが、コミュニケーション相手の分類である。

調査では、コミュニケーションした相手との関係を具体的に説明してもらった。インフォーマントによる説明はもちろん多様だが、類似表現を代表的表現でまとめて1つの小分類とし（例：「付き合っている人」「ボーイフレンド」「恋人」などを「恋人」で代表し、小分類とする）、小分類毎に、分類されたコミュニケーション相手の人数と、それぞれのゾーンを集計した。

VAP-Ⅲ日本調査では、関係性が35小分類へと整理され（表8-13の「具体的分類」に示されている個々の表現）、その意味から7種類の大分類へとまとめられた。ただし、同じ大分類に属している小分類でも、距離ゾーンの平均が類似するものと大きく異なるものとが存在する。そこで、表8-13は、距離平均が類似した小分類をまとめ、全体を13の中分類と「無回答」の計14に区分して、それぞれの中分類毎で、該当するコミ

表8-14　携帯コミュニケーションでの通信相手の分類（ＶＡＰ‐Ｖアメリカ調査）

分類	具体的分類	平均距離*	構成割合（%）	インフォーマント1人あたりの該当人数
家族・親族	family, mom, dad, sibling, father-in-law, relative, grandmom	1.42	10.2	2.12
友人・知人	boyfriend, girlfriend, close friend, best friend	1.55	11.9	2.47
	friend	2.71	45.2	9.35
	ex-boyfriend, peer, mate, acquaintance	3.65	7.4	1.53
近所	neighbor	3.67	0.9	0.18
学校	class mate、同級生、同寮者、元同寮	3.48	6.0	1.24
	professor	3.84	5.4	1.12
趣味・団体関係	趣味関係、団体関係	4.18	6.3	1.29
職場・仕事	同僚でルームメイト	2.00	0.9	0.18
	同僚、編集者、business（仕事上の付き合い）	4.24	6.0	1.24
合計		2.87	100.0（352人）	20.71

＊　アメリカの場合、352人中17人のゾーン分類はないため、平均距離は、ゾーン分類された335人のデータにもとづく。

ユニケーション相手の平均距離、該当人数を全体476人で割った割合、該当人数をインフォーマント人数54で割り、インフォーマント1人あたりの中分類該当相手数を算出し、まとめたものである。

ＶＡＰ‐Ｖアメリカ調査でも同様であり、352人はで28小分類、6大分類にまとめられ、表8‐14では10の中分類に整理して示した。両表を比較すると、日本のデジタルネイティブたちにとって、組織縁（学校、部活、職場）と先輩・同輩・後輩という長幼の序列が、社会的関係性の規定因として強く働いており、生活世界において距離の近い重要な関係＝「世間」であることが示されている。

日本調査では、「学校」関係の表現が4割近くあり、「同級生」「仲間（学校・部活）」が「友人」と同様、平均距離2・0前後の親しい関係、「先輩、後輩、同窓」「先生」でも2・5前後の近い関係に分類されている。インフォーマントで社会人が限られていることから、職場関係の分類は限られているが、「同僚」「先輩」「同期」などは、距離感が近い関係にある。むしろ、こうした近い関係の相対的に少数の人々＝世間とケータイでコミュニケーションしており、そこでは、組織縁、長幼の序列による社会関係の規定性が強い。「知人」「隣人」「バイト関係」「仕事関係」など、人数としては1割に満たない人々が、平均3・5程度の距離にあり、世間の境界線を形成していると考えられる。

他方、アメリカ調査の場合、まず、日本社会のように長幼の序列が機能することがない。また、「学校」関係の表現は1割強に過ぎず、しかも、平均距離は3・5前後とやや遠い関係に位置付けられている。表8-14をみると、米デジタルネイティブたちの対人距離空間は、家族・親族・恋人・親友というゾーンⅠ～Ⅱの関係、ゾーンⅡ～Ⅲの「友人」（人数としては全体の半数近い）、ゾーンⅢ～Ⅳの「知人」「隣人」「学校関係」、ゾーンⅣ～Ⅴの「趣味・団体関係」「同僚・ビジネス」と、親密ゾーンから実効、名目ゾーンへと、ほぼ1ゾーンの距離をおいた4段階のニッチが形成されている。

さらに着目したいのは、「学校関係」「ビジネス」「趣味・団体」といった組織縁が遠い関係に位置づけられている点である。これは組織縁が疎遠というわけではない。こうした組織で出会い、「友人」になったとすれば、それは個人として「友人」であり、その組織の「同輩」「仲間」「先輩」として分類されるわけではない。それに対して、日本調査では、「趣味・団体関係」でも近い関係と位置づけられている。つまり、アメリカ社

表8-15　携帯通信相手との関係（VAP-Ⅲ日本調査）

日本	Ⅰ	Ⅱ	Ⅲ	Ⅳ	Ⅴ	Ⅰ～Ⅴ合計平均
ゾーン該当人数	154	149	139	30	12	476
既知年数（年）	6.2	3.6	3.5	2.4	3.2	4.3
携帯番号（%）	98.7	93.9	91.5	83.3	75.0	93.5
PCメアド（%）	38.3	17.6	20.0	23.3	25.0	25.5
ＳＮＳフレンド（%）	42.9	54.7	40.0	33.3	8.3	44.4
地理的距離不明率	2.6	12.8	15.3	20.0	58.3	12.0

表8-16　携帯通信相手との関係（VAP-Ⅴアメリカ調査）

米国	Ⅰ	Ⅱ	Ⅲ	Ⅳ	Ⅴ	Ⅰ～Ⅴ合計平均
ゾーン該当人数	70	70	108	47	37	335
既知年数（年）	9.6	4.8	2.0	1.9	1.9	4.14
携帯番号（%）	90.0	72.9	57.4	76.6	73.0	71.9
PCメアド（%）	80.0	61.4	48.2	74.5	89.2	66.0
ＳＮＳフレンド（%）	64.3	60.0	43.5	59.6	32.4	52.2
地理的距離不明率	11.4	7.1	13.9	2.1	13.5	10.5

ブログアクセスは、1＝週1度以上、2＝月に2、3度、3＝月1回程度、4＝ほとんどない、5＝全くない。対面接触頻度は、1＝週1回以上、2＝月1回以上、3＝たまに、4＝ほとんどない。地理的距離は1＝30分以内、2＝1時間以内、3＝2時間以内、4＝2時間以上。

会では、近い関係は、家族・親族か、「親友」「友人」という個人的関係として概念化されるのに対して、日本社会では組織縁が強く働き、分類されるのである。

このことはまた、アメリカ社会では、ある程度の距離感のある対人コミュニケーションを、携帯電話というパーソナルな機器でも日常的に行うということである。それは、アメリカ社会では、クリークが形成されやすく、外部への回路が限られる傾向を持つ既存の社会的関係とともに、新たな社会的関係（二次、三次の関係）へと繋いでくれる可能性のある「弱い紐帯（weak tie）」（Granovetter 1973）としてのゾーンⅣが、社会的に重要な意味を持つことを意味する。だからこそ、Facebook がSNSとして一人勝ちをしてきたのである。

表8-15、8-16は、携帯コミュニケーション相手について、「相手と知り合ってどの程度経つか」「相手の電話番号を知っているか」など、SNA的情報を訊ねた結果を、日米についてそれぞれまとめたものである。日インフォーマントたちの場合、相対的にⅣ、Ⅴの相手が限られており、携帯で連絡する以上、携帯電話番号はわかっているが、SNSでフレンドである割合は、Ⅳで3分の1、Ⅴで8％（12人中1人）に過ぎない。PCメールアドレスも4分の1、また、相手の家まで公共交通機関でどの程度かかるかを訊ねると、Ⅳで2割、Ⅴでは6割近くの

表8-17　SNSフレンドに関するゾーン分類（VAP-Ⅲ日本調査、VAP-Ⅴアメリカ調査）

	回答インフォーマント数（人）	相手合計（人）	ゾーン（%）							
			1	1.5	2	2.5	3	3.5	4	5
米国	17（SNS利用者全体）	323	18.0	0.6	18.6	0.6	24.8	0.3	19.8	17.3
日本	41（SNS利用者全体）	1784	10.8		18.8		33.1		21.6	15.6
	18（相手との関係が網羅的）	712	14.6		18.4		31.0		20.5	15.4

相手がどこに住んでいるかを把握しておらず分からなかった。

対照的に、米インフォーマントたちは、Ⅳ、Ⅴゾーンの相手について、PCメールアドレスを4分の3から9割程度把握しており、SNSもⅣでは6割、Ⅴでも3分の1がフレンドであり、相手がどこに住んでいるか85％以上知っている。つまり、やや距離が離れた相手であっても、相手のことを把握し、つながりを維持しやすくしている。

こうした日米の傾向は、SNSでのつながりにもみられる。VAP-Ⅲ、Ⅴでは、携帯でのコミュニケーション相手に関してと同様、最もよく利用するSNSについて、友だち関係（mixiでの「マイミク」、Facebookでの「フレンド」）にある相手との対人距離ゾーニングと相手とのつながり、SNA的情報を訊

表8-18　ＳＮＳフレンドとの関係（ＶＡＰ-Ⅲ日本調査）

日本	Ⅰ	Ⅱ	Ⅲ	Ⅳ	Ⅴ	Ⅰ～Ⅴ合計平均
ＳＮＳフレンド（人）	4.7	8.2	14.4	9.4	6.8	43.5
既知年数	5.0	4.1	4.5	4.1	3.5	4.2
オンライン遭遇（%）	3.6	10.1	9.3	20.5	31.7	14.7
オフライン対面率*	28.6	32.4	20.0	13.9	14.8	18.3
携帯番号（%）	93.8	85.1	70.7	43.5	27.7	63.3
携帯メアド把握率	95.9	86.3	78.5	48.2	29.1	67.6
PCメアド（%）	27.5	14.0	6.3	5.2	12.2	10.7
地理的距離不明率	6.7	14.6	19.8	37.3	48.9	25.7

表8-19　ＳＮＳフレンドとの関係（ＶＡＰ-Ｖアメリカ調査）

米国	Ⅰ	Ⅱ	Ⅲ	Ⅳ	Ⅴ	Ⅰ～Ⅴ合計平均
ＳＮＳフレンド（人）	3.4	3.5	4.7	3.8	3.3	18.7
既知年数	8.1	6.9	3.3	4.8	4.1	5.4
オンライン遭遇（%）	3.5	6.7	11.3	15.6	23.2	11.9
オフライン対面率*	50.0	50.0	77.8	70.0	7.7	47.4**
携帯番号（%）	100.0	90.0	87.5	82.8	23.2	78.0
PCメアド（%）	93.1	68.3	63.8	65.6	37.5	65.7
地理的距離不明率	0.0	0.0	1.3	0.0	17.9	3.4

*　オンラインで遭遇した「友人」の内、オフラインで対面した人の割合
**　２名1.5、２名2.5、１名3.5の５名を含んだ合計

ねた。ただし、ＳＮＳの友だちは、携帯でのコミュニケーション相手よりもはるかに多く、協力者に大きな負担となるため、日本調査では50人、アメリカ調査では20人を上限とし、任意の友だちを選んで教えてもらうことにした。

日本調査では、41人がＳＮＳを利用しており、最もよく利用するＳＮＳでのフレンドについて、ＳＮＡ的情報の回答があったフレンド数は延べ１７８４人（インフォーマント１人あたり43・５人）に達した。ただ、その友人関係を、具体的に聞き取るのは時間がかかるため、あげてもらったフレンドに関して網羅的に聞き取りができたのは18人のインフォーマント（７１２人のデータ、インフォーマント１人あたり41・９人）に留まった。他方、アメリカ調査では、17人全員がＳＮＳを利用しており、延べ３２３人（インフォーマント１人あたり19人）についてのＳＮＡ的情報と具体的な関係をきいた。

それぞれのＳＮＳフレンドに関するゾーン分類をまとめたのが表８-17である。これをみると、携帯とは異なり、日本もⅣ、Ⅴが20%、15%（合計３分の１以上）と相対的に多い。ただし、これは、アメリカが20人を上限としたため、家族、親族が占める割合が大きくなり、Ⅳ、

Vが相対的に少ない可能性を考慮する必要があるだろう。

興味深いのは、表8-18、8-19である。両表は、SNSの「フレンド」について、「相手と知り合ってどの程度経つか」「相手の電話番号を知っているか」など、SNA的情報をたずねた結果を、日米についてそれぞれまとめたものである。

表8-18は、日本社会において、ゾーンⅢまでが「世間」を構成していることを明瞭に示している。オンライン遭遇率、オンライン対面率、携帯番号、携帯メアド把握率、地理的距離不明率、いずれも、ゾーンⅢまでとⅣ・Vでは大きく異なる。他方、表8-19をみると、アメリカ社会では、ゾーンⅣまでが社会的に大きな意味を持つことが示されている。オフライン対面率、携帯番号・PCメアド把握率は、ゾーンⅣまでとVとで大きく異なり、地理的距離不明率も、Ⅳまではほぼ皆無だが、ゾーンVは2割近い。

日米を比較すると、日本では、PCメアド把握率が低く、地理的距離不明率が高いことが顕著である。これは、PCの日常生活への浸透度合いと対人関係のあり方を反映している。日本社会では、アメリカ社会ほどPCが日常生活、私的コミュニケーションに組み込まれておらず、PCメアド把握率が、日本で、ゾーンⅢ、Ⅳよりも、Vで相対的に高いのは、PCメアドが親密よりは、離れた関係で用いられる傾向を示していると解することができよう。また、日本調査で、地理的距離不明率がゾーンⅣで4割近く、ゾーンVで5割近い（アメリカはほとんどない）ことは、日本社会において、互いの情報を開示する度合いが少なく、不確実性回避的であることと相即的である。

アメリカ社会では、日常生活における「ネットワーキング」の重要性が相対的に高い。地理的移動を含め、社会の流動性が高く、就職、転職活動する、引っ越す、イベントをする、趣味を始めるなど、日常生活で、二次、三次の関係にある人とつながる必要性が高く、以前知り合いだったかつての隣近所、同窓、同僚とのつながりが重要となる。定性調査にもとづくと、アメリカのデジタルネイティブといえども、自己表現は好むが、ネットで実名はじめ、プライバシーを出すことはさほど積極的ではない面も多い。それでもFacebookを実名で使うのは、まさに、こうしたネットワーキングを行うためのプラットフォームとして機能することにFacebookが成功したからである。

Myspaceはアートのようにカスタマイズして自己表現するのに適していたが、逆にビジュアルに優れたカスタマイズできないとクールにはなれなかった。それに対して、Facebookは基本的に同じようなインターフェイスであり、過度にアート的ではない。そこが親しみやすさを、そしてハーバード大学発というブランドが安心感を醸成し、より多くの一般的な人々を獲得することを可能にした。

Facebookはソサエティとしてもコミュニティとしても機能しており、大多数の人々にとって、ＳＮＳはFacebookだけあれば用は足りるのである。それは表8-12の「友だち数」で、Facebookのみ中央値が２００に達し、BoissevainモデルにもとづけばⅣの実効ゾーンが完全に含まれることにも現れている。他方、日本の場合、「友だち数」は30～50程度が中央値となる。これは、Boissevainモデルに従えばⅢ親密ゾーンＢ程度までが「友だち」の範囲ということである。

8-7-4　ＳＮＳの考古学

インターネットをはじめとするコンピュータネットワークは、その開発・普及初期段階から、たんなるデータのやりとりではなく、ヒトとヒトがコミュニケーションし、対人関係を形成、発展させるためのシステム（電子掲示板（ＢＢＳ、１９７８年）、電子会議室（USENET、１９８０年）など）が積極的に開発、利用されてきた。その意味では、インターネットはつねにsocial networking（人脈・対人関係形成・展開）ツールであり、ＢＢＳやUSENETもまたSocial Networking Serviceと呼ぶこともできる。

しかし、ＳＮＳという用語自体がメディアで広く用いられ始めるのは、２００３年からのFriendster普及によるところが大きい。出会い系サイトの要素も持ちながら、既知のネットワークを相互につなげることにより対人関係を拡大するコンセプトであるFriendsterは、online social networking communityと自らを規定した。２００３年３月ベータ版として正式にリリースされると、２００４年１月には登録者が５００万人を越え、*Time*、*Newsweek*、*Esquire*、*Wired*などに取り上げられる。学術的にも、当時カリフォルニア州立大学バークレー校の社会学大学院生であったdanah boydが、自ら３００人近い友だち関係を形成しながら、オンラインエスノグラフィー調査を行い、オンライン上の自己、関係性、ネットワークなどの変化を論じ（boyd 2004）、学術、メディア両面から多くの関心を呼んだ。

Friendsterの成功から、ＹＡＳＮＳ（Yet Another Social Networking Site）と揶揄されるほどの類似サービス・サイトが現れた。アメリカ社会におけるネット利用に関する代表的な調査研究プロジェクトであるPew Research CenterがＳＮＳの定点観測を始めた２００５年、18歳以上アメリカ人成人におけるＳＮＳ利用率は、ネット利用者の10％、当該人口の７％に過ぎなかったが、２０１５年にはそれぞれ76％、65％にまで一貫して拡がってきた（Perrin 2015）。

Pewによる一連の調査はまた、ＳＮＳの変遷をも示している。2005年調査では、Friedster、LinkedIn がSNSの代表例としてあげられていたが、2008年から2011年はMySpace、Facebook、LinkedIn、2012年から2014年はFacebook、LinkedIn、Google Plus、2015年はFacebook、Twitter、LinkedIn となった。アメリカ社会における Friedster から MySpace、さらに Facebook へのSNS覇権移行と、LinkedIn の根強さをみてとることができる。

本節で議論してきたように、日本では、オフラインでの既知の関係（「強い紐帯」）をオンライン上でもメンテナンスすることが優先され、未知の関係は匿名のまま趣味等を介する傾向が強い。だからこそ、LINEが最も普及し、Twitter が次ぎ、Facebook は第3位に留まる。他方、アメリカ社会では、既知から未知へとつなげる「弱い紐帯」となる存在、つまり、何らかの接点をもち、日常生活圏の知人・友人とは異なるネットワークを持つ他者が重要であり、Facebook はまさに、こうした弱い紐帯を形成、維持、展開するためのツールとして拡大した。

利用者1人1人が高い自由度でカスタマイズし、積極的に自己表現できる MySpace が Friendster に取って代わったのも、利用者数が3000万人程度で頭打ちとなり、実名制を堅持し、Friendster のような出会いサイト的要素を排除することに成功して、強い紐帯と弱い紐帯ともに活かすことのできる Facebook がアメリカだけで億単位の利用者を獲得したのも、アメリカ社会における社会文化的実践としてのSNSを表している。LinkedIn が2002年以来ビジネスネットワーキングとして着実に成長しているのも、Twitter が基本的にセレブ、有名人、企業の広告、PR媒体として利用されるのもアメリカ社会だからこそであろう。

そもそも、SNSは、90年代後半の「ITブーム」「ITバブル」の中、積極的に開発普及が試みられたが、いまだブロードバンド以前で、マルチメディアデータを扱うには遅く、利用者ベースも限定的だったため、2000年ITバブルがはじける（IT企業が多く上場しているNASDAQ株式市場の指数は5000を越えたがバブル崩壊で2001年には2500を割り込むまでに暴落した）ことで一旦ブームが去った。SNS草創期の1997年にサービスを開始し、利用者が最盛期で350万アカウントに達した SixDegrees.com[15] の場合、2000年末に閉鎖を余儀なくされたのである。

ところが、2000年代、ブロードバンド化進展とともに再度ネットベンチャーに巨額の投資が行われ、貪欲なイノベーションと市場での激しい生き残り競争が起きるビジネス環境がSNSを生み出し、成長、隆盛を極めることとなった。このような意味においても、SNSはアメリカ社会を映し出す鏡と考えることができよう。

［15］「6次の隔たり（six degrees of separation）」は、Milgram による有名な「小さな世界問題（small world problem）」の議論（Milgram 1967, Travers and Milgram 1969）を代表する用語として用いられるが、Milgram 自身は「6次の関係」という語を用いてはない。この語は、小さな世界問題に想を得た John Guare が *Six Degrees of Separation* というタイトルの劇脚本を１９９０年に著し、１９９３年に映画化されたことで一般に広く用いられることとなった。

第９章

ワイヤレス・デバイド
――ユビキタス社会の到来と新たな情報格差

9-0　本章の位置づけ

本章は、「データ通信カード」利用に関して、２００９年度に筆者がＫＤＤＩ研究所と行った共同研究[1]の成果である。「データ通信カード」というのは、図9-1のように、ＰＣに差し込んで、携帯電話ないしＰＨＳ回線による無線インターネット接続を可能にする機器を指す。WiFiは、家庭や職場など、インターネットに接続するアクセスポイントが近くにないと利用できないが、データ通信カードは、携帯電話、ＰＨＳ回線を直接利用し、携帯、ＰＨＳの電波があればデータ通信可能となる。２０００年代半ば、スマホが普及する以前は、外出先でインターネットを利用しようとする場合、ガラケー単体が一般的だったが、コンテンツ面、操作性で限界があり、ＰＣとデータ通信カードの組み合わせがビジネスを中心に普及した。通信速度は現在のＬＴＥに比べれば遅いが、電子メール送受信、ウェブページ閲覧や画素数の低い動画視聴であれば、十分に利用可能な水準にはあった。

料金面から見ても、２００７年にイー・モバイルが新規参入事業者として高速データ通信サービスを開始し、月額２５００円～６５００円程度の2段階定額制を導入したことを契機として、ビジネスだけでなく、場所を問わない利用手段として個人にも拡がるとともに、それまで自宅にインターネット回線のない家庭、さらには、ＰＣ自体もなかった家庭（ＰＣとの抱き合わせ販売）に対する相対的に安価なインターネット接続手段としても普及することとなった。

このような社会におけるデータ通信の普及は、携帯電話通信事業者にとっては、トラフィック量の増大として現れ、利用者からみて、接続に時間がかかったり、スムーズな送受信、閲覧ができないといった望ましくない現象にもつながる。そこで、本研究では、データ通信カード利用が具体的にどのように行われているのかを、ＨＥの観点からアプローチすることにした。

リサーチデザインとしては、フォーカスグループインタビュー（ＦＧＩ）による質的調査を行い、利用動機、利用するきっかけ、データ通信カードというメディアの認識、利用の仕方について、具体的な仮説を構成し、ウェブ調査による量的分析を行った。つまり、定性⇩定量の「探究的」〈継起〉デザインであり、ビジネスエスノグラフィー的調査では、比較的取り組みやすいデザインと考えることができる。

図9-1　データ通信カード

　調査自体は（本書執筆時点からみて）８年前であり、データ通信カード自体の一般利用はすでに衰退しているが、リサーチデザインの展開、ならびに、研究から得られた仮説生成と社会的意義は、けして古びているものではない。これまで、関係者のみで共有していた研究成果だが、ビジネスエスノグラフィーの観点からみて、参考になる点もあると考え、本書に含めることとした。上記のような経緯から、以下、本章の議論は、２００９年度に調査研究を行い、とりまとめた時点の記述であることをご承知おき願いたい。

9-1　データ通信カードと「モバイルデバイド」
——本章の主題

「データ通信カード」というと、ユビキタス社会が進展する中、場所の制約から解放され、仕事、社会的活動、個人生活を実践する「デジタルノマド」的ライフスタイルを想起するかもしれない。だが、データ通信カード利用者がどのような人々か、いかなる動機で、どのように利用し、それは、その人の生活のあり方にいかに関わるものなのかについて、ＮＣ研究における調査はほとんどみられない。

［1］「通信サービスにおけるユーザの行動調査および行動モデル構築のための分析手法の検討」。本研究では、ＫＤＤＩ研究所の中村元、新井田統、福元徳広、披田野千絵各氏に多大なご協力をいただいた。改めてお礼を申し上げたい。

他方、家庭における無線ＬＡＮ利用の普及、ホットスポットの拡大、WiMAX サービス、モバイル Wi-Fi ルーター、ＬＴＥ（第4世代携帯）商用化など、モバイル技術の革新は進展し、i-pad のような端末の進化も著しい。このようなユビキタスネットワーク環境の進展を踏まえれば、データ通信カード利用について調査研究することは、今後のネットワーク社会のあり方を考える上で示唆を与えてくれるのではないか。とりわけ、普及途上にあるものを対象とすることで、技術が社会に普及する過程、技術の意味づけ、利用の仕方、つきあい方が形成される動態にアプローチできるのではないか。

こうした問題意識から、筆者らはデータ通信カード利用に関する調査研究プロジェクトに取り組んだ。その結果、データ通信カード利用者には、自宅固定回線があり、仕事でのインターネット利用が必須で、データ通信カードを自宅、職場の内外を問わず利用する、いわゆる「デジタルノマド」的利用者が相当数（今回の調査からは4割程度）いることは確認された。

しかし、4人に1人程度の利用者は、自宅固定回線がなくその代替手段として利用し、自宅外ではほとんどアクセスせず、仕事ではインターネットを使う必要がない利用者であった。しかも、前者と後者との間には、大きな社会経済的格差およびネットワーク利活用の度合いにおける差異があることが明らかとなった。

つまり、データ通信カードのような、高度ネットワーク技術が広範に利用可能となっているが、社会的に、デジタルデバイドに取り組む必要性は必ずしも減じてはいない。むしろ、高度技術においても、厳然とした社会経済的状況による差異が生じており、それがネットワーク利用の仕方とも結びついている。本章は、このようなデータ通信カードにおける利用者の格差を「ワイヤレス・デバイド」と規定し、その現状を具体的に明らかにすることを目的とする。

9-2 デジタルデバイド研究

１９９０年代半ばより、インターネットが急速に社会に浸透し、「デジタル経済」の拡大や多種多様なＣＭＣの開発、普及を介して、社会のあり方を大きく変革する一方、ネットワークへのアクセスのある・なしとそれに伴う社会経済的格差に対する社会的懸念もまた拡がりをみせた。この社会的懸念は、米商務省電気通信情報庁（NTIA：National Telecommunications and Information Administration）による一連の『ネットワークから零れ落ちる』（"Falling Through The Net"）報告書（NTIA 1995, 1998, 1999, 2000）を契機に、「デジタルデバイド」として、重要な情報通信政策課題の1つとなり、政策的議論、施策立案が行われた。そしてまた、学術的研究、克服のための実践的取り組みもこれまで積み重ねられてきた。

デジタルデバイドは、当初、パソコンと有線ネット接続を前提とした「アクセスの有無」を指していたが、その後の技術革新と議論の進展は、「モバイルデバイド」(Rice and Katz 2003など)、「ブロードバンドデバイド」(Davidson and Cotton 2003; Tolbert and Mossberger 2006; 木村 2004など)など高度技術のアクセス有無、さらには、利活用の仕方、「リテラシーデバイド」、「社会的サポート資源」による差異(例えば、Kling 1999, Hargittai 2002, DiMaggio et al. 2004)など、より広範な情報ネットワークと社会経済的格差の議論へと発展している。

そこで、DiMaggioとHargittaiは、「デジタルデバイド」よりも、「デジタル不平等(digital inequality)」という概念が適切だと主張し、不平等が生じる5つの次元(技術的手段、利用の自律性、利用類型、社会的サポート、スキル)を指摘する(DiMaggio and Hargittai 2001)。

このようにデジタルデバイドに関する議論は多元化、複合化してきたが、本章が主題とするユビキタス環境における無線ネットアクセスに関して、マーケティングは別とし、情報行動研究はこれまで見られない。たとえば、国立情報学研究所論文情報ナビゲータ(CiNii)で、「データ通信カード」をキーワードとして全文検索すると(2017年8月31日検索)、工学系論文11件、「日経コミュニケーション」記事3件がヒットするが、社会科学系の情報行動研究は皆無である。また、立教大学学術統合データベースで、“wireless modem”または“mobile modem”をタイトルないしトピックとして含む論文を検索すると(2017年8月31日検索)、645件学術論文がヒットしたが、ビジネス10件を除き、文系分野での論文は、規制関係、教育、地域での利用について4件、経済学36件に過ぎず、経済学の場合にはモバイル市場に関する分析としてデータ通信カードが含まれているもので、本章が主題とする情報行動やモバイルデバイドといった視点は皆無であった。

そこで、本研究は、データ通信カードという、ネットワークをユビキタス化する技術の利用において、デジタルノマド的高度な利活用と、固定回線の代替とする自宅のみでの限定的利活用とが、社会経済的格差と結びついていることを明らかにし、デジタルデバイド研究に新たな研究課題を提起するものである。

9-3　データ通信カードの普及

データ通信カードの普及状況に関するデータは乏しい。日本で初めて月額完全定額制データ通信サービスを２００７年３月から提供し、データ通信カードを主たるビジネスとしているイーモバイルの契約数は２０１０年６月末現在２５４万だが、データ通信カード利用は契約数の８割前後といわれ、２００万契約程度だったと推計される。

本研究の一環として、２０１０年2月に実施したウェブ調査では、データ通信カード利用者における、「最もよく利用する無線接続」のサービスプロバイダーを訊いているが、イーモバイルが42%であり、単純にこのデータにもとづけば、データ通信カード利用者はイーモバイル契約者の倍以上、４００万契約以上だったことになる。これは、ＰＣインターネット利用者の５%程度に相当する規模である。

もっとも、データ通信カード市場は法人契約も多い。２００７年末の段階において「カード端末の6～7割は法人契約」（ＮＴＴドコモ三木茂・法人ビジネス戦略部長）と報じられていた[2]。ただし、２００８年7月にイーモバイルが、ウェブ閲覧、メール利用などを主目的とする安価なノートＰＣ（「ネットブック」と言われた）とのセット販売開始したことで、市場が拡大したことを勘案すると、２０１０年現在では個人契約も半数を超えていると推測可能であり、半数と仮定すれば、個人契約のデータ通信カード利用者数は少なくとも２００万程度だったと考えることができよう。

他方、ユビキタス環境への進展と、情報ネットワークが、仕事、生活のあり方を、場所の制約から解き放ち、「新遊牧民の時代」（New Nomadic Age）をもたらすとの議論は、インターネット、携帯電話普及当初から現れている。たとえば、１９９７年、牧本次夫とDavid Mannersは、*Digital Nomad*（Makimoto and Manners 1997）において、社会的活動、仕事のあり方が、ネット、携帯により、場所の制約から解放されることで、いかに変化しつつあるかを、アメリカの先進的事例を元に議論していた。

このような観点からみると、データ通信カードは、まさに、「デジタルノマド」的ライフスタイルに強く結びつく印象を持つ。しかし、データ通信カード利用者がどのような人々か、いかなる動機で、どのように利用し、それは、その人の生活のあり方にいかに関わるものなのか。こうした観点からの学術的情報行動調査研究は、先に述べたようにほとんどみられない。

これは故のないことではない。学術的な情報行動研究は、調査票にもとづく量的調査か、ケーススタディが基本的である。

だが、量的調査の場合、日本全国で２００万人程度のデータ通信カード利用者では、ランダムサンプリングで、その部分のみを切り出して個別に分析することが難しい。さらに、データ通信カード利用の特性が理解されておらず、仮説をたてることができる段階以前の状況にあり、質問文を構成することは著しく困難である。また、ケーススタディの場合には、学生対象の携帯電話利用や、育児関係のオンラインコミュニティ利用のように、利用者が多い、あるいは、利用者が集積していて研究者がアクセスしやすい環境があればよいが、データ通信カード利用では、そうした環境は望めない。

他方、こうした困難は大きな機会でもある。ガラケーのように広範に普及し、一般化した技術に比べ、データ通信カードのように普及途上にあるものを対象とすることで、技術が社会に普及する過程、技術の意味づけ、利用の仕方、つきあい方が形成される動態にアプローチできる可能性がある。

以上のような困難を克服し、機会を活かすために、本調査では、調査を2段階に分けることにした。まず、新たな技術がどのような人々に、いかに認識され、日常生活での利用行動にどう組み込まれているかを探り、利用の動機、きっかけ、利用実態、利用者類型などを、概念化、定式化して、仮説を構成するためには、定性的調査にもとづき、先駆的利用者に集中的にアプローチすることが不可欠だと考えた。そこで、第1段階では、定性的調査としてグループインタビューを実施した。さらに、第2段階では、グループインタビューで得られた知見が、より広くデータ通信カード利用者一般にあてはまるか否かを検討するために、第1段階で得られた概念、定式にもとづき、利用者類型などに関する一定の仮説を生成した上で、ウェブ調査を実施することにしたのである。

9-4　グループインタビューによる定性的調査

第1フェーズのグループインタビューは、まず２００９年８月に、データ通信カードを日常的に利用している次のような2グループを対象に実施した。

「グループA」：いずれも30代、40代男性５人。ＩＴ機器、サービスに精通しており、イノベーターに位置づけられる人々。「デジタルノマド」のイメージを具現化すると考えた。

「グループB」：自宅に固定ブロードバンド回線はなく、個人で所有しているデータ通信カードを日常的に利用している社会

［2］『日経コミュニケーション』２００８年1月1日号60頁

人。30代男女1人ずつ、40代男性2人、女性1人の計5人。自宅に固定ブロードバンド回線があると、個人利用者はデータ通信カードをあまり利用せず、外出時に時折利用するだけの可能性があると考えた。自宅に固定回線がなく、データ通信カードを利用するということは、場所に囚われない積極的なデジタルノマドか、ITにさほど精通はしていないが、ノートPCとデータ通信カードとの抱き合わせ販売で関心を持ち、とりあえず利用してみたといった人々であると想定した。

グループインタビューの結果、グループAに関しては、事前の予測通り、「デジタルノマド」を具現化していた。自宅、職場でのブロードバンド回線の有無によらず、データ通信カードを利用することで、移動中、出張中など、機会、場所を問わずネットにアクセスする。あるいは、公衆無線LANが利用できる場所では、公衆無線LANでアクセスする。大きい画面で閲覧可能なデスクトップ、持ち歩き可能なノートPC、携帯電話といった複数の機器を使い分けている。そして、こうした場所を問わないデジタルノマド的ネットワーク利用は、仕事でのネットワーク利用の必要性が強く動因として機能している。

他方、調査チームにとって新たな発見となったのは、グループBの場合、あくまで自宅のネット固定回線の代替手段としてデータ通信カードが利用され、自宅外利用がほとんどないことであった。

グループBは、どこでもネットにアクセスしたい、という理由からではなく、自宅にネット固定回線を引くのが面倒、ダイヤルアップや実効速度の遅いDSLサービスからの乗り換えといった理由から、データ通信カードを購入し、主に自宅で利用していた。自宅でメイン回線として使うため、通信エリアや速度についても配慮し、コストパフォーマンスを求めている。また、データ通信カード独自の利用法や利用による変化はとくに見いだされなかった。動画サイトは、速度の面からスムーズに再生できず、ほとんど使わない、あるいは、使ってみたものの使わなくなっていた。

データ通信カード利用者というと、グループAのような「デジタルノマド」をイメージしてしまうが、上記のようなグループインタビューから、グループBのように、データ通信カードを固定回線の代替手段として利用する人々が相当数存在することが明らかとなった。自宅でネット固定回線がないことは、データ通信カードで場所を問わずネットにアクセスする、ということを意味するわけではなかった。

ノートPCとの抱き合わせによりデータ通信カード利用を始める利用者には、おそらくこうした利用者が相当含まれており、そうした利用者はインターネット利用に関して平均的で、場所の制約からの解放という要因はほとんど影響しない。

では、自宅に固定ブロードバンド回線があり、グループAのようなデジタルノマドではない一般的な利用者は、いかなる人々で、どのように利用しているのだろうか。自宅に固定ブロードバンド回線があり、かつ、データ通信カード利用というと、どうしてもデジタルノマド的になる蓋然性が高いと思われた。実際、グループAは、自宅固定回線の有無を問わず募集したが、5人中4人は自宅で固定回線を利用していたのである。

すると、デジタルノマドではない、自宅固定ブロードバンド回線のある一般的な利用者をインフォーマントとするには、何により識別すればよいのだろうか。牧本・Mannersの「デジタルノマド」論は、仕事でのネット利用が議論の出発点であり、焦点となっている。実際、グループインタビューからは、グループAでは、仕事でのデータ通信カード利用が不可欠となっていることが明瞭であった。対照的に、グループBでは、5人のうち4人は、データ通信カードを仕事に利用しておらず（つまりプライベート利用のみ）、1人が、仕事にもある程度使うと述べていた。

そこで、データ通信カードの仕事利用の程度（プライベート利用の程度）により、デジタルノマドと一般的利用者を区別することができるとの仮説を立て、２００９年12月、第２次となるグループインタビューを実施した。

自宅固定ブロードバンド回線があるデータ通信カード利用者を対象に、一般的利用者を多く含むとともに、上記の仮説の妥当性をみるため、「プライベート利用」、「仕事利用」をスクリーニング項目とし、「主にプライベート利用」、「プライベートにも仕事にも利用」、「主に仕事利用」がいずれも含まれるよう、インフォーマントを募集した。

その結果、「主にプライベート利用」３人、「プライベートにも仕事にも利用」４人、「仕事利用」１人の計８人（20代女性２人、30代女性２人、40代女性２人、男性２人、自宅ブロードバンド回線は、ＦＴＴＨ５人、ケーブルネット２人、ＡＤＳＬ１人）をインフォーマントとし、４人ずつに分けて、グループインタビューを行った（以下、「グループC」と表記）。

インタビューの結果、グループCは、グループAほど、多種多様な情報端末を持ち、常時ネットワークに接続しているというわけではないが、ネット利用法は多様で、グループBとは異なり、自宅外利用も相当程度行っていることが明らかとなった。例えば、翻訳をしているフリーランスのインフォーマントは、動画サイトGyaoの洋画を外出先の空いた時間に見たり、辞書サイトにアクセスする。不動産業の人はGoogle Mapを使い、お客さんに場所を説明したりするという。他には地方新聞サイト、オンライントレード、スカイプなども利用しているインフォーマントもいた。

また、自宅では無線LANがあり、ノートPCを（屋内だが）移動しながら利用する経験を持っているインフォーマントが多く、こうした経験がデータ通信カード利用を促す動因となっている可能性も見いだされた。

データ通信カードの利用目的は、電子メール、情報検索など、固定回線と同様のことを自宅外でも行いたいという動機が広く見られるが、ネットオークション、ニュースのチェック、乗り換え案内、外で仕事する際に付随する情報（先に言及した、辞書サイト、物件情報、地図情報、あるいは、プログラミングでのオンラインドキュメントなど）など、外で見る必要性が高い情報、サービスの存在が言及された。また、仕事で利用する5人は、プライベート利用のみの3人より外出先での利用が活発で、グループAと同じように、仕事でのネットワーク利用が、場所を問わないネットワーク利用の動因として機能していることが伺えた。

以上のように、2次に渡る定性的調査から、データ通信カード利用者が、利用動機、きっかけ、データ通信カードをどのように認識しているか、また、それをいかなる場で、どう利用しているかを具体的に把握し、データ通信カード非利用者と利用者との差異、カード利用者同士の類型について、量的調査により深めるための概念化と一定の仮説を構成するに至った。これまでの議論と重複するが、以下のようにまとめることができる。

（1）データ通信カード利用者は、自宅固定回線の代替手段とするか否かという軸と、データ通信カードを仕事でどの程度必要とするかという軸で、大きく区分される。

（2）いわゆるデジタルノマドのイメージを具現化する利用者は、仕事でのネットワーク利用が不可欠であり、それが、データ通信カード、ユビキタス環境へのドライブとなっている可能性が高い。

（3）仕事利用不可欠度が高くはなく、自宅固定回線の代替手段としての利用者は、自宅外でネットワーク接続する機会は少なく、概してライトユーザーである。

（4）仕事利用不可欠度が高くはないが、自宅固定回線を持っている利用者の場合、デジタルノマドほどヘビーユースではないが、自宅で行っていることを自宅外でも行いたいというニーズを持っている。

（5）グループCで観察されたように、家庭での無線LAN利用経験がデータ通信カード利用を促進している可能性がある。

9-5　ウェブアンケートによる定量的調査

ウェブアンケートは、2010年2月20日～3月1日の間、調査会社のモニターに依頼し、東京都、神奈川県、埼玉県、千葉県、の一都三県中心、20歳～45歳の男女を対象に実施した。データ通信カード利用者1013、データ通信カード非利用者1402、合計2415人から回答を得た。5歳刻みでそれぞれがほぼ同数になるよう依頼し、非利用者はほぼそれに沿った形となったが、利用者は多少年代で人数にばらつきがある。また、全体で女性55%、男性45%とやや女性が多く、それは、利用、非利用それぞれの年代でもほぼ同様である。

前節の議論に従い、自宅固定回線の有無、データ通信カード仕事利用の不可欠さにより、利用者を分類し、分類間、さらに非利用者との差異について分析を行った。

その結果、前節の最後にまとめた5つの命題は、データ通信カード利用者全般に対して適切であることが検証された。さらに、自宅固定回線の有無とデータ通信カードの仕事での利用不可欠度による利用者類型は、社会経済的地位において大きく異なっており、とくに、デジタルノマドと自宅固定回線の代替手段としてデータ通信カードを利用している人々との間には、著しい社会経済的格差が見いだされた。以下、具体的に分析を示す。

ウェブ調査では、スクリーニング質問において、自宅でのネット利用回線をきいている。具体的には、(1)アナログ電話回線、(2)ISDN、(3)DSL、(4)CATVネット、(5)FTTH、(6)携帯・PHS単体、(7)無線（データ通信カード、WiMax)、(8)無線（PCに携帯・PHSをつないで)、(9)その他、(10)わからない、(11)自宅では使わない、の11種類である。このうち、(1)～(5)のいずれか1つでも利用している回答者を「自宅固定回線利用者」と、あてはまらない他の回答者すべてを「自宅固定回線非利用者」と定義した。また、データ通信カード利用者に仕事利用、プライベート利用の有無を訊いており、カードを仕事に利用しているか否かを「仕事利用」「仕事非利用」とした。

以上を組み合わせ、データ通信カード利用者を、「仕事利用・自宅固定利用」（グループⅠ)、「仕事利用・自宅固定非利用」（グループⅡ)、「仕事非利用・自宅固定利用」（グループⅢ)、「仕事非利用・自宅固定非利用」（グループⅣ）の4グループに分け、さらに、データ通信カード非利用者を1つのグループ（グループⅤ）とみなし、5グループを比較することにした（表9-1)。

さて、このように5つのグループに分け、それぞれの社会経

表9-1　ウェブ調査回答者の類型毎の分布

		自宅固定回線（%）		回答数
		有り	無し	
データ通信カード仕事利用	有り	グループⅠ 38.9*	グループⅡ 8.8	1013
	無し	グループⅢ 29.2	グループⅣ 23.1	
データ通信カード非利用		グループⅤ		1402

＊数値は、「データ通信カード利用者」におけるグループⅠ～Ⅳの割合。非利用者を含んだ全サンプルに対する割合ではない。

済的属性、ネット利用のあり方を比較すると、グループ毎に大きな有意差が認められ、前節末にまとめた５つの命題が適切であることが確認されると同時に、デジタルデバイドの観点からみて、看過できない差異が見られた。

主要な社会経済的属性（性年代、教育歴、就労状況、世帯年収、生活水準認識）とグループとのクロスをみると、とくに顕著なのは、世帯年収における差異である。表９-２（左）をみると、グループⅠの世帯年収平均[3]が７００万円を越えるのに対し、Ⅱ、Ⅲ、Ⅴは５００万円台、Ⅳは４００万円を割っている。Tukey-KramerのＨＳＤ検定による群間比較[4]でも、ⅠとⅡ、Ⅲ、ⅤとⅣは互いに平均値の差が５％水準で統計的に

表9-2　類型毎の世帯年収分布（左）、生活水準認識（右）

世帯年収（%）	Ⅰ	Ⅱ	Ⅲ	Ⅳ	Ⅴ
200万円未満	4.6	9.0	9.2	23.1	12.1
200～400万円未満	15.3	39.3	22.7	35.9	22.7
400～600万円未満	22.1	16.9	23.7	26.1	26.2
600～800万円未満	21.1	13.5	18.3	6.0	18.0
800～1000万円未満	14.0	9.0	12.5	4.3	10.3
1000～1200万円未満	7.6	6.7	4.1	2.1	5.7
1200万円以上～	15.3	5.6	9.5	2.6	5.1
平均推計値	702	528	596	396	553
HSD検定	A	B	B	C	B

生活水準認識（%）	Ⅰ	Ⅱ	Ⅲ	Ⅳ	Ⅴ
上	4.1	1.1	0.7	1.7	0.5
中の上	23.2	27.0	15.3	6.4	14.6
中の中	40.7	31.5	43.7	35.0	43.6
中の下	25.5	28.1	31.9	39.3	31.5
下	6.6	12.4	8.5	17.5	9.8
平均*	2.93	2.76	2.68	2.35	2.64
HSD検定	A	A/B	B	C	B

＊「平均」は、上＝5、・・・、下＝1、として算出

有意である。

就労状況を考慮に入れると（表9-3）、Ⅱの平均値は低すぎるようにも思われる。つまり、Ⅱは、Ⅰに比べ、ややパートが多いが、フルタイムも7割を超えている。それにもかかわらず、フルタイムが約半数で、専業主婦、学生が多いグループⅢや、パート、専業主婦、学生がやはり多いグループⅤよりも世帯年収平均が低いのである。この3グループ（Ⅱ、Ⅲ、Ⅴ）は教育歴もほぼ同様の傾向にあり、性年代構成も、グループⅡで20代後半の男性と30代女性がやや多いが、グループⅠ、Ⅳに比べると相互に近く、その意味でもⅡの世帯年収平均は意外である。

今回の調査では、回答者の世帯構成を訊いていなかったため、推測にならざるを得ないのだが、1つには、グループⅡでは、単身世帯が多いという世帯構成の可能性がある。表9-2（右）の生活水準認識をみると、グループⅡは、グループⅠには及ばないが、グループⅢ、Ⅴよりも、生活水準認識が高い。そして、世帯年収、生活水準認識、それぞれを連続変数として扱い、相関係数をグループ毎に算出すると、どのグループも0・39以上だが、グループⅡは、0・553と最も相関性が強い。つまり、世帯年収平均はやや低いが、それは、単身世帯が多いからで、単身であれば、世帯年収＝回答者の年収と生活水準認識との相関は高く、グループ平均で500万円をやや超えた水準だが、暮らし向きは中位以上に認識しうると考えることができよう。

さらに、単身だからこそ、自宅に固定回線がなく、データ通信カードだけでも十分なのではないか。つまり、グループⅠ、Ⅱでは、生活水準認識、教育歴、就労状況が類似しており、自宅固定回線の有無と世帯年収の違いは、ライフステージによる違いが寄与している回答者が多いと推測しうる。

他方、グループⅢとⅤは、社会経済的属性に関して、相互に

［3］　本調査では、世帯年収は、200万円未満、から、1200万円以上、まで7水準できいているので、200万円未満＝100万円、200万円以上～400万円未満＝300万円、400万円以上～600万円未満＝500万円、600万円以上～800万円未満＝700万円、800万円以上～1000万円未満＝900万円、1000万円以上～1200万円未満＝1100万円、1200万円以上～＝1200万円として計算したものを平均値とした。
［4］　Tukey-KramerのHSD検定は、あるサンプルを3つ以上の群に分け、群間で平均値に統計的に有意な差があるか否かを検定する手法。全体としての誤差を一定の水準（本章では5％）に統制しながら、個々の2群間での平均値の差を検定する。なお、統計的分析は、すべて、SAS Institute、JMP8.0を用いた。

表9-3　類型毎の就労状況分布（単位：%）

	全体	I	II	III	IV	V
フルタイム（正社員・正職員）で働いている	52.3	77.6	71.9	49.2	49.6	45.0
フルタイム（派遣社員・派遣職員）で働いている	5.8	3.1	3.4	8.1	6.8	6.0
パートタイム、アルバイト	11.1	5.3	10.1	7.5	12.8	13.3
専業主婦／専業主夫	13.1	2.0	1.1	17.3	9.8	16.7
学生・生徒	9.9	5.1	7.9	11.2	8.6	11.3
無職	4.6	0.8	0.0	5.4	7.7	5.3
退職している	0.1	0.0	1.1	0.0	0.4	0.0
その他	3.2	6.1	4.5	1.4	4.3	2.5

類似していたグループである。性年代構成はほぼ同じ。就労状況では、Vがやや正社員が少なく、その分パートが多いが、他はほぼ同様。生活水準認識、世帯年収との相関性も拮抗している。つまり、グループIIIとVは、社会経済的には類似しており、データ通信カード利用の有無は何らかのきっかけがあったか否かによる可能性がある。そして、そのきっかけの1つはワイヤレスLANである。グループ毎の家庭内ワイヤレスLAN、公衆無線LAN利用のクロスをみると（家庭内ワイヤレスLANのデータを表9-4に示した）、グループIIIは、家庭内ワイヤレスLAN利用が半数を超え、公衆無線LAN利用もグループVよりもはるかに高い。

さて、世帯年収平均が最も低いのがグループIVである。このグループもIIと同様、単身世帯が多い可能性もあるが、生活水準認識も最も低く、世帯年収と生活水準認識との相関性も0・396と中程度の水準にあるため、たとえ単身世帯で年収が相対的に低い場合でも生活水準認識もまた低い可能性が高い。また、教育歴も相対的に低く、20代女性が多い。ただ、就労状況をみると、フルタイム（正社員）が半数を占め、パート、無職は相対的に多いが、専業主婦、学生は少なく、グループIII、Vに比して著しく経済的に低い要因は見いだせないようにも思われる。

そこで、フルタイム（正社員・正職員）のみで、世帯年収平均をグループ毎に算出すると（表9-5）、同じフルタイム（正社員・正職員）にもかかわらず、グループ毎で大きな差異が見いだされる。また、就労状況毎に世帯年収、生活水準認識の平均値を算出しまとめると、本ウェブ調査（つまり、データ通信カード非利用者でも、基本的にPCネット利用者であり、かつ、モニター調査ゆえ、積極的な人が多い）の回答者の場合、専業主婦、学生であっても、世帯年収、生活水準認識は中位以上だ

表9-4　類型毎の家庭内ワイヤレスＬＡＮ利用（単位：％）

		全体	Ⅰ	Ⅱ	Ⅲ	Ⅳ	Ⅴ
1	日に２－３回以上	25.1	41.0	2.3	33.9	1.7	24.2
2	日に１回くらい	6.9	9.9	4.5	8.1	2.1	6.7
3	週に数回	3.6	6.9	0.0	6.4	1.3	2.8
4	月に２－３回	2.2	5.9	0.0	3.7	0.9	1.2
5	月に１回以下	2.5	4.3	4.5	3.7	1.3	1.8
6	以前利用していたが、今はしていない	11.2	9.2	18.0	8.8	15.4	11.2
7	利用したことはないが、関心はある	26.0	14.5	32.6	20.7	36.8	28.1
8	利用したことはなく、関心もない	22.5	8.4	38.2	14.6	40.6	24.1
	１－５の合計（現在利用者）	40.3	67.9	11.2	55.9	7.3	36.7

表9-5　類型毎のフルタイム（正社員・正職員）のみの世帯年収平均推計値

	Ⅰ	Ⅱ	Ⅲ	Ⅳ	Ⅴ
世帯年収平均（推計値）（万円）	750	527	623	460	601
HSD 検定	A	B/C	B	C	B

が、パート、無職者は世帯年収、生活水準認識ともかなり低い。

つまり、グループⅣは、回答者自身の所得が低く、生活満足度が低い状態にあり、自宅固定回線を持たず、私的利用のためにデータ通信カードを利用しているが、グループⅢ、Ⅴは、中位程度の所得、生活満足度のある世帯の人々であり、自宅に固定回線がある上で、一部利用者がデータ通信カード利用へとステップアップしていると解することができよう。

このように、データ通信カード利用に関する類型は、社会経済的地位と密接に結びつき、それぞれが一定の社会経済的地位を構成している。つまり、データ通信カード利用は、ユビキタス社会の発展を意味し、その利用者は、先駆的ユーザ、デジタルノマドに思えたが、その社会経済的状況により、いくつかの階層に分断されている可能性がある。

グループⅠ：デジタルノマド

グループⅡ：職場で固定回線を使い、仕事上、モバイルアクセスも行う。ただし、ライフステージ、社会経済的状況から自宅固定回線はない。

グループⅢ：仕事ではユビキタス環境でネットを利用する機会はとくにない。自宅に固定回線環境があり、インターネットには親しんでおり、何かを機会に、自宅でできることを外出

表9-6　類型毎のネット利用度、ＰＣネット利用時間、モバイルネット利用時間

		I	II	III	IV	V
ネット利用度	平均（項目数）	12.4	9.5	11.1	8.9	9.1
	HSD 検定	A	C	B	C	C
ＰＣネット利用時間（合計、分）	平均（分）	417	362	324	253	278
	HSD 検定	A	A/B	B	C	C
モバイルネット利用時間（合計、分）	平均（分）	162	123	121	114	81
	HSD 検定	A	A/B	B	B	C

先でも行いたいと思い、データ通信カードを利用する。

グループⅣ：とくに仕事ではユビキタス環境でネットを利用する機会はない。ただ、個人的にインターネットは使いたいが、社会経済的状況から、データ通信カードを固定回線の代替手段として利用している。

グループⅤ：自宅固定回線でネット接続している。データ通信カードには関心のある人もいるが、きっかけがない。

もちろん、こうした類型と、インターネット利活用の度合いが独立しており、結びつきがなければ、この新たな「ワイヤレス・デバイド」を懸念する必要はない。グループⅣの人々でも、グループⅠの人々と同様、積極的に利用し、便益を享受していれば懸念することは何もないのである。

しかし、分析の結果は、こうした類型が、ネットワーク利活用と結びついていることを示している（表9-6）。本調査では、情報収集系、娯楽系、取引系、コミュニケーション系、合計19項目のインターネット利用法について、利用の有無、頻度、意向を訊ねている。類型グループ毎の単純集計をみても、グループⅠは活発で、グループⅣは全般的に、利用が相対的に少ないことはみてとれるが、それらを集合的に捉えるため、それぞれの項目を、頻度が低くても現在利用していれば「1」、それ以外（過去利用、未利用）は「0」の2値として、それぞれの回答者毎に、19項目の内、「1」となる項目数を「ネット利用度」と定義した。また、本調査では、1日あたりのＰＣネット利用時間、モバイルネット利用時間もきいている。そこでまず、「ネット利用度」、「ＰＣネット利用時間」、「モバイルネット利用時間」と類型5グループとの一元配置分散分析を行った。その結果が表9-6だが、いずれも、グループⅠが最も活発で、グループⅡはⅠよりもⅢに近く、グループⅣがⅤと並んで最も不活発であることが示された。

９-６　「魚の目」の重要性

　本研究をとりまとめた２００９年度以降、スマホの普及によりモバイルインターネットの環境は大きく変化を遂げた。ＰＣとデータ通信カードとの組み合わせは、過度期の技術として位置づけられる。しかし、本研究が主題とした、社会経済的状況による差異と、アクセスする技術、ネットワーク利用の仕方とは、依然として強く結びついていると考えられる。むしろ、本書が議論してきたように、ネットワークが人々の生活に深く浸透し、ネットワークへのアクセスが一層多元化、複合化している状況において、「デジタルデバイド」もまたより複雑に入り組んで、人々の間に存在している。例えば、スマホ利用者でも、通信量の制約や自宅・職場での WiFi 接続可能性によって、使い方が限定的になる人々もいるだろう。また、スマホだけでネットを利用する人と、自宅・職場で高速回線でのＰＣネットを利用し、外出先でもスマホをモバイル WiFi ルータとしてＰＣをネット接続させるような利用者を同じ「ネット利用者」と一括りにすることは、ＮＣ研究の観点からはできないだろう。さらに、スマホを経済的理由で断念する人々、必要性がなく利用しない人々も一定の割合存在する。

　ネットワーク環境の多元性、複合性ゆえ、デジタルデバイドを単純な「アクセスあり／なし」で議論することが難しく、近年「デジタルデバイド」は学術的にも、社会的にも大きな議論の対象になっていないが、このように考えれば、その必要性は減じていない。こうした観点から、本研究は、データ通信カードというやや特殊な過度期の技術だからこそ、ワイヤレス・デバイドを具体的に明らかにすることに貢献したとも捉えうる。データ通信カード自体は、短命な技術であったが、それをどのような問題として文脈づけるか、「魚の目」の重要性を示す研究でもあった。

第10章　ネット世論の構造

10-0　本研究の問題意識と主題

インターネットが社会的に普及し始めた1990年代後半、サイバースペースに対して、新たな「公共圏」としての期待が生じた（吉田 2000, 干川 2001）。それは、サイバースペースでは、オフラインにおける人間関係や社会経済的な地位に縛られず、また時間、場所の制約からも解き放たれて、自由闊達に議論ができる可能性が拓かれたからである。例えば、地域のことに関心はあっても、日常的に行政、議会に関わる機会のない市民が、オンラインで、さまざまな地域の政策、課題について、コメントし、議論することができれば、市民参加、市民自治が具体的に促進されることになるだろう。こうした期待にもとづき、これまで、「電子市民会議室」「パブリックコメント制度」「地域ＳＮＳ」など、社会的に取り組むべき課題を明確にし、自由に意見交換、熟議を行い、社会的な合意形成、意思決定へとつなげていくオンライン空間構築の試みが展開されてきた（公文 1996, 木村 1997, Hauben and Hauben 1997, 金子 1999, Hacker and van Dijk eds. 2000, 金子他 2004, 庄司他 2007, 田中編著 2017, 杉本編著 2012）。

しかし匿名制では、表情などの社会的な手がかりが乏しく、匿名の陰に隠れている意識から、無責任で不適切な発言、過剰な「言い争い」「炎上」が生じやすい。しかし登録制、メンバー限定などの仕組みにすると、ほとんど利用者がいなくなってしまう。他方、インターネットは聞き上手とともに、話し上手であり、自分の聞きたいことを耳にし、似たような嗜好性や価値観をもった話し相手には困らない。従って、似た者同士が交流、共感し合うことにより、特定の意見や思想が増幅される「エコーチェンバー（反響室）」現象や、さほど極端ではない個々人の意見が、集団として先鋭化された意思へと「リスキーシフト」され「集団成極化」が起こりやすい。

そこで、インターネット空間における社会的議論は、「ネット世論」と呼ばれ、従来の世論とは異なる傾向を持つとの認識が拡がってきた。それは、新たな公共圏の創出よりもむしろ、東京オリンピックエンブレム問題のような「ネット炎上」を引き起こし、近年では、フェイクニュース（嘘のニュース）やオルタナティブファクト（もう1つの事実）が流布する空間ではないかとの懸念も大きい。

　こうした認識にもとづき、筆者は２０１５年度からネット世論研究に取り組んでいる。本研究プログラムでは、Yahoo! ニュースの協力により、大量のコメントとそれに関連するデータを分析する機会を得た。第5章第3節で触れたが、Yahoo! ニュースは、毎日、３００社程度の媒体から配信される４０００以上の記事に対して、十万件単位のコメントが投稿され、千万単位の閲覧者によりページ閲覧は億単位に達する。したがって、そのログデータは、音声・動画を一切含まない単純なテキストデータにもかかわらず、1日分のコメントと関連データだけで１００メガ、閲覧データは1ギガを優に越える。1週間分を分析するには、10ギガ以上のログデータをまず対象とし、多様な観点からのデータ抽出や変数を構成する作業が必要である。

　このように、本研究プログラムでは、文字通りのビッグデータ解析に取り組んでいるが、同時に、個々のコメントに容易にアクセスし、文脈に沿った質的分析を行うことも可能であり、定量、定性を組み合わせることにより、立体的にネット世論にアプローチすることができる。もちろん、投稿者のプライバシーに配慮し、本研究プログラムで用いられるデータはすべて匿名化されており、Yahoo! JAPAN ID に関する情報は一切分からない。それでも、ある識別ＩＤがどのような記事に対して、どのようなコメントをし、別の識別ＩＤと互いにコメントへの返信をしあっている、といった文脈に即した分析を行うことは可能である。つまり、本研究プログラムは、ビッグデータ解析と文脈に沿った質的分析との組み合わせというＨＥの優れて具体的な実践なのである[1]。

　もっとも、ネット世論研究自体は、それだけで別にまとめる必要があり、本書において体系的に議論を展開すること余地はない。そこで、本章では、研究プログラム全体ではなく、ＨＥ

[1] 本研究プログラムに関しては、Yahoo! JAPANに寛容なご理解を賜り、Yahoo! ニュースの皆さまには、データを提供いただく上で、多大なるお力添えをいただいた。ここに記し、改めて深謝申し上げる。また、本研究プログラムは、Yahoo! JAPANからのデータ提供を受け、筆者が分析、解釈を行っているもので、本書で示されるネット世論、Yahoo! ニュースコメント機能に関する議論は、すべてYahoo! JAPANとは独立した筆者自身の見解、理解であり、Yahoo! JAPANは一切関与していない。読者にはこの点を十分にご認識願えれば幸いである。

方法論という本書の観点から、2015年度データにもとづいた個別具体的な分析事例を示し、ビッグデータ時代のHEの方向性を考えたい（以下、本章で展開する分析を、「本研究」と表記する）。

10–1　日本社会における「ネット世論」の形成回路とYahoo! ニュースの位相

10–1–1　ニュース産出流通回路の変革

まず、議論を展開するにあたり、本章では、「ニュース」を、「社会的関心を集める、あるいは、社会的に重要な事柄（出来事や議題・争点）に関する情報」、「世論」を、「ニュースに対する意見・態度の社会的分布」、そして、「ネット世論」を、「ニュースに対するネット（ソーシャルメディア）上の意見・態度の社会的分布」とそれぞれ定義する。「ネット（ソーシャルメディア）」としたのは、ネット世論を考える上で、個々人の電子メールや、個別のホームページではなく、ソーシャルメディアが最も重要な役割を果たしているからである。

さて、これらの定義を出発点とし、本章では、「ネット世論」を、従来のマスメディア（オフラインジャーナリズム）も含めたニュースの産出、流通、世論形成という、図10–1のようなメディアコミュニケーション構造の観点から捉えることにする。

インターネットは、「ニュース」の産出構造を大きく変革してきた。マスコミュニケーション研究者である桂敬一は、「社会的に大きな影響力をもつと思われたりするものが選定され、新聞や放送を通じて情報として世間に提供されるのが通例で、それらをとらえてニュースと称する」[2]と規定しているが、インターネット以前、マスメディアがゲートキーパーとして、社会的に重要な事柄を選定し、媒体に掲載するものが「ニュース」であった。

それに対して、ソーシャルメディアを中心としたインターネットは、従来のマスメディアとは独立した取材、情報源を、「ニュース」産出流通回路として新たに構築してきた。一方で、フリージャーナリスト、評論家などが、ブログ（フィルターブログ）、メールマガジン、Twitter 等を駆使し、ジャーナリズム的機能を担うようになり、他方で、匿名掲示板やTwitterなどにおいて、独自の観点から収集した情報が投稿され、それが社会的関心を呼び「ニュース」として扱われる場合もネット上では一般化している。

また、こうしたネット上の情報も「ニュース」として扱う、「ガジェット通信」「BuzzFeed Japan」「J-CASTニュー

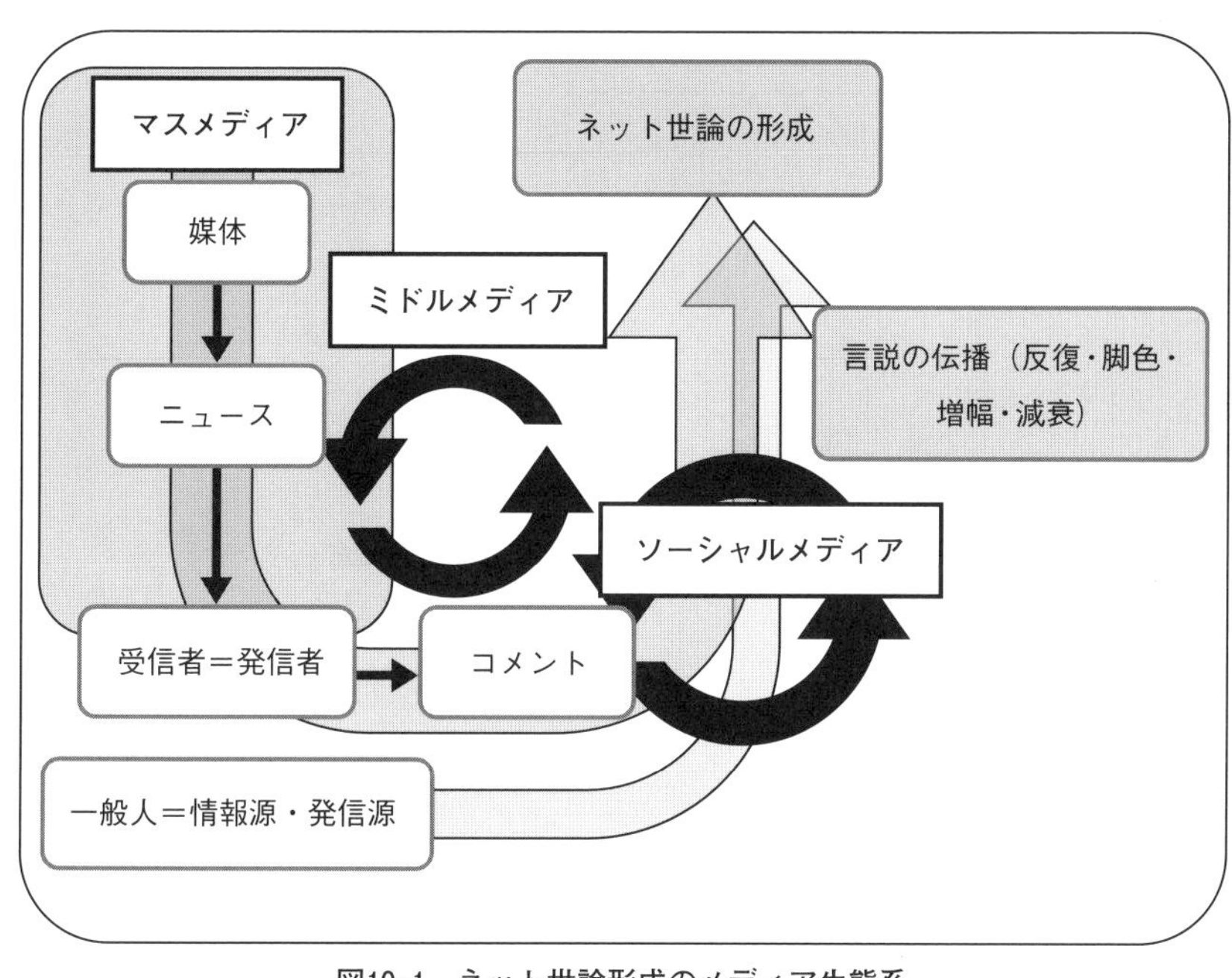

図10-1　ネット世論形成のメディア生態系

ス」「ロケットニュース24」のようなオンラインニュースサイト、ネット上で関心を集める情報を集約する「NAVERまとめ」、「痛いニュース」のような「まとめサイト」が成長し、「ミドルメディア」（藤代 2017）とも呼ばれる世論形成空間として、発展してきたことも重要である。ネット上に発信され、多くの関心が集まる「ニュース」を、ミドルメディアがとりあげることで、さらにネットの関心を惹いたり、マスメディアでもニュースとして報じられ、いっそう社会的関心が昂進することも珍しくなくなっている。つまり、マスメディア、ミドルメディア、ソーシャルメディアの交錯する広大なメディア空間が、ネット世論形成のプラットフォームとして発展し、その社会的影響力が増大しつつある。

表10-1は筆者が2016年7、8月、関東・東海・関西圏16〜70歳の男女1100人を対象として実施したウェブアンケート調査の結果である（表5-2の調査を1年後に発展させた調査）。ニュース接触という観点からみて、Yahoo!ニュースの閲覧がネット利用者にとって、大きな位置を占めているが、他のニュースポータルサイト（ミドルメディア）も、年代を問わず3分の1以上利用されており、スマートフォンでのニュース

［2］　日本大百科全書（小学館）「ニュース」。

表10-1　ウェブ調査によるオンラインニュース利用率（単位：%）

	デジタルネイティブ		デジタル移民		全体平均
	16～24歳	25～35歳	36～50歳	51～70歳	
Yahoo! ニュース閲覧	60.0	76.5	78.2	72.4	72.5
ニュースポータルサイト閲覧	32.5	37.0	39.9	33.8	35.8
新聞社サイト	26.0	29.5	35.6	39.1	34.0
ニュースアプリ利用	30.0	31.0	17.4	20.2	23.2
動画サイトでの記事閲覧	42.5	34.5	31.9	29.1	33.3
まとめサイト	47.0	46.5	31.2	11.9	29.8
２ちゃんねるまとめサイト	39.5	31.5	23.8	11.9	23.7
２ちゃんねる閲覧	33.0	32.5	25.2	13.9	23.8
ＬＩＮＥでのニュース閲覧	44.5	23.5	20.1	8.5	20.9
Twitter でのニュース閲覧	43.0	27.0	16.1	7.9	20.0
Yahoo! ニュースコメント欄閲覧	38.0	48.0	41.9	40.3	41.7
Yahoo! ニュースコメント欄書込	14.0	12.5	9.4	10.2	11.1
商品・サービスへの評価・レビュー・コメント書込	29.0	33.0	28.2	26.6	28.6
個人掲示板・コメント欄書込	13.0	14.0	10.4	9.7	11.3
企業掲示板・コメント欄書込	9.0	9.5	5.4	2.7	5.8
２ちゃんねる書込	11.5	11.5	5.4	2.0	6.4
匿名掲示板書込	10.5	8.5	4.7	2.2	5.5
ネット「拡散行為」	21.5	12.0	4.0	2.7	8.2
ネット「炎上」参加	10.0	8.0	3.0	2.2	4.9
ネットアラシ行為	7.5	7.0	2.3	1.5	3.8

2016年７・８月、関東・東海・関西圏16～70歳男女、有効回答数1100[3]

アプリ利用は、35歳以下のデジタルネイティブ層で3割を超えた。また、デジタルネイティブ層は、「まとめサイト」に半数近く、「動画サイトでの記事閲覧」、「2ちゃんねる」、「ＬＩＮＥでのニュース閲覧」、「Twitter でのニュース閲覧」に3分の1程度アクセスしている。つまり、10代から30代では、図10-1に示したメディア生態系が、ニュース接触の回路として日常生活に組み込まれている様子をみてとることができる。

実際、ソーシャルメディアサイト投稿数、閲覧数等をみると、Twitter の日本語ツイートが1日1億程度、2ちゃんねるでは1日あたり250万投稿、1億ページビューといった規模の活動が生起しており、主要なミドルメディアも、月間アクティブ利用者数（MAU: Monthly Active Users）は数百万から千万単位、1ヵ月あたりページ閲覧数は、ＮＡＶＥＲまとめが8億、ハムスター速報、痛いニュース、ロケットニュース24、Gigazine、Ｊ－ＣＡＳＴニュース、ねとらぼなどは1億の水準に達する。

10-1-2 「ネット世論」＝「拡散」「炎上」の図式を越える必要

さて、マスメディアを中心とする世論形成と対比した場合に、「ネット世論」を特徴づける現象として、「拡散」、「炎上」が指摘され、社会問題として議論、研究の対象にもなってきた（荻上 2007, 蛯川 2010, 小峯 2015, 田中・山口 2016など）。例えば、２０１１年の「大津市中2いじめ自殺事件」や２０１５年の「２０２０年東京五輪・パラリンピック公式エンブレム問題」では、いじめの加害者やデザイナー本人はもとより関係者とされる人々について、個人情報を執拗に暴きたてるネット上の動きが激しく、誤った情報により、まったく無関係の人々が糾弾されるまでにエスカレートした。過度な暴走は「ネット私刑（リンチ）」（安田 2015b）とも呼ばれ、それ自体が社会問題として認識されている。

再び表10-1をみると、2ちゃんねる、匿名掲示板への書き込み、「拡散」、「炎上」への参加に関して、デジタルネイティブ層では、こうした行為が1割前後に達し、「拡散行為」は10代後半・20代前半で2割を超える。前項のニュース接触だけでなく、「投稿」「拡散」「炎上」といった能動的行為を含め、図10-1に示したメディア生態系が、デジタルネイティブ世代の日常生活に浸透してきている様子をみてとることができる。

ただ、日常生活に浸透してきたといっても、積極的に加担する人たちは一握りであることもまた明らかとなってきた。田中・山口（2016）は、Twitterでの炎上への参加者を2万人余りの大規模なウェブモニター調査から推計し、調査時点での現役炎上参加者はネット利用者の２００人に1人、炎上1件当たりの参加者は２０００人程度（ネット利用者の10万人に数人）、炎上参加の9割は一言感想を述べる程度で、1件当たり何度も書き込み、当事者に直接的に攻撃しようとする参加者は数人から数十人のごく一部だと議論している。

在日コリアンに対する差別意識をツイートの計量テキスト分析により考究した高（2015）は、２０１２年11月から２０１３年2月にかけて、10万以上のコリアン関係ツイートを収集、分

[3] 現在利用については、①日に2、3回以上、②日に1回、③週に3～5回、④月に3～6回、⑤月1、2回かそれ以下、の頻度に分け、現在非利用については、⑥過去利用、⑦利用経験無に分けて、合計7つの選択肢から単一回答。表の数値は、①～⑤のいずれかに回答した人の割合。

析した。その結果、10万以上のツィートは、4万3000程度の投稿者IDにより投稿されているが、8割近くのIDは1ツィートのみ収集されたのに対して、わずか1%にあたる471のIDによる投稿は100以上のツィートが収集され、上位50のIDによるツィートが収集ツィートの8分の1（その大半は、明確な差別的表現）を占めた。こうしたツィートは、同様の内容が繰り返し投稿される傾向があり、印象に強く残る。

これらの研究は、「ネット世論」＝「拡散」、「炎上」という単純な図式にしたがっているわけではなく、ネット上の世論の多様性を十分に認識しているが、「拡散」「炎上」は、それ自体が、ニュースとして認識されるがゆえに、「ネット世論」の特徴を「拡散」「炎上」とみなし、一部の投稿者が、極端な主張、過度な言動を繰り返す偏った見解と捉える言説も、マスメディア、ネット問わず、数多く見いだされる（例えば古谷 2015）。たしかに、このように捉えるならば、「ネット世論」は、社会一般の世論とはかけ離れた偏ったものということになるだろう。

しかし、「ニュース」に対する意見、態度は、「拡散」「炎上」の形だけではない。むしろ、大半の人々が、自ら感じることを、自分の言葉で、折に触れて、ソーシャルメディアにアップしており、そうした投稿を累積すれば、「拡散」「炎上」をはるかに上回る。実際、表10-1をみると、「商品・サービスへの評価・レビュー・コメント書込」は年代を問わず4分の1以上の人が行っており、「Yahoo!ニュースコメント欄書き込み」も1割程度のネット利用者が行うと回答している。その一部はたしかに「拡散」し、「炎上」する。だが、マスメディア、ミドルメディアを介して拡大する「拡散」「炎上」は、公論としての「世論」ではなく、「世情（public sentiment）」としての「世論」（佐藤 2008）を煽情的に増幅させているに過ぎず、ネット世論の重要ではあるが、1つの側面のみにスポットライトをあてることで、「ネット世論」を矮小化して捉える見方に陥ってしまう。「ネット世論」＝ごく一部の過激な投稿＝「拡散」「炎上」という単純な図式ではなく、ネット上のコメント集積から1つ1つを精査し、そこにはさまざまな意見や感情があることに着目し、リツィートや「いいね」をするといった、言説・感情・行動の複合体を「ネット世論」として捉えることが必要だと筆者は主張したい。

この観点から重要なのは、依然として、マスメディアが、ニュースの供給者として最も重要であり、大半のニュースがマスメディアを供給源としていることである。実際、いじめ事件にせよ、エンブレム問題にせよ、その発端となるのは、マスメディアが報じた「ニュース」である。2ちゃんねるにおいても、1999年5月運用開始から2ヵ月後の7月には「時事ニュース板」（２００１年「ニュース速報板」に）、さらに、２０００年「ニュース議論板」、２００１年「ニュース速報＋板」、２００２年「ニュース実況板」、２００４年「ニュース速報（ＶＩＰアドレス）」、「痛いニュース＋板」と、マスメディア発信のニュースをソースとして最初の投稿をすることが基本であるニュースカテゴリーの板が次々と設置された。しかも、２０１６年７月における投稿数データをみると、２ちゃんねる全体で１日平均２５０万程度の投稿がある中で、「ニュース速報（ＶＩＰアドレス）」が20万程度で２位、「ニュース速報＋」13万程度で３位（１位は「なんでも実況」で30万〜40万程度）の投稿量がある。

従来のマスコミュニケーションを基盤にしたニュース生成・流通と世論形成は、基本的に情報発信者およびマスコミが取材対象とする組織の力が強く、大多数の受信者、個々の市民は間接的にしか影響を与えることはできなかった。マスメディアへの投書や電話、ファクスが殺到したり、街頭での示威行動にまで発展し、その後の情勢に大きな影響を与える場合があったとしても、あくまで例外的である。他方、インターネットでは、「ニュース媒体→ニュース→受信者」で留まるのではなく、受信者が同時に発信者となり、多彩なソーシャルメディアに、無数のニュースに関する多様なコメントを投稿することが可能となった。ニュースに対する賛意、同調、違和感、異なる観点、批判的コメントなども容易に投稿され、ネット上を流通、徘徊することで、従来とは異なる世論形成回路が拡大してきた。

本研究が対象とするYahoo!ニュースは、このような文脈で、貴重なデータを提供してくれる。図10-1に示した日本社会のネット世論形成回路での、【ニュース媒体⇩ニュース⇩受信者＝発信者⇩コメント】という経路において、Yahoo!ニュースは、極めて大きな役割を果たしている。繰り返しとなるが、Yahoo!ニュースは、毎日、３００社程度の媒体から配信される４０００以上の記事に対して、十万件単位のコメントが投稿され、千万単位の閲覧者によりページ閲覧は億単位に達する。表10-1にも示されている通り、10代後半から20代前半では６割に留まるが、それでもニュース接触経路としては最も利用率が高く、20代後半以上の世代では、４分の３前後のネット利用者がアクセスすると回答している。２０１６年１、２月実施の総務省「通信利用動向調査」では、13歳〜49歳のインターネット利用率は96％以上、50代で91％、60代でも77％に達しており、Yahoo!ニュースは、ネット利用者というよりも、日本社会全体にとって、ニュース流通の中核的役割を担っていると考えることができる。

さらに、表10-1の調査結果は、Yahoo!ニュースコメント欄

表10-2　Yahoo!ニュース（コメント）閲覧者における占める割合（単位：%）

	デジタルネイティブ		デジタル移民		全体平均
	16～24歳	25～35歳	36～50歳	51～69歳	
Yahoo!ニュース閲覧者に占めるコメント欄閲覧者の割合	63.3	62.7	53.6	55.7	57.5
Yahoo!ニュース閲覧者に占めるコメント欄投稿者の割合	23.3	16.3	12.0	14.1	15.3
Yahoo!ニュースコメント欄閲覧者に占めるコメント欄投稿者の割合	36.8	26.0	22.4	25.3	26.6

について、年代を問わずネット利用者の4割前後が閲覧し、1割前後が書込みを行うことを示している。表10-2にまとめたように、Yahoo!ニュース閲覧者における割合でみれば、6割前後がコメント欄も閲覧し、15%程度が書込んでいることになる。Yahoo!ニュースは、2007年10月からコメント欄を設置、運用しており、ネット利用者において、広範に閲覧、投稿されている。

従来のネット世論研究は、ソーシャルメディア領域における各種掲示板（とくに2ちゃんねる）、Twitterを中心とした研究（平井 2007, 柏原 2012, 山本他 2013, 後藤 2015, 佐藤・大隈 2015, 遠藤 2016）、ソーシャルメディアとミドルメディア、マスメディアとの「間メディア性」（遠藤 2004, 2007, 2010a）に焦点をあてるものなど、多様に展開してきた。他方、Yahoo!ニュースの記事配信と投稿コメントは、【ニュース媒体⇩ニュース⇩受信者＝発信者⇩コメント】の経路について、包括的かつ体系的な分析を可能とし、ネット世論の構造と動態の理解に寄与しうる。上述のように、Yahoo!ニュースと「ヤフコメ」は、この経路で中核的位置を占めており、多様な記事に、幅広くコメントが投稿されている。また、Twitterが10代、20代に利用が偏っているのに比べると、利用者の年代が幅広く、コメント投稿者も30代、40代を中心として、10代から60代まで拡がっている。

10-2　本研究データの概要

本章で議論する研究は、筆者が取り組んでいるネット世論研究の一部であり、Yahoo!ニュースの協力を得て、2015年4月20日0時から26日24時にYahoo!ニュースで配信されたニュースと、投稿されたコメントに関して分析したものである。ニュースに関しては、配信媒体名、配信日時、トピック掲載の有無などの情報を分析対象とした。記事本文ももちろん分析対象だが、記事本文については、筆者側でクローリングを行い、取得したため、クローリング時点ですでに削除されていた記事も存在する。「ヤフコメ」は Yahoo! JAPAN ID でログインすることにより投稿可能となり、本研究でも分析対象としたコメント情報には、コメント投稿元についての情報も含まれるが、すべて匿名化されたものを用いているため、筆者はコメント投稿元の Yahoo! JAPAN ID を知ることはできない。コメント投稿は、端末を問わず、ＰＣ、スマホ、携帯、タブレット、いずれからのアクセスも含んでいる。

Yahoo! ニュースの配信記事は、表10-3のように分類されており、上記７日間の配信記事数は全体で３万弱であった。他方、コメント欄についてだが、配信媒体が記事毎に、コメント欄を設けるか操作することができる（Yahoo! ニュースが決めるわけではない）。したがって、媒体社毎に、一切コメント欄を設けない場合、一部の記事に設ける場合、すべての記事に設ける場合がある。今回のデータセットでは、３万弱の記事の半分強にコメントがついていたが、コメントのついていない半分弱の記事の大半は、コメント欄自体が設けられていないことによる。

コメントが１つでもついた記事１つに対して、平均すると50程度のコメントがついており、７日間で合計80万コメントを越えた。もちろん、一部の記事に対して大量のコメントがつく（最大で１記事へのコメントが１万を超える）ことで平均値は

表10-3　記事分類枠組と本研究分析対象記事集合の概要

本研究の枠組	大分類	小分類33項目	記事数（概数）
「記事集合Ｘ」*	政治	政治	1000
	社会	社会	3000
	産業・経済	経済（一般）、マクロ経済、企業情報、株式、ＩＴ産業	3500
	海外・国際	海外、アジア・オセアニア、アジア・韓流、北米、ヨーロッパ、中南米、中東・アフリカ	3500
	沖縄	地域（「沖縄タイムス」のみ）	100
「記事集合Ｙ」	地域	地域（「沖縄タイムス」を除く）	2500
	文化・生活	文化（一般）、文化、生活・余暇、音楽、映画、健康、コンピュータゲーム、人々	7500
	スポーツ	スポーツ、サッカー、野球、競馬、ゴルフ、格闘技、モータースポーツ	6500
	科学・技術	科学・技術、科学（一般）、環境	1500

＊　本研究の分析対象は、「記事集合Ｘ」。

高くなるため、中央値は10程度であり、9割以上の記事はコメントが100未満である。しかし、広範な記事に対して、数件から数十件のコメントが投稿されていることが認められた。そこで、表10-3にあるすべての分類を対象とするのではなく、「ネット世論」という観点から、政治、社会、産業・経済、海外・国際に分類された記事とそれら記事へのコメントを掘り下げて詳細に分析することにした。また、政治的には、沖縄関連も重要であり、「地域」分類に含まれている沖縄地域の1媒体の記事とそれへのコメントも詳細分析の対象に含めた。

つまり、本研究では、調査期間1週間に配信された記事を、「記事集合X」(「政治」、「社会」、「産業・経済」、「海外・国際」、「沖縄」の5大分類に属する記事)、「記事集合Y」(「地域」(沖縄を除く)、「文化・生活」、「スポーツ」、「科学・技術」の4大分類に属する記事)に分け、「記事集合X」とそれら記事へのコメント(「コメント集合X」)を対象としている。記事数は、「X」4割弱、「Y」6割強に対して、コメント数は「X」6割、「Y」4割であり、本研究は、政治、社会、経済、国際というハード系ニュースとコメントというYahoo! ニュース空間のおよそ半分程度を対象とし、もう半分を占める文化、生活、スポーツといったソフト系ニュースとコメントは対象外であることは、読者に強く認識いただきたい。

なお、本研究は、2015年4月の1週間を対象としており、ログデータ分析として膨大ではあるが、日々変化するYahoo! ニュースの動態からみた場合には、任意の一断面と考えられるデータを対象にしている。分析自体は、1記事、1コメント単位で行われているが、さまざまなデータを提示する際に、細かい数値を用いると、その数字が、本研究におけるスナップショットであるにもかかわらず、Yahoo! ニュースの実態として独り歩きするリスクがある。そのため、本研究の結果については、基本的におよその傾向を示す水準に粒度を粗くして議論する。

また、先に述べたように、本研究では、コメント投稿者識別IDと、Yahoo! JAPAN IDとの紐づけはなく、投稿者IDの人口学的属性(性別、地域、年代など)は一切欠如している。

他方、本研究の議論を読者が読まれるうえで、投稿コメントの規模感や投稿者の人口学的属性などに関する情報は重要であろう。Yahoo! ニュースは、公式ブログ[4]において、やはりスナップショットではあるが、いくつかのデータを示しており、ここでは、そこで紹介されているデータをもとに、Yahoo! ニュース、「ヤフコメ」の基本的データをまとめておきたい。

2015年9月2日付ブログによると、1日あたり、約4万人が約14万件コメントを投稿している。性別では、男性が8割以上、男性30代・40代が全体の5割を占めているという。

「Yahoo! ニュースの主要ユーザーは30代男性ですが、コメント機能に限っては特に40代が突出して高い傾向がみられ」ると公式ブログは指摘する。図10-2は、コメントが投稿される記事の数を、ジャンル毎に分けて示したものである。エンターテイメント（文化）、スポーツなどのソフトニュース記事にコメントが投稿される傾向を見ることができる。加点、減点ボタンは、１日あたり約１００万識別ブラウザが、合計約７００万回押していることになる。利用者１人あたり平均して、加点ボタンは１日９回、減点ボタンは１日３回と、加点ボタンの方が３倍多く押されている。

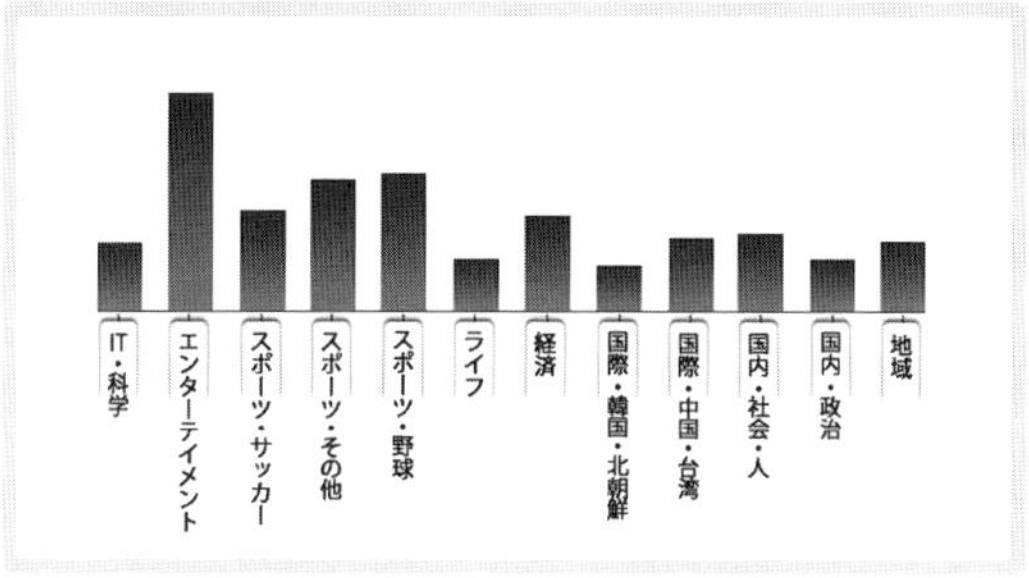

図10-2　ジャンル毎コメント投稿記事数
（Yahoo! ニューススタッフブログ、注[４]より）

また、Yahoo! ニュースのページ閲覧数だが、２０１５年９月２日付ブログは月間１００億ＰＶを超えていると言及しているが、２０１６年10月５日付ブログによれば、２０１６年８月には１５０億ＰＶを超えたという。ＭＡＵ（月間アクティブユーザ）については、２０１４年12月１日付ブログで、スマホのウェブサイト経由１６０７万人、スマホのアプリ経由１２２２万、重複を除いたスマホでのYahoo! ニュース利用者２３００万人、ＰＣでのアクセス利用者は２２８０万人（スマホとの重複については言及なし）と報告している。その後は具体的な数値はないが、２０１６年10月５日付ブログに、２０１４、15、16年各８月のアプリ利用ＭＡＵの推移がグラフとして示され、２０１５年８月から２０１６年８月に１・８倍と述べられている。グラフの形状から推測すると、２０１４年との比較では少なくとも２倍にはなっており、２０１６年夏には、スマホのアプリ経由だけで２５００万程度には達していると考えられる。したがって、スマホのウェ

[４]　Yahoo! ニューススタッフブログ「Yahoo! ニュースがコメント機能を続ける理由〜１日投稿数14万件・健全な言論空間の創出に向けて」２０１５年９月２日（https://news.yahoo.co.jp/staffblog/newshack/yjnews_comment.html、２０１７年７月30日アクセス）
「スマホのYahoo! ニュース利用者は２，３００万人〜「スマホで１番じゃないの?」にお答えします」（２０１４年12月１日、https://news.yahoo.co.jp/staffblog/newshack/yahoo2300.html）

ブサイト経由、PCサイトアクセスも含めれば、控えめに見積もっても、MAUは5000万には達すると推計できる。以下、本研究の分析について、こうしたYahoo!ニュースの利用者数、閲覧数、「ヤフコメ」投稿者のデータを念頭において理解いただきたい。

10-3 投稿者識別IDクラスタリング

「集合X」では、1週間で、1万強の記事が配信され、約半数の記事に合計50万弱のコメントが投稿された。これらのコメントは、5万6千強の投稿者識別ID（以下、本章では、「投稿者ID」と表記する）により投稿されているが、一部の投稿者IDが多数のコメントを投稿していることは間違いない。1週間で101以上コメント投稿している投稿者IDは1％に過ぎないが、延べ投稿コメント数は2割に達する。1週間で21コメント（つまり、1日平均3コメント）以上まで広げても、該当する投稿者IDは1割だが、延べ投稿コメント数は6割を占める。つまり、20コメント以下の9割のIDが投稿するコメント数は累計4割と半数に届かない（表10-5）。

他方、ソーシャルメディアが日常生活に深く浸透し、日本語のツィートが1日1億程度に達する状況において、1日平均10

表10-4　記事集合毎のコメントに関する基本的データ

大分類	記事数	コメント有り記事数	コメント数	1記事中央値
記事集合 ALL	2.9万	1.5万	80万	9
記事集合X	1.1万	5千	49万	13
記事集合Y	1.8万	1万	32万	7

コメント（1週間で70コメント）はけして「過度」とはいえないだろう。そこで、1週間70コメント以下のIDを集計すると、98％の累積投稿者IDが、コメント数で3分の2を投稿している（つまり、2％の71コメント以上投稿者IDが、コメント数で3分の1を投稿している）。

つまり、「ヤフコメ」空間は、少数の過度な投稿者たちによるコメント空間と、1人ひとりは多くないが、集積としては全体の半数近くから3分の2を占めるコメント空間とを、HEの観点から詳細に分析することが可能である。そこで、本研究では、投稿者IDを、投稿コメント数だけでなく、本研究で利用可能な属性情報を組み合わせ、クラスタリング分析を行い、少数の過度な投稿者、多数の穏やかな投稿者のクラスタを特定して、それぞれのコメント空間を掘り下げることにした。

投稿数以外の属性情報だが、「ヤフコメ」の特徴として、投稿-返信（親コメン

表10-5　投稿者ＩＤ毎のコメント投稿数分布の概要

ＩＤ毎の コメント投稿数	該当投稿者ＩＤ数	累積割合（%）*	延べコメント数	累積割合（%）*
101以上	5百	1%	10万	20%
71-100	5百	2%	5万	30%
21-70	4千	10%	15万	60%
1-20	5万	100%	20万	100%
合計	5.6万		50万	

＊「累積割合」は、コメント投稿数による４区分（「101以上」～「1－20」）で、「該当投稿者ID数」「延べコメント数」それぞれについて、上段区分から、その区分までを累積し、全体に占める割合を示したもの。例えば、「21－70」区分の「延べコメント数」は、「101以上」「71－100」も合わせ、７日間で21コメント以上の投稿者IDによる「延べコメント数」が、全体のコメント数の６割を占めるということ。

ト－子コメント機能）、コメントに対する「そう思う」「そう思わない」ボタン機能（加点、減点機能）がある[5]。親コメント－子コメント機能は、ある記事に投稿されたコメントに対して、子コメントを投稿できる機能である。記事へのコメントだけでなく、コメントへのコメントの要素が加わることになるが、子コメントにさらにコメント（孫コメント）はつかない。親コメントが多いことは間違いないが、本データセットでは２割程度が子コメントであった。そこで、それぞれの投稿者ＩＤがどの程度親コメント、子コメントしているかを分析に投入することにした。

親コメント－子コメント機能に関連して留意すべき点として、

[5]　Yahoo!ニュースの「ヘルプ」にある「コメント機能について」という説明ページ（https://www.yahoo-help.jp/app/answers/detail/p/575/a_id/4441/faq/pc-home、２０１７年7月30日アクセス）では、記事に対する「投稿」と「投稿」に対する「返信」という機能がある旨が記されている。本研究では、「投稿」を「親コメント」、「返信」を「子コメント」と表記する。また、同じページには、各コメントに、「そう思う」ボタン、「そう思わない」ボタンがあり、それぞれ押すことができると説明されている。本研究では、「そう思う」を「加点」、「そう思わない」を「減点」と表記する。

今回研究対象としている2015年4月の時点では、1つの投稿者IDが、ある1つの記事に対して、複数の親コメントを行うことが可能であったことがあげられる。その後、2015年6月から、同一IDによる、1記事への親コメントは1コメントに制限されることとなった（子コメントは制限なし）が、複数親コメントが投稿できる環境では、1記事に、同じようなコメントを繰り返し投稿する可能性もあり、ある投稿者IDがどの程度の異なる記事に投稿しているか（あるいは、多数投稿しているのに、投稿対象記事数は少ないか）は、投稿者IDをクラスタリングする上で考慮すべき要因である。

また、親コメント、子コメントを問わず、それぞれのコメントには、加点ボタン、減点ボタンがついており、閲覧者が気軽に押すことができる。1つの閲覧ブラウザでは、1つのコメントに対してどちらかのみ押すことができ（同じセッション中であれば取り消し可能）、複数回押しても、一度のみカウントされる。投稿者ID毎に、投稿したコメントにどれだけ加点、減点が付されたかも重要と考えられる。

さらに、本研究では、機械学習を用いて、コメントに侮蔑表現が用いられているかどうかを判定し、各投稿者IDがどれだけ侮蔑表現該当コメントを投稿しているかをクラスタリングデータに含めた。

このように、親コメント－子コメント機能、投稿対象記事数考慮の必要性、加点・減点、侮蔑表現該当の要素を踏まえ、投稿者ID毎に、7日間での、(A)投稿対象記事数、(B)親コメント数、(C)子コメント数（当該投稿者IDの投稿数）、(D)被コメント数（当該IDが投稿したコメントについた子コメント数）、(E)コメント加点合計、(F)コメント減点合計、(G)侮蔑表現該当コメント数、の7項目を集計し、階層クラスタリング（Ward 法）を行った。

クラスタリングの結果、コメント数、被コメント数、加点数、侮蔑表現該当率、子コメント率の組み合わせにより特徴づけられる20クラスタ分類を採用することにした。これら20クラスタ（小分類）は、Aグループ（12小クラスタ）、Bグループ（8小クラスタ）の2大グループ（大分類）に大別でき、さらに、AはAa、Aba、Abbの3中分類、BはBa、Bbに2中分類、合計5つの中分類に区分することができる。

表10-6を見ていただきたい。表頭の(A)〜(D)については、5つのクラスタ中分類の中で、最大値を100とした場合の、それぞれの相対的大きさを示す。例えば、(A)はBa中分類が5万数千と最大であり、それを100とすると、他の中分類は数百から数千に留まる。表頭(E)、(F)は、それぞれの中分類に含まれるコメント全体における、侮蔑表現該当コメント、子

表10-6　投稿者IDクラスタのグループ・分類

クラスタ大分類	クラスタ中分類（所属小分類数）	(A) ID数	(B)1IDあたりコメント数	(C)1IDあたり被コメント数	(D)1コメントあたり加点合計	(E)侮蔑表現該当率	(F)子コメント率
		５つの中分類のなかで、最大値を100とした場合の、それぞれの相対的大きさ				該当%	
Aグループ（12）	Aa 中分類（6）	0.5	29.4	100.0	100.0	3.0	7.8
	Aba 中分類（3）	1.2	30.0	2.2	3.6	26.6	11.6
	Abb 中分類（3）	0.1	100.0	25.4	4.2	38.0	48.7
Bグループ（8）	Ba 中分類（5）	100.0	3.6	0.6	8.2	6.0	9.2
	Bb 中分類（3）	4.3	18.5	2.3	6.8	6.8	70.2

コメントの率を%で示している。

同じ中分類に属するクラスタは、(C)～(F)に関しては、ほぼ同様の傾向を持っており、投稿者IDあたりのコメント数が、多いクラスタから少ないクラスタにいくつか分かれると捉えることができる。例えば、Aa中分類を構成する6クラスタ（小分類）は、各投稿者IDあたりの被コメント数(C)、加点数(D)が相対的に多いが、侮蔑表現該当率(E)は著しく低く、親コメントが大半(F)という特徴は共通している。他方、各投稿者IDあたりのコメント数(A)は広範囲に分布しており、1000コメントを超えるクラスタから、30コメント程度に留まるクラスタまで6つに分かれたとみなすことができる。

そこで、それぞれの中分類毎の特徴を、構成するクラスタ（小分類）それぞれのコメントを確認する作業も踏まえ、表10-7にまとめた。Aグループは、12クラスタ合計でも投稿者ID数は1000（2%）に満たない、少数の投稿者IDからなり、(B)～(E)のいずれかの項目で、平均よりも著しく高い「尖った」クラスタである。グループAの投稿は、被コメント数で全体の45%、加減点合計33%、侮蔑表現該当数33%を占めており、1000に満たない投稿者IDが「ヤフコメ」ネット世論空間で果たしている役割の大きさを示している。

Bグループは、投稿者IDの大半（98%以上）を占め、被コ

表10-7　投稿者IDクラスタ中分類の特徴

クラスタ大分類	クラスタ中分類（所属小分類数）	
Aグループ(12)	Aa 中分類(6)	Positive Response Seekers：1コメントあたり被コメント数(C)、加点数(D)が高い
	Ab 中分類(6)	Insulting Attackers：侮蔑表現該当率(E)が高い
	Aba 中分類(3)	親コメントが85%以上、自分の言いたいことを、口汚く罵る
	Abb 中分類(3)	子コメント率が4割以上：親コメントを罵倒する
Bグループ(8)	Ba 中分類(5)	親コメントが80～95%
	Bb 中分類(3)	子コメントがいずれも3分の2以上

メントはほとんどなく、加点数も限られ、侮蔑表現該当率の低い、「平穏」なクラスタである。Aグループのように、1コメントあたりの反応は少ないが、グループで累積すれば、コメントの9割近く、被コメントの55％、加減点合計、侮蔑表現該当は3分の2を占めており、比較的平穏なコメント投稿こそが、「ヤフコメ」ネット世論空間を構成する基盤と捉えることができる。興味深いことに、中分類ＢａとＢｂとは、子コメント率で分かれている。一般的には、親コメントが大半であり、先に述べたように、Ｂａ、グループＢに分類された投稿者ＩＤの4％程度と少数のＩＤにおいて、子コメント率が高く、平均3分の2を超えている。

「尖った」クラスタが集積しているＡグループにおいて、Ａａ中分類は、1コメントあたりの被コメント数（Ｃ）、加点数（Ｄ）が高く、コメント数も7日間で平均30のクラスタが最も少ないクラスタで、他の5クラスタの平均はいずれも100を超える。今回のデータセットで最多コメント数は1038コメントだが、その投稿者ＩＤはＡａに分類されている。Ａａ中分類でさらに特徴的なのは、侮蔑表現該当率が、平均4％以下であり、「平穏」なグループＢよりもさらに低いことである。コメントをみると、Ａａに分類された投稿者ＩＤのコメントは、激しい言葉を使わず、閲覧者が共感し、「そう思う」ボタンを押しやすいコメントを、積極的に工夫している。投稿ＩＤによっては、他の閲覧者からの評価、加点数をなるべく増やすことが目的になっているようにすら思われる。そこで、このＡａ中分類を肯定的反応追求者（Positive Response Seekers：ＰＲＳ）と呼ぶことにしたい。ＰＲＳは、承認欲求、賞賛獲得欲求と結びついている可能性もある。

対照的なのがＡｂであり、侮蔑表現率がクラスタ平均で2割から5割に達する。コメントも激しい言葉が多用されており、加点、減点や被コメントを気にかけているそぶりはない。実際、加点は、1コメントあたり平均で、グループＢの各クラスタよりも低い。また、減点もさほど多くはなく、閲覧者は、こうしたコメントに反応せず、スルーする傾向にあることを示している。つまり、Ａｂの投稿者ＩＤは、罵倒すること自体が目的となっており、罵倒攻撃者（Insulting Attackers：ＩＡ）と呼ぶことにしたい。さらに、ここでも興味深いのは、ＡｂａとＡｂｂとは、子コメント率で分かれており、Ａｂｂはどのクラスタも平均4割以上が子コメントだということである。さらに、Ａグループ全体において、Ａａ3割、Ａｂａ3分の2に対して、Ａｂｂは5%程度に過ぎず、子コメントで罵る投稿者ＩＤはやはり限られている。

このように中分類の分析を行うと、「ヤフコメ」投稿者の構造を、大きく次のように規定することができる。2015年4月の1週間を単位とし、政治、社会、国際といったハードニュースに対して、閲覧者総数の1000人に何人（0・x%水準）かがコメントを行う。投稿者の内2%に満たない人々（閲覧者全体の10万に何人の水準）が、「尖った」投稿者であり、積極的に閲覧者の肯定的な反応を求める人々（ＰＲＳ）と、激しい言葉で罵る人々（ＩＡ）に大きく分かれる。前者は親コメント中心のみに対して、後者は、大半が親コメント中心だが、親コメントを罵倒する形の投稿が4割を越える投稿者ＩＤが一部（Ａグループ全体の5%程度、閲覧者全体の100万分の1、実数で数十人）存在する。

他方、投稿ＩＤの98%（閲覧者全体の1000人に何人か（0・x%水準））は、被コメントはほとんどなく、加点数も限られ、侮蔑表現該当率の低い、「平穏」な投稿を行う人であり、大半は親コメントが中心で記事に対して感じたことを投稿するが、4%程度のわずかのＩＤ（閲覧者全体の10万に何人の水準）が子コメント投稿を中心とする。

10-4　投稿者ＩＤ-ＩＰアドレス、親コメント-子コメントとの関係

前節のような投稿者ＩＤクラスタリングを踏まえ、本研究では、ＨＥの実践として、尖った投稿者クラスタと、平穏な投稿者クラスタをそれぞれ分析する。まず、本節では、Ａグループの中で、子コメントで侮蔑的表現を多用するＡｂｂ中分類から、1つのクラスタをとりあげ、親コメント-子コメント、投稿者ＩＤ-ＩＰアドレスのネットワーク分析と、文脈に即したコメント分析を組み合わせる形で、ＨＥを実践したい。

Ａｂｂ中分類は、いずれも小規模な3つのクラスタ（小分類）からなるが、その1つ（以下、「αクラスタ」と表記す

る）は、11の投稿者IDにより構成されている。αクラスタは、侮蔑表現該当率35％、子コメント率4割とAbb中分類の特徴を示し、1投稿者IDあたりの平均コメント数は約250と相当多いが、Abbの3クラスタでは中位である。

侮蔑表現を含んだ子コメントが多いαクラスタのコメントに目を通すと、親コメントは、基本的に、聴衆を明確に意識することはなく、自らの主張を（一方的に）述べるスタイルに対して、子コメントは、特定の相手（親コメント投稿者や他の子コメント投稿者）と二者間で言い争う、あるいは、駅前広場で拡声器を用いて行うように、聴衆に対して演説する、あるいは、特定の相手への攻撃を意識しながら、広く訴えかけるスタイルを持つ。つまり、子コメントは、次の2つのスタイルが基本で、どちらか一方、あるいは、両方が組合わされる。

・特定の相手と言い争う
・親コメントに何らかの形で突っ込むことで、聴衆への訴えかけ、演説を行う

第7章の調査倫理で議論したように、具体的なコメントをそのまま提示すると、検索により当該コメント、投稿者が特定されるリスクがある。もちろん、「ヤフコメ」というvenueが公の場であることはたしかであり、投稿者が特定されるといっても、あくまで「ヤフコメ」で表示される断片的情報に過ぎない。しかし、第7章の議論を踏まえ、本研究において、分析に用いたコメントをそのまま提示することは一切せず、表現のイメージを筆者が再現する形にしたい。

Abbにおける、親コメント、子コメントの2つのスタイルは、次のようなイメージである（上述のとおり、あくまで筆者が、多様なコメントを踏まえて作成したイメージであり、特定の実際のコメントではない）。

親コメント
日本の反韓感情はますます強固だ。これまでは、韓国が日本に言いたい放題、やりたい放題。日本は我慢してきたが、いまの世論は、もう我慢しない。
韓国は反日洗脳教育を続け、日本を非難しつづければよい。日本の反韓感情が一層高まる。日本政府は、それを利用し、徹底的に韓国に報復すればよい。

子コメント（論争スタイル）
さすが低学歴。自分の願望にあてはまる情報源だけを信用しているだけじゃない？　マスメディアを通さないでも調べようと思えば、相当調べられるのに。アホな発言だと言う事に気が付かないのかね？

子コメント（演説スタイル）

いつまでも、うるさいのは中国・韓国だけだと分かったよ！慰安婦問題で、国際的世論で優位に立ちたいからだよ！　国交断絶すべしと言ったでしょう。こんなカスに関わってもろくなことない！

もちろん、親コメントでも、演説スタイルをとっている場合も多く、後者のスタイルが子コメント特有というわけではない。むしろ、聴衆に訴えかける時に、ニュース記事に直接親コメントをつけるスタイルよりも、誰かのコメントに突っ込むことで、演説をぶちやすくなる人たちが子コメントを好むようである。オフラインでも単独講演のような形で論を展開するのが上手い人と、討論形式、対話形式で自分の主張を展開するのが得意な人がいるように（落語と漫才の違いにも類似している）、オンライン空間でも両方のタイプがいると考えることができる。

コメント内容をみると、侮蔑表現割合が高いが、Ａｂａ、Ａｂｂ中分類は、上記例にも反映させたように、ともに嫌韓が顕著である。本研究では、テキストマイニングソフト KHcoder の「コーディング」機能を利用し、以下の抽出語が出現しているコメントを、「＊韓国」カテゴリーと規定し（「＊」はコーディングカテゴリーの意味）、該当コメントを抽出した。[6]

＊韓国　＝　韓国／韓／朝鮮／慰安／在日／朴／チョン／ニダ／朝鮮半島／南朝鮮／コリア／鮮／トンスル／大韓／竹島／ニダー／ザイニチ／CHON

その結果、「＊韓国」カテゴリーが、Ａｂａコメント全体の40％、Ａｂｂコメント全体の50％を占め、αクラスタは55％に達した。ところが、αクラスタに分類された11投稿者ＩＤのうち、２つの投稿者ＩＤ（C81、C99）[7]は、特異な存在であることが明らかとなった。ともに、「＊韓国」カテゴリーが２％程度しかなく、侮蔑表現該当率も、C81は24％、C99は６％に過ぎないが、減点が、１コメントあたりC81が5点、C99が10点と、αクラスタ内でみると顕著に多いのである。さらに、他の投稿者ＩＤがほとんど1つのＩＰアドレスとしか結びついていない（８つのＩＤは１つのＩＰアドレスのみ、１つのＩＤが２つのＩＰアドレスを利用）のに対して、C81、C99は14、16と多くのＩＰアドレスと結びついている。

[6]　Windows版 KHcoder 2.00f。この＊韓国コーディングは、日本語形態素解析システム「茶筅」による形態素解析にもとづいている。

[7]　既述のように、本研究では、コメントしたアカウントを匿名化したうえで、投稿者ＩＤとしている。

本研究を始めるにあたり、侮蔑表現を多用する投稿者は、複数の投稿者ＩＤ、ＩＰアドレスを駆使している可能性があり、それに関連し、親コメント－子コメント関係を利用した自作自演に留意する必要があると認識していた。しかしながら、αクラスタの11投稿者ＩＤからは、侮蔑表現を多用するからと言って、必ずしも、複数の投稿者ＩＤ、ＩＰアドレスを駆使したり、使い分けたりするわけではなく、むしろ「腰を据えて」過激なコメントを次々と繰り出す投稿者ＩＤも相当多く存在することが確認された。だが、あるいは、だからこそ、C81、C99が、どのように複数のＩＰアドレス、さらに、異なる投稿者ＩＤと結びついているかを探索する必要がある。

投稿者ＩＤとＩＰアドレスの複数の組み合わせは、次のような類型に分けることができるだろう。

（1）　ある1つの投稿者ＩＤが、複数のＩＰアドレスと結びついているが、それぞれのＩＰアドレスはその投稿者ＩＤのみに用いられている場合

（A）　1つの投稿者ＩＤが、（通学、通勤などで）移動しながら、場所を変えて、アクセス、投稿している

（B）　1つの投稿者ＩＤを異なる場所にいる複数人が共用し、投稿している

（2）　ある1つのＩＰアドレスが、複数の投稿者ＩＤと結びついている場合

（A）　同一人物が複数のＩＤを使い分け、同じ場所から、アクセス、投稿している。

（B）　互いに関係のある複数人が、複数のＩＤを割り当てられ（任意に利用し）、同じ場所から、アクセス、投稿している。

（C）　大学や企業、あるいは、インターネット接続プロバイダー（ＯＣＮなど）で、（互いに関係のない）複数のユーザが同一ＩＰアドレスでアクセス、投稿している。

（3）　複数の投稿者ＩＤと複数のＩＰアドレスとが互いに組み合わされている場合

⇩上記、（1）の（A）と（B）、（2）の（A）～（C）が複合している。

こうした投稿者ＩＤとＩＰアドレスの組み合わせを分析するために、ネットワーク分析可視化ソフト Gephi（ver.0.9.1）というネットワーク分析可視化ソフトを用いることにした。ここで第5章の図5-1を改めて見ていただきたい。どの投稿者ＩＤが、どのＩＰアドレスで、コメントしているか、投稿者ＩＤとＩＰアドレスの組み合わせを一覧とし、その組み合わせでの

コメント回数を重みづけとして、Gephiに描画をさせた結果の一部が図5-1である。重みづけが太さで表され、結びつき同士が連鎖した可視化が行われる。

ただ、組み合わせが1回しかないものも含むと、コメント集合X全体で合計10万強以上の組み合わせがあり、グラフ化されたパターンを読み取りづらい。そのため本研究では、次数1のIPアドレス（つまり、ある1つの投稿者IDとのみ組み合わさるIPアドレス）ならびに、そのIPアドレスとのみつながる投稿者IDを対象から外し、分析を行った。この操作により、ある投稿者IDが1つのIPアドレスしか使わず、そのIPアドレスは他の投稿者IDには使われていないケースだけでなく、上記類型(1)のケース（ある複数のIPアドレスが1つの投稿者IDにだけ結び付いているケース）が分析対象から外れることになる。逆に言えば、上記類型(2)と(3)のケースにネットワーク分析対象を限定したことになる。その結果、投稿者IDが1万2000弱、IPアドレスが5000弱、合計1万7000弱に絞り込まれた。つまり、投稿者IDの約8割は1次のIPアドレスとのみ結びついており、IPアドレス側からみると、95％近くが1つの投稿者IDとしかつながっていなかったのである。

これら投稿者IDとIPアドレスの組み合わせをクラスタリング分析したところ、2272クラスタに分かれ、クラスタリング係数は0・987と、それぞれのクラスタが内部では互いに結びつくとともに、クラスタ間のつながりがほとんどなく、それぞれ独立性が高いことが示された。しかも、投稿者IDとIPアドレスの合計（つまり、クラスタを構成するノードの合計）が11以上のクラスタ（いずれも、上記類型(3)にあてはまる）は98に過ぎず、残り2174クラスタはノードが10以下の小規模なクラスタであった。

さて、C81、C99だが、C81はすでに図5-1に示したように、C99についても、図10-3、10-4から明らかなように、ノードが11以上の大規模なクラスタに分類されており、投稿者IDとIPアドレスとが複数組み合わされている。

そこで、C81、C99の具体的なコメントを検討すると、この2つの投稿者IDは、ある特定の投稿者（本章ではこれ以降「Z氏」と表記する）と、激しい言葉遣いで、コメントの応酬をしている。Z氏は、自民党、安倍政権支持者であり、C81、C99は、自民党、安倍政権批判の立場で、Z氏を嘲笑するコメントが大半である。ところが、C81、C99、それぞれがつながっているIPアドレスを取り出し、そのIPアドレスを共有している投稿者IDを確認したところ、C81、C99には接点は1つもなく、それぞれ別なID-IPアドレスクラスタに属して

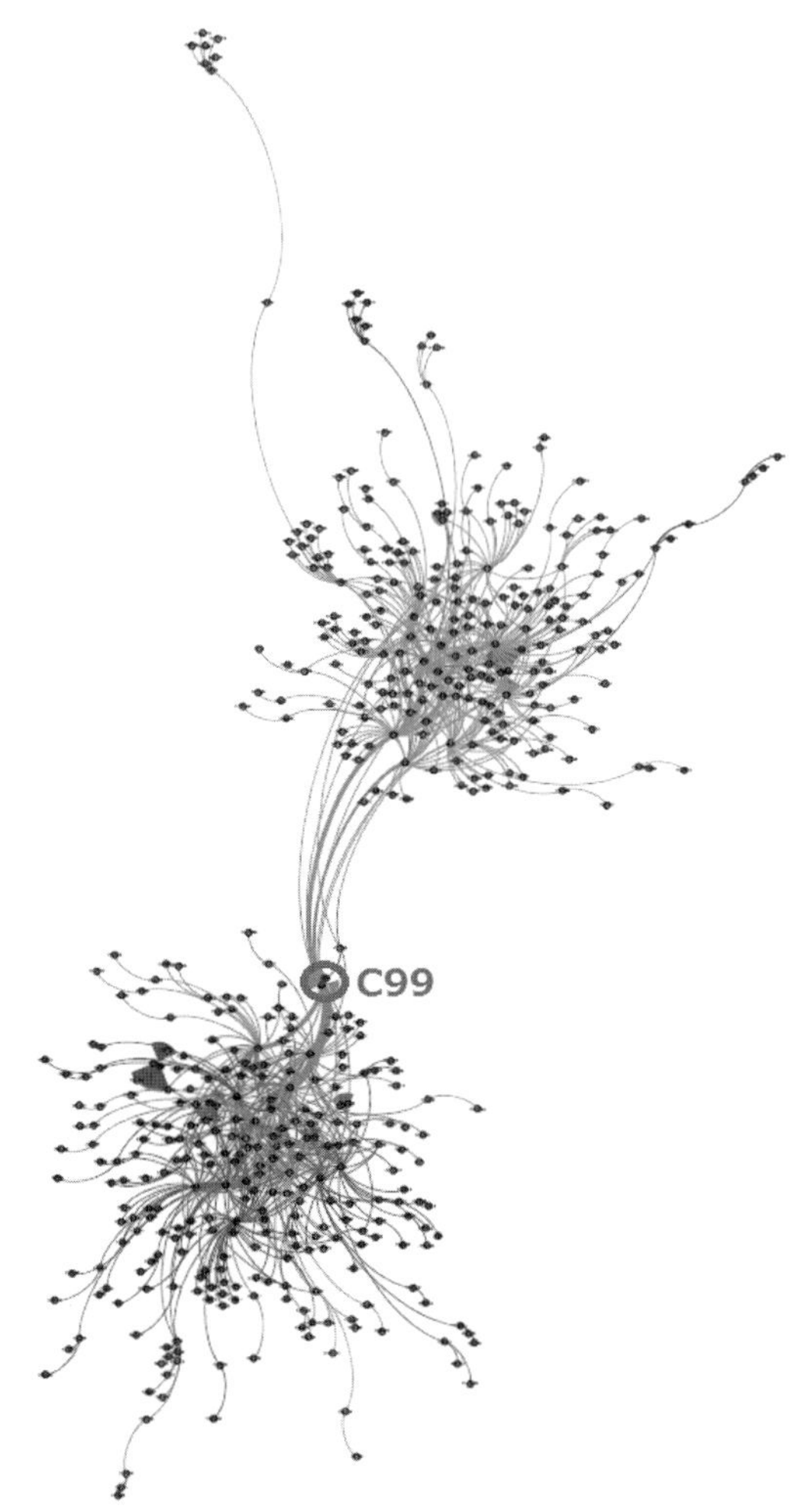

図10-3　C99を含んだＩＤ-ＩＰアドレスクラスタのネットワーク（全体図）
（カラー版は口絵参照）

いた。C99を含むＩＤ-ＩＰアドレスクラスタ（図10-3）はきわめて広大だが、C99を中心とする拡大図（図10-4）を詳細に検討すると、C99はネットワークの中心に位置していても、接続するＩＰアドレスを介して、1人の投稿者、あるいは、相互に関連のある投稿者たちが、複数ＩＤを利用して意図的に投稿している様子はみられなかった。図10-3は、上記類型(2)(C)が基盤であり、大規模なインターネット接続プロバイダーを利用している相互に関連のない人々が、ＩＰアドレスを介して結びついていると考えられる。

　他方、C81を含むＩＤ-ＩＰアドレスクラスタ（図5-

1）は、投稿者ＩＤがC81、C2291、C3340の３つからなり、コメントをみると、C81とC2291とは、Ｚ氏を嘲笑する同じようなコメントを投稿しており、同一の投稿者が複数の投稿者ＩＤとＩＰアドレスで、Ｚ氏を攻撃していると考えられる。さらに興味深いのは、C3340が、Ｚ氏の立場になりすましたようなコメントを投稿していることである。

例えば、次のようなイメージのコメントをC3340は投稿している。

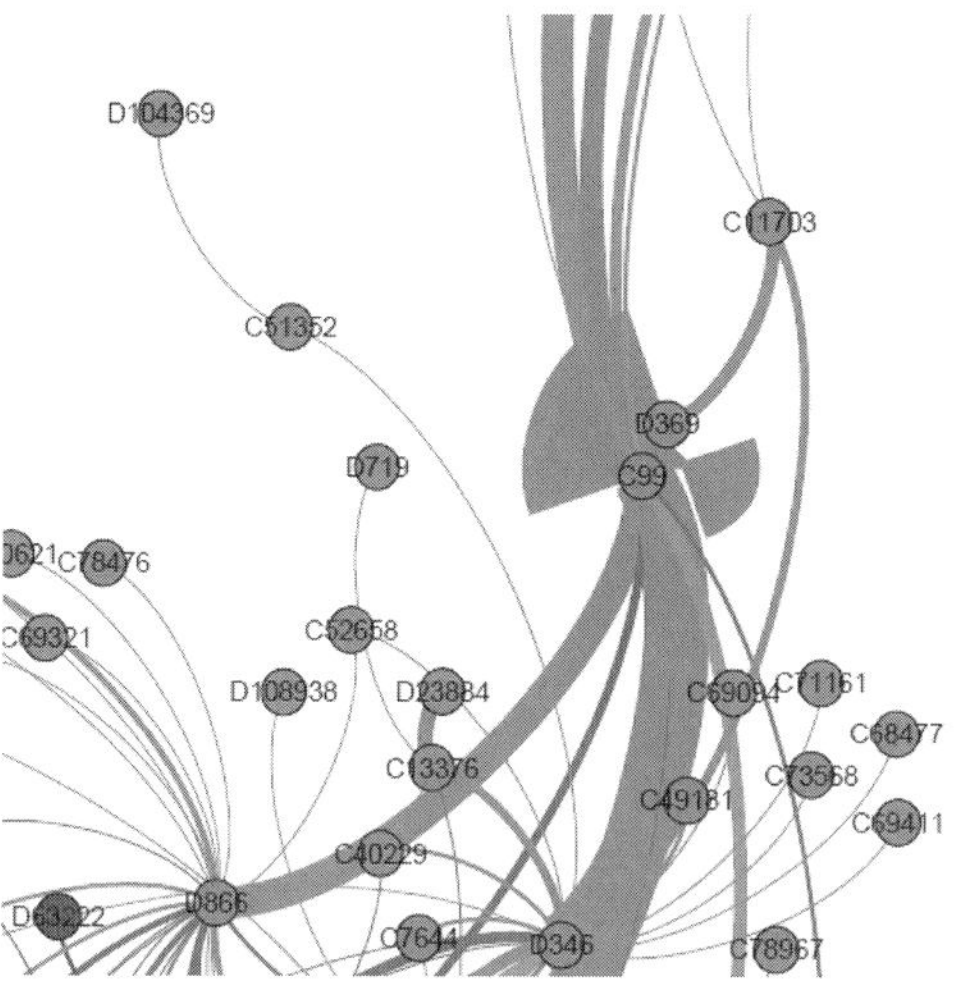

図10-4　C99を含んだＩＤ－ＩＰアドレスクラスタのネットワーク
（図10-3のC99部分拡大図）

C3340

俺ってバカ？　何でそんなにみんな俺をいじめる？　もうどうでもいい！　引きこもりになってやる！

つまり、C81、C2291でＺ氏への嘲笑を書き込み、C3340でＺ氏の立場を装って、嘲笑への反応を書き込んでおり、個別のコメントを丹念にみると、C81、C2291、C3340は同一投稿者が使い分けている蓋然性が高い。

さて、投稿者ＩＤとＩＰアドレスとの関係でみると、C81とC99はつながりが認められないが、「親コメント－子コメント」関係でネットワーク分析を行ったところ、この２つの投稿者ＩＤが同じクラスタでつながっていることが分かった。親コメント－子コメント（投稿－返信）という仕組みは、「ヤフコメ」の特徴の１つである。今回のデータセット（コメント集合Ｘ）において、コメント数でみると、親コメント８割を占める親コメントのうち、子コメントがつくのは５％強程度に留まり、大半の親コメントには子コメントはつかない。投稿者ＩＤからみると、７割が親コメントのみ投稿、１割が子コメントのみ投稿、２割が両者を投稿であった。

そこで、親コメント－子コメント関係を、投稿者ＩＤに置き

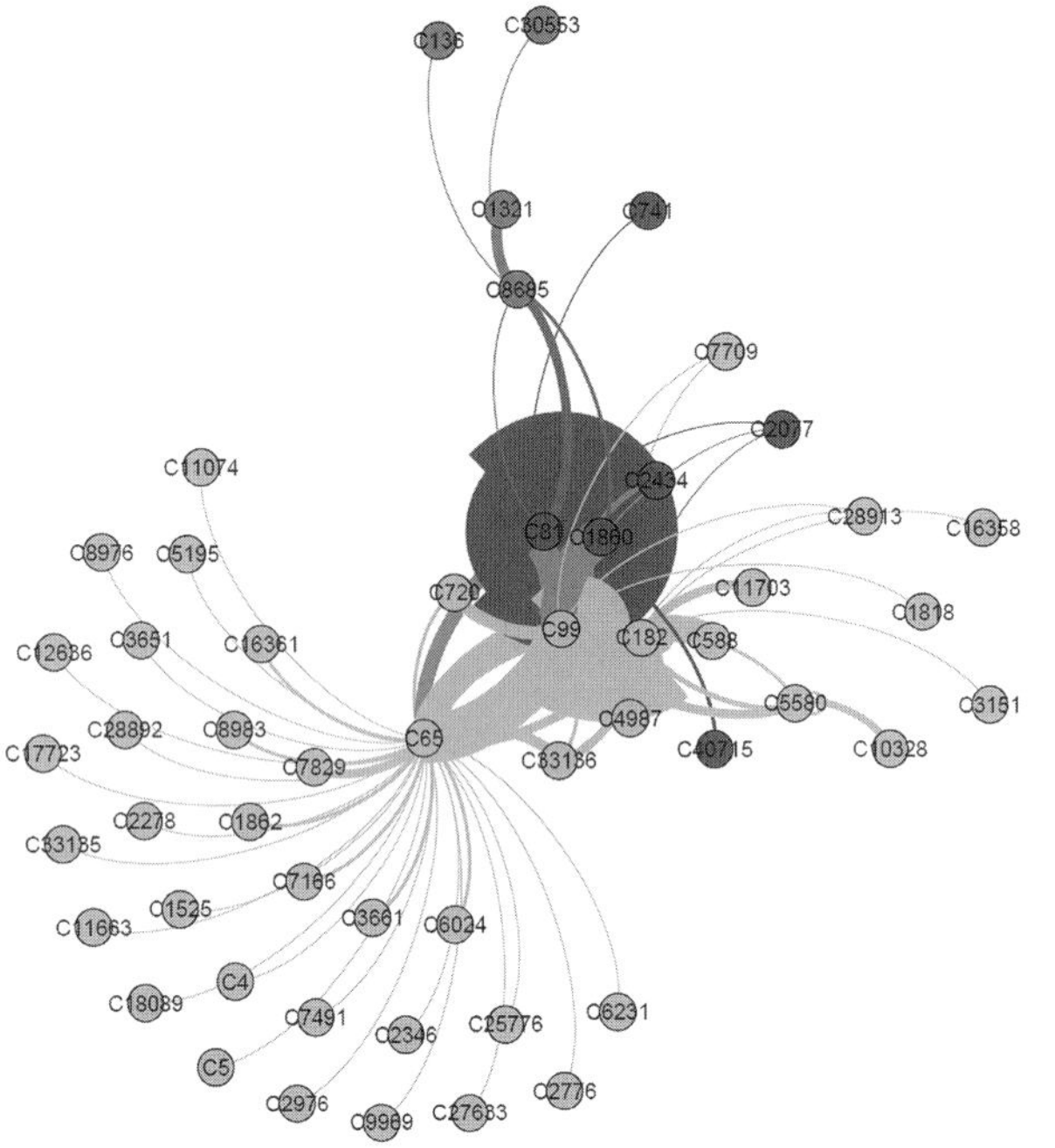

換え、子コメント投稿者ＩＤから親コメント投稿者ＩＤへの有向関係、コメント数を重みづけとして、Gephiで描画を行った。親子関係が限られているとはいえ、数万単位のノードからなるネットワークはやはり大きく、全体を描画してみても、有意なパターンは見いだしがたい。そこで、関係が一方的な場合（一方が親のみ、他方が子のみ）の投稿者ＩＤ関係を除き、関係している投稿者ＩＤ同士が、親コメント、子コメントどちらの場合もあるケースのみに絞った。すると５０００弱の投稿者ＩＤが該当し、クラスタリング分析を行うと、34クラスタに分かれ、クラスタリング係数は０・７４５であった。34クラスタの内、23クラスタは２ＩＤのみから成っており、相互にコメントする関係が成立していると見なすことができる。その他、３ＩＤ〜７ＩＤが７クラスタ、12ＩＤ、13ＩＤ、16ＩＤ、30ＩＤが１クラスタずつとなっている。

図10-5　C81、C99を含む「親コメント－子コメント」投稿者ＩＤ間ネットワーク

この分析の結果、C81とC99は、図10-5に示されているクラスタで、互いに結びついていることが明らかとなった。図に示されているように、C81、C99が中核となっており、相互にコメント（さらに、C81、C99ともエゴリプライしている）を繰り返している。この例に見られるように、親子関係は、コメントの言い争いが中心であり、複数ＩＤによるなりすましも含め、炎上を楽しむ投稿者が限られてはいるが一定数存在すると考えられる。

10-5 非マイノリティポリティクス
――「ヤフコメ」に通底する社会心理

10-5-1 ＰＲＳに現れるネット世論の関心

Ａａ中分類は、侮蔑表現が少なく、親コメントで、積極的に閲覧者の肯定的な反応を求める投稿者（ＰＲＳ）たちであった。Ａａは6つの小分類（クラスタ）から成り立つが、本項では、4つの投稿者ＩＤからなり、１つのＩＤあたり平均１８０コメント、1日あたり25コメント以上の小分類（以下、「βクラスタ」と表記する）について、詳細に分析することにしたい。

図10-6は、βクラスタの全コメントを対象にした、KHcoderによる抽出語の共起ネットワーク図である。抽出語は、名詞系（名詞［ひらがなのみ、漢字一字のみも含む］、サ変名詞、固有名詞、組織名、人名、地名、未知語）、動詞（ひらがなのみも含む）、形容詞（ひらがなのみも含む）、形容動詞を対象とした。βクラスタの総コメント数が７１９であり、その1％弱を目安として、最低出現コメント数、回数ともに7以上（つまり、１つのコメントで何度も用いられているわけではなく、総コメントの1％程度には用いられている語）の１１４語がコメント単位で共起する率を、Jaccard係数にもとづいて測定してマッピングを行った。なお、本節における分析において、形態素解析は、茶筅ではなく、MeCabを用い、辞書はネット用語に強いmecab-ipadic-NEologdを用いた。

また、語同士の共起ネット分析では、modularity[8]にもとづくサブグループ検出による描画を選択しているため、図では、つながりの強い語同士がサブグラフとして同じ色調で表示される。ただし、色調が12までしか用意されていないため、13番目以降はすべて背景が白抜きとなる。マッピングは線で結ばれているか互いに接触している語同士の距離に意味はあるが、結ばれていない語同士の距離には意味はない。なお、出現数の多い語ほど大きな円で描画され、異なるサブグラフに属する語同士に共起関係が認められる場合には、点線でつながっている。

βクラスタとして平均をとると、１コメントあたり加点１１６０、減点54と、広範な同意があり、侮蔑表現に判定されたコメントは2％に満たない。つまり、侮蔑的な激しい語彙こそ用いはしないが、「ヤフコメ」閲覧者たちに訴えかける要素を持つコメントを投稿していることになる。では、何が訴えかけるのか？　図に示されたＡ～Ｒのサブグラフ毎に、どのような記事に関して、いかなるコメント、表現が見られるかを、具体的

［8］ Modularityの計算は、Calusetら（2004）のモデルにもとづく。

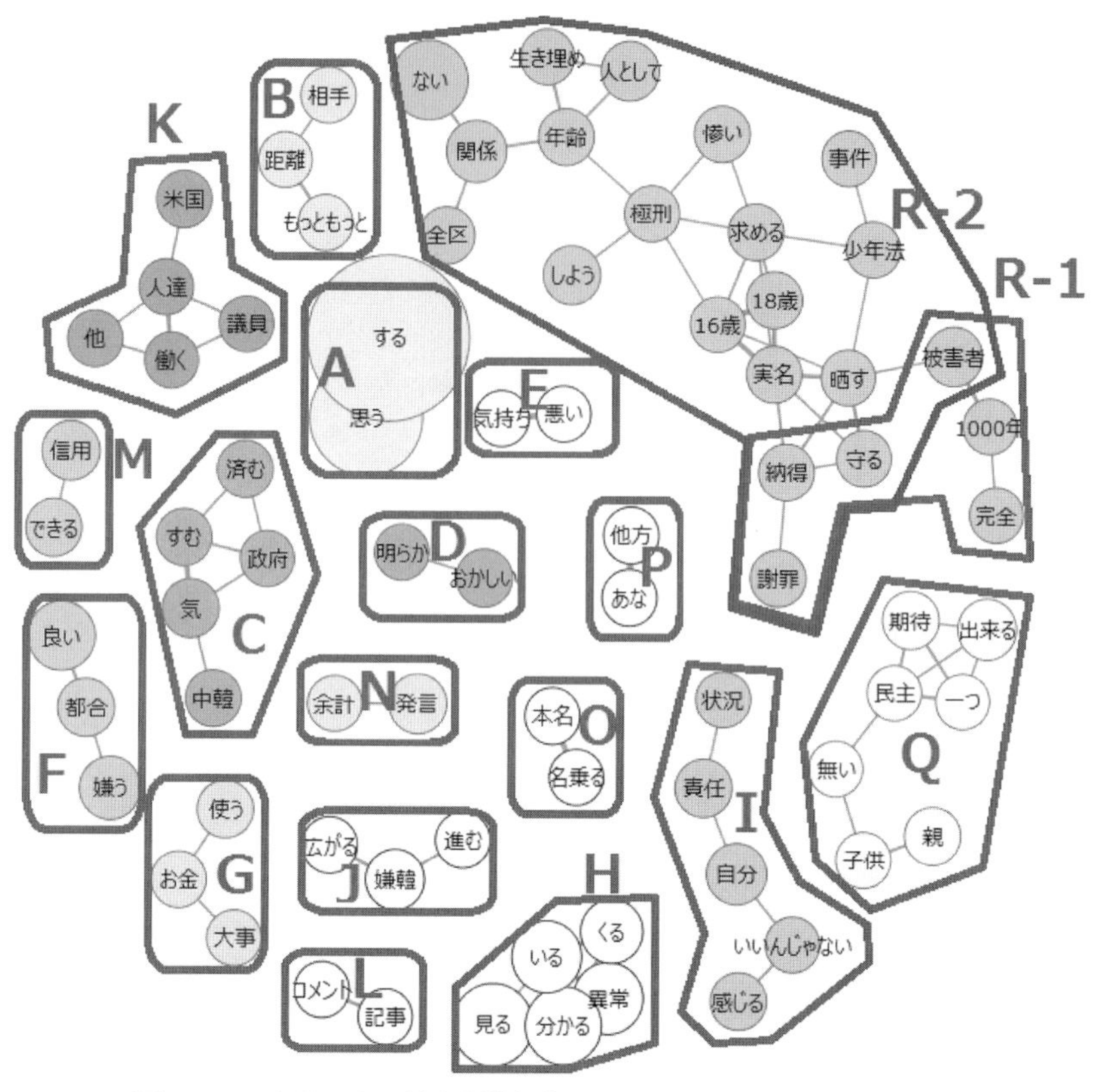

図10-6　βクラスタ・抽出語共起ネットワーク（カラー版は口絵参照）

に検討したい。

サブグラフAは、「する」「思う」という、コメントで最もよく使われる動詞（「する」は３８８回、「思う」は２１４回）であり、コメントの主題、内容と具体的に特定の関係があるわけではない。サブグラフB以下が、具体的なニュースに関連した語句となる。まず、２０１５年は第二次大戦後70年の節目にあたり、安倍談話をめぐる議論、戦争責任、慰安婦問題、賠償問題などが活発に行われ、それに関連した記事も多かった。サブグラフBからNは、そうした戦後問題に関連し、韓国、中国に対する違和感を表明したコメントが中心となっている。Bから順に例示すると、日本がこれまで戦争責任を認め、「何度も謝罪しても、相手が納得しないのであれば、もっともっと、距離をとるべきだ」（B）。「中韓はいつまで言えば、気が済む（すむ）のか。自分たちの政府に補償してもらえばいい」（C）。「明らかにおかしい」（D）、「気持ち悪い」（E）。「自分たちにとって都合の良いことばかり言うので、嫌われる」（F）[9]。

「（2015年）5月7日にベルリンで、10日にハイデルベルクで、日韓独の国民が参加し、日本の蛮行を糾弾するキャンドル集会を開く」「安倍首相訪米に対抗、韓国大使館がロビー・PR活動に1870万円投入〜慰安婦・歴史宣伝に政府も注力」「韓国国会、国連に「慰安婦追慕日」指定促す決議案を上程」といった報道に対して、「お金をもっと大事なことに使った方がいいのではないか」（G）。「分かっていた（いる）が、ここまで来ると、どう見ても、異常」（H）。「こうした状況を招いたのは、自分たち（＝中韓）の責任」（I）であり、そろそろ、「自分たちがおかしいと感じてもいいんじゃないか」（I）。日本への（過度な）主張を繰り返せば、「嫌韓が進み、広がるだろう」（J）。

K、Lは、マイク・ホンダ議員に関連した記事へのコメントに因る。ホンダ氏は、アメリカ連邦議会下院議員を長年務め、慰安婦問題など、日本の戦争責任を積極的に追究する法案に関わっており、「ヤフコメ」では、「知韓派」（揶揄表現で「痴漢派」）と言及されることも多い。この時期は、アメリカでの韓国関係ニュースや、安倍訪米を前にした日本マスコミによるホンダ議員へのインタビュー記事があったことなどから、βクラスタでもコメントされており、「議員として、もっと他にすることはないのか」（K）、「アメリカ人たちのために働いたらどうか」（K）。「記事では日本人となっているが、どうしてこうした（日本批判の）コメントができるのか」（L）といった共起関係がみられた。

Mは、AIIB（アジア投資開発銀行）設立に関連し、「信用できない」（M）（「できる」は「できない」が「できる」＋「ない」と形態素分析された結果）。Nは、「安倍談話」に関して、村山富市、鳩山由紀夫の両元首相が批判したとの報道に対して、「余計な発言はするな」（N）との批判的コメントがなされたことを反映している。

Oの「本名」「名乗る」だが、これは、在日コリアン男性が勤務先の社長に本名（韓国名）を使うよう強要され、精神的苦痛を受けたとして起こした裁判で、地裁が同社長に損害賠償を命じる判決を下したとの報道に対するコメントが中心となっている。「本名」は計10コメントで用いられているが、すべて、「なぜ会社で本名を名乗れないのか」と、訴訟を起こした男性

［9］　ここでは、サブグラフを構成する語句が共起しているコメントを、筆者が典型的に構成して「　」で括った。先述の通り、投稿者のプライバシー保護を目的とし、投稿コメントをそのまま「　」で提示することはしていない。傍線を引いた語句が、図10-6に現れている語句に対応している。

を非難するコメントであった。在日コリアンが本名を名乗らず、通名を用いていることに関して、新聞メディアにおける論調は、「社会的差別があり、本名を名乗ることができず、通名を使わざるをえない」とするものだが[10]、ネットにおいては、「作為的に本名を名乗らない」といった認識が広まり、「在日特権」とすら主張される。βクラスタの投稿は、こうしたネット世論を具体的に表している。

そして、Pは、「あなた方」が、「あな」と「他方」に形態素解析されたことによっている。この「あなた方」は、「韓国人」を指しており、「歴史を直視すべきはあなた方」「謝罪する必要があるのはあなた方」といった文脈で用いられている。

このように、政治、社会、国際などハードニュースに対するコメントに関して、βクラスタの4投稿者IDは、Ab中分類のように、侮蔑表現を用いるわけではないが、韓国、中国（とりわけ韓国）に対する批判的コメント、とくに、日本に対して謝罪を求め続けることに対する強い反発をコメントとして展開している。彼らのコメントの1％以上に現れる語彙の相当部分が反韓・反中コメントの文脈にあり、こうしたコメントに多くの加点、子コメントがついているのである。

QとRは、韓中以外が主題のコメントが中核となっているサブグラフだが、それぞれ、大きくは2つの異なる主題が一部の語彙で結びついた形になっている。Qは、「民主（党）」には、期待出来ることは一つもない」といった民主党への批判、失望コメントと、Rが関連している事件へのコメントが「無い」という語を共有している。その事件というのは、千葉・船橋の18歳少女監禁・生き埋め殺害事件である。この事件では、被害者少女の知人である18歳少女と、16歳の少年、20歳の男性2人の計4人が逮捕された。凄惨な事件で、社会的にも大きな関心を集め、βクラスタにおいても、多くのコメントが投稿されることとなった。

サブグラフQでは、「子どもに先立たれる親ほど悲しいことは無い」といった形で、被害者少女の親の立場にたった文脈のコメントがあり、民主党への失望コメントも多いため、「無い」を介して両者のコメントが結びつき、ネットワーク図に現れた。他方、この事件についての多くのコメントの大半を反映しているのが、サブグラフRである。Rは、この事件とともに、「被害者」「納得」「謝罪」という語を介して、反韓コメントが結びついている。反韓コメントとしては、「1000年も被害者を装う完全な（被害者）ビジネス、病気であり、完全に嫌われ、自滅する」、「いくら謝罪しても、納得せず、約束を守らない」といった共起関係があり、「被害者」「納得」「守る」という言葉が、千葉の事件に関する、「被害者は未成年でも実名を晒されるのに、加害者は、少年法に守られ、実名を晒されないことには、どうしても納得できない」といった共起関係のコメントを介して、2つの異なる主題をサブグラフRとして結びつけたのである。

R-2として囲まれた部分が、千葉の事件に関するコメントでよく用いられる語句であり、計20語が現れていることから、この事件が、βクラスタの投稿者たちにとって数多くのコメントを投稿させるだけのインパクトを持っていたことが伺える。さらに、その語句の具体的な意味を検討すると、「惨い」「生き埋め」という事件の惨状を表す語句は2語に留まり、上記のように「未成年というだけで、実名を晒されないことに納得できず」、「年齢は全く（「全区」となっている語）関係ない」ので「極刑を求める」といった主張が多くを占める。

このように、PRSの1つであるβクラスタでは、韓中に対する強い憤り、嫌韓、嫌中意識と、少女殺害事件に関して、その事件の凄惨さへの感情移入とともに、被害者と加害者との個人情報に関する非対称性に対する強い異議、少年法で加害者が守られることへの憤慨が見られた。こうしたコメントを投稿させ、コメントに含まれてもいる主題、関心、感情のあり方は、PRSというごく一部の投稿者に限られるものでない。これらのコメントに多くの加点、子コメントが付くことに現れているが、「ヤフコメ」投稿者の多数派（マジョリティ）クラスタのコメントにもそれは明瞭に現れており、「ヤフコメ」投稿者、閲覧者に広く共有されていると考えられるのである。

10-5-2　投稿者マジョリティに現れるネット世論の関心

今回の投稿者ID分析で、最大クラスタ（小分類）（以下、「γクラスタ」と表記）は、Bグループに属し、投稿者ID数4万6000超、全体の8割以上を占める。1週間のコメント平均数が3に満たず（親コメント2・3+子コメント0・5）、侮蔑表現該当コメントも平均0・1とほとんどないことを踏まえると、週に2、3回、レスポンスを気にすることなく、思ったこと、感じたことをコメントし、加減点が多少つくことで他の利用者のレスポンスを感じ取る投稿者像が浮かびあがる。コメント数は全体の4分の1強に留まるが、それでも3割近いコ

[10]　例えば、1998年3月2日付読売新聞大阪夕刊「在日韓国・朝鮮人の児童や生徒の多くが通名を使わざるを得ない状況の改善を目指し、大阪府教委は二日、「在日韓国・朝鮮人問題に関する指導の指針」を一部改訂、本名使用の指導方針を盛り込んだ。……府教委によると、府内の公立小、中、高校に学ぶ在日韓国・朝鮮人の児童生徒は約二万人で、本名を名乗っているのは約一割に過ぎない。」

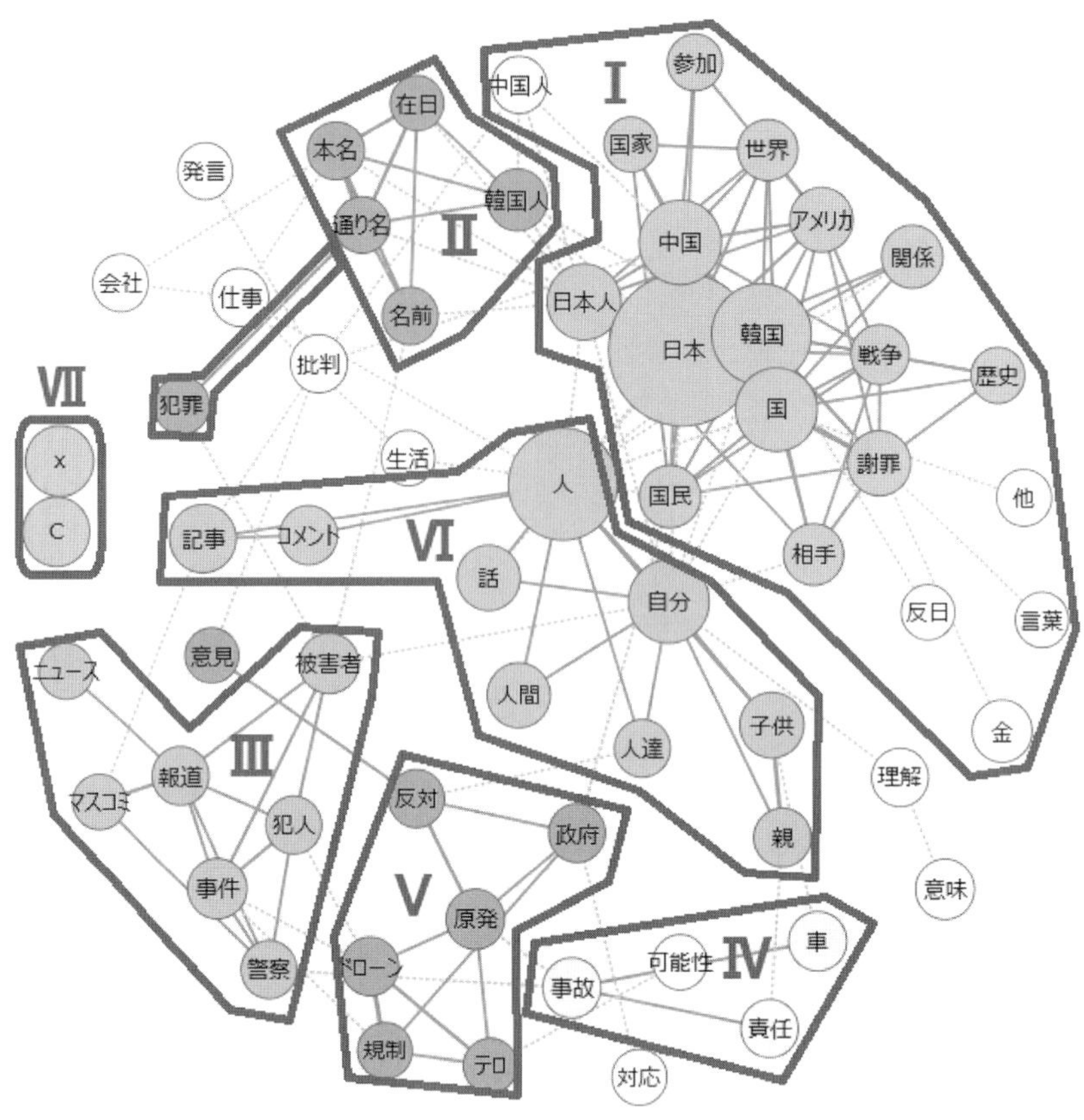

図10-7　γクラスタ・抽出語共起ネットワーク（カラー版は口絵参照）

メントが、8割以上の投稿者IDからなるこのγクラスタによって生み出されていることはたしかである。

そこで、前項のβクラスタと同様のコメント分析を行った。図10-7が共起ネットワーク図、図10-8が多次元尺度構成法（MDS）による2次元の散布図である。βクラスタの場合、コメント総数1000、異なる抽出語数2000に、それぞれ満たないのに対して、γクラスタでは、コメント総数が10万を超え、異なる抽出語数も7万に達する。語彙の絞り込みに関しては、前項と同様、コメント総数の1%を目安とし、最低出現回数、最低出現コメント数1000を閾値としたが、動詞、形容詞は閾値以上の語としては、「思う」「する」「良い」「多い」「悪い」など、汎用的語ばかりとなるため、名詞系（名詞（ひらがなのみ、漢字1字のみも含む）、サ変名詞、固有名詞、組織名、人名、地名）のみを対象とした。その結果、該当する抽出語は80語だったため、共起ネットワーク図は、描画

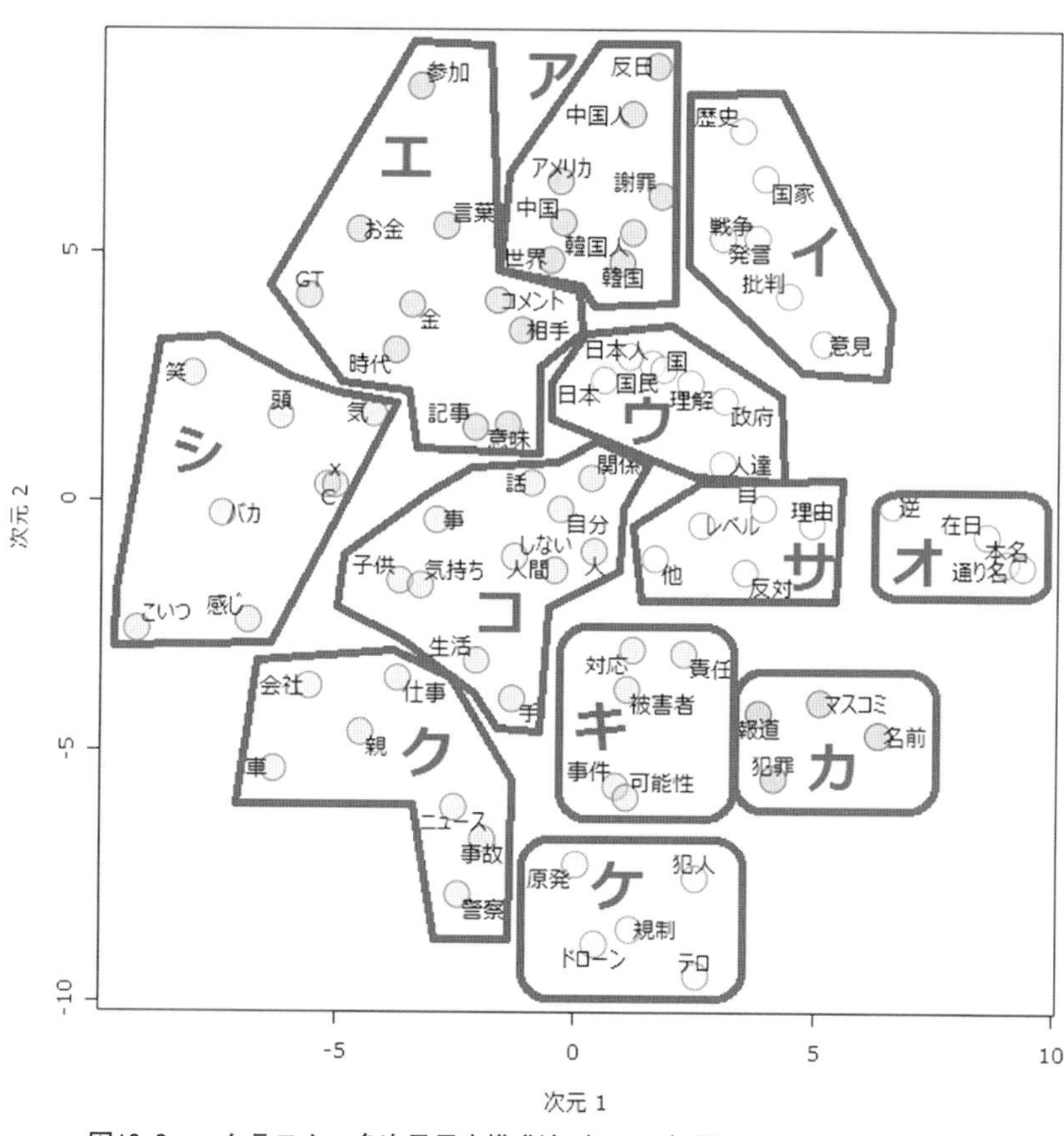

図10-8　γクラスタ・多次元尺度構成法（MDS）図（カラー版は口絵参照）

する線をその2倍の160までとした（1語あたり平均4語とのつながりが描画しうる）。

80語同士の共起関係は、実際には3145本あるが、描画を160本に絞ったため、共起ネットワーク図は、63語と160本のつながりから構成されることとなった。また、それぞれの語は、1000回以上用いられているため、共起図で結びついていたとしても、実際に共起している絶対数は多くない。例えば、「自分」という語は、6266回出現しているが、「人」が左右5語以内に共起している場合は177回、「子ども」156回、「親」52回、2178回出現している「被害者」という語と、「報道」が左右5語以内に共起している場合は30回である。

図10-6・βクラスタの場合には、共起ネットワークでつながっている語同士の過半数から大部分が、特定の文脈を共有していたが、規模の大きいγクラスタでは、多様な文脈があり、その中で相対的に強いつながり（Jaccard係数による）が図示されている。

そこで、80語全体の相互関連性を多次元尺度構成法（MDS）により描画した（図10-8）。MDSでは、共起ネットワークと同様Jaccard係数により語同士のつながりの強さを判断しているが、共起ネットワークが係数の強い順で160本が抽出され、その関係だけにもとづき描画が行われるのに対して、MDSは80語同士の3145の関係全体にもとづき、語同士の距離が2次元にプロットされて最適となるように、描画が行われる。したがって、語同士の多様な文脈を含みこんだ上での距離となる。なお、Modularityについては、最大の12に区分するよう設定したため、図10-8のMDS図は、大きく12のサブグラフに色調で区分され、表示されている。

共起ネットワーク、MDS図をみると、βクラスタで中核となっていた韓国、中国関係が、投稿者マジョリティであるγクラスタにおいても、強い関心であることが明瞭に現れている。

共起ネットワーク図のサブグラフ〈I〉は、MDS図の〈ア〉、〈イ〉、〈ウ〉、〈エ〉にほぼ対応している（本項の分析において、サブグラフは〈 〉で表記する）。〈I〉に属する言葉同士の共起関係に沿って、コメントを個々に確認すると、βクラスタと同様、日韓中を対立関係として捉え、慰安婦問題、戦争責任、戦後補償、植民地支配について、日本の立場を強調し、韓中（とくに韓国）がいくら謝罪しても結局（賠償金をとろうとして）問題を蒸し返すという認識にもとづくコメントがなされる。

他方、βクラスタと異なる点として重要なのは、〈I〉〈ア〉のサブグラフにみられるように、γクラスタでは、韓国、中国が、アメリカ、世界という文脈と結びつけてコメントされていることである。βクラスタの場合、「アメリカ」は、ホンダ議員と結びつき、「世界」という語はわずか2回しか出現していない（しかも1回は「現実の世界」という意味）。それに対して γクラスタでは、例えば、共起ネットワーク図〈I〉で、AIIBへの「参加」が、「中国」とともに「世界」とも結びついているように、コメント全体で、「日本」19064、「韓国」9685、「中国」6514、「アメリカ」2876、「米国」959、「世界」2340回と、いずれも出現回数は相当多く、日韓中をアメリカとの関係、国際社会の枠組みにおいて捉えようとする傾向がみられる。「韓国はアメリカから離れ、中国にゴマすり」、「韓国、中国は、アメリカ国内に自国有利な世論形成、ロビー活動に積極的だ」、「AIIB問題をはじめ、世界の主要国が、中国との関係を重視している」といった主旨のコメントが投稿されている。アメリカに関しては、親米でも反米でもなく、覇権国としての振る舞いを冷静に観察する面を持っている。もっとも、「韓国」と「世界」の組み合わせの場合には、「世界の嫌われ者」「醜態を世界に晒す」といった蔑視的表現が大半であったが、それを含め、γクラスタの韓中関係コメントには、「日本」に社会的アイデンティティを求め、さらに近隣諸国を外集団とし、内集団意識を明確化、強化したいという強いベクトルを見て取ることができる。

　ＭＤＳ図の場合、共起ネットワークのような語のつながりが必ずしも明確ではなく、サブグラフに現れている語すべてを説明できるわけではないが、語のつながる文脈を特定できる場合もある。例えば、〈ウ〉の「国民」「理解」は、「国民の理解を得る」という文脈と、「国民が…を理解している」という文脈で用いられている。〈エ〉の「記事」「コメント」「意味」「相手」は、「こうした記事に、コメントして…」、「相手のコメントに」、「記事の意味が分からない」、「意味不明の記事」といった、コメント、記事自体にメタコメントする文脈が見られる。また、〈エ〉の「ＧＴ」というのは、データの文字コードが関係している。本研究用コメントデータの文字コードはShift-JISだが、KHcoderでMeCabを用い形態素解析する際に、文字コードをＵＴＦ８に変換した。そこで、「>」（他のコメントに言及する際などに多用される）が「>」に変換されたのである。共起ネットワーク図〈Ⅶ〉、ＭＤＳ図〈シ〉に現れる「x」と「C」は、同様の文字コード変換で、「〜（波ダッシュ）」が、「x301C」に変換されたことによっている。こうした文字コード変換上の問題は、事前に処理しておくのが原則だが、ここでは読者への参考として、敢えて残した形を提示した。

　〈Ⅱ〉と〈オ〉は、βクラスタでもあった在日コリアン男性に関する裁判で、γクラスタにおいても、男性を非難するコメントが大半である。〈オ〉の「逆」というのは、「逆になぜ本名を名乗らないのか」「逆に本名を使わせない方が差別」といった文脈で用いられている。もっとも、図に含まれているということは、「逆」が１０００回以上多様な文脈で用いられており、この裁判に関するコメントはごく一部である（だからこそ、共起ネットワーク図には「逆」は現れない）。

　〈Ⅲ〉〈Ⅳ〉〈カ〉〈キ〉〈ク〉に関しては、複数の事件・報道が、これらのサブグラフに属する語彙を含んだコメントを投稿させる動因となっている。その主なものは、以下の7件である。

（a）βクラスタのサブグラフRで大きな主題となった、千葉・船橋の事件。

（b）２０１５年2月に起きた川崎・中学生殺害事件に関連し、ネット私刑を批判的に論じた新聞コラムの件。

（c）俳優がバイクで死亡した交通事故に関して、警視庁の護送車がバイクに接触し、バイクが方向を変え、後続の自動車に轢かれた可能性が高いことが明らかになった件。
（d） 対向車線の車が居眠り運転でセンターラインをはみ出し、自分の車に衝突した「もらい事故」で、4000万円あまりの賠償を命じる地裁判決が出た件。居眠り運転者の助手席で死亡した男性の遺族が、保険の関係で居眠り運転者の損害賠償請求できないために、対向車側を訴えた。
（e） 山谷国家公安委員長の靖国参拝の件。
（f） 麻生副総理兼財務相の記者会見で、AIIB参加見送りを「野党が批判している」とただした中国人女性記者に対し、「中国と違って（野党が）何でも言える」と答え、波紋を呼んだ件。
（g） 安倍首相が、アジア・アフリカ会議（バンドン会議）の演説で、第二次世界大戦における日本の侵略行為について謝罪の言葉を述べなかったことについて、韓国政府が遺憾の意を表明した件
（h） 元従軍慰安婦の女性が米国で証言した件。

（a）と（b）が、〈Ⅲ〉〈カ〉〈キ〉の語に強く結びついている。（a）に関するγクラスタにおけるコメントの論理は、βクラスタと同様であり、少年法の問題、（加害者の）実名報道の必要性、被害者のみが個人情報を晒されることへの違和感などが表明されている。βクラスタと比べ、γクラスタで顕著なのは、（b）に対する批判的コメントである。新聞コラムでは、川崎・中学生殺害事件で、加害者に関して、個人情報を暴き立てたり、「スネーク」（対象の自宅、職場などに直接出向き動向を観察すること）するといった、ネット自警団、ネット私刑執行人的動きを強く批判していた。それに対して、マスコミによる被害者の個人情報報道、加害者の人権への配慮などへの強い違和感、批判が展開された。

（c）と（d）の事件が、〈Ⅳ〉の「車」「責任」「事故」「可能性」という共起関係に大きく寄与している。同時に、（c）は、〈Ⅲ〉の「警察」「事件」とも結びつき、この事件に関する「報道」「ニュース」について、「マスコミ」が「警察」寄りである、俳優と家族の取り上げ方に偏りがあるといった、報じ方を批判するコメントにつながっている。また、MDS図の〈ク〉で、「ニュース」「事故」「警察」が隣接して現れる要因ともなっている。他方、（d）は、交通事故の「被害者」である対向車側が損害賠償の責任を問われることへの強い違和感という点で、〈Ⅳ〉が〈Ⅲ〉と結びつき、MDS図の〈キ〉に「被害者」「責任」「対応」が隣接する理由と考えられる。

（e）、（f）、（g）に関しては、こうした出来事を、マスコミが批判的に報じる報じ方、ニュースの扱い方自体を批判し、韓中に日本批判の呼び水となるような報道、ニュースをするなど

いったコメントを生み出している。(h)についても、被害者ビジネスといった批判とともに、日本マスコミのこうした出来事の報道の仕方への批判的コメントも多く見られる。

このように、これらの記事に対して、γクラスタをコメント投稿へと動機づけるのは、彼らのモラルに照らして「理不尽」な感覚、ある種の「正義感」と、マスコミへの批判的態度である。

〈V〉〈ケ〉は、2015年4月22日、首相官邸屋上にドローンが落ちていた事件に関連している。ドローンはプラスチック製容器を積載し、その容器には、微量の放射性物質が検出された。さらに、反原発を訴えるために、容器に福島の砂や海水を入れたと容疑者が供述しているとの報道があり、「ドローン‐テロ」、「ドローン‐規制」だけでなく、「ドローン‐テロ‐犯人は原発反対派」といった形で連関する語の共起も生じている。

〈VI〉〈コ〉は、コメント文の構造が影響している。例えば、「自分」と「人」、「自分」と「人間」であれば、「自分を出せない人（人間）」、「…の人（人間）は、自分が…」といった文構造での共起関係が多く見いだされる。「自分」と「子供」も、「自分の子供だとすれば」「自分の子供時代は」といったつながりが多く見られるが、「自分の子供だとすれば」という文脈は、「子供」と「親」が共起する文脈とともに、次の3つの事件・報道に対するコメントが大きな役割を果たしている。

(a) 千葉・船橋の事件（上述）。

(b) ネット私刑を批判的に論じた新聞コラムの件（上述）。

(i) 2013年に奈良県で起きた中学1年女子生徒の自殺に関連し、市教育委員会の第三者調査委員会が報告書を公表した件。いじめを認める一方で、「自死の直接の原因と言うことはできない」と結論づけた。

(a)、(b)は、上述の事件・報道である。(i)も含め、「自分の子供が被害にあったら、加害者を許せない」といったコメント、「(加害者である）子供の親」を非難するコメントが現れる。この「子供」と「親」の共起関係は、さらに次の2つの事件・報道が、多くのコメントを呼び起こすことになった。

(j) 埼玉の高校の生徒たちが、韓国で集団万引きしていたことが明らかとなった事件。

(k) 保育所は迷惑施設かという問を投げかける調査報道記事。

(j)の場合、そうした万引きする生徒たちは、親自身、親の躾に問題があるのではないかという文脈でコメントされる。そして、同じ論理は、（k）においても繰り返される。「親が保育所の周りに違法駐車する」、「子供たちの躾ができていない」といったコメントが現れる。

共起ネットワーク図にはないが、〈コ〉には、「子供」に隣接して「気持ち」という語が現れている。〈コ〉の「事」「関係」「生活」「気持ち」や〈ク〉の「仕事」「会社」「車」は、多様な文脈で用いられる一般性の高い名詞であり、〈Ⅵ〉の共起ネットワークには現れない。ただ、「気持ち」という語について分析すると、「子供の気持ち」という共起はほとんどないが、形容詞「悪い」との共起が顕著である。γクラスタにおいて、「気持ち」は1191回出現しているが、左右5語に「悪い」と共起する場合が337回にも達する（「悪い」はγクラスタ全体で3664回）。本分析では、形容詞を分析対象から除外したため図には現れていないが、コメント数、投稿者の多さを考えると、これだけの共起関係はきわめて稀である。ちなみに、形容詞「良い」はγクラスタ全体で4374回出現しているが、「気持ち」と左右5語以内に「良い」の共起は21回に過ぎない。コメント集合X全体で確認すると、「気持ち」は3596回出現、左右5語に「悪い」と共起する場合が1108回にも達するのに対して、「良い」との共起は55回に過ぎない（「悪い」の総出現数は10828回、「良い」は15769回）。つまり、γクラスタを含め、「ヤフコメ」は、何かに対して「気持ち悪さ」を感じていることを表出する傾向があるということである。

10-5-3　非マイノリティポリティクスと道徳基盤理論

本節ではここまで、尖った少数派PRSのβクラスタ、ならびに、平穏なマジョリティのγクラスタ、それぞれにおける主要なコメント（およそ全体の1％程度以上のコメントに出現する語彙の共起関係）を検討してきた。すると、いずれのクラスタにおいても、次の2つの要素が共通して、コメントに現れ、コメント投稿の動因として強く働いていると考えられる。

（A）韓国、中国に対する憤り
（B）被害者が不利益を被ること（加害者が権利保護を受けること）への憤り

さらに、γクラスタでは、次の3点もまた、多くのコメントに読み取ることができる。

（C）近隣諸国を外集団とし、「日本」に社会的アイデンティティを求め、内集団意識を明確化、強化したいという強いベクトル

（D）社会的規範を尊重しないことへの憤り

（E）マスコミに対する批判

これらに関しては、いずれも「ネット世論」に関連した現象として議論されてきた。とくに、（A）（C）については、ネット右翼（ネトウヨ）、排外主義、レイシズム、移民・外国人、右傾化・保守化、ナショナリズム、ヘイトスピーチなど、多様な時事的、学術的関心が寄せられ、多彩な議論が展開されている[11]。（B）、（D）についても、ネット炎上、拡散に関する研究において、「嘘を暴く」「悪事を懲らしめる」「反社会的行為を制裁する」といった正義感が大きな役割を果たしていることが指摘されてきた（例えば、小峯 2015, 山口 2017）。それは、「ネット自警団」「ネット私刑執行人」とも呼ばれるネット上での活動にも現れている。（E）のマスコミ批判は、右傾化・保守化のベクトルと、社会正義のベクトルが組み合わされていると捉えられる。遠藤による「間メディア性」「モラルコンフリクト」「オルトエリート論」（遠藤 2010b）は、この文脈に定位することができよう。

本書・本研究は、HE方法論の観点を紹介する目的のため、これらの研究についての議論は、木村（準備中）に譲るが、筆者が何十万件という「ヤフコメ」をはじめ、SNS、ブログ、ミドルメディアなどにおける「ネット世論」を観察し、上記つのベクトルを統合的に説明しうる枠組みとして、仮説生成（アブダクション）的に着目したのが「道徳基盤理論（MFT: moral foundations theory）」（以下、本章ではMFTと表記する）である。

MFTは、1990年代から、Haidtらによって展開されてきた、政治的志向性と個人の属性との関係についての理論であり、MFTは、道徳的判断が、合理的推論ではなく、直観的な情動にもとづいていると主張する（Haidt 2013）。そして、以下の6つの情動ベクトルを区別し、政治的態度・志向性（アメリカにおける「保守」「リベラル」「リバタリアン」）と、この6情動の高低パターンとに強い相関性があることを実証してきた。

6つの情動ベクトルとは、

[11] 膨大な先行研究すべてを網羅することは不可能だが、本研究に際してとくに参考としたいくつかの研究は、以下の通りである。高井編著 2005, 小林編著 2013, 田辺編 2014, 小熊・上野 2003, 大石・山本編 2006, 樋口 2014, 安田 2012, 2015a, 中野 2015, 古谷 2013, 明戸他 2015, 山崎編著 2015, 遠藤 2008

① 〈ケア／危害〉基盤：弱者（乳幼児）の保護、思いやり
② 〈公正／欺瞞〉基盤：共有された規範に基づく正義（（a）平等・公平さ、（b）比例配分、因果応報の下位区分）
③ 〈自由／抑圧〉基盤：独裁・抑圧への憎悪（（a）経済的自由、（b）生活様式の自由、の下位区分）
④ 〈忠誠／背信〉基盤：所属集団への忠誠、誇り、裏切り者への怒り
⑤ 〈権威／転覆〉基盤：伝統、権威（正統性）への服従、敬意
⑥ 〈神聖／堕落〉基盤：汚辱の忌避、純潔・神聖さの遵守

であり、アメリカにおける「保守」「リベラル」「リバタリアン」は、

・保守：6種類の情動ベクトルがほぼ均等
・リベラル：①ケア基盤、②公正基盤（平等・公平さ）、③生活様式の自由、が強いが、それ以外は弱い
・リバタリアン：③自由基盤（経済的、生活様式とも）のみ強く、④、⑤、⑥はリベラルと同程度に低い

と明確に分かれている。図10-9は、Haidtらの調査（Iver et al. 2012）にもとづく3つの政治的志向性とMFTとの関係にみられる典型的パターンである。なお、本研究では、これ以降、上記6ベクトルについて①を〈ケア〉、②を〈公正〉（さらに必要に応じて〈公正（平等）〉、〈公正（因果応報）〉）、③を〈自由〉（さらに必要に応じて〈自由（生活様式）〉、〈自由（経済）〉）、④を〈内集団〉、⑤を〈権威〉、⑥を〈聖不浄〉と表記する。

「（ネット）右翼」「（ネット）左翼」「（ネオ）保守」「革新」「（ネオ）リベラリズム」などの政治的志向性は、主義、主張、論理的・合理的思考、価値体系の問題と捉えられてきたのに対して、MFTは、政治的志向性を、情動にもとづく道徳的判断のベクトルによって説明する新たな理論的枠組である。実際、嫌中、嫌韓、反日、抗日など、政治的態度は強い感情と深く結びついており、デモ（示威行動）のような政治的行動、オンラインでの書き込みといった具体的行動に人々を駆り立てるのは、理性よりもむしろ直観的情動と考えた方が適切である。

βクラスタ、γクラスタのコメントに現れる(A)〜(E)のベクトルについても、〈内集団〉〈権威〉基盤が(C)のベクトルを生み出し、「日本」と「韓国」「中国」を対立的に捉えた上で、謝罪、補償を繰り返しても執拗に求められるという意識が、〈内集団〉〈権威〉志向を強固にするとともに、〈公正〉基盤に

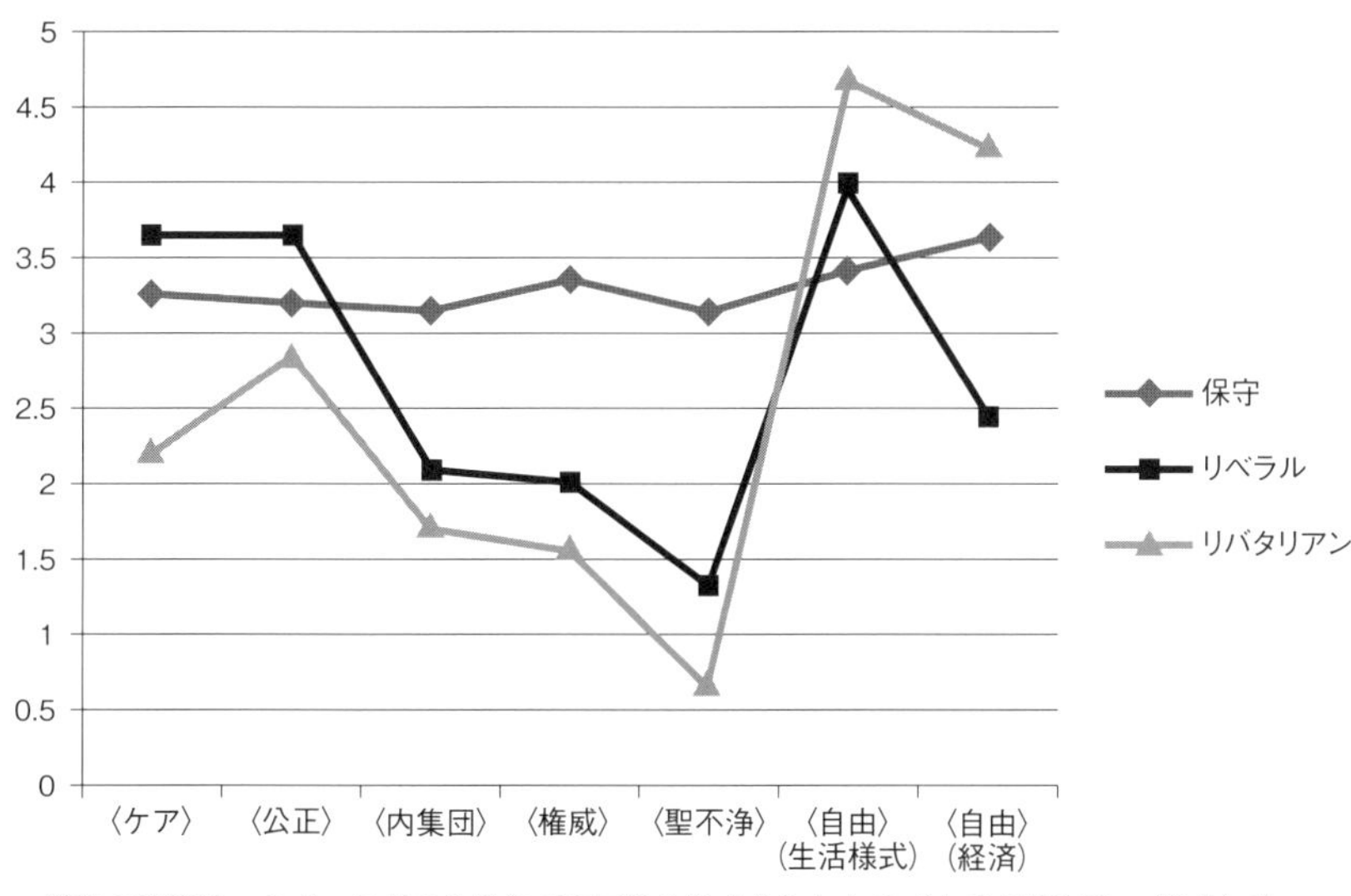

縦軸の数値は、0点～5点の6件法での回答を得点化したもの（中立点は2.5）。〈自由〉は、〈自由（生活様式）〉と〈自由（経済）〉に分けている。

図10-9　ＭＦＴにもとづく保守・リベラル・リバタリアン類型による６ベクトル分布
（Iver et al. 2012のデータにもとづき、著者作成）

もとづく嫌韓・嫌中意識(A)を生み出すと捉えることができる。(B)、(D)のベクトルの場合には、〈公正（因果応報）〉基盤が強く働いているが、同時に、リベラル的な〈自由（生活様式）〉の重視、強調ではなく、社会的秩序を重んじるという観点では、〈内集団〉〈権威〉基盤も働いている。すると、(E)のマスコミ批判も、リベラル的マスコミへの違和感、権力批判、公正主張を行いながら、自らが権力として作用し、特権的地位を利用することで〈公正〉な立場を逸脱することへの批判と考えられる。

このようにＭＦＴの観点を導入すると、「ヤフコメ」の底流には、〈内集団〉〈権威〉〈公正（因果応報）〉基盤が強く働いていると仮説を立てることができる。ただし、「ヤフコメ」投稿者の属性情報は限られているため、本研究では、すでに表5-2、10-1で紹介したウェブアンケート調査（以下、表10-1の元となっている調査を「２０１６日本ウェブ調査」と表記する）を実施し、ＭＭの〈並行〉デザインでアプローチすることにより、この仮説の検証を試みた。

詳細は木村（準備中）で議論することにし、ここでは分析の概略を示すに留める。ＭＦＴに関して、Haidtらは計39項目（いずれも6件法）の質問にもとづき測定する枠組を発展させてきた。〈ケア〉〈公正〉〈内集団〉〈権威〉〈聖不浄〉の５ベクトルはそれぞれ6問ずつ、〈自由〉については、〈自由〈経済〉〉と〈自由〈生活様式〉〉に分けて、前者5問、後者4問から構成され[12]、各ベクトルは、6件法尺度を、「まったく関係ない」「まったく同意しない」を0、「きわめて関係がある」「強く同意する」を5点とし、単純加算した得点を用いて測定される。図10-9と本研究では、〈自由〉の質問数が異なるため、各ベクトルとも単純加算ではなく単純平均を用い、さらに、6件法尺度を1点から6点として分析することにした。

6つの情動ベクトルの得点による、回答者のクラスタリングを行うと興味深い結果が得られた。Kmeans法によるクラスタリングの結果、8クラスタが最も適切とされ、それぞれのクラスタ毎のMFT6ベクトル平均値の分布をまとめたのが図10-10である。先に言及したHaidtらのアメリカ人を対象とした研究と比較すると、新たな知見として、次の3点を指摘できる。

・6ベクトルの強弱パターンで、大きく、〈ケア〉〈公正〉が高いが、〈内集団〉〈権威〉は相対的に低く（最高と最低との間に1・5以上の得点差がある）、アメリカのリベラル的パターンに比することができるクラスタ（【G】、【H】）と、6つのベクトルがいずれも同様の水準にあり（最高と最低との得点差が0・8以内）、アメリカの保守的パターンに比するこ

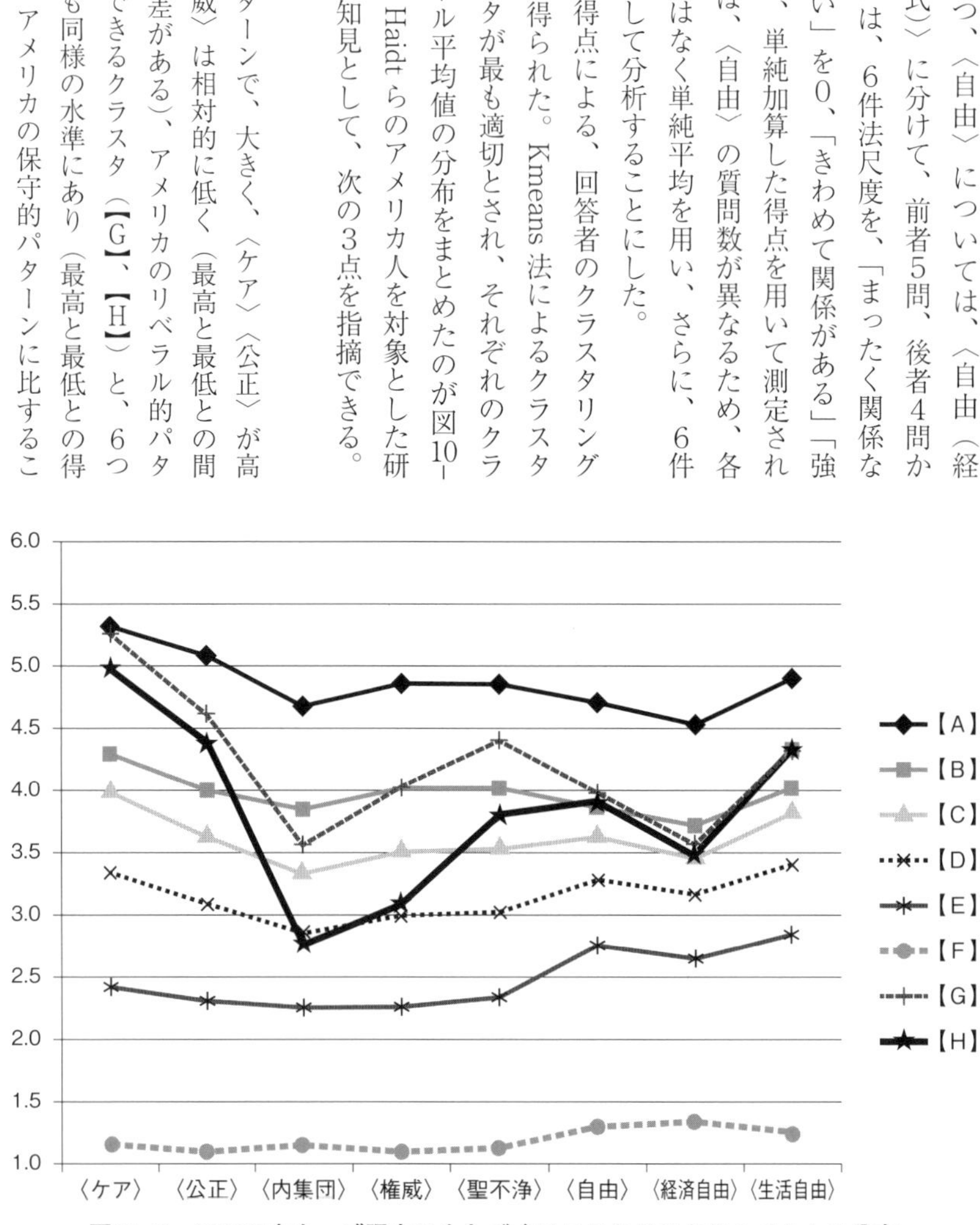

図10-10　2016日本ウェブ調査にもとづくＭＦＴクラスタの６ベクトル分布

とができるクラスタ（【A】～【F】）が認められるが、アメリカのリバタリアンにあたるパターンは見いだせない。

・リベラルパターン、保守パターンとも情動の強さ（得点平均の高低）によって、複数の段階に分かれている。ただし、保守パターンの【D】、【E】、【F】クラスタは、6ベクトルいずれも、平均が、中立点の3・5を下回っており、情動の強さから、これらのクラスタを「保守」と呼びうるかは疑問である。本研究では、これ以上この論点に踏み込むことはせず、「リベラル」パターンが存在し、そのパターンに分類された回答者が全体の4分の1程度に過ぎないことを確認しておきたい。

・アメリカのリベラルは〈聖不浄〉基盤が最も低いが、日本の場合には〈内集団〉〈権威〉基盤よりも高く、〈自由（生活様式）〉はアメリカで最も高いが、日本では〈ケア〉〈公正〉よりも低い。

このクラスタリングの結果から、日本社会において、〈ケア〉〈公正〉を、〈内集団〉〈権威〉よりも重視する【G】、【H】のクラスタを「リベラル」的傾向を持つ人々と捉えることができるが、図10-11から明らかなように、【G】、【H】のクラスタは合計4分の1にも満たない。そして、「Yahoo! ニュースを閲覧する」、「Yahoo! ニュースにコメントを書き込む」かを、クラスタ別にみたのが、図10-12、10-13である。【G】、【H】クラスタは、閲覧に関しては、最も行為者率が高く、ニュース接触が頻繁だが、「ヤフコメ」への書き込みは最も少ない。他方、「ヤフコメ」への書き込み行為者率が最も高いのは、情動の強い保守パターンである【A】クラスタであり、1日1回以上書き込むというヘビーユーザ率が最も高いのは、情動の弱い保守パターンである【F】クラスタであった。

Twitterや2ちゃんねるなどの「炎上」「祭り」を誘発する社会正義は、不用意な言動につけこむ愉快犯的な面もあり、情動の弱い【F】クラスタの場合には、そうした愉快犯的要素が大きいと考えられるが、情動の強い【A】、【B】クラスタの場合には、炎上、祭りを指向するわけではなく、より真摯な道徳的感情にもとづいていると考えられる。つまり、「ヤフコメ」

[12] 質問項目については、http://moralfoundations.org/questionnaires にある。日本語、中国語も含め、30ヵ国語以上に翻訳されている。本調査では、同サイトにある日本語訳、中国語訳を参考にしながら、より自然な表現となるよう編集を行った。なお、筆者HPで、本研究で用いたMFT質問項目に関する詳細を紹介している。http://www2.rikkyo.ac.jp/web/tdms/research/mft/mfqjp.pdf を参照されたい。

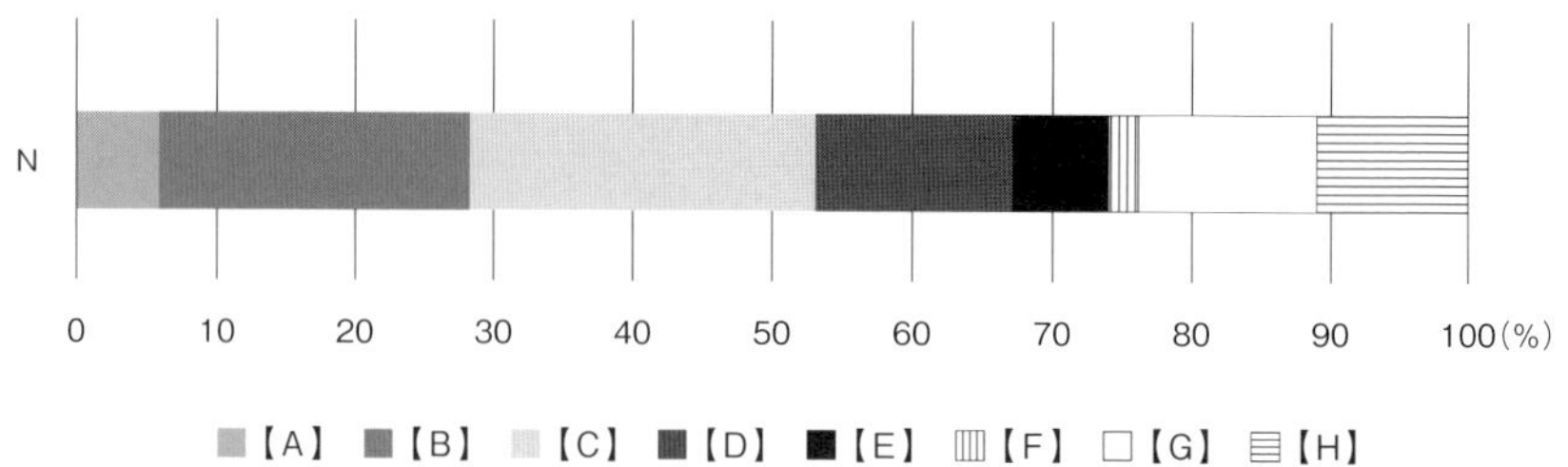

図10-11　2016日本ウェブ調査にもとづくＭＦＴクラスタの相対的割合

の底流に、〈内集団〉〈権威〉〈公正（因果応報）〉基盤が強く働いているというのは、ＭＦＴからみた場合、日本社会において、リベラル的志向の人々が少数派であり、なおかつコメント投稿に消極的なのに対して、情動の強い保守的パターンの人々と、愉快犯的な人々が、積極的に投稿していることによると考えることができるのである。

　こうした投稿行動により形成されているネット世論を、筆者は「非マイノリティポリティクス」という概念で特徴づけたい。「非マイノリティ」とは、つまり「マジョリティ」だが、「マジョリティ」が「マジョリティ」として十分な利益を享受していないと感じている人々である。彼らは、〈内集団〉〈権威〉〈公正（因果応

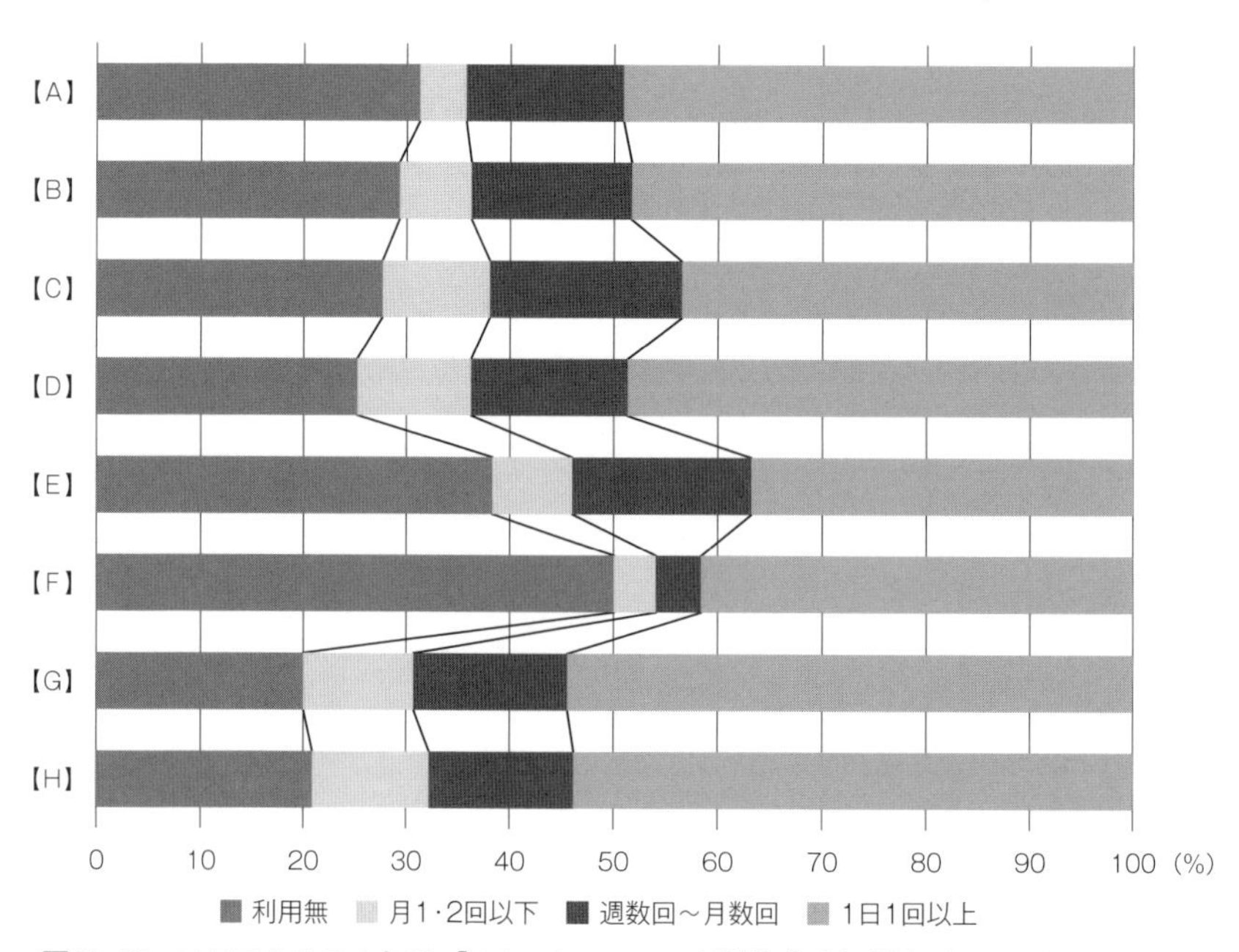

図10-12　ＭＦＴクラスタ毎の「Yahoo! ニュースを閲覧する」割合（2016日本ウェブ調査）

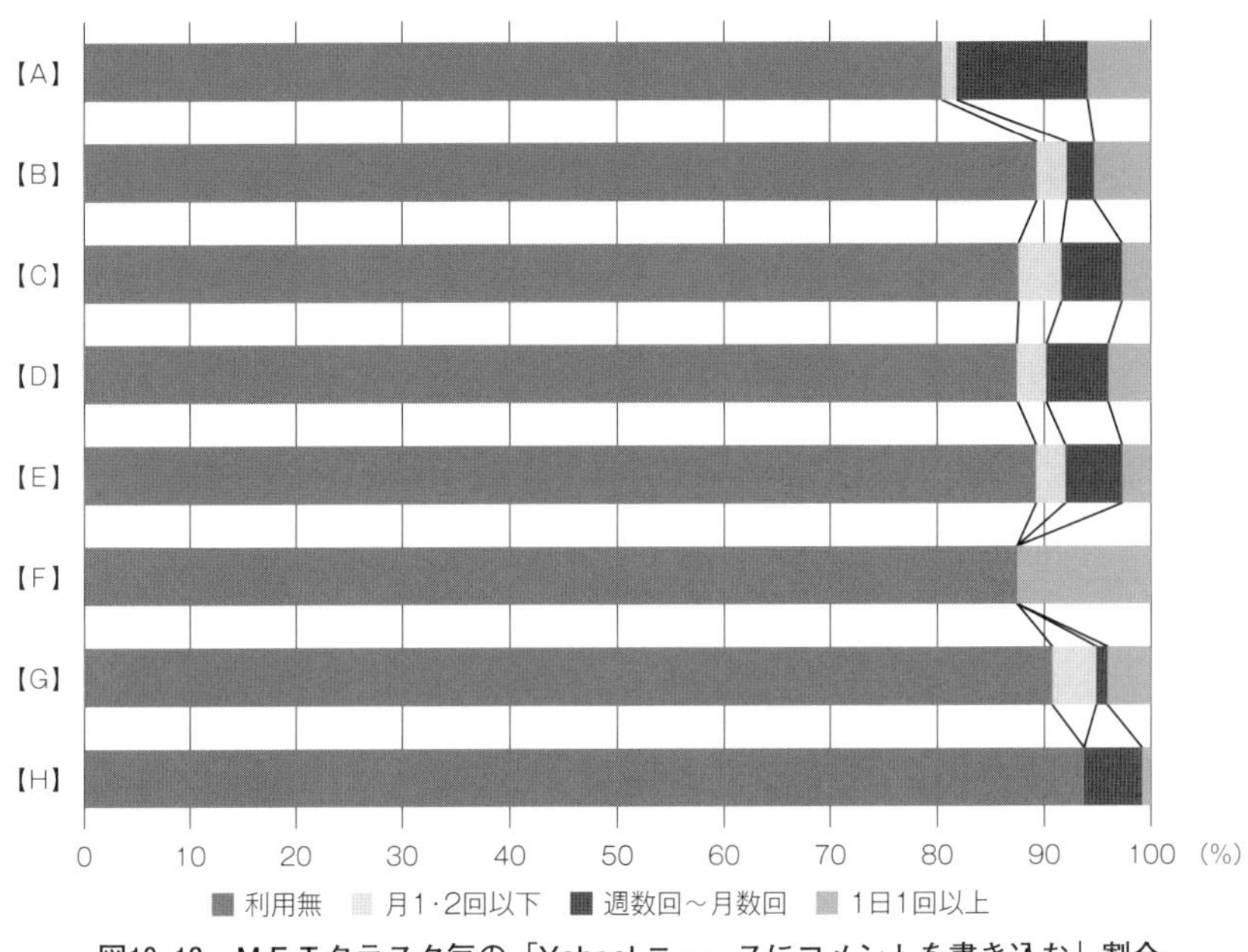

図10-13　ＭＦＴクラスタ毎の「Yahoo! ニュースにコメントを書き込む」割合
（2016日本ウェブ調査）

報）〉にもとづき、従来のリベラル的マイノリティポリティクスに対して強烈な批判的、嘲笑的視線を投げかけ、社会的少数派や弱者に対するいら立ちを強く表明したり、愉快犯的にからかう。「生活保護」「ベビーカー」「少年法（未成年の保護）」「ＬＧＢＴ」「沖縄」「中韓」「障害者」など少数派への批判的視線、非寛容は、バラバラの事象ではない。少数派が多くの困難に直面していることへの配慮よりも、「弱者利権」「被害者ビジネス」といった言葉に現れているように、少数派だと主張することで権利や賠償を勝ち取るような行為として捉え、その人たちなりの公正さを積極的に求めたり、揶揄するのである。こうした社会心理が、「ネット世論」に通底して強く脈打っている。

10-6　ポスト・リベラルの社会デザイン

Brexit（英国国民投票におけるＥＵ離脱派勝利）、トランプ政権の誕生、仏大統領選での極右勢力（決選投票に進み35％の得票率）など、先進国において、ナショナリズム的傾向、排外主義の高まりが見られるとともに、オフラインにおける従来型世論調査が機能しなくなっている。こうした傾向に対して、「ネット世論」の影響が指摘されるが、仮に、社会全般とかけ離れた一部の極端な意見がネット世論だとすれば、それはあくまで一部に留まり、オフラインでの人々の意思決定、投票行動は、社会全般の世論に従うだろう。

だが、HE方法論の観点から、「ヤフコメ」にアプローチし、MFTにもとづいたウェブ調査結果を踏まえるならば、ネット世論が社会全般の傾向を相当程度反映している現実があると考えた方が適切である。もちろん、看過できない過激な侮蔑的、暴力的表現が繰り返され、偏った傾向が目立つことも否めない。しかし、ソーシャルメディア上を流通するメッセージに耳を傾ければ、日本社会でのネット世論において、〈内集団〉〈権威〉〈公正（因果応報）〉を基盤にした社会正義を求める声、〈ケア〉〈公正（平等）〉を優先、重視するリベラル的志向性を批判、揶揄する声が強いこともまた否めない事実である。

Haidt（2013）は、アメリカ社会において、リベラルが劣勢に立っていると認識しており、その原因を、社会進化論的観点からのMFT6ベクトルパターンに求めている。つまり、MFT6ベクトルは、人類の進化の過程で、社会的に必要とされることから生じたものであり、その意味では、6ベクトルとも同水準で情動が生じる〈保守〉的パターンが多数派を占めるのは自然な現象である。

これまでの本研究における議論は、日本社会についても、〈リベラル〉的パターンが社会的に劣勢であることを示している。ここで興味深いのは、世代による変化である。図10-14、10-15は、10代から60代の年代区分毎のクラスタ【A】〜【H】の割合を、男女それぞれについて示したものである。図から明らかなように、リベラル的MFTパターンであるクラスタ【G】、【H】の占める割合が、40歳台以上と、30代以下では大きく異なっている。41歳以上と40歳以下に二分し、クラスタ【G】、【H】を合わせた割合をみると、41歳以上の女性33％、男性22％が、40歳以下の女性26％、男性12％と、若年層で縮小し、とくに男性の10代、20代は1割前後に過ぎない。

日本社会の「右傾化」に関する議論に対して、本研究が示唆するのは、「右傾化」現象とは、こうしたMFT分布の差異・変化こそがその核心にあるのではないかということである。「右傾化」の議論は、戦後民主主義が基点としてあり、そこから、社会全体、あるいはネット世論が、「右傾化」していると捉える傾向をもっている。しかし、ハイトらも主張するように、社会進化論的観点からみれば、〈内集団〉、〈権威〉は、社会が社会として成り立つためには、必要であり、それ自体は正でも誤でもない。「愛国心」それ自体は悪いわけではなく、むしろ、社会が社会として機能する（当該社会メンバーがメンバーとして機能する）ためには、〈内〉と〈外〉を分け、伝統や権威を尊重する社会心理もまた一定の役割を果たす。その意味におい

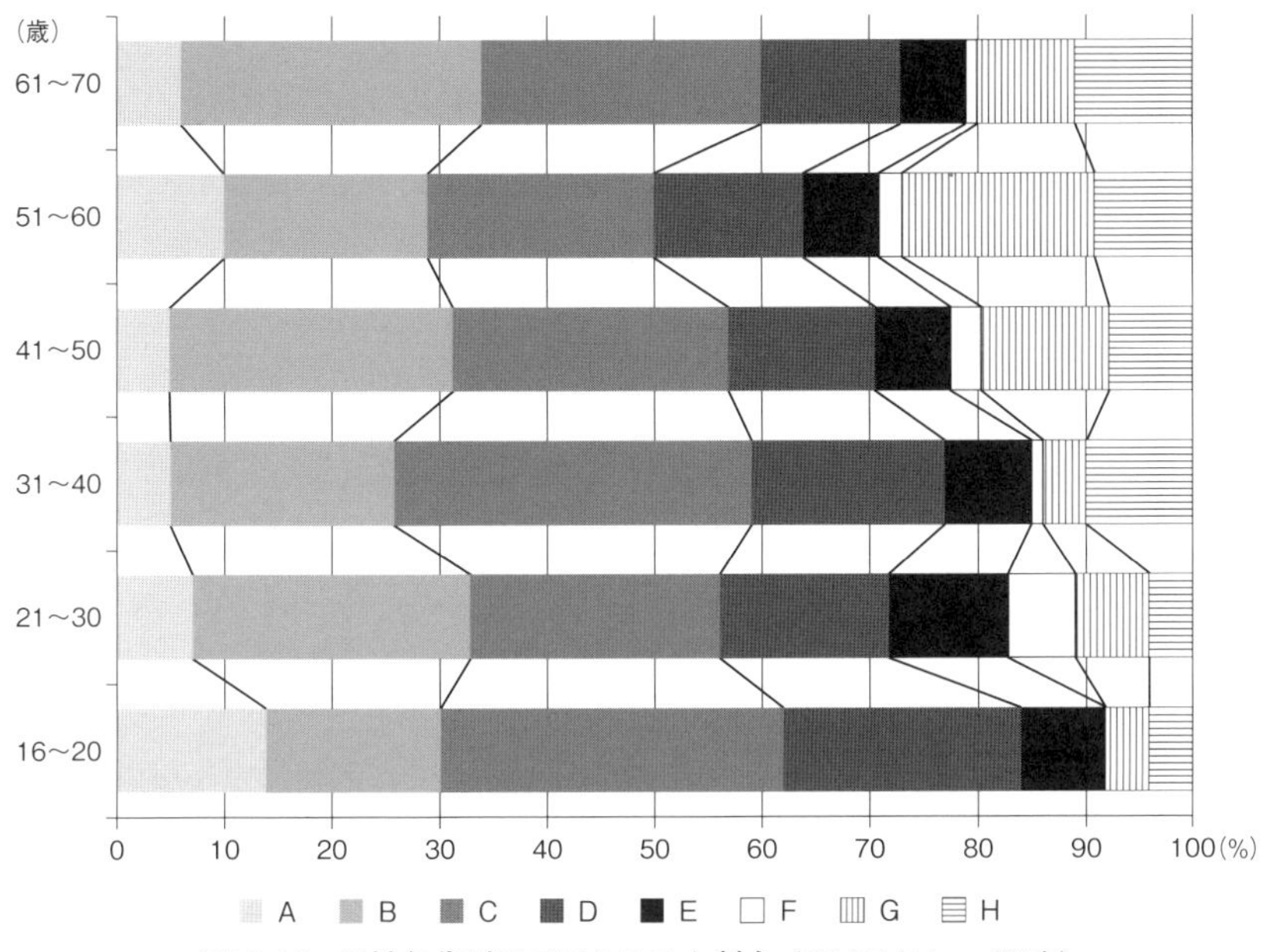

図10-14　男性年代別ＭＦＴクラスタ割合（2016日本ウェブ調査）

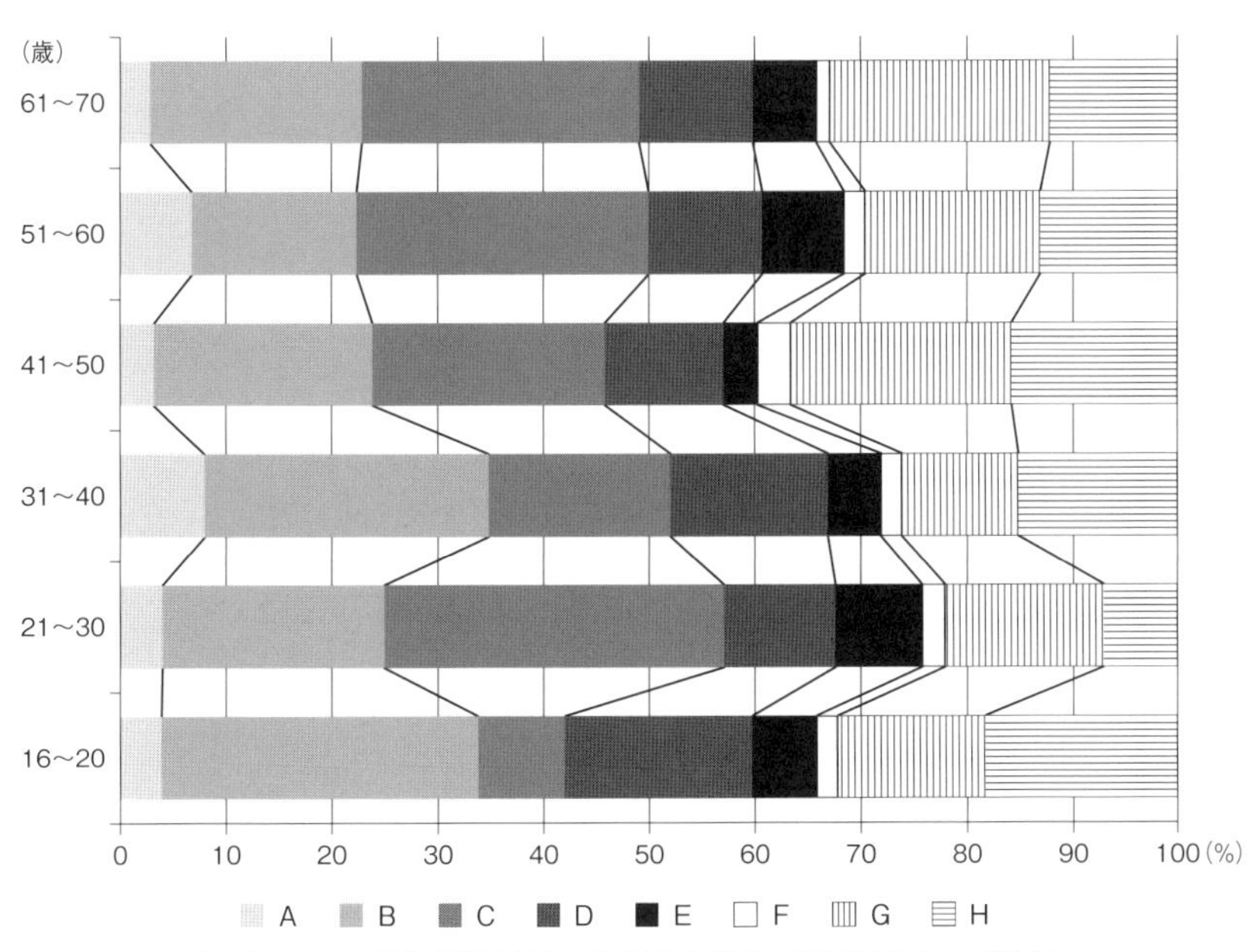

図10-15　女性年代別ＭＦＴクラスタ割合（2016日本ウェブ調査）

表10-8　ＭＦＴクラスタにもとづく第二次大戦に関する態度（2016日本ウェブ調査）

	【A】～【F】	【G】【H】	全体
第二次大戦における日本の行為は常に反省する必要がある	58.7%	70.2%	61.4%
第二次大戦における日本の行為に関して、孫の世代、ひ孫の世代が、謝罪を続ける必要はない	76.2%	78.3%	76.7%
第二次大戦における日本の行為に関して、いつまでも謝罪を求める国は行き過ぎだ	78.9%	81.4%	79.5%

て、〈保守〉的パターンが社会の過半数を占めるのは自然な現象である。つまり、「リベラル」はデフォルトではなく、むしろ、第二次世界大戦という人類史におけるもっとも深刻な惨劇の1つという代償を払って、その影響力が強化されていたのであり、リベラル的志向性の立場からは、衰退を嘆くのではなく、「ポスト・リベラル」時代を構想する必要があるだろう。

実際、近代の歴史は、〈内集団〉〈権威〉が強く働き過ぎ、排外的になることの危険性もまた示しており、グローバル化が進展する現代社会では、〈リベラル〉的パターンもまた重要な役割を果たす。経済のグローバル化、多文化社会、移民問題など、〈ケア〉〈公正〉の普遍的、人類的価値と、〈内集団〉〈権威〉の社会的凝集とのバランスをとりながら、社会的に取り組む必要のある課題が山積している。〈リベラル〉的パターンは、近代化、現代化、グローバル化の歴史的過程を通して、社会的に徐々に形成されてきたとも考えられ、日本社会においても、単純に衰退するわけではなく、またすべきでもない。

ここで、中韓との関係で留意したいのは、ウェブ調査（表10-8）の結果からは、リベラル系、非リベラル系を問わず、第二次大戦における日本の行為を常に反省する必要があると6割から7割は考えている（リベラル系の方が高いことはもちろん重要ではある）半面、8割前後は、孫やひ孫の世代が、謝罪を続ける必要はなく、いつまでも謝罪を求めるのは行き過ぎだとも感じている点である。βクラスタ、γクラスタの分析においても、「ヤフコメ」というネット世論の底流には、中韓への反感の基底として、謝罪を求め続けられることへの強い抵抗感が認められていたが、こうしたウェブ調査の結果は、そうしたネット世論に脈打つ旋律と文字通り共鳴している。リベラル的志向性を持っている人々においても、中韓との関係について、〈ケア〉を優先させる状況になく、こうした日本社会における社会心理を、中韓にも十分認識してもらう必要があるだろう。この意味でも、「ポスト・リベラル」時代における中韓とのコミュニケーションのあり方が求められているのではないか。

　HE方法論の実践的展開として、本研究は、「ヤフコメ」のような文字通りのビッグデータに対して、ネットワーク科学からの構造解析と個別の文脈に即したエスノグラフィー的アプローチを組み合わせ、さらに、アブダクション〈仮説生成〉的にMFTを導入するとともに、ウェブアンケート調査を〈並行〉デザインで組み入れることにより、ネット世論を多元的、複合的に掘り下げ、理解することを試みた。「ヤフコメ」については、現在、2016年度データの分析に取り組んでおり、非マイノリティポリティクスという概念自体、MFTの適用に関しても検討すべき課題が数多く残っている。方法論的議論は本書で尽くしたので、「ネット世論」としての本研究を発展させ、改めて報告する機会を持ちたい。

おわりに

本書の構想を新曜社の塩浦暲社長にご相談したのが2010年のことであった。人文社会系の学術書ではよくあることとはいえ、それから7年以上の月日が経過した。本書がこうして公刊にまで漕ぎつけたのも、塩浦様、編集を担当くださった高橋直樹様の忍耐強い励ましとご理解の賜物である。心より深謝申し上げたい。

2010年代、スマホ普及により生活世界におけるNCの浸透が格段に深化するとともに、人工知能の進展により、デジタルネットワーク技術の革新とその社会への影響が、今後一層広がり、深まると予測されるようになった。本書の主張する知識産出様式における対称性の拡張は、現代社会を対象にする限り、もはや不可避であり、文系研究者は正面から取り組む必要があるとの思いを、本書をまとめるにあたり、改めて強く感じている。

とくに、人々の一挙手一投足を全数データとして捕捉するビッグデータは、従来の人文社会科学の研究とその議論を時代遅れにしかねない。例えば、Twitter で炎上に加担する人たちについて、現状の定量的分析では、実際の行動ではなく、アンケート調査での回答にもとづき、人口学的属性や社会心理的尺度などの変数ならびに因果のモデルを設定し、どの変数が加担により寄与するかを統計的手法にもとづき検定する。あるいは、実験的環境で、ペアとなった2人が、それぞれコンピュータ画面に向かって会話（CMC）をし、あえて論争になるそうな仕掛けを作り、罵り合いになるか否か、条件を統制して（例えば、互いに顔を合わせない場合と、顔を合わせる場合）有意差をみる。他方、定性的であれば、大きな炎上を事例として、ツィート、関連するメディアの報道、ネット上の反響、意見などをできる限り収集し、場合によっては1人から数人の当事者にききとりをした上で、研究者自身の内観にもとづき議論を組み立てる。

ところが、Twitter 利用者のネットワーク行動に関する詳細なデータが利用可能となれば、炎上加担者たちをそのまま捕捉しうる。どの変数が分散をより多く説明するかではなく、どのような属性の人が、いかなる状況で、炎上に加担するかといったより精緻な議論が可能になる。質的研究もまた、視野が限定的にならざるを得ない研究者の内観だけに頼らず、誰がどのように活動し、炎上が生じ、広がるのか、その過程を具体的に捉えた上で、議論することができるようになりうる。

ここで重要なのは、ビッグデータであればあるほど、定量、定性を対称的に扱い、仮説生成的に事象にアプローチする必要性が高まることである。どのような属性の人が、いかなる状況で、炎上に加担するか、他にどんなネットワーク行動をしているか、データが多くなればなるほど、それ自体を、いかに構造化し、意味づけるかがきわめて重要となる。質的分析なしには、たんにデータの構造化と特徴づけで終わりかねない。

本章第10章では、ＭＦＴという概念装置を導入したが、「はじめに」でも述べたように、従来の人文社会科学の調査研究法からは、「社会的」「文化的」なるものについて、新たな知見を生み出すことは著しく困難になっている。ＭＦＴも従来型の社会調査だけでは発展の余地は限られ、認知神経科学やネットワーク科学との協働は不可避である。実際、Haidtたちも、ＭＦＴの展開は「方法-理論の共進化（method-theory co-evolution）」であり、理論的構築が新たな測定法創出を刺激し、測定から得られたデータが理論の発展を促すと主張する（Graham et al. 2013: 72）。本書の研究では、「ヤフコメ」自体の分析と並行することにより、ネット世論の構造について、一段、理解を深めることができたと考えているが、ビッグデータの利用に関してはきわめて限定的（初歩的）な一歩に過ぎない。Google、Facebook、Amazonなどの企業が収集し、保持するデータに思いを馳せるならば、Kurzweil（2005）がシンギュラリティ（技術的特異点）に到達すると主張する２０４５年よりもずっと早く、本書の分析など児戯に等しくなるとも懼れている。

つまり、ビジネス／学術の境界にこだわらず、貪欲に定性／定量、両者を組み合わせることで、私たちの行動、思考、認識について、従来とは異なる概念の体系が生み出すことが、人文社会科学に求められているのである。この観点からみると、文化人類学、社会学という分野は、19世紀にディシプリンとして成立し、アナログ近代世界の呪縛から抜け出すことがきわめて困難な領域にも思われる。しかし、この難関に正面から取り組まなければ、多くの人文社会科学は知的ダイナミクスを喪失し、これまでの歴史と研究者の内省にもとづく概念の遊戯に堕することになりかねない。このような意味で、本書で展開してきた議論が、エスノグラフィーの新たな展開可能性を示し、ネットワークコミュニケーション研究に留まらず、ネットワーク社会としての現代社会を理解するための調査研究に具体的な一つの方向性を示すことができれば、それに勝る喜びはない。

Ziman, J. M., 1996a, "'Postacademic Science': Constructing. Knowledge with Networks and Norms," *Science Studies*, 1: 67-80.
Ziman, J. M., 1996b, "Is Science losing its objectivity?" *Nature*, 382 (6594): 751-754.

Stone, A. R., 1995, *The War of Desire and Technology*, Cambridge, Massachusetts: MIT Press.

Suchman, L., 2000, "Anthropology as Brand: Reflections on Corporate Anthropology," published by the Department of Sociology, Lancaster University.

Tashakkori, A. and C. Teddlie eds., 2003, *Handbook of Mixed Methods in Social and Behavioral Research*, Thousand Oaks, California: Sage.

Teddlie, C. and A. Tashakkori, 2009, *Foundations of Mixed Methods Research: Integrating Quantitative and Qualitative Approaches in the Social and Behavioral Sciences*, Sage.

Textor, R. B., 1985, "Anticipatory Anthropology and the Telemicroelectronic Revolution: A Preliminary Report from Silicon Valley," *Anthropology & Education Quarterly*, 16 (1): 3-30.

Textor, R. B., 1995, "The Ethnographic Futures Research Method: An Application to Thailand," *futures*, 27(4): 461-471.

Thurlow, C., L. Lengel and A. Tomic, 2004, *Computer Mediated Communication*, Sage.

Tolbert, C. J. and K. Mossberger, 2006, "New Inequality Frontier: Broadband Internet Access," *Economic Policy Institute Working Paper* No. 275, Washington, DC: Economic Policy Institute.

Travers, J and S. Milgram, 1969, "An experimental study of the small world problem," *Sociometry*, 32: 425-443.

Tufekci, Z. and M. E. Brashears, 2014, "Are We All Equally at Home Socializing Online?: Cyberasociality and Evidence for an Unequal Distribution of Disdain for Digitally-mediated Sociality," *Information, Communication & Society*, 17(4): 486-502.

Turkle, S., 1995, *Life on the Screen: Identity in the Age of the Internet*, NY etc.: cop.

Tylor, E. B., 1871, *Primitive Culture: Researches into the Development of Mythology, Philosophy, Religion, Art, and Custom (Vol. 2)*, J. Murray.

Walther, J. B., 1992, "Interpersonal Effects in Computer-Mediated Interaction: A Relational Perspective," *Communication Research*, 19: 52-90.

Warner, W. L. ed., 1963, *Yankee City. One Volume, Abridged edition*, Yale University Press.

Webb, E. J., D. T. Campbell, R. D. Schwartz, and L. Sechrest, 1966, *Unobtrusive Measures: Nonreactive Research in the Social Sciences (Vol. 111)*, Chicago: Rand McNally.

Wellman, B., 1979, "The Community Question: The Intimate Networks of East Yorkers," *American journal of Sociology*, 84(5): 1201-1231.

Wenger, E., 1998, *Communities of Practice: Learning, Meaning, and Identity*, Cambridge university press.

Wittkower, D. E., 2014, "Facebook and Dramauthentic Identity: A Post-Goffmanian Theory of Identity Performance on SNS" *First Monday*, 19(4).

Wyatt, S., 2007, "Technological Determinism is Dead; Long Live Technological Determinism," In E. J. Hackett, O. Amsterdamska, M. E. Lynch and J. Wajcman eds., *The Handbook of Science and Technology Studies*, Third Edition, The MIT Press, 165-180.

Yearger, D., J. Krosnick, L. Chang, H. Javitz, M. S. Levendusky, A. Simpser and R. Wang, 2011, "Comparing the Accuracy of RDD Telephone Surveys and Internet Surveys Conducted with Probability and Non-probability Samples," *Public Opinion Quarterly*, 75(4): 709-747.

Ziman, J. M., 1994, *Prometheus Bound: Science in a dynamic steady state*, Cambridge University Press.

Development, ACM, 85-93.

Reicher, S. D., R. Spears and T. Postmes, 1995, "A Social Identity Model of Deindividuation Phenomena," *European Review of Social Psychology*, 6(1), 161-198.

Rheingold, H., 1993, *The Virtual Community: Homesteading on the Electric Frontier*, Addison-Wesley.

Rice, R. E., 1980, "Computer Conferencing," In B. Dervin and M. J. Voigt eds., *Progress in Communication Sciences*, Vol. 7, 215-240. Norwood, NJ: Ablex.

Rice, R. E. and J. E. Katz, 2003, "Comparing Internet and Mobile Phone Usage: Digital Divides of Usage, Adoption, and Dropouts," *Telecommunications Policy*, 27(8/9): 597-623.

Roberts, S., H. Snee, C. Hine, Y. Morey and H. Watson eds, 2016, *Digital Methods for Social Science: An Interdisciplinary Guide to Research Innovation*, Springer.

Williams, R. and D. Edge, 1996, "The Social Shaping of Technology," *Research Policy*, 25: 865-899.

Robinson, L. and J. Schulz, 2009, "New Avenues for Sociological Inquiry: Evolving Forms of Ethnographic Practice," *Sociology*, 43(4): 685-698.

Robinson, L., 2006, "Online Art Auctions à la française and à l'Américaine: eBay France and eBay USA," *The Social Science Computer Review*, 24(4): 426-444.

Roethlisberger, F. J. and W. J. Dickson, 1939, *Management and the Worker: An Account of a Research Program Conducted by the Western Electric Company, Hawthorne Works*, Chicago, Harvard University Press.

Rosenthal, R., 1966, *Experimenter Effects in Behavioral Research*, Appleton-Century-Crofts.

Santoro, G. M., 1995, "What is Computer-Mediated Communication" In Z. L. Berge and M. P. Collins eds., *Computer Mediated Communication and the Online Classroom: Overview and Perspectives*, Cresskill, NJ: Hampton Press, 11-27.

Savage, M. and R. Burrows, 2007, "The coming crisis of empirical sociology," *Sociology*, 41(5): 885-899.

Schoneboom, A., 2007, "Office Tales: Blogging as Resistance among White Collar Workers in the UK," *Annual Meeting of the American Sociological Association*, New York.

Schrum, L., 1995, "Framing the Debate: Ethical Research in the Information Age" *Qualitative Inquiry*, 1(3): 311-326.

Short, J., E. Williams and B. Christie, 1976, *The Social Psychology of Telecommunications*, London: John Wiley & Sons.

Siegel, J., V. Dubrovsky, S. Kiesler and T. W. McGuire, 1986, "Group Processes in Computer-Mediated Communication," *Organizational behavior and human decision processes*, 37(2): 157-187.

Slater, D., 1998, "Trading Sexpics on IRC: Embodiment and Authenticity on the Internet," *Body & Society*, 4(4): 91-117.

Snee, H., Hine, C., Morey, Y. and Roberts, S. D. eds., 2015, *Digital Methods for Social Sciences: An Interdisciplinary guide to research innovation*, Palgrave Macmillan.

Steven, R. and C. Hine, Y. Morey, H. Snee and H. Watson, 2013, " 'Digital Methods as Mainstream Methodology' : Building capacity in the Research Community to Address the Challenges and Opportunities Presented by Digitally Inspired Methods," *A Report on a Series of Workshops and Seminars*, National Centre for Research Methods (NCRM), Networks for Methodological Innovation.

NTIA, 1998, *Falling Through the Net II: New Data on the Digital Divide,* NTIA, U.S. Dept. of Commerce.

NTIA, 1999, *Falling Through the Net: Defining the Digital Divide*, NTIA, U.S. Dept. of Commerce.

NTIA, 2000, *Falling Through the Net: Toward Digital Inclusion*, NTIA, U.S. Dept. of Commerce.

Ophir, E., C. Nass and A. D. Wagner, 2009, "Cognitive Control in Media Multitaskers," *Proceedings of the National Academy of Sciences*, 106(37): 15583-15587.

Orgad, S., 2008, "How Can Researchers Make Sense of the Issues Involved in Collecting and Interpreting Online and Offline Data?" In Markham, A. and N. Baym eds., *Internet Inquiry: Conversations about Method*, Thousand Oaks California: SAGE , 33-53.

Orr, J., 1996, *Talking about Machines: An Ethnography of a Modern Job*, Ithaca, NewYork: IRL Press.

Otto, T. and N. Bubandt eds, 2010, *Experiments in Holism: Theory and Practice in Contemporary Anthropology*, John Wiley & Sons.

Palfrey, J. and U. Gasser, 2011, "Reclaiming an Awkward Term: What We Might Learn from Digital Natives," *I/S: A Journal of Law and Policy for the Information Society*, 7(1): 33-55.

Parkin, D. J. and S. J. Ulijaszek eds., 2007, *Holistic Anthropology: Emergence and Convergence (Vol. 16)*, Berghahn Books.

Pascoe, C., 2007, "Creating Salori: Youth Social Networks & New Media Production," *International Communication Association Conference*, San Francisco.

Peirce, C. S., 1931-1935 *Collected Papers of Charles Sanders Peirce*, eds. C. Hartshorne, P. Weiss and A. W. Burks, Volumes I-VI. Harvard University Press.

Perez, C., 2009, "Technological Revolutions and Techno-Economic Paradigms," *Cambridge journal of economics*, 34(1): 185-202.

Pfaffenberger, B., 1992, "Social Anthropology of Technology," *Annual review of Anthropology*, 21(1): 491-516.

Pinch, T. J. and W. E. Bijker, W. E., 1984, "The Social Construction of Facts and Artefacts: Or How the Sociology of Science and the Sociology of Technology might Benefit Each Other," *Social studies of science*, 14(3): 399-441.

Pink, S., 2007, *Doing Visual Ethnography*, London: Sage.

Pink, S., H. Horst, J. Postill, L. Hjorth, T. Lewis, and J. Tacchi, 2016, *Digital ethnography*, Sage.

Postill, J., and S. Pink, 2012, "Social Media Ethnography: The Digital Researcher in a Messy Web," *Media International Australia*, 145(1): 123-134.

Poynter, R., 2010, *The Handbook of Online and Social Media Research: Tools and Techniques for Market Researchers*, John Wiley & Sons.

Putnam, R. D., 2000, *Bowling Alone: The Collapse and Revival of American Community*, Simon and Schuster.

Qiu, L., H. Lin, A. K. Leung and W. Tov, 2012, "Putting Their Best Foot Forward: Emotional Disclosure on Facebook," *Cyberpsychology, Behavior, and Social Networking*, 15(10): 569-572.

Rangaswamy, N. and E. Cutrell, 2012, "Anthropology, Development, and ICTs: Slums, Youth, and the Mobile Internet in Urban India," In *Proceedings of the Fifth International Conference on Information and Communication Technologies and*

Method, Sage.
Marres, N., 2013, "What is digital sociology?" *CS/SP Online*, (accessed November 17 2014 http://www.csisponline. net/2013/01/21/what-is-digital-sociology).
Marsden, P. V., 2011, "Survey Methods for Network Data," *The SAGE Handbook of Social Network Analysis*, 25: 370–388.
Martin, E., 1994, *Flexible Bodies: Tracking Immunity in America from the Days of Polio to the Age of AIDS*, Boston: Beacon Press.
Mayo, E., 1993, "The Human Problems of an Industrial Civilisation, " Macmillan.
McGrath, J. E., 1981 "Dilemmatics: The Study of Research Choices and Dilemmas, " *American Behavioral Scientist*, 25(2): 179–210.
McLuhan, M., 1964, *Understanding media: The Extensions of Man*, McGraw-Hill.（＝1987, 栗原裕，河本仲聖訳『メディア論――人間の拡張の諸相』みすず書房）
Merton, R. K., 1942, "The Normative Structure of Science," In N. Storer ed, *The Sociology of Science: Theoretical and Empirical Investigations*, Chicago: The University of Chicago Press, 267–278.
Merton, R. K., [1942]1973 "The Normative Structure of Science," In R. K. Merton, *The Sociology of Science: Theoretical and Empirical Investigations*, Chicago: University of Chicago Press,
Meso, P., P. Musa and V. Mbarika, 2005, "Towards a Model of Consumer Use of Mobile Information and Communication Technology in LDCs: the case of sub－Saharan Africa," *Information Systems Journal*, 15(2): 119–146.
Michael T. ed., 2011, *Deconstructing Digital Natives: Young People, Technology, and the New Literacies*, Taylor & Francis.
Milgram, S., 1967, "The Small World Problem," *Psychology Today*, 22: 61–67.
Miller, D. and D. Slater, 2000, *The Internet: An Ethnographic Approach*, Oxford: Berg.
Miller, D. and H. Horst, 2012, "The Digital and the Human: A Prospectus for Digital Anthropology," In H. A. Horst and D. Miller eds., *Digital anthropology*, Berg, 3–38.
Miller, D., 2011, *Tales from Facebook*, Polity.
Mitchell, J. C. ed., 1969, *Social Networks in Urban Situations: Analyses of Personal Relationships in Central African Towns,* Manchester University Press.
Morgan, D. L., 2007, "Paradigms Lost and Pragmatism Regained: Methodological Implications of Combining Qualitative and Quantitative Methods," J*ournal of mixed methods research*, 1(1): 48–76.
Murthy, D., 2008, "Digital Ethnography: An Examination of the Use of New Technologies for Social Research," *Sociology*, 42(5): 837–855.
Murthy, D., 2011, "Emergent Digital Ethnographic Methods for Social Research," In S. N. Hesse-Biber ed., *Handbook of Emergent Technologies in Social Research*, Oxford: Oxford University Press, 158–179.
Negroponte, N., 1996, *Being digital*, Vintage.
Nelson, T., 1965, "A File Structure for the Complex, the Changing and the Indeterminate," *Association for Computing Machinery: Proceedings of the 20th National Conference*, 84–100.
Nelson, T., 1981, *Literary Machines*, Mindful Press.
Nowotny, H., P. Scott and M. Gibbons, 2001, *Re-Thinking Science: Knowledge and the Public in an Age of Uncertainty*, Polity Press.
NTIA, 1995, *Falling Through the Net: A Survey of the 'Have Nots' in Rural and Urban America,* NTIA, U.S. Dept. of Commerce.

Anthropology, State University of N.Y. at Buffalo.
Kimura, T., 2010b, "*Keitai*, Blog, and Kuuki-wo-yomu (Read the atmosphere): Communicative Ecology in Japanese Society," *Ethnographic Praxis in Industry Conference Proceedings*, American Anthropological Association, 1: 199-215.
Kling, R., 1999, "Can the 'Next-Generation Internet' Effectively Support 'Ordinary Citizens?' " *The Information Society*, 15: 57-63.
Kling, R. ed., 1996, *Computerization and Controversy: Value Vonflicts and Social Choices*, 2nd ed, Academic Press.
Kozinets, R. V., 2010 *Netnography: Doing Ethnographic Research Online*, London: Sage Publications.
Kurzweil, Ray, 2005, *The Singularity Is Near: When Humans Transcend Biology*, Viking.
Lange, P., 2007, "Collecting Data and Losing Control: How Studying Video Blogging Challenges Human Subjects Frameworks," *Association for Internet Researchers Conference*, Vancouver.
Lave, J. and E. Wenger, 1991, *Situated Learning*, New York: Cambridge University Press.
Lave, J., 1988, *Cognition in Practice; Mind, Mathematics and Culture in Everyday Life*, MA: Cambridge University Press.
Lave, J., 1996, "The Practice of Learning," In S. Chailkin and J. Lave eds., *Understanding practice: Perspectives on activity and context*, Cambridge University Press, 3-32.
Lavenda, R. and E. A. Schultz, 2012, *Core Concepts in Cultural Anthropology*, 5th ed., McGraw-Hill.
Levine, J. H, 1972, "The Sphere of Influence," *American Sociological Review*, 37: 14-27.
Levi-Strauss, C., 1967, "The Structural Study of Myth," In *Structural Anthropology*, Garden City, NewYork.: Doubleday, 202-238.
Lievrouw, L. A. and S. Livingstone, 2006, *The Handbook of New Media: Updated Student Edition*, Sage.
Lin, R. and S. Utz, 2015, "The Emotional Responses of Browsing Facebook: Happiness, Envy, and the Role of Tie Strength," *Computers in human behavior*, 52: 29-38.
Lupton, D., 2012, *Digital Sociology: An Introduction* Sydney: University of Sydney.
Lupton, D., 2014, Digital sociology, Routledge. MacKenzie, D. and J. Wajcman, 1985, *The Social Shaping of Technology*, 1st ed, Open University Press.
MacKenzie, D. and J. Wajcman eds., 1999, *The Social Shaping of Technology*, 2nd ed, Open University Press.
Makimoto, T. and D. Manners, 1997, *Digital Nomad*, John Wiley and Sons.
Malinowski, B., 1922, *Argonauts of the Western Pacific: An Account of Native Enterprise and Adventure in the Archipelagoes of Melanesian New Guinea*, Routledge.
Mann, C. and F. Stewart, 2000, *Internet Communication and Qualitative Research: A Handbook for Researching Online*, Sage Publications.
Markham, A. N., 1998, *Life Online: Researching Real Experience in Virtual Apace (Vol. 6)*, Rowman Altamira.
Markham, A. and E. Buchanan, 2012, *Ethical Decision-making and Internet Research: Recommendations from the Aoir Ethics Working Committee (version 2.0)*,
Markham, A. N., 2005, "The Methods, Politics, and Ethics of Representation in Online Ethnography, " In N. Denzin and Y. Lincoln eds., *The Sage Handbook of Qualitative Research*, Thousand Oaks, California Sage, 3rd ed, 793-820.
Markham, A. N. and N. K. Baym eds., 2008 *Internet Inquiry: Conversations About*

Howard, P. N. and M. M. Hussain, 2013, *Democracy's Fourth Wave?: Digital Media and the Arab Spring*, Oxford University Press.

Howard, P. N., 2010, *Digital Origins of Dictatorship and Democracy: The Internet and Political Islam*, New York: Oxford University Press.

Howard, P. N. and M. M. Hussain, 2011, "The Role of Digital Media," *Journal of Democracy*, 22(3): 35-48.

Hughes, T. P., 1993, *Networks of Power: Electrification in Western Society, 1880-1930*, The Johns Hopkins University Press.

Humphreys, L., 2007, "Mobile Social Networks and Social Practice: A Case Study of Dodgeball," *Journal of Computer-Mediated Communication*, 13(1): 17, (consulted October 2008, http://jcmc.indiana.edu/vol13/issue1/humphreys.html)

Ingold, T., 1996, *Key Debates in Anthropology*, Psychology Press.

Iyer R, S. Koleva, J. Graham, P. Ditto and J. Haidt, 2012, "Understanding Libertarian Morality: The Psychological Dispositions of Self-Identified Libertarians" *PLoS ONE*, 7(8): e42366. doi:10.1371/journal.pone.0042366

Jankowski, N. W., 2007, "Exploring E-science: An Introduction," *Journal of Computer-Mediated Communication*, 12(2): 549-562.

Johns, M. D., S. S. Chen and G. J. Hall, 2004, *Online Social Research: Methods, Issues & Ethics*, Peter Lang Publishing.

Joinson, A., 2007, *Oxford Handbook of Internet Psychology*, Oxford University Press.

Jones, R. A., 1994, "The Ethics of Research in Cyberspace," *Internet Research*, 4(3): 30-35.

Jones, S. G. ed., 1995, *CyberSociety: Computer-Mediated Communication and Community*, Sage.

Jones, S., 1997, *Virtual Culture: Identity and Communication in Cybersociety*, Sage.

Jones, S. ed., 1998a *CyberSociety2.0: Revisiting Computer-Mediated Communication and Community*, Sage.

Jones, S., 1998b, *Doing Internet Research: Critical Issues and Methods for Examining the Net*, Sage.

Jones, S. and P. Howard eds., 2004, Society Online: *The Internet in Context*, Sage.

Jordan, A. T., 2007, *Business anthropology*, Waveland Press.

Karlson, A., B. Meyers, A. Jacobs, P. Johns and S. Kane, 2009, "Working overtime: Patterns of Smartphone and PC Usage in the Day of an Information Worker," *Pervasive computing*, 398-405.

Kelly, J. and B. Etling, 2008, "Mapping Iran's Online Public: Politics and Culture in the Persian Blogosphere," *Berkman Center Research Publication No. 2008-01.*, The Berkman Center for Internet & Society, Harvard University. (http://cyber.law.harvard.edu/sites/cyber.law.harvard.edu/files/Kelly&Etling_Mapping_Irans_Online_Public_2008.pdf)

Kelty, C., 2008, *Two Bits: The Cultural Significance of Free Software*, Duke University Press.

Kendall, L., 2002, *Hanging Out in the Virtual Pub: Masculinities and Relationships Online*, Berkeley, California: University of California Press.

Kiesler, S., Siegel, J. and McGuire, T. W., 1984, "Social Psychological Aspects of Computer-Mediated Communication." *American Psychologist*, 39(10): 1123-1134.

Kimura, T., 2010a, "The Digital Divide as Cultural Practice: A Cognitive Anthropological Exploration of Japan as an 'Information Society' " Ph.D. Dissertation, Dept. of

Religion, Vintage.（=2014,『社会はなぜ左と右にわかれるのか——対立を超えるための道徳心理学』紀伊國屋書店）
Hakken, D., 1992, "Has There Been a Computer Revolution? An Anthropological Approach," *Journal of Computing and Society*, 1(1): 11-28.
Hakken, D., 1993, "Computing and Social Change: New Technology and Workplace Transformation, 1980-1990," *Annual Review of Anthropology*, 22(1): 107-132.
Hakken, D., 1999, *Cyborgs@ Cyberspace?: An Ethnographer Looks to the Future*, Psychology Press.
Hakken, D., 2003, *The Knowledge Landscapes of Cyberspace*, Psychology Press.
Halstead, N., E. Hirsch and J. Okely, 2008, *Knowing How to Know: Fieldwork and the Ethnographic Present (Vol. 9)*, Berghahn Books.
Haraway, D. J., 1991, *Simians, Cyborgs and Women: The Reinvention of Nature*. Free Association Books.
Hargittai, E., 2002, "Second Level Digital Divide: Differences in People's Online Skills" *First Monday*, 7(4),（accessed January 10, 2010, http://firstmonday.org/htbin/cgiwrap/bin/ojs/index.php/fm/article/view/942/864）
Hauben, M. and R. Hauben, 1997, *Netizens: On the History and Impact of Usenet and the Internet*, IEEE Computer Society Press.（=1997, 井上博樹, 小林統訳『ネティズン——インターネット, ユースネットの歴史と社会的インパクト』中央公論社）
Herring, S. C., 2007, "A Faceted Classification Scheme for Computer-Mediated Discourse," *Language@ Internet*, 4(1): 1-37.
Herring, S. C. ed., 1996, *Computer-mediated Communication: Linguistic, Social, and Cross-cultural Perspectives (Vol. 39)*, John Benjamins Publishing.
Hine, C., 2000, *Virtual Ethnography*, Sage.
Hine, C., 2007, "Connective Ethnography for the Exploration of e-Science," *Journal of Computer-Mediated Communication*, 12: 618-634
Hine, C., 2008a, "Virtual Ethnography," In L. M. Given ed., *The Sage encyclopedia of qualitative research methods*, sage.
Hine, C., 2008b, "Overview: Virtual Ethnography: Modes, Varieties, Affordances," In N. G. Fielding, R. M. Lee, G. Blank eds., *Handbook of online research methods*, Sage.
Hine, C., 2010, "Internet Research as Emergent Practice," In S. N. Hesse-Biber and P. Leavy eds., *Handbook of Emergent Methods*, Guilford Press.
Hine, C., 2012, *The Internet. Understanding Qualitative Research*, Oxford University Press.
Hine, C., 2015, *Ethnography for the Internet: Embedded, Embodied and Everyday*, London : Bloomsbury.
Hine, C. ed., 2005, *Virtual Methods: Issues in Social Science Research on the Internet*, Berg Publishers.
Hine, C. ed., 2006, *New Infrastructures for Knowledge Production: Understanding E-science*, IGI Global.
Hine, C. ed., 2013, *Virtual Research Methods (Four Volume Set)*, Sage Publications Limited.
Hofstede, G., 1991, *Cultures and Organizations: Soltware of the Mind*, McGraw Hill International.
Horst, H. A. and D. Miller, 2006, *The Cell Phone: An Anthropology of Communication*, Berg.
Horst, H. A. and D. Miller, D. eds., 2012, *Digital Anthropology*, Berg.

Floridi, L., 2011, *The Philosophy of Information*, Oxford: Oxford University Press.

Freeman, C., 1989, *Technology Policy and Economic Performance*, Great Britain: Pinter Publishers, 34.

Freeman, L., 2004, *The Development of Social Network Analysis: A Study in the Sociology of Science*, Empirical Press.

Fritsche, I. and V. Linneweber, 2004, *Nonreactive (unobstrusive) Methods. Handbook of Psychological Measurement-A Multimethod Perspective*, Washington DC: American Psychological Association (APA).

Gasser, U. and J. Palfrey, 2008, *Born Digital-connecting with a Global Generation of Digital Natives*, New York: Perseus.

Gatson, S. N., 2011, "The Methods, Politics, and Ethics of Representation in Online Ethnography," *Collecting and Interpreting Qualitative Materials*, 4: 245–275.

Geertz, C., 1980, *Negara: The Theatre State in Nineteenth-Century Bali*, Princeton University Press.

Gershon, I., 2010, *The Braekup 2.0: Disconnecting over New Media*, Cornell University Press.

Gibbons, M., C. Limoges, H. Nowotny, S. Schwartzman, P. Scott and M. Trow, 1994, *The New Production of Knowledge: The Dynamics of Science and Research in Contemporary Societies*, Sage.（＝1997，小林信一監訳『現代社会と知の創造――モード論とは何か』丸善ライブラリー）

Giddens, A., 1990, *The Consequences of Modernity*, Stanford University Press.

Gillespie, G., 1991, *Manufacturing Knowledge, A History of the Hawthorne Experiments*, Cambridge University Press.

Gitau, S., G. Marsden and J. Donner, 2010a, "After Access: Challenges Facing Mobile-only Internet Users in the Developing World," In *Proceedings of the SIGCHI Conference on Human Factors in Computing Systems*, ACM, 2603–2606.

Gitau, S., P. Plantinga and K. Diga, 2010b, "ICTD research by Africans: Origins, interests, and impact," *In Proceedings of the 4th International Conference on Information and Communication Technologies and Development ICTD*, 13–16.

Gleick, J., 2011, *The Information: A History, A Theory, A Flood*, Pantheon Books.

Gosling, S. D. and J. A. Johnson, 2010, *Advanced Methods for Conducting Online Behavioral Research*, American Psychological Association.

Granovetter, M. S., 1973, "The Strength of Weak Ties," *American Journal of Sociology*, 78: 1360–1380.

Greene, J. D., R. B. Sommerville, L. E. Nystrom, J. M. Darley and J. D. Cohen, 2001, "An fMRI Investigation of Emotional Engagement in Moral Judgment," *Science*, 293 (5537): 2105–2108.

Greene, J. and J. Haidt, 2002, "How (and where) Does Moral Judgment Work?," *Trends in cognitive sciences*, 6(12): 517–523.

Gregory, K., T. M. Cottom and J. Daniels, 2016, "Introduction," In J. Daniels, K. Gregory and T. M. Cottom eds., *Digital Sociologies*, Polity, XVII–XXX.

Grosser, T. J. and S. P. Borgatti, 2013," "Network Theory/Social Network Analysis," In R. J. McGee and R. L. Warms eds., *Theory in Social and Cultural Anthropology: An Encyclopedia*. Sage Publications, 595–597.

Hacker, K. L. and J. van Dijk eds., 2000, *Digital Democracy: Issues of Theory and Practice*, Sage.

Haidt, J., 2013, *The Righteous Mind: Why Good People are Divided by Politics and*

De Paula, R., 2013, "The Social Meanings of Social Networks: Integrating SNA and Ethnography of Social Networking," In *Proceedings of the 22nd International Conference on World Wide Web*, ACM, 493-494.

De Roure, D., N. R. Jennings and N. Shadbolt, 2003, "The Semantic Grid: A Future e-science Infrastructure," In F. Berman, G. Fox, and T. Hey, *Grid Computing-Making the Global Infrastructure a Reality*, John Wiley & Sons, 437-470.

Dearman, D. and J. S. Pierce, 2008, "It's on My Other Computer!: Computing with Multiple Devices," In *Proceedings of the SIGCHI Conference on Human factors in Computing Systems*, ACM, 767-776.

December, J., 1997, "Notes on Defining of Computer-Mediated Communication," *Computer-Mediated Communication Magazine*, 3(1). (Accessed March 09, 2010, http://www.december.com/cmc/mag/1997/jan/december.html.)

Dicks, B., B. Mason, A., Coffey and P. Atkinson, 2005, *Qualitative Research and Hypermedia: Ethnography for the Digital Age*, Sage.

DiMaggio, P. and E. Hargittai, 2001, "From the 'Digital Divide' to 'Digital Inequality' : Studying Internet Use As Penetration Increases," *Working Paper #15. Princeton: Center for Arts and Cultural Policy Studies*, Princeton University, (accessed December 28, 2009, http://www.princeton.edu/~artspol/workpap/WP15%20-%20 DiMaggio%2BHargittai.pdf.)

DiMaggio, P., E. Hargittai, C. Celeste and S. Shafer, 2004, "From Unequal Access to Differentiated Use: A Literature Review and Agenda for Research on Digital Inequality," In K. M. Neckerman ed., *Social Inequality*. New York: Russell Sage Foundation, 355-400.

Donner, J., S. Gitau and G. Marsden, 2011, "Exploring Mobile-only Internet Use: Results of a Training Study in Urban South Africa," *International Journal of Communication*, 5: 574-597.

Dosi, G. and R. R. Nelson, 2016, "Technological Paradigms and Technological Trajectories," *The Palgrave Encyclopedia of Strategic Management*, 1-12.

Downey, G. L. and J. Dumit eds., 1997, *Cyborgs and Citadels: Anthropological Interventions in Emerging Sciences, Technologies and Medicines*, Seattle: SAR/ University of Washington Press.

Dutton, W. H. ed., 2013, *The Oxford Handbook of Internet Studies*, OUP Oxford.

Escobar, A., 1994, "Welcome to Cyberia: Notes on the Anthropology of Cyberculture" *Current anthropology*, 35(3): 211-231.

Ess, C. and the AoIR ethics working committee, 2002, *Ethical Decision-making and Internet Research: Recommendations from the Aoir Ethics Working Committee*. AoIR www.aoir.org/reports/ethics.pdf

Fielden, N. L., 2001, *Internet Research: Theory and Practice*, 2nd ed, McFarland & Company.

Fielden, N. L. and M. Garrido, 1998, *Internet Research: Theory and Practice*, McFarland & Company

Fielding, N. G., R. M. Lee and G. Blank eds, 2008, *The SAGE Handbook of Online Research Methods*, Sage.

Flick, U., 2002, *An Introduction to Qualitative Research*, 2nd ed, Sage. (=2002, 小田博志, 山本則子, 春日常, 宮地尚子訳『質的研究入門──「人間の科学」のための方法論』春秋社)

Flick, U., 2009, *An Introduction to Qualitative Research*, 4th ed, Sage.

Chailkin, S. and J. Lave eds., 1996, *Understanding Practice: Perspectives on Activity and Context*, Massachusetts: Cambridge University Press.
Chalhoun, C. ed., 2002, *Dictionary of the Social Sciences*, Oxford University Press.
Chenitz, W. C. and J. M. Swanson, 1986, *From Practice to Grounded Theory: Qualitative Research in Nursing*. Prentice Hall.（＝1992，樋口康子，稲岡文昭訳『グラウンデッド・セオリー――看護の質的研究のために』医学書院）
Christakis, N. A. and J. H. Fowler, 2009, *Connected: The Surprising Power of Our Social Networks and How They Shape Our Lives*, Little, Brown and Company.
Clark, V., L. Plano and J. W. Creswell, 2008, *The Mixed Methods Reader*, Sage.
Clauset, A., M. E. J. Newman and C. Moore, 2004, "Finding Community Structure in Very Large Networks," *Physical Review E*, 70(6): 66-111.
Clifford, J. and G. E. Marcus eds., 1986, *Writing Culture: The Poetics and Politics of Ethnography*, University of California Press.
Coleman, G., 2010, "Ethnographic Approaches to Digital Media," *Annual Review of Anthropology 2010*, 39: 487-505.
Consalvo, M. and C. Ess eds., 2011, *The Handbook of Internet Studies*, John Wiley & Sons.
Consalvo, M., C. Ess eds., 2012, *The Handbook of Internet Studies (Handbooks in Communication and Media)*, Wiley-Blackwell.
Constable, N., 2003, Romance on a Global Stage: Pen Pals, Virtual Ethnography, and "Mail Order" Marriages, Berkeley: University of California Press.
Correll, S., 1995, "The Ethnography of an Electronic Bar: The Lesbian Café," *Journal of Contemporary Ethnography*, 24(3): 270-298.
Creswell, C., 2007, *Designing and Conducting Mixed Methods Research*, 1st ed., Sage Publications.（＝2010, J. W. クレスウェル，V. L プラノクラーク & 大谷順子『人間科学のための混合研究法――質的・量的アプローチをつなぐ研究デザイン』北大路書房）
Creswell C., 2011, *Designing and Conducting Mixed methods research*, 2nd ed. Sage Publications.
Creswell, J. W., 2013, *Research Design: Qualitative, Quantitative, and Mixed Methods Approaches*, Sage Publications.
Crosby A. W., 1997, *The Measure of Reality: Quantification and Western Society, 1250-1600*. Cambridge University Press.
Crystal, D., 2001, *Language and the Internet*, Cambridge University Press.
Culman, M. J. and M. L. Markus, 1987, "Information Technologies," In F. M. Jablin, L. L. Putnam, K. H. Roberts and L. W. Porter eds., *Handbook of Organizational Communiation: An Interdisciplinary Perspective*, Sage Publications, 420-443.
Daft, R. L. and R. H. Lengel, 1984, *An Exploratory Analysis of the Relationship Between Media Richness and Managerial Information Processing*. Office of Naval Research Technical Report Series. Dept. of Management, Texas A&M University.
Daniels, J., K. Gregory and T. M. Cottom eds., 2016, *Digital Sociologies*, Policy Press.
Davidson, E. and S. R. Cotton, 2003, "Connection Discrepancies: Unmasking Further Layers of the Digital Divide," *First Monday*, (8)3, (accessed January, 10, 2010, http://firstmonday.org/htbin/cgiwrap/bin/ojs/index.php/fm/article/view/1039/960.)
Dawkins, R., 1976, *The Seflish Gene*, Oxford University Press.（＝1991，日高敏隆，岸由二，羽田節子，垂水雄二訳『利己的な遺伝子』紀伊国屋書店）

Baym, N., 2010, *Personal Connections in the Digital Age*, Polity.

Bennett, S. and K. Maton, 2011, *Intellectual Field or Faith-based Religion: Moving on from the Idea of "Digital Natives" Deconstructing Digital Natives: Young People, Technololgy, and the New Literacies*, 169-185.

Bijker, W. E., 1993, "Do not Despair: There is Life after Constructivism" *Science, Technology, & Human Values*, 18(1): 113-138.

Bijker, W. E., 1995, *Of Bicycles, Bakelites, and Bulbs: Toward a Theory of Sociotechnical Change*, MIT press.

Bloor, D., 1976, *Knowledge and Social Imagery*, Routledge.

Bochner, S., 1979, *Designing Unobtrusive Field Experiments in Social Psychology. Unobtrusive Measurement Today*, San Francisco: Jossey-Bass.

Boellstorff, T., 2008, *Coming of Age in Second Life: An Anthropologist Explores the Virtually Human*, Princeton University Press.

Boellstorff, T., 2012, *Ethnography and Virtual Worlds: A Handbook of Method*, Princeton University Press.

Boissevain, J., 1974, *Friends of Friends: Networks, Manipulators and Coalitions*, St. Martin's Press.（=1986, 岩上真珠, 池岡義孝訳『友達の友達――ネットワーク, 操作者, コアリッション』未来社）

boyd, D., 2014, *It's Complicated: The Social Lives of Networked Teens*, Yale University Press.

Boyd, D., 2004, "Friendster and Publicly Articulated Social Networks." *Conference on Human Factors and Computing Systems (CHI 2004)*. Vienna: ACM, April 24-29.

Braverman, H., 1974, *Labor and Monopoly Capital: The Degradation of Work in the Twentieth Century*, Monthly Review Press.

Brown, J. Seely and P. Duguid, 1991, "Organizational Learning and Communities-of-Practice: Toward a Unified View of Working, Learning, and Innovation," *Organization Science*, 2(1): 40-57.

Burt, R. S., 1984, "Network Items and the General Social Survey" *Social networks*, 6(4): 293-339.

Callon, M., 1984, "Some Elements of a Sociology of Translation: Domestication of the Scallops and the Fishermen of St Brieuc Bay," *The Sociological Review*, 32(S1): 196-233.

Callon, M., 1987, "Society in the Making: The Study of Technology as a Tool for Sociological Analysis." In W. E. Bijker, T. P. Hughes and T, Pinch, *The Social Construction of Technological Systems: New Directions in the Sociology and History of Technology*, Cambridge, Massachusetts: MIT Press, 83-103.

Carroll, W., J. Fox and M. Ornstein, 1982, "The Network of Directors among the Largest Canadian Firms," *Canadian Review of Sociology and Anthropology*, 19: 44-69.

Carson, R., 1962, *Silent Spring*, Houghton Mifflin Company.

Carter, D., 2004, "Virtually There: Fieldwork in Cyberspace," *Conference of the Association of Social Anthropologists of the UK and the Commonwealth, Durham.*

Cass R. S., 2002, *Republic.com*, Princeton University Press.

Cass R. S., 2007, *Republic.com 2.0*, Princeton University Press.

Castell, M., 2000, *The Rise of the Network Society*（*The Information Age*, Vol, 1. 2nd ed.）, Blackwell.

Cefkin ed., 2009, *Ethnography and the Corporate Encounter: Reflections on Research in and of Corporations*, Berghahn Books.

三浦麻子・小林哲郎，2015，「オンライン調査モニタのSatisficeに関する実験的研究１」『社会心理学研究』31(1): 1-12.
箕浦康子編著，2009，『フィールドワークの技法と実際２――分析・解釈編』ミネルヴァ書房.
村上泰亮，1984，『新中間大衆の時代――戦後日本の解剖学』中央公論社.
安田浩一，2012，『ネットと愛国――在特会の「闇」を追いかけて』講談社.
安田浩一，2015a，『ヘイトスピーチ――「愛国者」たちの憎悪と暴力』文藝春秋.
安田浩一，2015b，『ネット私刑（リンチ）』扶桑社.
安田雪，1997，『ワードマップ　ネットワーク分析――何が行為を決定するか』新曜社.
山口真一，2017，「炎上に書き込む動機の実証分析」『InfoCom Review』69: 61-74.
山崎望編，2015，『奇妙なナショナリズムの時代――排外主義に抗して』岩波書店.
山中速人編，2002，『マルチメディアでフィールドワーク』世界思想社.
山本仁志・小川祐樹・宮田加久子・池田謙一，2013，「Twitterにおける意見表明の規定要因――近傍ネットワークの同質性とオピニオンリーダ性による検討」『情報処理学会研究報告知能システム（ICS）』170(5): 1-7.
好井裕明・三浦耕吉郎編，2004，『社会学的フィールドワーク』世界思想社.
吉田純，2000，『インターネット空間の社会学――情報ネットワーク社会と公共圏』世界思想社.
吉田民人，2013，『近代科学の情報論的転回――プログラム科学論』吉田民人論集編集委員会編，勁草書房.

■外国語文献

Abbott, A., 2004, *Methods of Discovery: Heuristics for the Social Sciences (Contemporary Societies Series)*, W.W. Norton & Company.
Adams, F., 2003, "The Informational Turn in Philosophy," *Minds and Machines*, 13(4): 471-501.
Albert-László B., 2002, *Linked: The New Science Of Networks*, Basic Books.
Allison, D., B. B. Gardner, M. R. Gardner and W. L. Warner, 1941, *Deep South: A Social Anthropological Study of Caste and Class. Chicago, Ill.* The University of Chicago Press.
Allwood, J. S., 1973, *The Concepts of Holism and Reductionism in Sociological Theory (No. 27)*. Universitet, Sociologiska institutionen.
Andrew P., "Social Networking Usage: 2005-2015," Pew Research Center. October 2015. <http://www.pewinternet.org/2015/10/08/2015/Social-Networking-Usage-2005-2015/>
Annette M. M., 1998, *Life Online: Researching Real Experience in Virtual Space*, California: Altamira Press.
Appadurai, A., 1996, *Modernity al Large: Cultural Dimensions of Globalization (Vol. 1)*, University of Minnesota Press.
Barnes, J. A., 1954, "Class and Committees in a Norwegian Island Parish," *Human Relations*, 7(1): 39-58.
Baym, N. K., 1995, *The Emergence of Community in Computer-mediated Communication*, Sage Publications.
Baym, N., 1997 "Interpreting Soap Operas and Creating Community: Inside an Electronic Fan Culture," In S. Keisler ed., *Culture of the Internet*, Manhaw, NJ: Lawrence Erlbaum Associates.

（〈特集2〉オーラリティにおける当事者性／当事者性をめぐって）」『日本オーラル・ヒストリー研究』6: 67-77.
高史明，2015，『レイシズムを解剖する――在日コリアンへの偏見とインターネット』勁草書房.
高史明・雨宮有里，2013，「在日コリアンに対する古典的／現代的レイシズムについての基礎的検討」『社会心理学研究』28(2): 67-76.
高井潔司・日中コミュニケーション研究会編著，2005，『日中相互理解のための中国ナショナリズムとメディア分析』明石書店.
武田丈・亀井伸孝，2008，『アクション別フィールドワーク入門』世界思想社.
田中辰雄・山口真一，2016，『ネット炎上の研究――誰があおり、どう対処するのか』勁草書房.
田中秀幸編著，2017，『地域づくりのコミュニケーション研究――まちの価値を創造するために』ミネルヴァ書房.
田辺俊介編，2011，『外国人へのまなざしと政治意識――社会調査で読み解く日本のナショナリズム』勁草書房.
中川淳一郎，2017，『ネットは基本、クソメディア』KADOKAWA.
中田安彦，2015，『ネット世論が日本を滅ぼす』ベストセラーズ.
中野晃一，2015，『右傾化する日本政治』岩波書店.
成田喜一郎，2013，「子どもと教師のためのオートエスノグラフィーの可能性――『創作叙事詩・解題』を書くことの意味」『ホリスティック教育研究』16: 1-16.
西垣通，2005，『情報学的転回――IT 社会のゆくえ』春秋社.
蜷川真夫，2010，『ネットの炎上力』文藝春秋.
野間易通，2013，『「在日特権」の虚構――ネット空間が生み出したヘイト・スピーチ』河出書房新社.
橋元良明，2016，「第4章 この20年間でのテレビ視聴 vs. ネット利用」橋元良明編著『日本人の情報行動2015』東京大学出版会，183-195.
林春男・重川希志依・田中聡，2009，『防災の決め手「災害エスノグラフィー」――阪神・淡路大震災秘められた証言』NHK 出版.
樋口直人，2014，『日本型排外主義――在特会・外国人参政権・東アジア地政学』名古屋大学出版会.
藤代裕之，2017，『ネットメディア覇権戦争――偽ニュースはなぜ生まれたか』光文社.
藤田結子・北村文編，2013，『ワードマップ　現代エスノグラフィー――新しいフィールドワークの理論と実践』新曜社.
藤原正弘・木村忠正，2009，「インターネット利用行動と一般的信頼・不確実性回避との関係」『日本社会情報学会学会誌』日本社会情報学会，20(2): 43-55.
古瀬幸広・広瀬克哉，1996，『インターネットが変える世界』岩波書店
古谷経衡，2015，『インターネットは永遠にリアル社会を超えられない』ディスカヴァー・トゥエンティワン.
古谷経衡，2015，『ネット右翼の終わり――ヘイトスピーチはなぜ無くならないのか』晶文社.
干川剛史，2001，『公共圏の社会学――デジタル・ネットワーキングによる公共圏構築へ向けて』法律文化社.
松井健，1989，『琉球のニュー・エスノグラフィー』人文書院.
松田素二・川田牧人編著，2002，『エスノグラフィー・ガイドブック――現代世界を複眼でみる』嵯峨野書院.
松波晴人，2011，『ビジネスマンのための「行動観察」入門』講談社.
松本曜，2003，『認知意味論――シリーズ認知言語学入門　第3巻』大修館書店.

木村忠正，2004，『ネットワーク・リアリティ――ポスト高度消費社会を読み解く』岩波書店．

木村忠正，2005，「第４章『情報社会』のエスノグラフィー」山下晋司・福島真人編『現代人類学のプラクシス――科学技術時代をみる視座』有斐閣，69-82．

木村忠正，2007，「第４章 ボローニャ――市民社会としての情報ネットワーク社会という視点」、「第５章 バルセロナ――ネットワーク創造社会へ」原田泉編著，C＆C振興財団監修『クリエイティブ・シティ――新コンテンツ産業の創出』NTT 出版，115-136，137-151．

木村忠正，2008，「解説　ウィキペディアと日本社会――集合知、あるいは新自由主義の文化的論理」ピエール・アスリーヌ他『ウィキペディア革命――そこで何が起きているのか』岩波書店，118-158．

木村忠正，2009，「ヴァーチュアル・エスノグラフィー――文化人類学の方法論的基礎の再構築に向けて」『文化人類学研究』早稲田大学文化人類学会，10: 47-76．

木村忠正，2012a，『デジタルネイティブの時代――なぜメールをせずに「つぶやく」のか』平凡社．

木村忠正，2012b，「第二章『コミュニティネットワーク』への欲望を解体する」杉本星子編『情報化時代のローカル・コミュニティ――ICT を活用した地域ネットワークの構築』国立民族学博物館調査報告，106: 41-60．

木村忠正，2015，「ソーシャルメディア化するグローバル社会と日本――デジタルネイティブが映し出す日本社会の課題」『日経研月報』2015年12月号: 2-12．

木村忠正，2016a，「子どもとネットワーク社会」『子どもの文化』子どもの文化研究所，2016年7・８月号: 45-51．

木村忠正，2016b，「定性・定量融合法（mixed methods）にもとづく日中『デジタルネイティブ』の政治意識とネットワーク行動に関する調査研究」『ANNUAL REPORT OF THE MURATA SCIENCE FOUNDATION』村田学術振興財団，30: 252-263.

木村忠正，2016c，「第3章 ソーシャルメディアと動画サイトの利用」橋元良明編『日本人の情報行動2015』東京大学出版会，143-179．

木村忠正，（準備中），『ネット世論の構造（仮題）』新曜社．

木村忠正・土屋大洋，1998，『ネットワーク時代の合意形成』NTT 出版．

公文俊平編著，1996，『ネティズンの時代』NTT 出版．

後藤将之，2015，「『２ちゃんねる』との対話――新しい世論集団の可能性と問題点」『成城文芸』231: 102-178．

小峯隆生・筑波大学ネットコミュニティ研究グループ，2015，『「炎上」と「拡散」の考現学――なぜネット空間で情報は変容するのか』祥伝社．

佐藤郁哉，1984，『暴走族のエスノグラフィー――モードの叛乱と文化の呪縛』新曜社．

佐藤郁哉，2002a，『フィールドワークの技法――問いを育てる，仮説をきたえる（増訂版）』新曜社．

佐藤郁哉，2002b，『組織と経営について知るための実践フィールドワーク入門』有斐閣．

佐藤卓己，2008，『輿論と世論――日本的民意の系譜学』新潮社．

佐藤航・大隈慎吾，2015，「ソーシャル世論の傾向――ツイッター分析を基に」『政策と調査』9: 35-50．

庄司昌彦・三浦伸也・須子善彦・和崎宏，2007，『地域 SNS 最前線――ソーシャル・ネットワーキング・サービス：Web 2. 0時代のまちおこし実践ガイド』アスキー．

菅原和孝，2006，『フィールドワークへの挑戦――〈実践〉人類学入門』世界思想社．

杉本星子編著，2012，『情報化時代のローカル・コミュニティ――ICT を活用した地域ネットワークの構築』国立民族学博物館調査報告106，国立民族学博物館．

鈴木隆雄，2010，「当事者であることの利点と困難さ――研究者として／当事者として

参考文献

■邦語文献

明戸隆浩他，2015，『「現代日本における反レイシズム運動」共同研究中間報告書』社会運動論研究会．(http://researchmapjp/?action=common_download_main&upload_id=93169)

阿部謹也，1995，『「世間」とは何か』講談社．

石井健一・唐燕霞編，2008，『グローバル化における中国のメディアと産業』明石書店．

上野直樹・土橋臣吾，2006，『科学技術実践のフィールドワーク――ハイブリッドのデザイン』せりか書房．

遠藤薫，2000，『電子社会論――電子的想像力のリアリティと社会変容』実教出版．

遠藤薫，2004，『間メディア的言説の連鎖と抗争――インターネットと〈世論〉形成』東京電機大学出版局．

遠藤薫，2007，『間メディア社会と〈世論〉形成――TV・ネット・劇場社会』東京電機大学出版局．

遠藤薫，2010a，「「ネット世論」という曖昧――〈世論〉，〈小公共圏〉，〈間メディア性〉(〈特集〉世論と世論調査)」『マス・コミュニケーション研究』77: 105-126.

遠藤薫，2010b，『三層モラルコンフリクトとオルトエリート』勁草書房．

遠藤薫，2016，『ソーシャルメディアと〈世論〉形成――間メディアが世界を揺るがす』東京電機大学出版局．

遠藤誉，2011，『ネット大国中国――言論をめぐる攻防』岩波書店．

大石裕・山本信人，2006，『メディア・ナショナリズムのゆくえ――「日中摩擦」を検証する』朝日新聞社．

荻上チキ，2007，『ウェブ炎上――ネット群集の暴走と可能性』筑摩書房．

小熊英二・上野陽子，2003，『〈癒し〉のナショナリズム――草の根保守運動の実証研究』慶應義塾大学出版会．

小田博志，2010，『エスノグラフィー入門――〈現場〉を質的研究する』春秋社．

折田明子，2009，「7章　知識共有コミュニティ」三浦麻子・森尾博昭・川浦康至編著『インターネット心理学のフロンティア――個人・集団・社会』誠信書房，182-216.

柏原勤，2012，「『2ちゃんねるスレッドまとめブログ』によるニュース・コミュニケーションに関する一考察」『哲学』128: 207-234.

金井壽宏他，2010，『組織エスノグラフィー』有斐閣．

金子郁容，1999，『コミュニティ・ソリューション――ボランタリーな問題解決にむけて』岩波書店．

金子郁容・藤沢市市民電子会議室運営委員会，2004，『eデモクラシーへの挑戦――藤沢市市民電子会議室の歩み』岩波書店．

北沢毅・古賀正義編著，1997，『〈社会〉を読み解く技法――質的調査法への招待』福村出版．

北村智・佐々木裕一・河井大介，『ツイッターの心理学――情報環境と利用者行動』誠信書房．

木村忠正，1997，『第二世代インターネットの情報戦略』NTT 出版．

木村忠正，2000，『オンライン教育の政治経済学』NTT 出版．

木村忠正，2001，『デジタル・デバイドとは何か――コンセンサス・コミュニティをめざして』岩波書店．

◆ま　行

◆や　行

◆ら　行

◆た　行

◆な　行

◆は　行

◆か　行

◆さ　行

索　引

著者紹介

木村忠正（きむら・ただまさ）

東京大学大学院総合文化研究科文化人類学専攻修士課程修了，修士号取得。2010年6月ニューヨーク州立大学バッファロー校大学院人類学部より Ph. D 取得。早稲田大学理工学部教授，東京大学大学院総合文化研究科教授などを経て，現在，立教大学社会学部メディア社会学科教授。CS 朝日ニュースター「ニュースの深層」キャスター，総務省情報通信審議会専門委員などを歴任。インターネットを中心としたデジタルネットワークの社会的普及に伴う社会文化の変容を複合的に探究している。とくに近年は，デジタルネイティブ研究，ネット世論研究に積極的に取り組む。

主要著作：

『第二世代インターネットの情報戦略』（公文俊平監修・日本マルチメディアフォーラム編，NTT 出版，1997年）

『オンライン教育の政治経済学』（NTT 出版，2000年）

『デジタルデバイドとは何か――コンセンサスコミュニティをめざして』（岩波書店，2001年）

『ネットワーク・リアリティ――ポスト高度消費社会を読み解く』（岩波書店，2004年）

『デジタルネイティブの時代――なぜメールをせずに「つぶやく」のか』（平凡社，2012年）

初版第1刷発行　2018年11月1日

著　者　木村忠正

発行者　塩浦　暲

発行所　株式会社　新曜社

〒101-0051 東京都千代田区神田神保町3-9
電話（03）3264-4973（代）・FAX（03）3239-2958
E-mail：info@shin-yo-sha.co.jp
URL：http://www.shin-yo-sha.co.jp/

印刷所　星野精版印刷

製本所　積信堂

ISBN978-4-7885-1583-3 C3036